Grossherzoglich Oldenburgische Eisenbahn-Direktion

Die Entstehung und Entwicklung der Eisenbahnen im Herzogtum Oldenburg

Grossherzoglich Oldenburgische Eisenbahn-Direktion

Die Entstehung und Entwicklung der Eisenbahnen im Herzogtum Oldenburg

ISBN/EAN: 9783741184215

Hergestellt in Europa, USA, Kanada, Australien, Japan

Cover: Foto ©Andreas Hilbeck / pixelio.de

Manufactured and distributed by brebook publishing software
(www.brebook.com)

Grossherzoglich Oldenburgische Eisenbahn-Direktion

Die Entstehung und Entwicklung der Eisenbahnen im Herzogtum Oldenburg

Die

Entstehung und Entwicklung

der

Eisenbahnen im Herzogthum Oldenburg

bis zum

Jahre 1878.

Denkschrift

der

Grossherzoglich Oldenburgischen Eisenbahn-Direction.

Mit einer

Eisenbahn-Karte des Grossherzogthums Oldenburg.

Oldenburg 1878.
Schulzesche Hof-Buchhandlung und Hof-Buchdruckerei.
C. Berndt & A. Schwartz.

Seiner Königlichen Hoheit

dem Großherzoge

Nicolaus Friedrich Peter

von Oldenburg,

dem hohen Begründer und erlauchten Förderer des
Oldenburgischen Eisenbahnwesens,

am Gedenktage

Fünfundzwanzigjähriger Regierung

in tiefster Ehrfurcht überreicht

von den

Beamten der Eisenbahn-Direction.

Oldenburg, am 27. Februar 1878.

Inhalt.

Zweiter Abschnitt.

Ordnung und Stand des gegenwärtigen Bahnwesens.

Dritter Abschnitt.

Aussichten in die Zukunft.

Einleitung.

§. 1.
Veranlassung und Zweck dieser Schrift.

Vier Jahre sind es, als unser Land den hundertjährigen Gedenktag des Ereignisses feierte, daß dem Herzogthum Oldenburg ein selbständiges Oberhaupt zurückgegeben wurde, um nicht mehr auf die wohlwollende Rücksicht angewiesen zu sein, welche ein erhabenes Herrscherhaus nach seiner Berufung auf auswärtige Throne der Provinz der Stammesheimath angedeihen ließ, sondern sich der Leitung und Regierung eines Fürsten zu erfreuen, der in seiner Mitte die Interessen und Bedürfnisse der Bevölkerung aus eigener Anschauung zu erkennen, aus eigener Fürsorge denselben gerecht zu werden wußte. Die Entwickelung dieses Jahrhunderts hat unser Land Theil nehmen lassen an den geistigen und wirthschaftlichen Segnungen der neuen Zeit und wenn die Wellen der Bewegung an den nordwestlichen Grenzen Deutschlands sanfter ausliefen, so war der allmählige Fortschritt dort um so sicherer und constanter.

In diesen Tagen erinnert sich das Großherzogthum, daß seit fünfundzwanzig Jahren der Enkel des „alten Herzogs" zum Wohle Aller Geschicke und Verwaltung des Landes mit kräftiger Hand leitet. In dieser Periode, welche in politischer und wirthschaftlicher Hinsicht mit der neuesten Epoche der Geschichte zusammenfällt, ist das Herzogthum Oldenburg vollends nicht zurückgeblieben. Wie es an der Neugestaltung der Verfassungszustände der einzelnen Bundesstaaten und an der Wiederaufrichtung des Deutschen Reiches würdigen Antheil genommen hat, so hat es in materieller Beziehung einen Aufschwung gewonnen, dessen Stetigkeit unser Land vor den Nachtheilen übermäßiger Steigerung und darauf folgenden Rückganges bewahrte.

Einen Hauptfaktor dieser Entwickelung erkennen wir in der Verbesserung der Wege, welche in dem verflossenen viertel Jahrhundert einen bisher ungeahnten Austausch von Arbeitskraft und Produkten herbeiführte, nicht nur den Tauschwerth der Güter erhöhte, sondern in der That die Mittel gewährte, in weiten Kreisen gesteigerten Bedürfnissen des Lebens gerecht zu werden.

Vor den Land= und Wasserstraßen, welchen wir diesen Vortheil verdanken, treten namentlich die Eisenbahnen hervor, welche seit der vor 10 Jahren erfolgten Eröffnung des Betriebes auf den Strecken Oldenburg=Bremen und Oldenburg=Wilhelmshaven (Heppens) für den Verkehr eine Bedeutung erreicht haben, in welcher gewissermaßen der gesammte Aufschwung unserer wirthschaftlichen Verhältnisse sich darstellt.

Es liegt daher nahe, an einem Gedenktage unserer Geschichte den Blick auf die bisherige Entwickelung, den jetzigen Zustand und die ferneren Aufgaben dieses Verkehrsinstitutes zu richten:

zunächst in dankbarer Anerkennung der landesväterlichen Fürsorge, welche auch auf diesem Gebiete sich bewährte, und in vertrauensvoller Ueberzeugung, daß dieselbe Höchste Einsicht und Theilnahme der Zukunst des Eisenbahnwesens zum Besten des Landes zugewandt sein werde,

sodann in der Erwartung, daß die Entstehung, die Entwickelung und der Charakter unseres Bahnwesens für Manche Interesse haben werde, welche nicht in der Lage sind, an der Hand der jährlichen Geschäftsberichte und auf Grund breiteren statistischen Materials die Resultate laufend zu verfolgen,

endlich in dem Wunsche, daß die Zusammenstellung zur Orientirung über die Organisation, die Ressortverhältnisse, die gesetzlichen, verordnungsmäßigen, reglementarischen und statutarischen Bestimmungen, welche für die Verwaltung maßgebend sind, einen Beitrag von praktischem Werthe liefern möge.

Erster Abschnitt.

~~~~~~

Entstehungsgeschichte der Bahnen, Ausführung
und Beschreibung derselben.

~~~~~~

I. Vorgeschichte.

§. 2.

Anregungen, Ideen und Projekte, Vorverhandlungen mit den Nachbarstaaten.

Noch im Anfange der sechziger Jahre mußte ein Oldenburger in Scherz und Ernst den Vorwurf ertragen, daß sein Land nachgerade fast als eines der wenigen in Deutschland übrig bleibe, welches der Errungenschaft der Neuzeit, einer Eisenbahnverbindung, entbehre. Mit Recht zwar konnte man darauf hinweisen, daß auch in anderen Gegenden die Maschen der Schienenstraßen noch nicht so eng gezogen seien, daß nicht ein Flächenraum von dem Umfange des Herzogthums dazwischen Platz finde — es war Thatsache, daß nicht nur die Nachbarstaaten Oldenburg überflügelten, sondern auch das Fürstenthum Birkenfeld, Dank seiner Lage an einer alten Völkerstraße, in einem dichter bewohnten Gebiete, dem Haupttheile des Großherzogthums vorausgekommen war.

Die nachstehende Darstellung der Entwicklung des Eisenbahnwesens in unserem Lande soll auf das Herzogthum beschränkt bleiben. Die Zugehörigkeit des Bisthums Lübeck und des Fürstenthums Birkenfeld ist allerdings eine engere als die des äußeren Bandes einer Personalunion. Die politische Verbindung hat eine gewisse Gemeinsamkeit der Interessen hervorgerufen und mannigfaltige persönliche Beziehungen im Gefolge gehabt — in wirthschaftlicher Hin-

1*

sicht dagegen sind die Verhältnisse nicht näher verwandt, als die=
jenigen zwischen dem nordwestlichen Küstengebiet zu den sonstigen
Distrikten Holsteins und des linken Rheinufers.

Im Herzogthum war der Ausbau des Chausseenetzes in der
letzt vorhergehenden Periode kräftig betrieben. Die Ueberzeugung
von dem Nutzen guter Communikationswege war eine allgemeine ge=
worden und die verschiedenen Landestheile waren gleicher Weise
bestrebt, die Hülfe des Staates für die Herstellung lokaler Verbin=
dungen in Anspruch zu nehmen. Ein Schienenweg wurde vorzugs=
weise für die Stadt Oldenburg, den Hafenplatz Brake, die Stadt
Varel, in welcher sich derzeit die Fabrikthätigkeit günstig entwickelte,
in Aussicht genommen und zwar den bestehenden Verkehrsverhält=
nissen entsprechend, einerseits zum unmittelbaren Anschluß an die
südlich benachbarten Hannoverschen und Preußischen Provinzen des
Zollvereins, andererseits für eine Verbindung mit Bremen. Die
benachbarte Hansestadt war mehr noch als gegenwärtig der Mittel=
punkt des Geschäftes für unser Herzogthum, welches nicht nur der
direkten Beziehungen zum Auslande und Deutschen Oberlande länger
entbehrte, sondern auch für den Marktverkehr und den Geldumsatz
wesentlich auf die Handelsmetropole des Wesergebietes angewiesen
war. Das Frachtfuhrwerk und ein wohlorganisirtes Postwesen auf
der ältesten Landstraße des Herzogthums, deren Abzweigung bei
Delmenhorst zugleich den Austausch mit den Hannoverschen Gebieten
vermittelte, der Wasserweg auf Hunte und Weser, welcher seit der
Mitte der vierziger Jahre bis nach Oldenburg aufwärts, vorzugs=
weise für Personenverkehr, auch durch Dampfschiffe befahren wurde,
mußten den Bedürfnissen gerecht werden. Es konnte nicht fehlen,
daß in den Kreisen einsichtsvoller Staatsbeamten wie umsichtiger
Geschäftsleute die Idee verfolgt wurde, nach dem Vorgang der
Nachbarländer auch unserem Herzogthum die Segnungen einer Eisen=
bahnverbindung zu eröffnen. Für die Anregung, Projektirung und
endliche praktische Verwirklichung dieses Gedankens lassen sich zwei
Perioden unterscheiden, deren erste sich über den Zeitraum von 1845
bis 1854 erstreckt, während die anschließende vorzugsweise die Be=
strebungen darstellt, vertragsmäßig bereits garantirte Ansprüche zu
verwirklichen.

I. 1845—1854. Im Jahre 1845 war das Königreich Hannover
nur auf dem Gebiete zwischen Weser und Elbe mit der Herstellung
von Schienenstraßen vorgegangen. Es lag nahe, auch die Gegenden
zwischen Ems und Weser=Elbe durch Anlage einer Eisenbahn mehr zu

erschließen und mit den großen Straßen in unmittelbare Verbindung
zu bringen. Hier aber waren die Interessen der betheiligten Nachbar=
staaten Hannover, Oldenburg und Bremen nicht immer zusammen=
fallend und mehr noch fürchtete hie und da eine engherzige Auffassung
die schädliche Einwirkung von Concurrenz und Verkehrsableitung, wo
in der That, wie spätere Erfahrungen bestätigten, der Nutzen für alle
Interessenten weit überwiegen mußte. Von Bremen, dem emsigen
Kaufmannsstande, aus, wurde jener Zeit die Ausführung eines
Bahnnetzes in Anregung gebracht, welches Ostfriesland und das
Herzogthum mit der Hansestadt durch die Linie Leer=Oldenburg=
Bremen verbinden, durch eine Abzweigung in Delmenhorst über
Wildeshausen und Diepholz nach Osnabrück und von dort über
Vechta nach Qualenbrück auch die südlichen Theile des Herzogthums
nebst dem benachbarten Fürstenthum zugänglich machen, zugleich
aber eine Verbindung nach Holland eröffnen sollte.

Schon damals wurde vom allgemein wirthschaftlichen Stand=
punkt die Frage erörtert, ob der Bau der Bahnen auf Staatskosten
oder durch Privatunternehmer zu betreiben sei.

Als charakteristisch für die Auffassung jener Zeit dürfte ein Aus=
zug aus einer Nummer der Augsburger Allgemeinen Zeitung sein,
datirt Stuttgart, den 4. October 1845. Derselbe lautet:

„Die Aergernisse, welche die Privatunternehmungen von Eisen=
bahnen in anderen Ländern vor den Augen von Europa durch Be=
stechung und Entsittlichung der Staatsgewalten und der einfluß=
reichen Classen der Gesellschaft ausüben; die Börsenmanöver, mit
welchen sie die Ersparnisse zahlloser Angehörigen aller Volksclassen
in die Cassen der Geldfürsten zusammenraffen; die Ausbeutung des
Verkehrs zum Vortheil der Dividenden der Actionäre, d. h. die Be=
steuerung des Volks zum Besten Einzelner; die gewissenlose Be=
einträchtigung des Lebens der Reisenden durch leichten Bau der
Privateisenbahnen und ihres Betriebsmaterials — dies alles liegt
heutzutage so schroff und grell vor aller Augen, daß die Vergebung
von Eisenbahnen an Privatunternehmer täglich allgemeiner als einer
der größten, sittlichen, volkswirthschaftlichen und staatlichen Fehler
erkannt wird, und daß die Einführung dieser Nachtheile in ein da=
mit noch nicht behaftetes Land den stärksten Tadel verdienen und
erhalten würde. Es ist eine neue Feudalität, die der Geldsäcke,
welche auf den Privateisenbahnen weglagert; möge Württemberg
davon befreit bleiben!" —

Solchen Ansichten huldigten auch maßgebende Kreise Oldenburgs und wurde der Grundsatz aufgestellt: „Ein Staat hat, wenn er die Anlegung von Eisenbahnen auf seinem Gebiete für nothwendig oder ersprießlich erachtet, solche auf seine Kosten und für seinen Betrieb zu übernehmen; findet er sie aber nicht erforderlich oder nützlich, sie gänzlich abzulehnen Eine Ausnahme hiervon, vermittelst Ertheilung von Conzessionen zur Anlegung von Eisenbahnen an Sozietäten, ist nur unter besonderen Umständen zu rechtfertigen. — Auf der anderen Seite aber war wenig Aussicht, wie das Herzogthum die schon damals zu 150000 *ß* für die Meile veranschlagten Kosten des oben skizzirten Netzes sollte aufbringen können, zumal es auch an einer verfassungsmäßigen Institution zur Bewilligung einer eigentlichen Staatsanleihe fehlte. Trotz solcher grundsätzlichen Auffassung war daher die Hoffnung auf Ausführung von Eisenbahnen wesentlich auf Privatspekulation angewiesen und von dieser Seite fehlte es in der That nicht an Projekten und Anträgen, deren Mannigfaltigkeit darin ihre Erklärung findet, daß auch für die großen Verkehrs-Straßen das Feld noch frei war und mit kühnem Striche die Verbindungslinien über die Karte gezogen werden konnten.

Von direkten Anträgen ist zunächst das Gesuch eines Kaufmanns Weel in Oldenburg um die Conzession für den Ausbau der Linie Oldenburg-Bremen zu erwähnen, welches indessen eine eingehende Berücksichtigung schon um deswillen nicht finden konnte, weil der Petent nicht in der Lage war, seine Mandanten zu nennen und daher die Absicht einer bloßen Spekulation fremder Geldleute zu vermuthen war.

Günstigere Aufnahme fanden die Projekte des Consuls Bley in Varel, welcher, theilweise in Verbindung mit Vorschlägen neuer Eindeichungen und sonstiger Meliorationen, schon im Jahre 1845 die Herstellung einer Verbindung zwischen Brake und dem Oberlande über Rastede (mit Abzweigung nach Varel), Oldenburg, Vechta, Dielingen auf Minden an die Köln-Mindener Bahn befürwortete. Man erwartete indessen, ehe der Sache näher getreten werden konnte, sachliche Gewähr der Ausführung. Im Jahre 1851 änderte der Consul Bley sein Projekt zu einer Verbindung von Varel und Brake einerseits mit Bremen andererseits ab; hatte auch materielle Mittel im Hintergrunde, zog indessen im folgenden Jahre sein mit einer definitiven Resolution noch nicht versehenes Gesuch zurück, erwarb sich aber noch ferner durch litterarische Beiträge und sonstige Anregungen Verdienste für die Lösung der Eisenbahnfrage.

Inzwischen war 1846 von einer Niederländischen Gesellschaft, deren Firma und Vertretung im Lauf der Jahre wechselte, das Projekt einer Verbindung zwischen der Nord= und Ostsee aufgestellt und wurde nachhaltig die Concessionirung durch das Königreich Hannover und das Herzogthum Oldenburg (Richtung Neuschanz= Bremen) beantragt, nachdem für die Provinzen Overyssel, Drenthe, Groningen im Haag die Genehmigung bereits ertheilt war. Das enclavirte Herzogthum war in dieser Angelegenheit von den Ent= schließungen des Königreichs Hannover vollständig abhängig und vom eigenen Vorgehen abgeschlossen. Dort aber wurde der Grundsatz aufgestellt, daß unter allen Umständen die Hauptbahnen vom Staate zu erbauen seien, wenn auch vielleicht bei Nebenbahnen die Ueberlassung an die Privatindustrie in Frage kommen könne; jene Bahn aber wurde nicht mit Unrecht zur Kategorie der Hauptbahnen gerechnet. Ob dieser Gesichtspunkt in Wirklichkeit der entscheidende war, mag dahingestellt bleiben; jedenfalls war schon damals die Hannoversche s. g. Westbahn projektirt, welche in Verbindung mit den vorhandenen und in Aussicht genommenen Schienenwegen im Osten und Süden des Herzogthums den Verkehr mehr und mehr um dasselbe herumzuleiten drohte, auch wo die direkte Linie durch das Herz unseres Landes geführt haben würde. Nahe liegend war die diesseitige Vertheidigung des Vorschlages, die Westbahn über Oldenburg zu führen, oder mit anderen Worten, die Verbindung Ostfrieslands mit dem östlichen Theil des Königreichs via Olden= burg und Bremen zu suchen, ein Projekt, für welches der Rathsherr Schröder in Oldenburg nachhaltig thätig war und welches seinen vollständigsten Ausdruck in den Vorschlägen des Baurath Lasius fand, der 1849 die Linien Oldenburg=Leer, — Oldenburg=Osnabrück, — Osnabrück=Münster, — Osnabrück=Bunde, — Oldenburg=Bre= men, — Bremen=Harburg (mit Abzweigungen bezügl. Ausläufen Leer=Emden und Einbeziehung von Brake und Varel) als combinir= tes Projekt für die Hannoverschen, Oldenburgischen und Bremischen Interessen empfahl, wobei beiläufig die Meile Bahn zu 220000 $\mathcal{M}\!f$ Herstellungskosten angenommen wurde.

Die Verhandlungen wegen des Anschlusses Oldenburgs (mit den übrigen Mitgliedern des Steuervereins) an den Zollverein konn= ten nicht verfehlen, zu vielseitiger Betrachtung der Verkehrsverhält= nisse Anlaß zu geben, namentlich das Bedürfniß zum Bewußtsein zu bringen, daß Oldenburg aus seiner isolirten Lage heraustreten und Anschluß an das „europäische Eisenbahnnetz" finden müsse, wie

damals die Sache ausgedrückt zu werden pflegte. Der Landtags=
ausschuß zur Begutachtung der Zollverträge (1852) ging dement=
sprechend auf die Eisenbahnfrage näher ein und befürwortete in ein=
gehender Motivirung, daß „der unbedingte Anschluß an das Deutsche
Eisenbahnnetz, in welcher Richtung es auch sei, zugestanden werde
und daß Hannover sich verpflichte, auf seinem Territorium entgegen
zu bauen." Es waren aus allen Landestheilen gutachtliche Er=
klärungen über den Beitritt zum Zollverein eingelaufen, welche zum
größten Theil den Anschluß an das größere Wirthschaftsgebiet mit
Freuden begrüßten, zum Theil aber auch nicht ohne Besorgniß dieser
Verbindung entgegensahen; darin aber waren alle einig, daß ohne
einen baldigen Anschluß an das Eisenbahnnetz Oldenburg in der
Entwicklung seiner Industrie und in allen Verkehrsbeziehungen zurück=
gehen müsse und befürwortete man deshalb die neuen Verträge nur
in der Voraussetzung, daß eine baldige Lösung der Eisenbahnfrage
bevorstehe. Abgesehen von einer Eingabe aus Varel, welche eine
Linie auf Minden empfahl, waren die beim Landtage eingelaufe=
nen Gutachten auch darin einverstanden, daß die Richtung dieser
Verbindung von Varel und Brake über Oldenburg nach Osna=
brück zu legen sei, indem man, wesentlich durch spezielle Interessen
der einzelnen Ortschaften beeinflußt, theils der Linie über Cloppen=
burg=Quakenbrück, theils derjenigen über Vechta=Damme den Vor=
zug gab.

II. 1854—1863. Indessen nahm die Geschichte einen anderen
Verlauf; nicht die Neugestaltung des Zollvereins und die Eingehung
der darauf gerichteten Verträge, sondern das Staatsrechtsverhältniß,
welches aus der Anlegung eines preußischen Kriegshafens am olden=
burgischen Jadebusen entstand, wurde der weitere Impuls zur Förde=
rung der Eisenbahnanlage, wenngleich auch diese Grundlage erst einer
Modifikation nach einem Zeitraum von reichlich zehn Jahren bedurfte,
bis endlich eine Realisirung des Anspruchs sich vollziehen konnte.
Der für die Geschichte der Entwicklung unseres Eisenbahnwesens
wichtig. Artikel 24 des ersten Kriegshafenvertrages vom 20. Juli
1853, welcher am 15. Februar 1854 zur Publikation gelangte, lautet:

Artikel 24.

Desgleichen ertheilt Oldenburg an Preußen die Conzession, eine
Eisenbahn von seinem Marine=Etablissement über Varel und Olden=
burg in südlicher Richtung zum Anschluß an die Köln=Mindener
Eisenbahn auf eigene Kosten zu bauen, und verspricht, auch das
hierzu etwa erforderliche Expropriations=Verfahren zu veranlassen.

Dagegen verpflichtet sich Preußen, diese Eisenbahn, sobald seine Finanz-Verwaltung es irgend gestattet, zu bauen, und zuzugeben, daß etwaige Oldenburgische Zweigbahnen, seien es Staats- oder Privatbahnen, in dieselbe münden dürfen.

Die weiteren Bestimmungen wegen dieser Bahn bleiben einer besonderen Vereinbarung vorbehalten. Dieselbe soll nach Analogie des zwischen Preußen und Braunschweig über die Herstellung einer Eisenbahn von Magdeburg nach Braunschweig abgeschlossenen Staats-Vertrages vom 10. April 1841 getroffen werden, soweit nicht der gegenwärtige Vertrag Abweichungen davon bedingt; jedoch steht Oldenburg nicht das Recht zu, die käufliche Ueberlassung der Eisenbahn von Preußen zu verlangen.

So lange Preußen die im Vorstehenden gedachte Eisenbahn nicht begonnen, oder sich verpflichtet hat, dieselbe in einer bestimmten, Oldenburg convenirenden Frist zu bauen, bleibt es Oldenburg unbenommen, diesen Bau oder einen anderen in ähnlicher Richtung selbst vorzunehmen, oder dazu an Private die Conzession zu ertheilen.

Vor einem desfallsigen Beschlusse wird Oldenburg jedoch Preußen seine Absicht mittheilen, und eine angemessene, mindestens dreimonatliche Frist zur Erklärung darüber bewilligen, wann Preußischer Seits der Bau in Angriff genommen und in welcher Zeit derselbe zu Ende geführt werden solle.

Erklärt sich Oldenburg mit den demnächstigen Vorschlägen Preußens einverstanden, so darf dasselbe für die Zukunft keine Concurrenzbahn der hier in Rede stehenden Eisenbahn — wozu jedoch Zweigbahnen nach Bremen, Ostfriesland, Brake und anderen Orten des Herzogthums Oldenburg nicht zu rechnen sind — zulassen, wogegen die in gegenwärtigem Artikel ertheilte Conzession erlischt, sobald Preußen es dazu kommen läßt, daß diese Südbahn von Oldenburg oder Dritten gebaut wird. — —

Hierdurch schien eine Verbindung in südlicher Richtung an die Köln-Mindener Bahn gesichert, welche auch in den Kreisen der Verkehrsinteressenten bevorzugt wurde. So empfahl der Handels- und Gewerbe-Verein die Richtung über Wildeshausen, Vechta-Damme, weil durch diese das Ziel auf dem kürzesten Wege erreicht, das Herzogthum in der größten Länge durchschnitten, eine verhältnißmäßig dichter bevölkerte Gegend berührt, und auf das Gebiet des Haasethals eine genügende Anziehungskraft ausgeübt werde, um dessen Verkehr auf sich zu vereinigen.

Eine Zweigverbindung nach Bremen wurde verschieden beurtheilt;

eine Minderheit des Handels- und Gewerbevereins, welche in Uebereinstimmung mit dem Osnabrücker Handelsverein die Linie Oldenburg
Quakenbrück befürwortete — ein Projekt, welches begreiflicherweise
von der Stadt Quakenbrück, der Amtsversammlung Versenbrück und
anderen Adjazenten lebhaft unterstützt wurde — , ging gar so weit,
daß sie auf die Verbindung mit Bremen nicht nur geringen Werth
legen zu sollen glaubte, sondern dieselbe für die speziell Oldenburgischen
Interessen vielmehr für schädlich erachtete und der Ansicht war, daß
an Ausführung dieser Idee nicht eher zu denken sei, bis der Anschluß
mit Holland hergestellt sein werde.

Die Regierung hielt im Jahre 1854 die Verfolgung des Projectes Oldenburg-Osnabrück via Quakenbrück schon um deßwillen für
ausgeschlossen, weil mit Recht angenommen wurde, die Preußische
Regierung werde auf dem Anschluß des Kriegshafens an das Haupt-
land, speziell an die Festung Minden, auf dem kürzesten Wege
bestehen.

So war es und so blieb es eine Reihe von Jahren bei zwei
Projekten für die Südbahn, von denen keines zur Ausführung
gelangte.

Preußen, wiederholt auf seine vertragsmäßige Verpflichtung
hingewiesen unter der Anführung, daß die Verwendung bedeutender
Mittel auf den Bau Preußischer Staatsbahnen constire, daß die
Voraussetzung eines genügenden Standes der Finanzen zutreffe,
selbst im eigenen Abgeordnetenhause auf die Erfüllung der übernommenen Verbindlichkeit interpellirt, mußte immer wieder darauf
zurückkommen, daß das Königreich Hannover ihm die Ueberschreitung
seines Gebietes nicht gestatten wolle.

Bekanntlich hatte in Hannover der Abschluß des Kriegshafenvertrages eine gewisse Mißstimmung gegen Oldenburg hervorgerufen.

Andererseits erblickte man in einer den Jadebusen und das
linke Weserufer mit Westfalen und vielleicht auch mit Bremen ver-
bindenden Bahn eine gefährliche Concurrenz, die man selbst gegen
werthvolle Conzessionen in Gewährung anderer Anschlüsse nicht
zuzugestehen entschlossen war.

In Berlin selbst hatte die Anlage des Kriegshafens am Jadebusen viele Gegner neben flauen Freunden, so daß selbst die Wirk-
samkeit derer gelähmt war, welche sich entschlossen zeigten, jene Idee
in ihrem vollen Umfange zu verwirklichen. Einen Druck auf den
kleineren Staat auszuüben, konnte man sich nicht entschließen und

wartete immer auf Gelegenheit, im diplomatischen Wege bei anderen Verhandlungen den Zweck zu erreichen.

Dagegen schien Hannover zeitweise geneigt, eine Bahn Oldenburg-Osnabrück via Quakenbrück auf seinem Gebiet zu fördern bezw. ein Privatunternehmen für die Strecke Osnabrück-Quakenbrück zu conzessioniren.

Der Banquier Blumenfeld in Osnabrück und der Rathsherr Schröder in Quakenbrück mußten mit ihren wiederholten Anträgen auf Conzessionirung im Oldenburgischen stets darauf verwiesen werden, daß zuerst die Conzession im eigenen Lande zu entwickeln sei. Dort wurden sie bald unterstützt und ermuntert, bald hingehalten, bis endlich nach mehrjährigen Verhandlungen ein positiv abschlägiger Bescheid erfolgte.

Schon während schwebender Sache hatte Oldenburg sich veranlaßt gesehen, Hannover wenigstens zu einer bestimmten Erklärung zu bewegen, ob und unter welchen Bedingungen man eine Bahn Oldenburg-Osnabrück zulassen werde — insbesondere wie über die Conzessionirung einer Aktiengesellschaft gedacht werde, eventuell welchen Einfluß auf die Entschließungen des Nachbarstaates es haben dürfte, wenn auf die Herstellung der Südbahn in mehr östlicher Richtung verzichtet werde. In Hannover wurde der Abschluß auf Herford für geradezu unzulässig erklärt, selbst von der Richtung auf Osnabrück erwartete man schädliche Concurrenz für die bestehenden Bahnen, verwarf auf das Bestimmteste die Idee eines Ausbaues durch Private und war nur geneigt, auf ein Bahnsystem Osnabrück-Bremen mit Anschlüssen für Oldenburg und ev. etwa Brake sich einzulassen, wenn dasselbe auf gemeinschaftliche Staatskosten ausgebaut werde, während die demnächstige Verwaltung Hannover allein vorzubehalten sei.

Was den Bau auf Staatskosten anlangte, so war man in Oldenburg in maßgebenden Kreisen von der eingangs erwähnten, mehr doktrinären Anschauung zurückgekommen und war aus praktischen Gründen der Herstellung auf Kosten von Privatkapital mehr geneigt geworden, wie solches bei der Schwierigkeit und den vorliegenden Bedenken gegen Contrahirung einer Staatsschuld einerseits und der in vielen Gesuchen von Unternehmern anscheinend sich dokumentirenden Möglichkeit ohne direkten eigenen Aufwand eine Bahn zu erlangen, sehr nahe lag. In diesem Sinne wurden auch laufende Verhandlungen mit Conzessionsbewerbern gepflogen, wobei erwähnenswerth ist, daß der jener Zeit bei der Großh. Gesandtschaft am Bundestage fungirende Herr Siebold schon im Jahre 1856 die Aufstellung eines Privatbahnprojektes für das Herzogthum in unmittelbare Verbindung mit der Idee brachte, ein Bankinstitut in Oldenburg zu gründen, welches den Unternehmern zugleich die für die Anlage erforderlichen Capitalien beschaffen bezw. die Negoziirung des ganzen Geschäfts besorgen sollte.

Inzwischen hatte die Erfolglosigkeit der Verhandlungen mit Privaten bei weitgehenden Anforderungen derselben allmählig der Ueberzeugung Eingang verschafft, daß ohne finanzielle Opfer oder Risiken der Anschluß an das Eisenbahnnetz überhaupt nicht zu erreichen sei und mit dem Gedanken vertraut gemacht, daß schließlich wohl nichts erübrigen werde, als auf Staatskosten zu bauen und man war um die Mitte der 50ger Jahre entschlossen, ev. auch diesen Weg nicht zu scheuen, um nur endlich zum Ziel zu gelangen.

Der Hannoversche Standpunkt war daher in dieser Beziehung eine nicht ungeeignete Basis zu weiteren Verhandlungen, in denen man sich des Einverständnisses über einige generelle Voraussetzungen vergewisserte. Es kam zur Aufnahme von Vorarbeiten auf gemeinschaftliche Kosten, zu denen seitens des Oldenb. Landtages 4000 ℳ bewilligt waren und wurden dieselben im Jahre 1857 von dem Eisenbahnbaudirektor Burghard aus Hannover und dem Baurath Nienburg aus Oldenburg geleitet.

Es war dabei, namentlich auf Befürwortung Hannovers, die Ueberbrückung der Weser bei Vegesack, zur Erreichung eines Anschlusses an die Bahn auf dem rechten Weserufer in Aussicht genommen, ein Projekt, gegen dessen Ausführung Bremen im Interesse der Schifffahrt protestiren zu müssen glaubte, so daß die Anlage eines Trajektes in Frage kam.

Ein Fortgang der Verhandlungen war in Hannover indessen nicht zu erreichen; man entschuldigte sich mit dem Stande der Verhandlungen mit Preußen und Bremen (Geestebahn) und verzichtete endlich im Anfang des Jahres 1858 positiv auf eine weitere Verfolgung der Angelegenheit!

Der oldenburgischen Regierung blieb zunächst nichts anderes übrig, als die Verhandlungen mit einem aus Bremern und Oldenburgern zusammengesetztem Comité wieder aufzunehmen, welche zeitweise durch die Schritte in Hannover, sowie durch das Maaß der Forderungen dieser Privaten selbst in den Hintergrund getreten waren und mag bemerkt werden, daß jenes Consortium — abgesehen von anderen Begünstigungen — die Garantie für das Anlagekapital mit

3½ % ev. 4 % (je nach dem Zinsfuß, zu welchem die Anleihe zu contrahiren sein werde) verlangte und daß Bremen nicht abgeneigt schien, diese Garantie für ein Drittel zu übernehmen, wenn Olden= burg für Verzinsung des Restes gut sagen werde.

Im Frühjahr 1858 schien das lebhafte Interesse, welches in Preußischen Regierungskreisen und speziell seitens der zur Leitung der Heppenser Anlagen berufenen Beamten der kräftigeren Ent= wicklung des Kriegshafens und maritimen Macht zugewandt wurde, auch für den Ausbau der Jadebahn wirksam werden zu wollen. Es trat, namentlich auch angeregt durch das allmählich sich geltend machende Bedürfniß einer Erweiterung des Preußischen Gebietes, die Idee in den Vordergrund, daß man den Preußischen Verpflich= tungen Genüge leisten und den beiderseitigen Interessen gerecht werden könne, wenn dem thatsächlichen Hinderniß der Vertragsausführung, der consequenten Weigerung Hannovers, die Durchführung der Bahn durch sein Gebiet zu gestatten, Rechnung getragen, ein anderer Anschluß gesucht und die finanzielle Betheiligung Preußens etwa auf die Gewährung einer Zinsgarantie herabgesetzt wurde. Auch auf dieser Grundlage konnte nach dem ersten Anlauf entgegenkom= mender Vorbesprechungen einem praktischen Ergebniß nicht näher getreten werden. Nach Jahresfrist war die Angelegenheit vollständig ins Stocken gerathen und ein neuer Impuls, den dieselbe durch die Geneigtheit des Kriegsministers von Roon erhielt, erwies sich nicht mächtig genug, um die vorliegenden Schwierigkeiten zu über= winden.

Inzwischen war auch das Consortium für die Oldenburg=Bremer Bahn nicht aktiv geworden und ein auswärtiges Unternehmen, welches an deren Stelle trat, verharrte gleichfalls in Passivität, bis sich der Vertreter desselben, Carteret, 1860 vollends zurückzog.

Zur Betheiligung an einer gemeinschaftlichen Staatsbahn Oldenburg=Bremen waren die leitenden Persönlichkeiten der benach= barten freien Stadt gleichfalls nicht geneigt. Man war der Ansicht, die früher erklärte Bereitwilligkeit zu einer Zinsgarantie für einen Theil des Anlagekapitals sei ein richtiges Maaß der Bethätigung des Bremischen Interesses an dem Zustandekommen der Bahn gewesen, so lange als Träger des Unternehmens bekannte Inländer aufge= treten seien; zweifelhaft sei es schon gewesen, ob sich die Aufrecht= erhaltung dieser Offerte gerechtfertigt habe, nachdem es sich um die Conzessionirung von Ausländern gehandelt, deren Leistungsfähigkeit und Solidität nicht in gleichem Maaße habe beurtheilt werden können.

Eine directe Betheiligung durch Ausführung einer gemeinschaftlichen Staatsbahn hielt man für um so mehr bedenklich, als die Erfahrung der letzten Zeit nachweise, daß der Bau wie der Betrieb von Staatsbahnen nicht mit der nöthigen Oekonomie geleitet werde. Man sah sich in Oldenburg auf dem Punkt angelangt, daß man mit Recht es als einen wesentlichen Erfolg betrachtete, wenn nur Heppens-Oldenburg als Preußische, Oldenburg-Bremen als Oldenburgische Staatsbahn zur Ausführung gelangte. Auch dieses Ziel schien indeß kaum erreichbar, als 1862 durch das Zusammentreffen einer Reihe von Umständen die Situation sich wesentlich zu bessern schien.

Die Hannoversche Regierung ergriff die Initiative zu dem Vorschlag, auf gemeinschaftliche Kosten eine demnächst unter Hannovers alleinige Verwaltung fallende Bahn Leer-Oldenburg-Bremen zu erbauen.

Dieser an sich gewiß nicht unannehmbare Vorschlag mußte indessen in einem Punkte auf wesentliche Bedenken stoßen; wenn zwar anderweitige Anschlüsse und Abzweigungen Oldenburg unbehindert blieben, so wollte doch Hannover die Durchschneidung der Strecke Leer-Oldenburg-Bremen in der Richtung von Norden nach Süden von seiner Zustimmung abhängig machen. Damit wäre Hannover ein liberum veto gegen die Ausführung der Jadebahn für alle Zeiten conzedirt und schon die Loyalität gegen Preußen gestattete Oldenburg nicht, auf eine solche Bedingung einzugehen. Gleichwohl konnte ein Versuch gemacht werden, Hannover zu einer Aufgabe dieser Bedingung zu bewegen; schlimmsten Falls blieb die Aussicht, auf Grund solcher Proposition, unter Mitwissen und Zustimmung des an der Erfüllung seiner Verpflichtungen dauernd verhinderten Preußischen Staates, wenigstens im Osten und Westen des Landes, den Anschluß an das umgebende Eisenbahnnetz zu erlangen.

War es die Einwirkung des Hannoverschen Anerbietens? oder geschah es mitbeeinflußt durch das Project der s. g. Paris-Hamburger Bahn, welches in mehrfacher Hinsicht zu der schwebenden Frage in Beziehung stand? jedenfalls scheint die lebhafte Energie, welche in dem Preußischen Ministerium nach dem Eintritt v. Bismarcks auf allen Gebieten hervortrat, dazu mitgewirkt zu haben; daß um dieselbe Zeit in Berlin sich eine entschiedene Geneigtheit kundgab, die Jadeeisenbahnangelegenheit mit kräftiger Hand zu einem befriedigenden Ende zu führen.

Das hervortretende Bedürfniß einer Erweiterung des Kriegs=
hafengebiets forderte von Oldenburg abermals wichtige Zugeständ=
nisse im allgemein Deutschen Interesse wie speziell in demjenigen
Preußens, Concessionen, für welche das Land auf Gegenleistungen
aller Art um so mehr Anspruch zu erheben hatte, als das Aequi=
valent für das Herzogthum, welches in dem ersten Kriegshafenvertrag
stipulirt war, noch immer nicht hatte gewährt werden können. Jetzt
war man preußischerseits bereit, der ursprünglich in Aussicht genom=
menen Südbahn eine Bahn von Heppens über Oldenburg nach Bremen
zu substituiren, wodurch wenigstens das Land ohne seine Kosten in
den Besitz einer Bahnverbindung gesetzt wäre. Unverkennbar aber
war es, daß das Gebotene hinter der alten Verpflichtung eigentlich
zurückstand und daß Oldenburg durch ein solches Abkommen im
Eisenbahnwesen gewissermaßen auf sein Hausrecht verzichtete. Ent=
weder mußte zu der versprochenen Südbahn der Bremer Anschluß
auf Preußens Kosten hinzutreten oder es bewendete für die südliche
Strecke der Jadebahn bei der Conzession und suspendirten Ausführung,
bis Hannover den Durchgang zuließe: dann mußte die Strecke Olden=
burg-Bremen als Oldenburgische Staatsbahn ausgebaut werden unter
Gewährung einer Zinsgarantie seitens des Preußischen Staates.
Vorübergehend schien es, als wollte ein Ausgleich auf dieser Basis
sich rasch vollziehen. Dann erregte indeß die Zinsgarantie Wider=
spruch und glaubte man in Berlin eher eine Mehrleistung durch den
Ausbau auch der Braker Bahn befürworten zu sollen. Die Geneigt=
heit Oldenburgs, die Zinsgarantie für Oldenburg-Bremen ev. auf
den Zeitraum bis zur Ausführung der Südbahn zu beschränken —
unter Umständen selbst eine Capitalentschädigung für die Gebiets=
abtretung an deren Stelle zu setzen, erreichte nicht den dringend
wünschenswerthen Abschluß. Es waren anscheinend inzwischen andere
Strömungen zur Geltung gekommen, welche zu unterdrücken nicht in
der Macht der Persönlichkeiten lag, deren Entgegenkommen dem
Ziele so nahe geführt hatte. Im Anfang von 1863 war die
Oldenburgische Regierung nach abermaliger Enttäuschung in ihrem
Streben wieder genau auf derselben Stelle angelangt, wo sie vor
Jahresfrist gestanden.

II. Abschluß der Staatsverträge. Verhandlungen mit dem Landtage.

§. 3.
Oldenburg-Bremen und Oldenburg-Heppens (Wilhelmshaven).

Es gehörte die ganze Frische der um das Land so verdienten Leiter unserer Regierung dazu, um durch die letzterwähnten Miß= erfolge sich nicht abschrecken, die Eisenbahnfrage nicht, wenigstens bis auf Weiteres, auf sich beruhen zu lassen, sondern in unmittelbarem Anschluß an das Ende der Berliner Verhandlungen mit der Stadt Bremen wieder anzuknüpfen (Februar 1863).

Wie zu erwarten stand, wurde von den Vertretern der Hanse= stadt die Idee einer gemeinschaftlichen Staatsbahn noch entschiedener für undurchführbar erklärt als vor einigen Jahren. Man berief sich auf die ungünstigen Resultate der Geestebahn und glaubte, daß nach der allgemeinen Sachlage der Vortheil des Anschlusses so wesentlich auf Seiten Oldenburgs liege, daß von Bremen eine direkte Betheiligung an den Kosten, überhaupt positive pekuniäre Unterstützung, wohl kaum zu erwarten sei. Dagegen erkannte man bereitwilligst an, daß die Vortheile, welche für Bremen aus der Verbindung erwüchsen, zu freundnachbarlichem Entgegenkommen und zu einer billigen Behandlung alle Veranlassung böten.

Da bei der Oldenburgischen Regierung der Entschluß, die ganze Strecke auf eigene Kosten auszuführen, bereits erstarkt war, so wur= den die Verhandlungen trotz der nicht eben günstigen Aufnahme der ersten Anfrage ohne Verzug aufgenommen, indem man nach Er= nennung beiderseitiger Regierungscommissarien, denen in Bremen ein von der Bürgerschaft erwählter Vertrauensausschuß zur Seite stand, auf Grund von Conzessionsbedingungen für das Bremische Gebiet verhandelte, welche in Oldenburg entworfen waren.

Das jenseitige Verlangen, daß Oldenburg auf seine alleinige Kosten die Weser überbrücken solle, war indessen so unerwartet und die Vorstellung von der Höhe der für diese Anlage erforderlichen Summe eine so große, daß man vorläufig das Projekt auf eine Ausführung der Bahn als reiner Localbahn bis Bremen=Neustadt reduzirte. Erst als das Gutachten des Bauraths Scheffler in Braunschweig auf Grund der günstigen Ergebnisse, welche eine Unter=

suchung des Baugrundes ꝛc. geliefert hatte, die muthmaßlichen Kosten
zu einem wesentlich niedrigeren Betrage überschlug, nahm man den
ursprünglichen Plan des Anschlusses an den Bahnhof in Bremen=
Altstadt wieder auf, da man sich der Ueberzeugung nicht verschließen
konnte, daß die Bahn, schon in ihrer ersten Isolirung, vollends in
den anzustrebenden Fortsetzungen durch Ostfriesland nach Holland,
an die Hafenplätze des linken Weserufers ꝛc. wesentlich auch auf
durchgehenden Verkehr in beiden Richtungen angewiesen sei. Mit
diesem Entschlusse war man gezwungen, nicht nur die Kosten der
Eisenbahnbrücke auf sich zu nehmen, sondern Bremen selbst die Ver=
zinsung der Kosten der vorhandenen Anlagen zu gewähren, das alte
Zuchthaus zu bezahlen, den Sicherheitshafen (dessen Abdämmung
als unzulässig angesehen wurde) zu überbrücken — so daß in der
That an greifbarer Bethätigung des erheblichen Bremischen Interesse
nicht viel übrig blieb als die unentgeltliche Abtretung des Wall=
grundes, welche schon früher Privaten angeboten war: jedenfalls
kein Verhältniß zu der früheren Bereitwilligkeit, für ein Drittel des
Capitals die Zinsgarantie zu übernehmen — wenngleich die Coulanz
in der schließlichen Abrundung einzelner Pöste Anerkennung verdient.
Besondere Schwierigkeiten machte das Bremische Verlangen der An=
lage einer Haltestelle in Bremen=Neustadt, welche schließlich unter
Vorbehalt der Zustimmung der Zollbehörde, unter der Bedingung
zugestanden wurde, daß von den jährlichen Prästationen Oldenburgs
dafür 2000 ℳ Gold eingekürzt werden sollten.

Am 8. März 1864 wurde endlich der Vertrag unterschrieben —
nachdem der Vertrag mit Preußen wegen Ausbaus der Heppens=
Oldenburger Bahn kurz vorher (am 16. Februar 1864) zur Unter=
schrift gelangt war.

Letzteres war das Ergebniß einer etwa dreimonatlichen Ver=
handlung, welche auf Preußische Initiative sich anknüpfte an die
Conferenzen wegen der Paris=Hamburger Bahn. Als Hannover
auch an diese Oldenburg resp. der Preußischen Jadebahn keinen An=
schluß gewähren wollte, trat der Königlich Preußische Commissar
mit Vorschlägen für eine anderweitige Schienenverbindung des Ma=
rineetablissements hervor, welche im Wesentlichen zum Inhalt des
Vertrages geworden sind.

Es erübrigt, die Hauptbestimmungen dieses, sowie des Bremer
Vertrages, in Kürze zusammen zu fassen.

Der wesentliche Inhalt des Staatsvertrages mit Preußen vom
16. Februar 1864 wegen weiterer Entwickelung der durch den

Kriegshafen=Vertrag vom 20. Juli 1853 begründeten Verhältnisse, wie solcher unter dem 5. Mai 1865 (Gesetzblatt Band XIX. Seite 203 ff.) publizirt wurde, ist folgender:

Es wird am westlichen Jadebusen ein ferneres Gebiet von etwa 200 Jück Oldenburgisches Katastermaß an Preußen abgetreten, die Anlegung dreier detachirter Befestigungswerke außerhalb desselben auf Oldenburgischem Territorium zugelassen und werden Baurayon=Bezirke der Hauptumfassung und der Nebenwerke bestimmt; ferner wird die Anlegung eines Handelshafens und einer damit verbundenen Ansiedelung am westlichen Jadeufer auf Preußischem Gebiete für zulässig erklärt.

Die Preußische. Regierung verpflichtet sich, die ihr in dem früheren Vertrage concessionirte Bahn von dem Marineetablissement bis Oldenburg in derselben Zeit auszuführen, innerhalb welcher Oldenburg die Bahn bis Bremen zur Ausführung bringt. Die Fortsetzung der Jadebahn an die südliche Landesgrenze des Herzog= thums bei Damme soll binnen 10 Jahren in Angriff genommen, binnen 12 Jahren vollendet werden — andernfalls hat Preußen den Betrag von 1 Million Thalern an Oldenburg zu zahlen. Für Einrichtung, Ergänzung und Mitbenutzung des Bahnhofs Oldenburg zahlt Preußen einen verhältnißmäßigen Beitrag; die letztgenannte Vergütung fällt weg, so lange Oldenburg den Betrieb der Bahn führt; Staatsgrund zur Anlage der Bahn und deren Pertinenzien wird oldenburgischerseits unentgeltlich abgetreten; im Uebrigen wird zur Ermöglichung des Grunderwerbs ein Expropriationsgesetz erlassen. Die Landeshoheit bleibt Oldenburg, dagegen ist die Bahn nebst Zubehör frei von allen Abgaben.

So lange als die Königlich Preußische Regierung die Bahn= strecke von Oldenburg nach der Hannoverschen Landesgrenze nicht betriebsfähig hergestellt hat, überläßt dieselbe Verwaltung und Betrieb der Heppens=Oldenburger Bahn an die Oldenburgische Regierung. Die Preußische Bahnstrecke wird in ordnungsmäßigem Zustande übergeben, statt der für dieselbe erforderlichen Betriebsmittel wird von Preußen die Summe von 391,600 ℳ an Oldenburg abgegeben, welcher Werth in Geld oder in taxirten Betriebsmitteln bei dem etwaigen Uebergang der Bahn in Preußischen Betrieb zu erstatten ist.

Die oldenburgische Betriebsleitung ist weiteren Beschränkungen nicht unterworfen, als daß täglich mindestens zwei Züge in jeder Richtung gehen sollen, die Tarifeinheitssätze ohne Preußens Zustim= mung nicht höher sein dürfen, als im Verkehr zwischen Oldenburg und Bremen, andererseits für den durchgehenden Verkehr auch nicht niedrigere Antheilssätze als für die genannte Strecke einzurechnen sind.

Während der Dauer der Betriebs=Ueberlassung erhält Oldenburg von der Bruttoeinnahme 6000 ₰ pro Meile vorab, 50% der Mehreinnahme bis zu 20,000 ₰ pro Meile und 60% der Einnahmen, welche 20,000 ₰ pro Meile übersteigt, werden an Preußen jährlich abgeliefert.

Das Wichtigste aus dem Vertrage mit Bremen wegen der Conzession zum Bau und Betriebe der zur Herstellung einer Eisenbahnverbindung zwischen Oldenburg und Bremen erforderlichen Bahnstrecke innerhalb des Bremischen Staatsgebietes vom 8. März 1864, publizirt am 29. April 1865 (Gesetzsammlung Band XIX. Seit 159 ff.), ist in Nachstehendem zusammenzustellen:

In der Nähe von Huchtingen soll eine Station, in der Neustadt eine Haltestelle, beide mit Zollabfertigung, eingerichtet werden; der dem Bremischen Staat gehörende Grund von der Landesgrenze bis zum Stadtgraben in der Neustadt wird unentgeltlich abgetreten, übrigens findet das Bremische Expropriationsgesetz Anwendung.

Die Brücken über Weser und Sicherheitshafen sollen eingleisig auf massiven Pfeilern mit eisernem Oberbau erbaut und mit zwei, vor und hinter denselben sich verschlingenden Gleisen belegt werden. (Auf Grund späterer Vereinbarung ist unter Prästation der Mehrkosten abseiten Bremens die Anlage mit zwei Geleisen, beide verschlungen, ausgeführt.)

Die Anlagen des Hauptbahnhofs der Wunstorf=Bremer=Geeste=Bahn für Personen= und Güterverkehr werden der Oldenburger Mitbenutzung überwiesen.

Der Bau erfolgt von der Landesgrenze bis an den Stadtgraben durch Oldenburg, die Fortsetzung beschafft und unterhält Bremen.

Oldenburg hat zu zahlen:

1. für die Localitäten und Einrichtungen des Hauptbahnhofs nach Verhältniß der Mitbenutzung 4% des Anlagekapitals, ½% für Verschleiß, einen der Mitbenutzung entsprechenden Antheil an den Unterhaltungs= und Ergänzungskosten — für die Oldenburg allein überwiesenen Localitäten 2c. 4% des Anlagekapitals, Kosten der Unterhaltung und Ergänzung, ½% für Verschleiß der Gebäude;

2. für die Weserbahn nach Verhältniß der Mitbenutzung

2*

einen Antheil an den Kosten der Unterhaltung, Ergänzung und Bewachung und der Verzinsung des Anlagekapitals zu 4%;

3. für die Bahnstrecke von Weserbrücke bis zur Weserbahn 4% der Anlagekosten;

4. für die Brücke über die Weser 4% des für eine Eisenbahnbrücke zu veranschlagenden Anlagekapitals, die Unterhaltungskosten, sowie für Verschleiß $\frac{1}{3}$% für Unterbau und $\frac{1}{2}$% für Oberbau;

5. für die Brücke über den Sicherheitshafen 4% der aufgewandten Anlagekosten, übrigens wie zu 4;

6. für die Anlagen zwischen Neustadtsgraben und Weser dsgl. Die Ufermauern und Rampe am Neustadtsdeich werden auf Bremische Kosten unterhalten.

Der Wall und Zuchthausgrund wird bei den Anlagekosten nicht eingerechnet.

Im Schlußprotokolle wurde Oldenburg freigestellt, statt der Zinsen der Anlagekosten für Localitäten und Einrichtungen des Hauptbahnhofs, des Weserbahnhofs, das $\frac{1}{2}$% für Verschleiß der Bahnhofshochbauten, des Beitrags zu den Unterhaltungs-, Ergänzungs- resp. auch Bewachungskosten der Gebäude des Hauptbahnhofs und des Weserbahnhofs, in den nächsten 5 Jahren 5000 ℳ Gold zu zahlen, demnächst bleibt bei erfolgter Kündigung die Verbindung eines neuen Aversums vorbehalten; (von der Kündigungsbefugniß hat Bremen Gebrauch gemacht) auch sind mit Rücksicht auf die Kosten der Haltestelle Bremen-Neustadt jährlich 2000 ℳ Gold in der Entschädigungsquote zu kürzen.

Der Hauptvertrag bestimmt ferner, daß der ganze Betrieb auf dem Hauptbahnhof von der Hannoverschen Verwaltung mit wahrgenommen werde gegen einen dem Verhältniß der Mitbenutzung entsprechenden Beitrag.

Der Grund und Boden ist nach den allgemeinen gesetzlichen Bestimmungen Bremens den staatlichen und communalen Abgaben unterworfen, die Gebäude sind frei von Staatssteuer, das Unternehmen darf mit einer Gewerbesteuer nicht belegt werden.

Für die Ankunfts- und Abfahrtszeiten der Züge auf Bahnhof Bremen ist die Genehmigung des Senats erforderlich; der Tarif von und nach einer Bremischen Station soll keinen höheren Einheitssatz enthalten als derjenige nach einer nichtbremischen Station der Oldenburgischen Bahnen.

Einmündung und Uebergang von Seitenbahnen sowie concur=
renter Betrieb gegen Entrichtung eines Bahngeldes auf Bremischem
Gebiet kann von Bremen zugelassen werden.

Wird eine Oldenburger Südbahn ausgeführt, so kann Bremen
von Delmenhorst über Wildeshausen einen Anschluß bauen, sofern
Oldenburg solchen nicht selbst beschafft oder anderweitig aus=
führen läßt.

Bremen ist befugt je für den Ablauf eines Dezennium die
Conzession zu kündigen mit der Wirkung, daß der Bauwerth der
Strecke ersetzt wird, und der Betrieb bremischerseits fortgeführt
werden muß.

Gleiches hiefür sowie für die Unübertragbarkeit der Conzession
an Andere gilt auch in Bezug auf eine Bremische Bahn im Olden=
burgischen zum Anschluß an die Südbahn.

Mit diesem Inhalt der Verträge hatte die Staatsregierung vor
den Landtag zu treten. Es geschah dies in einer Situation, welche
nach Anleitung der vertraulichen Vorlage in Folgendem zusammen=
zufassen ist:

Die Staatsregierung war seit dem Jahre 1846 fortwährend
bemüht gewesen, auch dem Herzogthum Oldenburg durch Eisenbahnen
die Vortheile zu sichern, welche sie noch überall der Landwirthschaft,
der Industrie und dem Handel gebracht hatte. Aber alle Versuche,
durch Conzessionirung von Privatgesellschaften, durch Verträge mit
Preußen, Hannover und Bremen zu einer Eisenbahn=Verbindung zu
gelangen, scheiterten, und so war im Jahre 1864 das Herzogthum
Oldenburg fast das einzige deutsche Land, welches noch keine Eisen=
bahn hatte. Ungünstige Zeitverhältnisse, zuweitgehende Forderungen
der Unternehmer und insbesondere die Lage Oldenburgs als Enclave
Hannovers, hatten die Ausführung der Pläne der Staatsregierung
und letzterer Umstand auch Preußen gehindert, die durch den Kriegs=
hafen=Vertrag übernommene Verpflichtung zum Bau einer Eisenbahn
zu erfüllen.

Diese Erfahrungen hatten bei der Staatsregierung die Ueber=
zeugung begründet, daß es im Interesse des Landes unbedingt
geboten sei, daß der Staat selbst damit beginne, die Grundlage zu
einem eigenen Eisenbahnsystem zu legen, da nicht zu bezweifeln war,
daß, wenn nur einmal der Anfang gemacht sei, die fehlenden Glieder
sich in der den Verkehrsverhältnissen entsprechenden Rich=
tung allmählich anfügen würden, während zu besorgen war, daß
Oldenburg noch lange auf eine Eisenbahn=Verbindung warten müßte,

daß Bahnen entständen, welche Oldenburgs Pläne durchkreuzen würden, wenn es nicht auf seine eigne Kraft sich stütze. Die Staatsregierung hatte hiernach den Bau einer Eisenbahn von Oldenburg nach Brake und Bremen auf Staatskosten in Aussicht genommen.

Nach der Haltung, welche bisher die Landtage des Großherzogthums in Beziehung auf die Eisenbahn-Angelegenheiten eingenommen hatten, rechnete die Staatsregierung darauf, daß der Landtag ein Vorgehen billigen würde, welches allein zum Ziele führen konnte.

Die Interessen des Landes forderten Bahnen, welche dasselbe von Norden nach Süden und von Osten nach Westen durchschneiden. Die Bahn von Norden nach Süden sollte durch den KriegshafenVertrag gesichert werden. Ob sie bei dem entschiedenen Widerspruche Hannovers zur Ausführung kam, stand dahin, und wenn das nicht der Fall sein sollte, so würde eine Verbindung in südwestlicher Richtung nach Osnabrück oder auch direct nach Südholland und Belgien oder in südöstlicher Richtung zum Anschlusse an die projectirte Bahn von Venlo über Münster, Osnabrück nach Bremen fast gleichmäßig den Interessen des Landes entsprochen haben. Die Bahn, welche von Osten nach Westen durch das Land zu führen war, konnte nur zur Verbindung mit Bremen und Holland dienen. Die in dem Dreiecke Oldenburg-Brake-Bremen zu machende Anlage mußte hiernach eine möglichst gute, zum Durchgange nach Holland geeignete BremenOldenburger und außerdem eine thunlichst nahe, die Concurrenz mit der 8,087 Meilen langen Geestbahn ermöglichende BremenBraker Linie enthalten. Was die Oldenburg-Braker Linie betraf, so mußte diese von allen dreien als die weniger wichtige und als diejenige angesehen werden, welche am leichtesten einen unvermeidlichen Umweg ertragen konnte. Diese Rücksichten hatten zu dem Plane geführt, die Bahn von Oldenburg über Hude nach Bremen und von Hude nach Brake zu führen. Nach demselben betrug die Entfernung zwischen den Stationshäusern der Bahnhöfe von Bremen bis Oldenburg 6,03 Meilen, von Bremen bis Brake 7,03 Meilen und von Brake nach Oldenburg 5,18 Meilen und die gesammte Betriebslänge vom Hauptbahnhofe bei Bremen aus gerechnet 9⅓ Meilen. Faßte man die Bahnen, welche die Hauptpunkte verbanden, als selbständige Bahnen auf, so war nach dem vorliegenden Plane ein Bahnnetz von 18,64 Meilen ausgeführt.

Wenn es gleich wünschenswerth gewesen wäre, bei der Projectirung der fraglichen Oldenburgischen Bahnen in feststehenden Plänen für die sich künftig daran anschließenden Bahnen in südlicher und westlicher Richtung eine feste Grundlage zu haben, so konnte darin doch kein Grund gefunden werden, sich für ein längeres Zuwarten zu entscheiden, denn nach dem Plane der Staatsregierung fand jede Eventualität einen passenden Anknüpfungspunkt. Zudem ließen manche Momente, ganz abgesehen davon, daß dadurch dem Lande die Vortheile einer Eisenbahn noch länger vorenthalten worden wäre, ein ferneres Zuwarten geradezu als nachtheilig erscheinen.

Die sogenannte Pariser Bahn, welche, abgesehen von der großen internationalen Bedeutung der Verbindung mit Frankreich, Belgien und Holland, von der größten Wichtigkeit für die Kohlengebiete Westphalens war, mußte höchstwahrscheinlich, weil sie entschieden einem Verkehrsbedürfniß entsprach, zu Stande kommen. Wurde dieselbe mit dem Uebergange über die Weser bei Bremen und der Durch= schreitung des Ueberschwemmungsgebietes diesseits Bremen vor der Oldenburgischen Bahn ausgeführt, so verlor Oldenburg nicht nur den Vortheil, jene Anlagen im eigenen Interesse örtlich zu pro= jectiren, sondern auch den Vorzug des eigentlichen Herrn und Disponenten im Betriebe, außerdem aber mehr oder weniger den Gewinn, welcher sich aus der gemeinschaftlichen Benutzung eines möglichst großen Theils dieser theuren Bahnstrecke erzielen ließ.

Eine Entscheidung über den Bau der Bahn von Oldenburg nach Bremen mußte ferner von entscheidendem Einflusse auf die Bestimmung des Anschlußpunctes der nordholländischen Bahnen an die Westbahn werden. Oldenburgs Interesse forderte den Anschluß bei Leer. Die betheiligten Staaten hatten bereits Bevollmächtigte ernannt, um über den Anschlußpunct sich zu verständigen, und da der Bau der Holländischen Bahnen so weit vorgeschritten war, daß bald entschieden werden mußte, ob derselbe mehr südlich oder nördlich zu suchen war, so mußten die Verhandlungen ohne Zweifel bald zum Abschluß gebracht werden. Die Aussicht auf eine Verbindung von Leer über Oldenburg nach Bremen, welche durch den Bau einer Oldenburg=Bremer Bahn an Wahrscheinlichkeit gewinnt, mußte nun nicht allein von Einfluß auf die Entscheidung der Holländischen Regierung über den Anschlußpunct sein, sondern diese auch vielleicht bestimmen, bei der Königlich Hannoverschen Regierung auf die Sicherung der Fortführung der Bahn von Leer nach Oldenburg zu bringen. Daß Ersteres der Fall sein werde, war einem Oldenburgi= schen Bevollmächtigten, der nach dem Haag gesandt war, um für den Anschluß bei Leer zu wirken, erklärt. Nahm Oldenburg auch

jetzt noch eine zuwartende Stellung ein, so gab es damit die Möglichkeit, auf die Entschließung Hollands einzuwirken, auf.

Die Staatsregierung hatte, überzeugt von der Nothwendigkeit
eines entschiedenen raschen Vorgehens, Verhandlungen mit Bremen
eingeleitet und den Bau der fraglichen Eisenbahn auf gemeinschaftliche Kosten beantragt. Bremen hatte ein Eingehen auf diesen Vorschlag bestimmt abgelehnt, und motivirte das durch die bedeutenden
Ausgaben für die Geest- und Bremen-Wunstorfer Bahn und für sonstige vom Staate ausgeführte Anlagen, welche den Credit desselben in
erheblicher Weise in Anspruch genommen, und durch den Ausfall an
Einnahmen, für welche ein gesicherter Ersatz noch nicht gefunden sei.
Der Staatsregierung blieb hiernach nur die Wahl übrig, die Eisen-
bahnpläne noch weiter zu vertagen oder allein den Bau der Bahnen
in Aussicht zu nehmen, und wählte sie das Letztere und beantragte
die Ertheilung einer Concession zum Bau einer Eisenbahn von der
Bremer Grenze zum Anschluß an die Bremen-Hannoverschen
Bahnen. Eine unmittelbare Verbindung mit den Bahnen am
rechten Weserufer ward in Aussicht genommen, weil die Staatsregierung es als eine Lebensbedingung für das Oldenburgische
Eisenbahnnetz ansehen mußte, daß die Weser bei Bremen mittelst
einer Brücke überschritten werde. Das Fehlen dieser Brücke wäre
für den Personenverkehr gleichbedeutend mit dem Zeitverluste einer
Stunde gewesen, und würde damit die Entfernung zwischen Oldenburg und Bremen auf fast das Doppelte der wirklichen Entfernung
vergrößert sein, da Personenzüge die Strecke zwischen Oldenburg und
Bremen nahezu in einer Stunde zurücklegen müssen. Für den
Güterverkehr würde dieser Mangel noch nachtheiliger und ein
größerer durchgehender Güterverkehr ohne Ueberbrückung kaum
möglich gewesen sein.

Die Verhandlungen hatten nun zu dem Abschlusse des oben
skizzirten Staatsvertrages mit Bremen geführt, nach welchem der
Bremer Senat die Anlage dadurch fördern wollte, daß derselbe

1. die Bauten innerhalb der Stadt ausführen ließ und die dazu
   erforderlichen Summen, die die Oldenburgische Regierung zu
   verzinsen hatte, verfügbar machte;
2. die Brückenbauten über den Stadtgraben und über die Weser
   gegen eine Aversionalsumme und damit das mit solchen
   Bauten stets verbundene Risico übernahm;
3. den am linken Weserufer zur Bahnanlage erforderlichen
   Staatsgrund unentgeltlich abtrat und auf eine Entschädigung

für das in Folge der Weserüberbrückung zu entfernende, zu 40,000 ℳ Gold veranschlagte Zuchthaus, unter der Voraussetzung einer Modification des Art. 7 des Vertrages vom 4. Januar 1854, betreffend die Hoheits= und Eigenthumsgrenzen, sowie die Strombauten und sonstigen Verhältnisse auf und an der Weser in der Strecke von der Moorlosen Kirche bis zur Ausmündung der Lesum verzichtete.

4. sich damit einverstanden erklärt hatte, daß von dem innerhalb der Stadt zu enteignenden Grund und Boden der Oldenburgischen Regierung nur der Preis des zur Anlage zu verwendenden Grund und Bodens angerechnet werden sollte und

5. für die Einrichtung einer Haltestelle in der Neustadt jährlich 2000 ℳ Gold vergütete.

Der Entschluß der Staatsregierung, die Eisenbahnangelegenheit selbst in die Hand zu nehmen und zunächst eine Verbindung mit Bremen zu sichern, hatte schon damals die wichtige Folge gehabt, daß über die Herstellung einer Eisenbahn von Oldenburg über Varel nach Heppens eine Verständigung mit der Königlich Preußischen Regierung erreicht wurde. Dieser Vertrag war hauptsächlich oldenburgischerseits durch den Wunsch, dem Herzogthum die im Vertrage vom 20. Juli 1853 in Aussicht gestellte Eisenbahn zu verschaffen und die Rentabilität einer Oldenburg=Brake=Bremer Bahn möglichst sicher zu stellen, preußischerseits durch das Bedürfniß einiger zur Landbefestigung des Kriegshafens nöthigen Gebietserweiterungen und sonstigen Bestimmungen veranlaßt.

Für die Staatsregierung war dabei die Erwägung von wesentlichem Einfluß:

1. daß Preußen mit Grund behauptete, zum Bau der fraglichen Eisenbahn erst nach erfolgter Durchlaß=Bewilligung Hannovers verpflichtet zu sein, die Hannoversche Regierung den Durchlaß, im finanziellen Interesse ihrer Staatsbahnen, fortwährend entschieden verweigere, und die Preußische Regierung sich außer Stande erklärte, dieselbe zur Zeit zur Gestattung des Durchlasses zu bestimmen;

2. daß eine Verweigerung der zur Landbefestigung des Kriegshafens wirklich nothwendigen Gebietserweiterungen und sonstigen Bestimmungen eine gänzliche Wiederaufgebung desselben um so mehr besorgen ließ, als der Kriegshafen in den maßgebenden Kreisen auch seine Gegner hatte.

Die Staatsregierung hatte daher im Vertrage die gedachten Zugeständnisse, indessen in möglichst beschränktem Umfange, gemacht. Dagegen gewährte der Vertrag preußischerseits:

1. die Mittel zur Entschädigung für diejenigen Eigenthumsbeschränkungen, welche dem in den Baurayonbezirken belegenen Grundeigenthum auferlegt werden mußten;

2. die sofortige Ausführung der Eisenbahn von Heppens bis Oldenburg in einer solchen Weise, daß dieselbe der hiesigen Landeskasse keine Ausgaben verursachen, sondern nur Einnahmen einbringen konnte.

3. einen reinen Gewinn von 150,000 bis 200,000 ℳ an dem Capitale, welches Preußen für Betriebsmittel bezahlen mußte;

4. durch die Preußische Bahn-Anlage zugleich eine wesentliche directe Erleichterung des Eisenbahn-Unternehmens OldenburgBrake-Bremen, indem sie eines Theils die Hälfte der Kosten des Bahnhofs bei Oldenburg zu tragen hatte, andern Theils wesentliche Ersparungen durch Benutzung derselben Betriebsmittel und derselben Verwaltung für beide Bahnen gestattete;

5. die Sicherheit, innerhalb 10 Jahren entweder die Südbahn in Angriff genommen zu sehen oder eine Million Thaler von Preußen ausbezahlt zu erhalten; desgleichen

6. die Sicherheit innerhalb 12 Jahren entweder die Südbahn, wenn sie in den ersten 10 Jahren in Angriff genommen war, in Betrieb gesetzt zu sehen, oder bis solches geschah alljährlich 80,000 ℳ von Preußen ausbezahlt zu erhalten.

Nachdem die Verhandlungen mit Bremen eröffnet waren und eine Verständigung in Aussicht genommen werden konnte, hatte die Staatsregierung durch einen bewährten auswärtigen EisenbahnTechniker den Plan zum Bau der Oldenburg-Brake-Bremer Eisenbahn aufstellen lassen. Derselbe hatte die erforderlichen Untersuchungen vorgenommen und, nachdem die nothwendigen Nivellements ausgeführt, sich für die oben angegebenen Eisenbahn-Linien entschieden. Die Staatsregierung hatte den Vorschlag gebilligt und die Veranschlagung der Kosten verfügt. Die Gesammtkosten, welche Oldenburg zur Last fielen — einen Theil der Gesammtausgaben übernahmen, wie oben angeführt, Bremen und Preußen — betrugen einschließlich der während der Bauzeit für das Baucapital zu zahlenden Zinsen 3,158,405 ℳ.

Die Summe, die Oldenburg für den Eisenbahnbau aufzuwenden hatte, war eine sehr erhebliche. Die Aufbringung derselben mußte

indeſſen, da es ſich um eine productive Verwendung handelte,
ohne nachtheiligen Einfluß auf den Credit des Landes ſein. Der
Bau der Bahnen mußte auch unſerm Lande, wie überall, die größten
Vortheile bringen, und bezweifelte die Staatsregierung auch nicht,
daß dieſe Vortheile ohne irgend erhebliche Opfer der Landescaſſe zu
erreichen ſein würden. Die Staatsregierung legte auf Rentabilitäts=
berechnungen keinen entſcheidenden Werth, da für dieſelben ſichere
Haltpuncte nur in dem beſtehenden Verkehre gefunden werden
können, dieſer aber nicht maßgebend iſt, da noch bei jeder Eiſen=
bahnanlage unter Verhältniſſen, wie ſie im Herzogthume vorlie=
gen, die Erfahrung gemacht war, daß der allmählige Wachsthum
des Verkehrs die Frequenz, mit welcher die Bahn eröffnet wird,
ſehr erheblich und über alle Erwartung übertrifft. Das, was durch
die neuen Transportmittel in Bewegung geſetzt, theils aus dem
Zuſtande der Ruhe gerüttelt, theils überhaupt erſt in's Leben
gerufen und aus der Ferne herbeigezogen wird, kann in zuver=
läſſigen Zahlen nicht ausgedrückt werden. Bei dem allgemeinen
Verſtändniſſe für die Erfolge des Eiſenbahnweſens konnte man
wohl darauf verzichten, die Nothwendigkeit von Eiſenbahnen, in
einem Lande, welches bis jetzt noch keine hatte, durch Zahlen
darzuthun. Nachdem die Fortführung der Bahn bis Heppens in
Ausſicht ſtand, konnte jedenfalls das finanzielle Riſico, welches in
den erſten Jahren mit der Eiſenbahn=Anlage vielleicht übernommen
werden mußte, kein Grund ſein, noch länger auf die Vortheile zu
verzichten, welche eine Eiſenbahn für die Induſtrie, für den Handel,
für die ſocialen Verhältniſſe, für Arbeiter und allgemeine Erwerbs=
Verhältniſſe und für die Kultur in jeder Hinſicht hervorrufen mußte.

Die Staatsregierung ſtellte hiernach folgende Anträge:

der Landtag wolle

1. dem mit der freien und Hanſeſtadt Bremen am 8. März
1864 und dem mit der Krone Preußen am 16. Februar
1864 abgeſchloſſenen Staatsvertrage ſeine verfaſſungs=
mäßige Zuſtimmung ertheilen und

2. zum Bau einer Eiſenbahn von Oldenburg nach Brake
und Bremen eine Summe bis 3,158,405 ℳ pro 1864/66
bewilligen.

Die vorſtehenden Anträge wurden unterm 11. März 1864 vom
Großherzoglichen Staatsminiſterium beim Landtage des Großherzog=
thums eingebracht. Unterm 19. April 1864 genehmigte der Landtag:

a. den mit Bremen unterm 8. März 1864 abgeschlossenen
Staatsvertrag, sowie

b. den mit der Krone Preußens unterm 16. Febr 1864 abge=
schlossenen Staatsvertrag und

c. den Bau einer Eisenbahn von Oldenburg nach Bremen unter
einigen die Ausführung beider Vorträge, sowie wegen Unter=
haltung eines genügenden Fahrwassers für die nach Ochtum
fahrenden Schiffe gestellten Bedingungen und unter Bewilligung
der dazu erforderlichen Geldmittel,

lehnte dagegen die Bewilligung der Geldmittel für die Bahn von
Hude nach Brake ab.

Nachdem inzwischen der Vorbehalt zum Bremer Vertrage wegen
Einrichtung einer Zollabfertigungsstelle auf Bahnhof Bremen=Neustadt
seine Erledigung gefunden hatte, erübrigte noch die von Preußen
vorbehaltene Genehmigung der Landesvertretung zu dem abgeschlossenen
Staatsvertrage, vor deren Ertheilung zur Ausführung der Bahn
von Oldenburg nach Bremen und zur Vollziehung der erforderlichen
Enteignungen nach dem Landtagsbeschlusse nicht geschritten werden
sollte.

Der damals zwischen der Preußischen Regierung und der
Landesvertretung bestehende Conflikt ließ befürchten, daß letztere die
verfassungsmäßige Zustimmung zum Staatsvertrage vom 16. Febr.
1864 versagen, oder doch deren Ertheilung auf längere Zeit hin=
ausschieben könne, bis wohin die Staatsregierung in der Lage
blieb, den Bau der Bahn von Oldenburg nach Bremen zu sistiren.
Andererseits konnte auch die Oldenburgische Regierung die von
Preußen übernommene sofortige Inangriffnahme der Bahn von
Heppens nicht fordern, da Preußen nur die Verpflichtung eingegangen
war, die Bahn innerhalb derselben Zeit herzustellen, binnen welcher
Oldenburg die Bahn von Oldenburg nach Bremen gebaut haben
würde.

Die Oldenburgische Regierung hatte also das größte Interesse,
diesen Schwebezustand zu beseitigen und den Bau der Bremer Bahn
in Angriff zu nehmen; sie beantragte daher unterm 17. März 1865
beim Landtage unter Darlegung der Sachlage, sich mit einem solchen
Vorgehen einverstanden erklären zu wollen.

Nachdem inzwischen das Preußische Abgeordnetenhaus wider
Erwarten rasch in die Verhandlung über den Staatsvertrag ein=
getreten war und unterm 29. März 1865 denselben nebst Schluß=
protokoll genehmigt hatte, trug der Landtag kein Bedenken, sich

unterm 3. April 1865 damit einverstanden zu erklären, daß der Bau der Oldenburg-Bremer Bahn sofort in Angriff genommen werde, nachdem der Eisenbahn-Ausschuß noch die Erwartung ausgesprochen hatte, daß die noch fehlende Zustimmung zum Staatsvertrage seitens des Preußischen Herrenhauses nicht zu bezweifeln sein werde.

§. 4.
3. Oldenburg-Leer.

Nach den im §. 1. vorübergehend erwähnten Projekten und Conzessionsgesuchen, welche sich auf eine Verbindung der Niederlande mit dem Herzogthum und über dasselbe hinaus mit dem übrigen nördlichen Deutschland bezogen, bewarb sich im Jahre 1860 eine Holländisch-Englische Gesellschaft um die Conzession zu einer Bahn von Amsterdam über Leer und Oldenburg nach Bremen, ev. von da weiter auf Hamburg, ein Plan, welcher begreiflicherweise auch in Bremen Anklang und Förderung fand. Gleichzeitig verlautete, daß die Königlich Niederländische Regierung von Winschoten an die Landesgrenze in der Richtung auf Aschendorf zu bauen beabsichtige, was Anlaß gab in Haag dahin vorstellig zu werden, der Richtung auf Leer den Vorzug zu geben und in Hannover Schritte zu thun, um ein Vorgehen in gleichem Sinne zu veranlassen, was zugesagt wurde.

Auf wiederholte Anfrage in Hannover wegen Ertheilung einer Conzession für die Bahnstrecke Leer-Oldenburg-Bremen, welche oldenburgischerseits ev. einer Privatgesellschaft zu übertragen sei, wurden (Mai 1862) kommissarische Verhandlungen in Aussicht gestellt, bei deren endlichen Eröffnung Hannover mit der Proposition einer gemeinschaftlichen Staatsbahn unter Hannoverscher Verwaltung hervortrat. Dem Eingehen auf diesen Vorschlag stand, wie oben bei den Verhandlungen mit Preußen bereits bemerkt, die Bedingung entgegen, daß Oldenburg ohne Hannovers Zustimmung, in diese „Ems-Weser-Bahn" von Varel oder Brake zwar einzumünden gestattet sein, daß aber die Anlegung oder Zulassung einer weiteren Verbindung nach Süden von der ausdrücklichen Genehmigung Hannovers abhängig bleiben sollte.

Unter dem 15. Februar 1863 wurden die aussichtslosen Verhandlungen mit der Erklärung abgebrochen, daß man den Plan der gemeinschaftlichen Bahn als gescheitert ansehe.

Nach Abschluß der Verträge mit Bremen und Preußen wegen der Bahnen Heppens-Oldenburg und Oldenburg-Brake-Bremen und nachdem (1864) für die Verbindung zwischen der Niederländischen Staats- und der Hannoverschen Westbahn Ihrhove in Aussicht genommen war, wurde oldenburgischerseits der Antrag an Hannover gerichtet, für die Bahn Leer-Oldenburg, soweit Hannoversches Gebiet in Betracht komme, die Conzession zu ertheilen, ev. commissarische Verhandlungen zu veranlassen. Es erfolgte eine Ablehnung, zur Zeit auf diesen Antrag einzutreten, da zuvor die Angelegenheit der Venlo-Hamburger Bahn erledigt sein müsse; auch ein wiederholtes Schreiben hatte keinen Erfolg, doch wurde im August 1866 die Vornahme von Vorarbeiten gestattet.

Nach Verlauf eines Monats konnte der Antrag auf Konzessions-ertheilung an den Königlich Preußischen Ministerpräsidenten von Bismarck gerichtet werden! Nachdem im Oktober commissarische Verhandlungen zugesagt waren, gelangte bereits unter dem 17. Januar 1867 der Vertrag zur Unterschrift, welcher nach Anleitung ähnlicher Verträge bezw. Konzessionen der Preußischen Regierung, von der Oldenburgischen Regierung entworfen, in Berlin nur unwesentliche Amendements erfahren hatte, über die man sich ohne Zeitverlust einigte.

Aus dem Vertrage ist Folgendes hervorzuheben:

Oldenburg verpflichtet sich, die Bahn Leer-Oldenburg auf alleinige Kosten spätestens Ende 1870 dem Betriebe zu übergeben. Der Bahnhof Leer der Emden-Rheiner Bahn wird zur Mitbenutzung eingeräumt, vorbehältlich der zwischen den beiden Eisenbahnver-waltungen abzuschließenden Vereinbarung über Umfang und Bedin-gungen dieser Mitbenutzung, insbesondere über die dafür zu zahlende Vergütung.

Die Landeshoheit hinsichtlich der Bahnstrecke im Preußischen Gebiet bleibt der Preußischen Regierung; für die auf den Eisenbahn-dienst bezüglichen Dienstverbrechen und Vergehen der Beamten sind jedoch ausschließlich die Oldenburgischen Behörden zuständig.

Neue gesetzliche Bestimmungen über Eisenbahnunternehmungen im Königreich Preußen sollen auf diese Strecke ohne vorherige Ver-ständigung mit der Oldenburgischen Regierung nicht zur Anwendung kommen.

Die oldenburgischerseits geprüften Betriebsmittel werden im Preußischen Gebiete ohne weitere Revision zugelassen.

In Betreff der Staats- und Gemeinde-Abgaben sollen der Oldenburgischen Regierung die Befreiungen zu Theil werden, welche die am meisten begünstigte Regierung oder Privatgesellschaft im

Königreich besitzt; unter allen Umständen soll der Betrieb mit einer Gewerbesteuer oder ähnlichen Abgabe nicht belastet werden, auch der Schienenweg stets frei von Grundsteuer sein.

Fahrpläne und Tarife werden oldenburgischerseits festgestellt, doch sollen mindestens zwei Personenzüge täglich in jeder Richtung fahren und keine höheren Einheitssätze nach Preußischen Stationen als nach Oldenburgischen Stationen zu Grunde gelegt werden, welcher Grundsatz an der Emden-Rheiner Bahn in Verkehr mit der Olden- burgischen gleicher Weise zur Anwendung zu bringen ist. Preußen behält sich das Rückkaufsrecht der auf seinem Gebiet belegenen Strecke nach Ablauf von dreißig Jahren vor.

Im Schlußprotokolle wurde auf den Wunsch Oldenburgs noch die ausdrückliche Erklärung des Preußischen Bevollmächtigten nieder- gelegt, daß die Königliche Regierung das baldige Zustandekommen einer Eisenbahn von der Preußisch-Niederländischen Landesgrenze bei Nieuwe-Schans zum Anschluß an die Rheine-Emdener Eisenbahn thunlichst fördern werde.

Schon nach 10 Tagen wurde an den versammelten Landtag die Vorlage der Staatsregierung wegen Genehmigung dieses Ver- trages gerichtet, deren Motivirung nicht nur für die Bedeutung, welche man der Leer-Oldenburger Bahn als Theil einer Hauptver- kehrslinie beilegte, und für die Beurtheilung ihrer finanziellen und wirthschaftlichen Wichtigkeit charakteristisch ist, sondern auch die Ansichten über den Ausbau des Oldenburgischen Eisenbahnnetzes überhaupt in einer so klaren Weise darlegt, daß es von Werth sein wird, auszugsweise diese Begründung an dieser Stelle mit- zutheilen.

Nachdem im Eingang das Bedauern ausgesprochen ist, daß die Staatsregierung zur Zeit noch nicht ·in der Lage sei, über das gesammte Eisenbahnnetz des Herzogthums eine Vorlage zu machen, da ein auch die Südstrecke umfassender Plan nicht eher aufgestellt werden könne, bis die Richtung der Paris-Hamburger Bahn und namentlich die Frage, ob dieselbe das Herzogthum berühren werde, definitiv entschieden sei, fährt dieselbe fort:

„Die Bahn von Leer über Oldenburg nach Bremen wird dem- nächst eine Hauptverkehrslinie zwischen dem Norden von Holland und Hamburg und Bremen, sowie dem entfernteren Osten bilden und wenn, wie wohl kaum zu bezweifeln ist, eine kürzere Verbindung von Bremen in der Richtung auf Berlin hergestellt wird, so muß die Bahn eine noch ungleich größere Bedeutung gewinnen. Was insbesondere den Holländischen Verkehr anlangt, so hat die in Holland bereits fertige oder im Bau begriffene Linie von Amsterdam und Rotterdam nach Utrecht-Arnheim-Zwolle mit der Groningen-Leer-Oldenburg-Bremer-Bahn, soweit es sich nach den Karten ermessen läßt, ziemlich genau dieselbe Länge, als die Bahn von Amsterdam und Rotterdam nach Utrecht, Arnheim-Zütphen, Hengelo-Salzbergen, Rheine-Osnabrück, Bremen, sei es, daß die Bahn von Osnabrück um das Herzogthum herum oder durch dasselbe geführt wird. Es würde hiernach auch dann, wenn die sogenannte Pariser Bahn gebaut ist, ein concurrirender Betrieb selbst in den gedachten Richtungen stattfinden können. Da die erstere Linie zwischen Arnheim und Neuschanz auf einer viel größeren Strecke als zwischen Arnheim und Salzbergen auf einer langen Reihe von Jahren in den Händen der Niederländischen Staatseisenbahn-Betriebsgesellschaft ist und in deren Verwaltung demnächst fast alle Holländische Staatsbahnen sich befinden werden, so wird man annehmen können, daß die Gesellschaft den Verkehr zwischen Holland und Bremen-Hamburg vorwiegend über Leer lenken wird. Außerdem stehen Abkürzungen der Verbindung mit Groningen in Frage, welche die Linie über Leer nach den Hansestädten noch günstiger stellen wird. Von besonderer Wichtigkeit ist auch die Verbindung mit Harlingen, von wo aus selten der Schiffsverkehr mit England während des Winters unterbrochen ist. Allerdings ist die Verbindung mit Nordholland — 1867 wird die Bahn bis Neuschanz fertig — noch nicht gesichert, doch wird die nur 2,16 Meilen lange Strecke von Neuschanz nach Ihrhove ohne Zweifel sehr bald gebaut werden. Die Preußische Regierung hat durch die Erklärung im Schlußprotocolle ihr lebhaftes Interesse für die Herstellung der fraglichen Strecke bekundet und wenn die Niederländische Staatseisenbahn-Betriebsgesellschaft oder eine andere Gesellschaft den Bau nicht unternehmen sollte, so wird sicher die Preußische Regierung sich mit der Niederländischen Regierung über den Bau verständigen. Dem Vernehmen nach soll die Niederländische Regierung dieserhalb bereits Verhandlungen angeregt haben und da die Preußische Regierung das Eisenbahnwesen von einem höheren, allgemeinen Standpunkte aus leitet, da sie beim Anschlusse an die Nordholländischen Bahnen selbst wesentlich interessirt ist, so wird bestimmt darauf gerechnet werden können, daß die Lücke zwischen Neuschanz und Ihrhove bald verschwindet. Der über den Anschluß der Nordholländischen Bahnen 1865 abgeschlossene Staatsvertrag sichert einen durchgehenden Dienst mit concurrentem Betriebe nach Leer, was dem diesseitigen Interesse durchaus entspricht.

Abgesehen von den Einnahmen, welche der Bahn als Theil einer Hauptverkehrslinie zufließen werden, wird auf einen leb=haften Verkehr aus dem reichen Hinterlande, Ostfriesland, gerechnet werden können. Die Entfernung von Leer nach Hannover über Rheine und Osnabrück beträgt 39,₆ Meilen, während die Bahn von Leer über Oldenburg und Bremen nur 29,₅₅ lang ist, und wird bei dieser bedeutenden Differenz der fragliche Verkehr nach Hannover und weiter unbedingt der Leer=Bremer Bahn sich zuwenden. Etwa von der Station Kluse=Dörpen aus wird es vortheilhafter sein, über Leer=Oldenburg als über Rheine=Osnabrück nach Hannover zu gehen. Es ist dieses um so wichtiger, als die nördliche Verbindung mit Holland in dieser Strecke anschließt. Von Ihrhove über Leer=Olden=burg nach Hannover sind es 30,₅₅ Meilen und von Ihrhove=Rheine=Osnabrück nach Hannover 38,₃ Meilen. Wenn auch der Local=verkehr auf der im Herzogthum belegenen Strecke anfänglich von keiner großen Bedeutung sein wird, so wird auch hier, wie überall wo Eisenbahnen gebaut sind, der Schienenweg seine belebende Kraft äußern.

Die Staatsregierung bezweifelt hiernach nicht, daß die Zukunft der Oldenburg=Leerer Bahn nicht allein als eine gesicherte angesehen werden kann, sondern daß auch deren Einfluß auf die Verkehrsver=hältnisse des ganzen Oldenburgischen Eisenbahnnetzes ein sehr wichtiger und weitgreifender sein wird.

Die Staatsregierung hat sich bereits früher über den geringen Werth der Rentabilitätsberechnungen ausgesprochen, weil man dabei stets mit völlig unsicheren Factoren rechnet und ohne Ausnahme die Erfahrung feststellt, daß alle gesunden Unternehmungen Ergebnisse geliefert, welche ungleich günstiger sich herausgestellt, als die Berech=nungen ergeben hatten, welche auf die bei Eröffnung einer Bahn vorliegenden Verhältnisse sich gründeten. Gesund aber ist nach dem Angeführten das Unternehmen einer Oldenburg=Leerer Bahn ohne allen Zweifel und wenn die Bahn, wie die Oldenburg=Bremer Bahn, mit verständiger Sparsamkeit gebaut, mit einem thunlichst geringen Anlage=Capitale in Betrieb gesetzt und der Betrieb mit größter Oeconomie eingerichtet wird, so wird die Rentabilität der Bahn sich rasch entwickeln.

Bei der Beurtheilung der Rentabilität der Leer=Oldenburger Bahn liegt es nahe, auf die ungünstigen Verhältnisse der Bahn von

Minden nach Emden hinzuweisen, welche indessen sich einfach durch die hohen Anlagekosten — 350,000 bis 404,000 ℳ pro Meile, Betriebsmaterial einschließlich — und dadurch erklären, daß die größere Hälfte der Bahn eine Sackgasse ist. Von günstigem Einflusse ist indessen der Anschluß an das Holländische Eisenbahnnetz gewesen, und rechnet man 1866/77 auf eine Roheinnahme von mindestens 25,000 ℳ pro Meile, während die des Vorjahrs nur 18,499 ℳ betrug. Viel günstiger werden die Verhältnisse der Oldenburg-Leerer Bahn liegen, da die Terrainverhältnisse einen erheblich billigeren Bau gestatten, da die ganze Strecke einen durchgehenden Verkehr und dieselbe nach zwei Seiten Anschlüsse erhalten wird.

Von der allergrößten Wichtigkeit ist der Bau der Oldenburg-Leerer Bahn für die Rentabilität der Oldenburg-Bremer Bahn und ohne Zweifel wird der Anschluß nach Leer die Roheinnahme der Oldenburg-Bremer Bahn ganz erheblich steigern. Auch auf die Erträge der Oldenburg-Heppenser Bahn muß der Anschluß nach Leer von günstigem Einflusse sein und das Risico der Oldenburgischen Regierung beim Betriebe derselben mindern. Jede zukommende Bahn, jeder neue Anschluß hat diese Folge und je rascher das Oldenburgische Eisenbahnnetz hergestellt wird, desto früher kann man darauf rechnen, daß dem Lande jegliches finanzielle Risico abgenommen wird und daß die Eisenbahnen selbst zu einer Einnahme-Quelle werden. Wirthschaftlich und finanziell richtig ist es, mit Energie ein Ganzes zu schaffen, da das Ineinandergreifen der verschiedenen Verkehrsadern den Erfolg sichert und das Land vor Opfern bewahrt, gebrachte ersetzt.

Die Staatsregierung ist hiernach, was die finanzielle Seite anlangt, der Ueberzeugung, daß man mit Vertrauen auf das neue Unternehmen eintreten kann, doch muß ein entscheidendes Gewicht auch auf die volkswirthschaftliche Bedeutung der Eisenbahnen mit gelegt werden. Die große Wichtigkeit der durch die Eisenbahnen ermöglichten Erleichterung des Verkehrs für die Belebung und Steigerung des Volksfleißes, für die Erweckung neuer Zweige der Industrie, für das Aufsuchen und die Erschließung des Bodenreichthums jeglicher Art, namentlich auch der Productivkraft desselben, ist überall rasch hervorgetreten und die Förderung der wirthschaftlichen Interessen, die indirecten Vortheile, welche die Eisenbahnen im Gefolge haben, würden es schon allein rechtfertigen, das Land mit einem Schienenwege zu durchziehen. Die Zukunft scheint dem Lande

neue, erhebliche Lasten bringen zu sollen und darin liegt ein Grund
mehr, thunlichst rasch das Eisenbahnnetz auszubauen, um das Land
zu kräftigen, damit es durch erhöhte Steuerkraft den Anforderungen
entsprechen kann, welche Deutschlands Neubildung im Gefolge haben
wird. Wohl sind große Summen erforderlich, um die Eisenbahn=
linien, welche zunächst noch ausgebaut werden müssen, herzustellen,
doch kann man mit Vertrauen, unter den hier vorliegenden Verhält=
nissen, es wagen, da man nach den Erfahrungen anderer auch kleiner
Länder die Ueberzeugung gewinnen muß, daß die Capitalien direct
und indirect nutzbringend angelegt und in nicht zu langer Zeit in
die Casse zurückfließen werden. Das zunächst auszubauende Bahn=
netz würde, wie oben hervorgehoben, befassen: die Bahn nach Leer,
die Bahn nach Jever, die Braker Bahn und eine Bahn nach dem
Süden. Die Kosten der erstgenannten Bahnen sind zu 3,400,000 ℳ
veranschlagt, beziehungsweise überschlagen. Für die Südbahn steht
entweder ein Anschluß an die sogenannte Pariser Bahn oder der
Bau einer Bahn von Oldenburg nach Quakenbrück zum Anschlusse
an eine Bahn von Quakenbrück nach Osnabrück in Frage. Die
Kosten dieser Anschlüsse würden zu etwa einer, beziehentlich zu etwa
zwei Millionen zu veranschlagen sein. Wird die von Preußen nach
dem Vertrage von 1864 zu zahlende eine Million in Anschlag ge=
bracht, so würde der Gesammtkostenbetrag sämmtlicher vorgedachten
Bahnen 3,400,000 bezw. 4,400,000 ℳ betragen. Die Oldenburg=
Bremer Bahn wird, einschließlich des Bremen zu verzinsenden
Capitals, 2,422,000 ℳ erfordern.

Die Staatsregierung geht, wie aus dem Vorbemerkten sich er=
giebt, davon aus, daß die Bahnen im Herzogthum auf Staatskosten
zu bauen seien. Die Staatsregierung hat, wie bei den früheren
Verhandlungen dem Landtage mitgetheilt, mit vielen Unternehmern
über den Bau Oldenburgischer Bahnen verhandelt und dabei die
Ueberzeugung gewonnen, daß nur dann ein Abschluß möglich sei,
wenn der Staat durch Zinsengarantiren das Risico übernehmen und
dadurch es ermöglichen würde, daß der Unternehmer seine Actien
vortheilhaft an den Markt bringen könnte. Es sollte aber oft nicht
allein an den Actien, sondern auch beim Bau verdient werden und
der Staat für eine das Bau=Capital übersteigende Summe mit einer
Zinsgarantie belastet werden. Diese Erfahrungen ermuthigten nicht,
auf neue Verhandlungen einzugehen, die wahrscheinlich wie alle
früheren verlaufen würden, und überhaupt dürfte es richtig sein,
entweder nur Staatsbahnen oder nur Privatbahnen in Aussicht zu

3*

nehmen, da bei einem gemischten Systeme die Sorge nahe liegt, daß die besten Bahnen in die Hände von Gesellschaften gelangen und der Staat schließlich gezwungen wird, die weniger guten, aber zur Vervollständigung des Bahnnetzes doch nothwendigen Bahnen selbst zu bauen, ohne daß er auf eine Ausgleichung durch die Erträge besserer Bahnen rechnen kann. Jedenfalls wird es im vorliegenden Falle kaum zweifelhaft sein können, daß, nachdem die Oldenburg-Bremer Bahn auf Staatskosten gebaut wird und die Oldenburgische Regierung den Betrieb auf der Heppens-Oldenburger Bahn hat, die Oldenburg-Leerer Bahn auf Staatskosten zu bauen ist. Diesen wichtigen und verhältnißmäßig billig herzustellenden Theil der Bremen-Leerer Bahn wird man nicht aus den Händen geben, man wird Disponent der ganzen Bremen-Leerer Bahn werden wollen. Nur dann könnte die Frage, ob man eine Privatbahn in Aussicht nehmen wolle, weiter verfolgt werden, wenn man einen Verkauf der Oldenburg-Bremer Bahn und eine Ueberlassung des Betriebes auf der Heppens-Oldenburger Bahn an eine Privatgesellschaft in Aussicht nehmen wollte. Nach den mit Preußen und Bremen abgeschlossenen Verträgen kann das einseitig nicht geschehen und fragt es sich sehr, ob, wenn auch die Zustimmung der beiden Regierungen erlangt werden sollte, was recht zweifelhaft ist, das Interesse des Landes ein solches Vorgehen rathsam erscheinen lassen sollte. Der Eisenbahnvertrag mit Preußen gewährt manche Vortheile, welche einer Privatgesellschaft nie eingeräumt sein würden, sie kommen jetzt dem Staate, den Oldenburgischen Eisenbahnen, zu Gute, würden aber sicher nicht auf eine Gesellschaft übertragen werden. Ueberdies würden auch in dem Falle der Ueberlassung der Bahnen an eine Gesellschaft die Unternehmer Garantien fordern, da Gesellschaften ohne solche Garantien die erforderlichen Gelder nicht zusammenbringen können. Die Staatsregierung hat immer mehr die Ueberzeugung gewonnen, daß zur Förderung von Privatunternehmungen auf Zinsgarantien nicht einzutreten ist. Eine geordnete Finanzwirthschaft des Staates ist hierbei fast geradezu unmöglich. Die Größe der aus der Staatscasse eventuell zu leistenden Zuschüsse ist von vornherein gar nicht zu ermessen. Viele Beispiele (z. B. das Oesterreichs) haben das eclatant gezeigt.

Einmal ist es notorisch, daß mit dem Anlage-Capital nie verschwenderischer umgegangen ist, als bei Bahnen mit Zinsgarantie. Wie bei so vielen Industrie-Gesellschaften sind auch bei derartigen Bahn-Unternehmungen Mißbräuche, sogar Unrechtfertigkeiten so viel-

sach und in solchem Maßstabe vorgekommen und kommen noch täg=
lich vor, wie sie nimmer bei einem Staatsunternehmen unter nur
einigermaßen geordneten Verhältnissen möglich gewesen wären. Weder
die Gesellschafts=Organe noch die in den meisten Fällen bestehende
Controle, noch auch die directe Einwirkung des Staates haben den
Mißbräuchen vorzubeugen oder abzuhelfen vermocht. Selbst die
Vorherbestimmung des garantiepflichtigen Capitals hat alle Uebel=
stände der beregten Art nicht beseitigen können.

Daß bei allen Unternehmungen Geld zu verdienen die Ab=
sicht ist, liegt in der Natur der Sache, würde an und für sich auch
nicht schaden, suchte man diesen Zweck in dem natürlichen Verlaufe
des Unternehmens und nicht vielmehr im Actienhandel und auf
anderen directen und ausgiebigeren Wegen zu erreichen, wie es fast
an der Tagesordnung ist. Der Mehrzahl der Actionaire und vielen
Begründern solcher Unternehmungen ist der spätere Verlauf derselben,
welcher überdem fast jeder Einwirkung des Einzelnen meistens sich
entzieht, mehr oder weniger gleichgültig, der augenblickliche Er=
folg aber Hauptsache. Es ließe sich das durch zahlreiche Beispiele
leicht erweisen, wäre solches bei einer so allbekannten Erscheinung
überhaupt noch nothwendig.

Wie es mit der Tüchtigkeit und Zuverlässigkeit der Verwaltung
solcher Unternehmungen steht, darüber wird man, die obige That=
sache zugestanden, kaum Illusionen sich hingeben können.

Kaum weniger bekannt ist die Opulenz, mit welcher die Ver=
waltung einer Mehrzahl solcher Gesellschaften, namentlich in Be=
ziehung auf Gehalte, Remunerationen, Präsentationskosten und
Tantiémen für Directoren und Beamte, geführt wird. Mag man
darüber nun denken wie man will, so steht doch fest,

daß derartige Ausgaben von so exorbitanter Höhe die dadurch
herbeigezogenen Kräfte weder unbedingt geeignet zu machen vermögen,
noch solche herbeizuziehen durchaus erforderlich sind, noch auch zu
den wirklich geleisteten Diensten immer in einem richtigen Verhältniß
stehen, — und ferner,

daß solche Ausgaben jedenfalls den Reinertrag erheblich schmä=
lern und zwar in einem durch die Verhältnisse weder gebotenen noch
gerechtfertigten Maße.

Daß, wenn ein industrielles Unternehmen gut geht, den Urhebern
und Leitern von dem Gewinn ein angemessener Theil zu Gute
komme, wird gewiß Jeder recht und billig finden. Ebenso werden
die bei solchen productiven Unternehmungen angestellten Beamten,

von deren Einsicht und Thätigkeit eben der Ertrag derselben so sehr abhängig ist, immer verhältnißmäßig hoch bezahlt werden müssen. Die wirkliche Leistung wird aber jederzeit den Maßstab für die Bezahlung geben, der eigentliche Gewinn aber denen verbleiben müssen, welche das Risico getragen haben, also denen, die das Geld hergaben.

Soll mit dem Gesagten nun auch keineswegs behauptet sein, daß es nicht auch Gesellschafts-Unternehmungen gebe, bei denen strenge Ordnung und eine durchaus tüchtige Wirthschaft herrschen, — und es giebt deren, welche darin Meister sind, — so treten die oben angedeuteten Verhältnisse doch jedenfalls als eine große Schatten- seite derartiger Unternehmungen auf. Die Erfahrung hat das schon mehrfach bewiesen, sie wird solches durch fernere, möglicherweise noch viel weiter greifende derartige Beispiele voraussichtlich auch noch ferner darthun.

Wenn, wie nicht in Abrede zu nehmen ist, eine Mehrzahl von Actien-Gesellschaften gute Resultate erzielt, so kann diese Thatsache gegen das vorstehend Gesagte nichts beweisen, da es bekannt genug ist, daß die ertragsfähigeren Bahnen vorwiegend in den Händen von Gesellschaften sich befinden. — Der Erfolg solcher Bahn-Unterneh- mungen liefert keinerlei Beweis weder für die Richtigkeit des Princips der Gesellschaftsbahnen, noch auch für die Annahme besonderer Befähigung von Gesellschafts-Verwaltungen für solche Unterneh- mungen.

Daß Zinsgarantie den Staat nur vorübergehend be- laste und deshalb eigener Capital-Anlage vorzuziehen sei, ist eine zwar oft gehörte, aber darum nicht weniger irrige Ansicht.

Entweder ist ein Eisenbahn-Unternehmen ertrags- fähig oder es ist es nicht. Im ersten Falle wird, da eine höhere Befähigung den Organen der Gesellschaft als denen des Staates weder grundsätzlich noch erfahrungsmäßig zugestanden wer- den kann, eine Staats-Verwaltung die Rentabilität ebenso gut er- zielen können, als eine Gesellschaft. Im anderen Falle hat der Staat die fehlenden Zinsen zu zahlen, die Gesellschaft aber hat, sobald die garantirte Verzinsung nicht erreicht wird — und das ist für unseren Fall sehr wichtig — unter Umständen kaum ein Interesse daran, ökonomisch zu wirthschaften. Anders steht es in einem solchen Falle mit einer Staats-Verwaltung, welche natürlich dahin streben wird, dem Zinsenbetrage wenigstens so viel als möglich sich zu nähern. Es ist sogar der Fall denkbar, daß es, sobald der Reinertrag die Zinsen nicht deckt, im Interesse einer Gesellschaft liegen kann, denselben durch vermehrte Ausgaben für die Erhaltung der Bahn und Betriebsmittel ꝛc. künstlich herabzumindern, um beide in besten Stand zu setzen und das Unternehmen dadurch für die Zukunft desto ertragsfähiger zu machen, in welcher die eigene Verzinsung eintritt, — ein Verfahren, dessen Nachtheile für den Staat selbst durch die in manchen Concessionen enthaltenen Bestimmungen nicht vollständig compensirt werden können, nach welchen die über eine gewisse Verzinsung hinausgehenden Erträge vorab zur Tilgung der Staatszuschüsse verwendet werden sollen.

Wenn gleichwohl Staaten, deren Finanzen tüchtig geleitet werden und deren Creditverhältnisse wohl geordnet sind, mehrfach Zinsgarantien gewährt haben und noch gewähren, so mag das unter Umständen immerhin gerechtfertigt erscheinen, und zwar wenn, wie dies z. B. in Preußen der Fall sein dürfte:

a) der Staat über einen vorwiegend aus Bahn-Erträgnissen gebildeten und so wohl fundirten Eisenbahnfond gebietet, daß dessen Zulänglichkeit für alle Fälle kaum bezweifelt werden kann;

b) der Staat von der Solidät der übernehmenden Gesellschaft, sowie von der nicht zu fern liegenden Ertragsfähigkeit der zu garantirenden Linie überzeugt sich halten kann, und endlich

c) wenn die auf Herstellung von Eisenbahnen gerichteten Anforderungen so erheblich sind, daß der Staat mit der Organisation seiner Verwaltungen so rasch nicht folgen kann, als es nöthig sein würde, um das anerkannte Bedürfniß zu befriedigen.

Gleichwohl bleibt, wenn das Gewicht der vorstehenden Argumente, namentlich des letzten, auch nicht verkannt werden mag, Zinsgarantie immer eine mißliche Sache für den Staat, eben deshalb, weil ihre Tragweite auch nicht annähernd sich übersehen läßt. Oesterreich und Rußland z. B. sollen durch solche, wenn auch vielleicht durch die Nothwendigkeit gedrungen, nach Ansicht bewährter Staats-Deconomen, in eine sehr bedenkliche Finanzlage sich gebracht haben, namentlich für den Fall, daß, etwa durch politische Ereignisse veranlaßt, die Steuerkraft ihrer Länder nicht die erwartete rasche Entwickelung erfahren sollte. Der Ausspruch eines Staats-Deconomen:

„daß Zinsgarantie gewähren ungefähr dasselbe sei, als den Schlüssel der Schatzkammer des Staates

einem Dritten zu discretionairem Gebrauche überlassen,"

dürfte demnach von der Wahrheit nicht zu entfernt und geeignet
sein, die Bedeutung und die Tragweite von Zinsgarantien des Staats
für Eisenbahn-Unternehmungen mit wenigen Worten in das rechte
Licht zu stellen. Es wird hiernach von Concessionirung von Privatgesellschaften mit Zinsgarantie abzusehen sein.

Die Staatsregierung hat oben die Gründe angegeben, welche
dafür sprechen, möglichst rasch mit dem Ausbau des Bahnnetzes vorzugehen und insbesondere hervorgehoben, daß dadurch um so früher
der Staat von Zuschüssen entlastet, Einnahmequellen geschaffen und
dem Lande die volkswirthschaftlichen Vortheile der Bahnen gesichert
würden. Ein fernerer kaum weniger wichtiger Grund liegt darin,
daß die Bahnen so billig als möglich nur dann gebaut werden
können, wenn man solches ohne Unterbrechung thut. Die Bau-Verwaltung kann, wenn auch die Spitze der Betriebsverwaltung der
fertigen Bahn die ferneren Bauten leitet, in ihrer Organisation
wesentlich beibehalten werden, die tüchtigen eingearbeiteten Kräfte
werden erhalten und wird die Ausnutzung der Erfahrungen, welche
bei den ersten Bauten nie ohne Opfer gewonnen werden, gesichert.
Kaum minder bedeutende Vortheile vermag eine ununterbrochen fort-
geführte Bauverwaltung zu erzielen durch die Verwendung der für
die ersten Bauten angeschafften zahlreichen und kostspieligen Geräthe,
durch die Verwendung unvermeidlich übrig gebliebener Materialien,
durch längere Benutzung der anfänglich nur mit Opfern herange-
zogenen und herangebildeten Arbeitskräfte, kurz durch Vertheilung
der sogenannten Geschäftsunkosten auf möglichst viel Arbeit und durch
thunlichste Ausnutzung der durch dieselben für den Geschäftsbetrieb
zu erzielenden Vortheile.

Endlich wird die Staatsregierung noch hervorzuheben haben,
daß die Bestimmungen des Entwurfes der Verfassung des Norddeutschen Bundes über das Eisenbahnwesen in keiner Weise eine Veranlassung geben, eine zuwartende Stellung einzunehmen."

Im Lande und entsprechend im Landtage fand der Antrag der
Staatsregierung eine verschiedene Beurtheilung — schien es doch gar
eine Zeit lang, als ob die Gegner der neuen Bahnanlage, unter
denen sich namentlich auch ein bedeutendes und daher einflußreiches
Geldinstitut befand, die Oberhand gewinnen würden. Die Gründe
und Gegengründe wird ein kurzer Auszug aus dem Bericht des

Landtagsausschusses und der demnächstigen Plenarverhandlung am Richtigsten angeben.

Die Mehrheit des Ausschusses schloß sich der Begründung der Staatsregierung nicht nur an, sondern suchte auch in weiterer Ausführung die Vortheile der neuen Verbindung darzulegen. Es wurde dabei neben dem Localverkehr und dem mit Sicherheit zu erwartenden Aufschwung für die bereits im Bau begriffenen Bahnen namentlich auch der bedeutende Durchgangsverkehr betont, auf welcher man, vollends nach Ausfüllung der Lücke Neuschanz-Ihrhove, für die Transporte von den Niederlanden, rechnen zu dürfen glaubte. Daß diese kurze Verbindung in nicht ferner Zeit ausgebaut werden würde, dafür wurde die Intention der Niederländischen Staaten und die Geneigtheit Preußens geltend gemacht, sowie auf die bereits im Jahre 1864 zwischen Holland und Hannover erzielte Uebereinkunft hingewiesen, nach welcher die beiderseitigen Staatsbahnsysteme durch die Linie Neuschanz-Bunde-Weener-Ihrhove verbunden werden sollten. Mit Nachdruck wurde hervorgehoben, daß die Neugestaltung Deutschlands an die Steuerkraft des Herzogthums höhere Ansprüche machen werde; um denselben genügen zu können, empfehle sich nicht eine ängstliche Sparsamkeit, welche das Land in seiner isolirten Lage verharren lasse, sondern der entschlossene Versuch, die Produktion durch Eröffnung eines größeren Marktes zu beleben, die Finanzen indirekt durch verbesserte Communikationswege zu heben, direkt durch die Einnahmen eines wohlorganisirten Eisenbahnnetzes aufzubessern.

Die Befürwortung schloß in der Zusammenfassung:

1. „Die Herstellung der Bahn Oldenburg-Leer eröffnet unserm Lande schon in Anschluß an das bereits bestehende Eisenbahnnetz, und ganz abgesehen von einem Anschluß der Holländischen Nordbahn an die Rheine-Emdener Bahn, wichtige Verkehrswege; wodurch

2. die Rentabilität der Bahn Bremen-Oldenburg-Heppens wesentlich verbessert wird;

3. ist übrigens ein baldiger Anschluß der Holländischen Nordbahn an die Rheine-Emdener mit Sicherheit zu erwarten, als geboten durch das Interesse sowohl der Preußischen wie auch der Holländischen Regierung, welche außerdem beide von der Bevölkerung jener Gegend und speciell die Holländische durch die Staats-Eisenbahnen-Betriebs-Gesellschaft werden gedrängt werden.

4. Würde eine augenblickliche Ablehnung des vorliegenden Staatsvertrages aus dem Bedenken, als werde Oldenburg durch die Annahme desselben in die Lage kommen, zu den Kosten einer demnächstigen Herstellung der Bahn Neuschanz-Ihrhove herangezogen zu werden, ihren Zweck geradewegs verfehlen. Im Gegentheil würde gerade die Ablehnung, indem sie zugleich jenes Bedenken würde laut werden lassen, unsern Staat in die Gefahr bringen, später — nachdem die Strecke Neuschanz-Ihrhove auf Einverständniß jener beiden Staaten vollendet sein wird — die Conzession für eine Bahn Oldenburg-Leer wirklich durch eine nachträgliche theilweise Uebernahme der Kosten jener Bahnstrecke verkaufen zu müssen. Schließlich spreche noch gegen eine Verzögerung des Vertrages und damit des Baues der Bahn der von der Staatsregierung angeführten Grundfrage, daß die mit Vollendung der Bahn Bremen-Oldenburg frei werdenden Arbeitskräfte und Materialien hier sofort wieder verwandt werden können."

Die Minderheit des Ausschusses sah sich nicht in der Lage, den mit der Krone Preußen wegen des Baues der Leerer Eisenbahn abgeschlossenen Vertrag dem Landtage zur Genehmigung empfehlen zu können; obgleich sie keineswegs die Wichtigkeit der Eisenbahnen in volkswirthschaftlicher Beziehung verkenne, auch ihrerseits überzeugt sei, daß bei den großen Ansprüchen der Neuzeit an die Steuerkräfte des Landes dessen Steuerfähigkeit hauptsächlich durch Verkehrs-erleichterungen zu heben gesucht werden müsse, war sie der Ansicht, daß diese Vortheile von der in Frage stehenden Eisenbahn, wenn überall, nur dann erwartet werden dürfen, wenn solche in unmittelbare Verbindung mit einer Hauptverkehrslinie gesetzt wird. In dem vorliegenden Vertrage vermochte dieselbe indessen keineswegs die Garantie zu finden, daß dieses Ziel durch Herstellung der Verbindung von der Niederländischen Grenze an die Emden-Rheiner Bahn erreicht werde.

Es sei eine Verpflichtung in dieser Beziehung nicht übernommen, nicht einmal der Anschlußpunkt bezeichnet, und liege die Gefahr nahe, daß die verhältnißmäßigen Kosten der kurzen Strecke vor dem Ausbau abschrecken würden, eventuell im Interesse der eigenen Bahnen eine mehr südliche Richtung eingeschlagen werden könnte.

Bei dieser Unsicherheit hielt die Minderheit es für bedenklich, das Herzogthum mit einer neuen Anleihe zu belasten, welche unter Umständen wohl geeignet sei, in Verbindung mit der übernommenen

Schuld, die Finanzen unverhältnißmäßig zu belasten, namentlich den=
selben die Mittel zum nothwendigen Ausbau des Chausseenetzes zu
entziehen. Eine Ablehnung des Staatsvertrages, eine abwartende
Stellung, wie sich die Rentabilität der im Bau begriffenen Strecken
gestalten werde und welche der projektirten Eisenbahnen zur weiteren
Verbindung der Niederlande den Sieg davon trage, erschien diesem
Theil des Ausschusses um so unbedenklicher, als derselbe der Ansicht
war, daß eine Conzession, die nicht größere Vortheile biete als die
vorliegende, von der Preußischen Regierung jeder Zeit werde erlangt
werden können, da deren eigenes Interesse engagirt sei, möglichst
viele Verbindungen des westlichen Gebiets ohne eigenes pekuniäre
Opfer entstehen zu lassen.

Die Vorlage über diese Bahn rief in den Kreisen des Landes
eine außerordentliche Bewegung hervor, indem das Für und Wider
mit einer Lebhaftigkeit erörtert wurde, welche dem ruhigen Charakter
unserer Bevölkerung fast fremd ist. Particulare und Sonder=Inter=
essen machten sich in einer hier ungewohnten Weise geltend; man
suchte gar auf die Abstimmung der Abgeordneten einzuwirken und
diese Bestrebung war in einzelnen Wahlkreisen eine so starke, daß
selbst die Niederlegung der Mandate den Vertretern angesonnen
wurde, mit welchen die angebliche Mehrheit des Bezirkes in Wider=
spruch sich befand. In der Stadt Oldenburg war die überwiegende
Stimmung für die Vorlage; ein Vertreter des Kreises, welcher,
wesentlich aus Kritik der bisherigen Bauausführung der Genehmigung
der neuen Linie widersprach, sah sich in der That zur Niederlegung
seines Mandates veranlaßt. Die künstliche, plötzliche Herabdrückung
des Courses der Oldenburgischen Staatspapiere war nicht ungeeignet,
auf ängstliche Gemüther einen erheblichen Eindruck zu machen; auf
die Abgeordneten des Südens des Herzogthums wurde durch den
Hinweis auf die Vorzüge einer Südbahn einzuwirken versucht, die=
jenigen der Fürstenthümer wollte man durch die Aussicht auf ander=
weitige Vortheile gewinnen.

Der Staatsminister v. Berg trat im Landtage mit der vollen
Energie seiner Ueberzeugung und seiner Persönlichkeit für die Vor=
lage ein, mit dem Appell, daß die Abstimmung ohne Partei= und
Privatinteresse zum Besten des Landes erfolgen müsse.

Die Debatten des Landtages bewegten sich um die Frage, ob
eine sofortige Annahme des Vertrages oder eine Vertagung ange=
zeigt sei, während die Staatsregierung eine bedingte oder verclausu=
lirte Zustimmung der Verwerfung gleich erachtete. Die klare Tendenz

des Hinausschiebens hatte der Antrag eines Abgeordneten aus dem
Münsterlande, der die Lösung der Paris-Hamburger Bahnfrage abwarten wollte, die gegenwärtig projectirte Bahn nicht nur für un-
rentabel erklärte, sondern ihr auch die Wirkung absprach, daß sie die
Productionskraft des Landes heben, oder die Roheinnahmen der bereits im Bau befindlichen Bahnen steigern werde „da ein unfrucht-
barer Baum zum andern gesellt, niemals eine fruchtbringende Pflanze
ergebe." Die einzige wirthschaftliche Einwirkung werde in einer
Steigerung des Arbeitslohnes bestehen, während die Landwirthschaft
schon gegenwärtig an Mangel und Kostspieligkeit der Arbeitskräfte
leide. Das weitere Sinken der Staatspapiere könne nicht ausbleiben und die Wiedererhebung auf einen höheren Cours wäre um
so mehr ausgeschlossen, als außer der beabsichtigten neuen Verwendung von Landesmitteln der starke Druck der Lasten in Folge der
Constitution des Norddeutschen Bundes hinzutrete. Ein Landmann
des alten Herzogthums, der nicht mit Unrecht für einen Repräsen-
tanten der Stimmung seiner Genossen angesehen wird, hatte die
Verschiebung durch einen Antrag motivirt, welcher zu dem Staatsvertrage den Zusatz begehrte, daß Preußen in derselben Zeit, in
welcher Oldenburg-Leer ausgebaut würde, auch die Verbindung
Ihrhove-Neuschanz herstelle. Welchen Werth man auf diese Verbindung und die vermeintliche Bedeutung des Transitverkehrs legte,
erhellt aus der Debatte, in welcher der Mangel des gesicherten Anschlusses nach Holland als der einzige praktische Streitpunkt sich darstellte. Nur gelegentlich fand ein Abgeordneter sich veranlaßt, auf
die Wichtigkeit des Localverkehres hinzuweisen, indem er die Bedeutung vorführte, welche allein der Torftransport für durch die
Bahn aufgeschlossenen Moorgegenden und für die Einnahme der
Strecke gewinnen würde.

Auch in den Kreisen der Anhänger hatte man nicht die durch
spätere Erfahrung an's Licht gestellte Thatsache vor Augen, daß der
Localverkehr das entscheidende Moment sei, der Nachbarverkehr eine
nothwendige Zugabe, der Durchgangsverkehr einen willkommenen,
aber verhältnißmäßig unbedeutenden Zuschuß gewähre.

Das Resultat der Verhandlungen, welche vorstehend zur Cha-
rakteristik der damaligen Anschauungen etwas näher skizzirt sind,
war die am 26. Februar 1867 erfolgte Annahme der Regierungsvorlage mit 30 gegen 20 Stimmen.

§. 5.
Die Paris=Hamburger Bahn.

Die Richtung der Paris=Hamburger Bahn war durch Vertrag zwischen den Königreichen Preußen und Hannover vom 16. März 1866 zu Gunsten der Linie Lemförde=Diepholz=Barnstorf entschieden. Bei Vollziehung des Bündnißvertrages vom 18. August 1866 kam Oldenburg auf die Sache zurück und erhielt von Preußen die bereitwillige Zusicherung, daß die Richtungsfrage einer erneuten, objectiven Prüfung unterzogen werden solle, bei welcher ohne Einfluß sein müsse, ob und wie das Herzogthum oder die Provinz Hannover berührt werde. Die außerdem für die Stadt Bremen wichtige Angelegenheit wurde durch den Bundeskanzler zur Entscheidung des Bundesrathes verstellt (1868). Für die s. g. südliche (rectius östliche) Richtung wurde namentlich geltend gemacht die kürzere Linie, welche einen Umweg von etwa einer Meile ersparen sollte, die Schwierigkeit der Ueberschreitung der Dammer Berge (!) die dichtere Bevölkerung der Hannöverschen Distrikte, der Vorzug des Anschlußpunktes Lemförde für fernere Bauten nach Süden; die Vertreter der Tracirung über Damme=Vechta=Wildeshausen suchten den Werth dieser Begründung auf das richtige Maaß zurückzuführen, machten namentlich geltend, wie die Verbindung des linken Weserufers und vor allem des Kriegshafens an der Jade durch die Verschiebung nach Westen verbessert werde. Die unmittelbare Verbindung der Stadt Bremen mit der dadurch bedingten Ueberbrückung der Weser unterhalb der Stadt, bezw. der Benutzung der Oldenburger Eisenbahnbrücke wurde mit Rücksicht auf die Schwierigkeiten des Baues und des Betriebes namentlich wegen der Collision mit den Interessen der Schifffahrt, allseitig aufgegeben: entscheidend für den Ausschlag zu Gunsten der ersteren, auch von der concessionirten Gesellschaft (Köln=Minden) befürworteten Linie war in dem Antrage des Kanzlers wie bei der Mehrheit des Eisenbahn=Ausschusses und des Plenums des Bundesrathes der Gesichtspunkt, daß die Maschen des Eisenbahnnetzes so zu ziehen seien, um zwischen der Paris=Hamburger und der Hannoverschen Westbahn Raum zu lassen für eine dritte Verbindung von Norden nach Süden, welcher damit gewissermaßen von selbst der Weg über Quakenbrück auf Osnabrück vorgezeichnet wurde, während oldenburgischerseits bislang aus überwiegenden Interessen des südlichen Münsterlandes der Führung über Damme der Vorzug gegeben wurde.

§. 6.

**Das Gesetz vom 7. Februar 1871, betr. den Ausbau des Eisen=
bahnnetzes und dessen Erweiterung von 1873 und die Ver=
handlungen mit der Bergisch=Märkischen Gesellschaft.**

Die großen Erfolge, welche die Regierung durch die Sicherung
der Bahnen Oldenburg=Heppens, Oldenburg=Bremen, Oldenburg=
Leer errungen hatte, waren derselben nur ein Sporn, sobald als
möglich ein vollständiges, planmäßiges Eisenbahnnetz für das Her=
zogthum definitiv festzustellen, wenn gleich die Ausführung der
einzelnen Linien noch von anderen Umständen abhängig sein möge.
Ein solches Vorgehen empfahl sich, um thunlichst den Ausbau ohne
Unterbrechung, in continuirlicher Verwendung der organisirten Kräfte
und des vorhandenen Materials zu vollführen; die baldige Her=
stellung bot den Vortheil, daß die Rentabilität der einzelnen Linien
und damit des ganzen Unternehmens durch die gegenseitige Zuführung
des Verkehrs gestützt wurde, und förderte endlich das Vorhandensein
eines bestimmten Planes die sorgfältige Disposition auch über die
finanziellen Mittel.

Das erste Anrecht auf eine Bahnverbindung mußte dem linken
Weser=Ufer zuerkannt werden, nachdem die erste Vorlage der Staats=
regierung, Brake sofort an die Oldenburg=Bremer Bahn anzuschließen,
abgelehnt war. Der Süden des Landes hatte eine alte Anwart=
schaft schon aus dem ersten Kriegshafenvertrag von 1853, und war
dieselbe durch den zweiten Vertrag von 1864 zwar dahin alterirt,
daß die Preußische Verpflichtung in die Alternative aufgelöst war,
nach Ablauf von 10 Jahren die Zahlung von einer Million Thaler
an die Stelle der Ausführung der Bahn treten zu lassen, aber
allgemein hatte man doch aus der historischen Entwickelung die
Voraussetzung entnommen, daß diese Million, wenn irgend thunlich,
zur Herstellung einer Südbahn zu verwenden sei.

Von mehr sekundärer Bedeutung, aber einem berechtigten An=
spruche der Erbherrschaft entsprechend, war der Anschluß der Stadt
Jever an die Heppenser Bahn; zugleich bot diese Combination die
willkommene Gelegenheit, allen Landestheilen etwas zu bieten und
dieselben gleichmäßig für die Gesammtvorlage zu interessiren.

Aus diesen Erwägungen ging der Gesetzentwurf hervor, welcher
unter dem 8. Januar 1870 an den XVI. Landtag gebracht wurde,
des Inhalts, das Eisenbahnnetz des Herzogthums durch eine Eisen=
bahn von Hude über Elsfleth nach Brake und Nordenhamm,

durch eine Eisenbahn von Oldenburg bis zur Landesgrenze bei Quakenbrück,

durch eine Bahn von Sande nach Jever auszubauen, und zwar wurde dieser gesammte Bahnbau auf Staatskosten in Aussicht genommen,

Mit Privatunternehmungen, namentlich mit der Bergisch-Märkischen Eisenbahngesellschaft, fanden noch laufend Verhandlungen statt und war der Abschluß eines Uebereinkommens keineswegs ausgeschlossen, indessen zu unsicher, um nicht von vornherein für Deckungsmittel zum Bau auf Staatskosten Sorge zu tragen.

Die vielfachen Vorschläge und Gegenvorschläge, welche in den verschiedenen Stadien der Sache sich gegenüberstanden, mitzutheilen, ist bei dem negativen Ergebniß nicht angezeigt, doch bietet es Interesse, diejenigen Propositionen kennen zu lernen, unter welchen die Oldenburgische Regierung die Conzession zu ertheilen geneigt war, und mit denen der Landtag, dessen Ausschuß dem Bau durch eine Privatgesellschaft unter angemessenen Bedingungen einstimmig den Vorzug gab, bei Annahme des oben skizzirten Gesetzentwurfes sich einverstanden erklärte. Dieselben lauten:

„Die Großherzogliche Regierung ist bereit, der Bergisch-Märkischen Eisenbahn-Gesellschaft die Conzession zur Erbauung einer Eisenbahn von der Landesgrenze bei Quakenbrück über Cloppenburg nach Oldenburg und Hude, und vom letzteren Orte weiter über Elsfleth und Brake nach Nordenhamm, auf der Grundlage des vorgelegten generellen Projekts unter der Bedingung zu ertheilen, daß

1. die Bergisch-Märkische Gesellschaft die conzessionirten Eisenbahn-Linien innerhalb des Zeitraums von längstens 4 Jahren betriebsfähig herzustellen sich verpflichtet und für die Einhaltung dieser Fristen geeignete, von der Großherzoglichen Regierung als ausreichend anzuerkennende Garantien gewährt,

2. die spezielle Feststellung des Traktats auf den verschiedenen Straßen der näheren Verständigung mit der Großherzoglichen Regierung vorbehalten bleibt, wobei insbesondere Werth darauf gelegt wird, daß die Ausführung der Linie Hude-Brake nach dem früher diesseits aufgestellten, der Königlichen Direktion bekannten Projekt erfolge,

3. die Gesellschaft die Herstellung derjenigen Anlagen, welche zur Verbindung des Bahnhofs in Brake mit dem dortigen

Hafen erforderlich sind, nach den darüber zu treffenden näheren Bestimmungen auf ihre Kosten übernimmt,

4. der der Gesellschaft zu ertheilenden Conzession die ihr von der Königlich Preußischen Regierung gewährten Conzessionen und die Bestimmungen des Preußischen Eisenbahn-Gesetzes von 1838 zu Grunde gelegt werden.

Dagegen erbietet sich die Großherzogliche Regierung zur Erleichterung und Förderung des Unternehmens ihrerseits, unter Vorbehalt der Zustimmung des Landtages, zur Uebernahme folgender Leistungen:

1. die Großherzogliche Regierung überträgt der Bergisch-Märkischen Eisenbahn-Gesellschaft ihre Ansprüche gegen die Königlich Preußische Regierung aus dem Artikel 6 des Vertrages vom 16. Februar 1864 in dem Umfange, daß der Gesellschaft von der von Preußen im Jahre 1874 an Oldenburg eventuell zu zahlenden Million die Hälfte, also die Summe von 500000 ℳ zu überweisen ist,

2. die Großherzogliche Regierung sichert der Gesellschaft die unentgeltliche Abtretung des durch die Bahnanlage berührten nicht als Krongut ausgeschiedenen Staatsgutes, soweit dasselbe für die letztere und deren Zubehörungen erforderlich ist, zu, und wird thunlichst dahin wirken, daß in gleicher Weise die unentgeltliche Abtretung der von der Bahn durchschnittenen unkultivirten Marken- und Gemeinheitsgründe durch Zustimmung der betreffenden Genossenschaften gesichert werde,

einer Gesellschaft die Conzession zur Erbauung und dem Betriebe einer Eisenbahn von der Landesgrenze bei Quakenbrück über Cloppenburg nach Oldenburg und Hude, und vom letzteren Orte weiter über Elsfleth und Brake nach Nordenhamm unter der Bedingung ertheilt werde, daß die Gesellschaft die inzwischen etwa auf Staatsbahnen in der Richtung des zu conzessionirenden Unternehmens verwandten Kosten vollständig ersetzt.

Schon hieraus ergiebt sich, daß die Staatsregierung nicht principiell gegen Privatbahnen war und selbst geneigt, wenngleich das gemischte System nicht unbedenklich gefunden wurde, unter angemessenen Bedingungen die Conzession zum Bau eines Theiles der noch zu bauenden Bahnen, soweit sie als ein für sich bestehendes Ganzes getrennt von den bestehenden Bahnen zu verwalten sind, einer Gesellschaft zu ertheilen. Mit Recht wollte man aber nicht einer Gesellschaft gegenüber Leistungen übernehmen, welche größer erschienen als das mit dem Selbstbau verbundene Risiko. Die Staatsregierung war indessen nicht in der Lage, den raschen Ausbau des Oldenburgischen Eisenbahnnetzes durch Betheiligung einer Gesellschaft sicher stellen zu können und da die Nothwendigkeit, das Eisenbahnsystem möglichst bald zu vervollständigen, nicht verkannt werden konnte, so blieb nichts anderes übrig, als mit dem Bau von Staatsbahnen weiter vorzugehen, und gerechte Wünsche auf den Anschluß an das große Verkehrsnetz zu befriedigen, die Wohlfahrt des Landes zu heben und die Einnahmen von den vorhandenen Bahnen durch das Hinzukommen neuer Bahnen, welche auch die allgemeinen Verwaltungskosten mindern, zu steigern.

Als im Jahre 1864 über den Bau der ersten Oldenburgischen Staatsbahn verhandelt wurde, war man vielfach besorgt gewesen, daß der Staat ein gewagtes Unternehmen in die Hand nehme, daß es dauernd das Land belasten und die indirecten Vortheile die directen Nachtheile für die Landescasse nicht aufwiegen würden. Die Staatsregierung war schon damals anderer Ansicht und die 2½ Jahre, seit die erste Oldenburgische Eisenbahn dem Betriebe übergeben war, hatten den Beweis geliefert, daß das angewandte Capital gute Zinsen abwerfe, und schon jetzt hatte sich ein so reger Verkehr entwickelt, daß auch die volkswirthschaftlichen Vortheile der Bahnen überall hervortraten. Die Ergebnisse der Betriebsverwaltung hatten alle Erwartung übertroffen und die neuen Bahnen in den ersten Jahren unerwartete Erträgnisse geliefert.

Diese günstigen finanziellen Ergebnisse waren aber auch dem Umstande mit zu danken, daß das Programm für den Eisenbahnbau, nach welchem einfach und solide, aber ohne jegliche Opulenz gebaut werden sollte, consequent eingehalten und daß es der umsichtigen Bauführung gelungen war, die Bauwerke mit verhältnißmäßig geringen Kosten herzustellen.

Auf Grund solcher Erfahrungen konnte man mit Vertrauen auf den Bau fernerer Staatsbahnen eingehen, wenn auch die noch aufzuwendenden Summen, selbst nach Abrechnung der von der Königlich Preußischen Regierung 1874 zu zahlenden Million eine recht erhebliche Höhe erreichten.

Zu der Verhandlung vom 15. Februar 1870 wurde die Regierungsvorlage mit 25 gegen 7 Stimmen mit dem Zusatze angenommen, daß der Ausbau der genehmigten Linien binnen 6 Jahren erfolgen solle. Verschiedene, auf die Richtung der Bahnen bezügliche

Amendements blieben in der Minderheit. Damit war das Programm des Oldenburgischen Bahnnetzes definitiv festgestellt — der Ausbau der Südbahn war noch abhängig gemacht von der Sicherung einer Fortführung von Quakenbrück bis Osnabrück und die Herstellung des Bindegliedes Ihrhove-Neuschanz wurde von anderer Seite erwartet. Die weitere Entwicklung der Dinge brachte es mit sich, daß beide Strecken, obgleich außerhalb des Herzogthums gelegen, ebenfalls auf Staatskosten hergestellt wurden. Zunächst ist hier jedoch das Schicksal der drei genehmigten Linien weiter zu verfolgen und zwar hinsichtlich der Südbahn mit der angedeuteten Erstreckung, in welcher sie zur Ausführung gelangte.

1. Die Weserbahn.

Eine lebhafte Agitation, welche in der Hauptstadt ihren Mittelpunkt fand, war bestrebt, die Weserbahn in dem Centrum unseres Bahnnetzes, Oldenburg, anzuschließen; die Staatsregierung glaubte an dem Plane, die linkseitige Weserbahn in Hude an die Ost-Westbahn anschließen zu lassen, festhalten zu müssen, weil ihrer Ueberzeugung nach, ein Anschluß in Oldenburg dem allgemeinen Interesse nicht entsprechen würde.

Diese Auffassung wurde dahin begründet: bei der Feststellung einer Bahnlinie müsse der Hauptzweck der Bahn und der Hauptverkehr, welchem dieselbe dienen solle, entscheidend sein. Da das linke Weserufer mit seinem Verkehre wesentlich auf Bremen angewiesen sei und bleiben werde, so bestehe die zu lösende Aufgabe darin, die thunlichst kürzeste Verbindung des linken Weserufers mit Bremen herzustellen. Bei der Wahl des Anschlußpunktes sei auch der künftige Verkehr des linken Weserufers nach dem Süden zu berücksichtigen und vermittele der Anschluß in Hude die verschiedenen Verkehrs-Interessen in genügender Weise.

Der Hauptzweck der linkseitigen Weserbahn, den Verkehr mit Bremen zu erleichtern, war bei einem Anschlusse in Oldenburg, welcher die Linie um 3,02 Meilen verlängert hätte, nicht zu erreichen, während der Verkehr nach dem Süden die Verlängerung der Bahn um 1,12 Meilen wohl ertragen konnte, da sie bei einer langen Bahnstrecke nicht sehr ins Gewicht fällt und wenn erforderlich ohne große Einbuße im Tarife ausgeglichen werden kann. Daß wirthschaftliche Gründe nicht für die Bahn Oldenburg-Brake sprächen, wurde durch die nachstehende Darlegung entwickelt.

Es betragen die Entfernungen:

1. Oldenburg-Hude . . . . $2{,}22$ Meilen
2. Hude-Bremen (Hauptbahnhof) . . . . . . $3{,}69$ "
3. Hude-Brake (nach dem neuesten Projekt) . . $3{,}15$ "
4. Oldenburg-Elsfleth-Brake . . . . . $4{,}25$ "
5. Oldenburg-Hude-Brake . . . . . . $5{,}67$ "
6. Bremen-Hude-Brake . . . . $7{,}11$ *) "
7. Bremen-Oldenburg-Brake . . . . . . $10{,}16$ "

Für den Verkehr von Westfalen nach Brake ist also die direkte Linie Oldenburg-Elsfleth-Brake $5{,}67—4{,}25=1{,}12$ Meilen kürzer als die über Hude.

Dagegen aber ist die Länge der zu erbauenden und zu erhaltenden Bahnstrecke $4{,}25—3{,}15=0{,}30$ Meilen größer und der Weg von Brake nach Bremen um $10{,}16—7{,}11=3{,}02$ Meilen länger als für das Projekt Hude-Brake.

Wenn man nun dem zu erwartenden Verkehre zwischen Elsfleth-Brake und Westfalen, gegenüber dem nach Bremen gerichteten Verkehr, ein Uebergewicht nicht beilegen wollte, — so genügten schon obige Zahlen vollkommen um einzusehen, daß das Projekt Oldenburg-Brake durch wirthschaftliche Gründe sich nicht rechtfertigen ließ.

Einen etwas näheren Anhaltspunkt für den Vergleich ergab folgende Rechnung.

Es wurde angenommen, daß, nachdem die Verkehrs-Verhältnisse der Oldenburgischen Eisenbahnen sich entwickelt haben würden, die Eisenbahn nach Brake einen Bruttoertrag von 20,000 ℳ pro Meile liefern werde. Die jährlichen Betriebskosten pro Meile waren demnach auf $0{,}45 \times 20000 = 9000$ ℳ zu veranschlagen; hiervon auf die allgemeine Verwaltung, die Bahnunterhaltung, Bahnbewachung und die übrigen, von dem Verkehr nahezu unabhängigen Ausgaben 4000 ℳ und auf die eigentliche Transport-Verwaltung 5000 ℳ pro Meile.

Unter Berücksichtigung der bestehenden Handels- und Verkehrs-Verhältnisse nahm man an, daß der Verkehr der Weserhäfen mit Bremen denjenigen mit Oldenburg und Westfalen erheblich überwiegen werde. Rechnete man aber auch beide gleich, nahm also an, daß die Transport-Ausgaben der Bahn-Verwaltung für den Verkehr zwischen Brake-Elsfleth und Westfalen 2500 ℳ pro Meile Betriebslänge und diejenige für den Verkehr zwischen Brake-Elsfleth und

*) Geestebahn $8{,}037$ Meilen lang.

4 *

Bremen eben so hoch sich belaufen würden, so mußte der Fracht- und Personentarif für den Verkehr, sowohl nach Bremen, als auch nach Westfalen für beide Bahnprojekte gleich hoch und also die Ge- sammt-Brutto-Einnahme der Bahnen als constant, d. h. von der Bahnlänge unabhängig, angenommen werden, wenn das Bahnnetz in beiden Fällen denselben wirthschaftlichen Nutzen erzeugen sollte.

Wollte man von dieser Annahme abweichen, so würde jeder für die Bahnverwaltung etwa erzielte Vortheil durch einen ebenso großen, dem betheiligten Publikum dadurch zugefügten Schaden wieder aufgehoben.

Die jährlichen Ausgaben der Bahnverwaltung zur Erreichung desselben Zweckes ergeben den Vergleich der beiden Bahnprojekte in wirthschaftlicher Beziehung.

Demnach waren folgende Zahlen in Vergleich zu stellen:

1. Brake-Hude.

Zinsen des Anlage-Capitals für $3,_{15}$ Meilen Bahn $0,_{045} \times 3,_{15} \times$
329,300 $\mathscr{N}$ . . . . $= 51,124$ $\mathscr{N}$

Ausgaben für die Bahnunterhaltung ꝛc. $3,_{15}$ Meilen
à 4000 $\mathscr{N}$ . . . . $= 13,800$ „

Transport-Ausgaben für den Verkehr nach Bremen
$7,_{14}$ Meilen à 2500 $\mathscr{N}$ . . . . $= 17,850$ „

Transport-Ausgaben für den Verkehr nach Westfalen
$5,_{67}$ Meilen à 2500 $\mathscr{N}$ . . . . $= 14,175$ „

Summa:

Jährliche Ausgaben für Hude-Brake . . . . . 96,949 $\mathscr{N}$

2. Brake-Oldenburg.

Zinsen des Anlage-Capitals für $4,_{25}$ Meilen Bahn $0,_{045} \times 4,_{25} \times$
329,300 $\mathscr{N}$ . . . . $= 62,979$ $\mathscr{N}$

Ausgaben für die Bahn-Unterhaltung ꝛc. $4,_{25}$ Meilen
à 4000 $\mathscr{N}$ . . . . $= 17,000$ „

Transport-Ausgaben für den Verkehr nach Bremen
$10,_{16}$ Meilen à 2500 $\mathscr{N}$ . . . . $= 25,400$ „

Transport-Ausgaben für den Verkehr nach Westfalen
$4,_{25}$ Meilen à 2500 $\mathscr{N}$ . . . . $= 10,625$ „

Summa:

Jährliche Ausgaben für Oldenburg-Brake . . . 116,004 $\mathscr{N}$

Das Projekt Brake-Hude war demnach mit einer jährlichen Minder-Ausgabe von 116,004—96,949=19,055 ./ im Vortheil, welcher bei einem Zinsfuß von 4% einem Capital von 476,375 ./ entspricht.

Dieser Vergleichung lag die Voraussetzung zu Grunde,

daß die Eisenbahnfracht zwischen Brake und Oldenburg über Hude nur nach 4,₂₅ Tarifmeilen berechnet werden, der Transport über den 1,₁₂ Meilen langen **Umweg** also umsonst geschehen würde, —

so daß also nicht allein der Lokal-Verkehr zwischen den genannten Orten der Bahn in demselben Maaße zufallen, sondern auch der durchgehende Verkehr von und nach Westfalen ebenso erleichtert werde, wie wenn die direkte Bahnverbindung Oldenburg-Brake ausgeführt würde.

Dagegen berücksichtigte die Rechnung nicht, das Berne und Stedingerland der Bahn einen gewiß nicht unerheblich größeren Verkehr zubringen mußten, wenn sie ab Hude über Berne nach Elsfleth, als wenn sie von Oldenburg nach Elsfleth gebaut werde.

Durfte man annehmen, daß die Bahn Hude-Brake eine größere Meilen-Einnahme erzielen werde, als Oldenburg-Brake direkt, so stellte obige Rechnung sich noch erheblich mehr zu Gunsten der Hude-Braker Linie.

Ferner war zu beachten, daß jener Vergleich noch mehr zu Gunsten des Projekts Hude-Brake ausfallen würde, wenn man in Anschlag bringen wollte, daß, wenn der Verkehr Oldenburg-Brake zwischen Oldenburg und Hude auf derselben Bahn und durch dieselben Züge beschafft werde, mit dem Verkehr zwischen Oldenburg: die Unkosten, welche der Verwaltung aus der Vermittelung dieses gesammten Verkehrs erwachsen werden, geringer sich stellen mußten, als wenn man denselben Verkehr auf zwei getrennten Bahnen mit besonderen Zügen auf jeder befördern müßte, wie es bei einer direkten Oldenburg-Braker Bahn erforderlich wurde.

Endlich wurde erwogen:

daß, wenn die Bahn nach Brake in Hude abzweigt, ein Kohlen- oder ähnlicher Verkehr, welcher große Umwege nicht verträgt, nach den Weserhäfen via Bremen sofort nach Beendigung der Braker Bahn stattfinden könne, während derselbe bei einer Abzweigung der Braker Bahn in Oldenburg voraussichtlich so lange Anstand haben mußte, bis die Bahn Osnabrück-Quakenbrück-Oldenburg in's Leben getreten sei, — eine Verzögerung, welche für den Handel und Gewerbefleiß der Weserhäfen von großem Nachtheile sein mußte.

Wie die Verkehrsinteressen, so forderten aber auch die finanziellen den Anschluß der Weserbahn in Hude. Dieser mußte, da derselbe einen Verkehr nach Oldenburg und Bremen ermöglicht, einen bedeutenden Verkehr nach sich ziehen und war der Vortheil, daß dann die Weserbahn den Verkehr auf der ganzen Oldenburg-Bremer Bahn steigern werde, hoch anzuschlagen, ein Moment, welches durch Ausbau der Südbahn eine noch größere Bedeutung erhielt. Ueberdies müßten bei einem Anschluß in Oldenburg 0,20 Meilen mehr gebaut werden und da ohne Zweifel doch bald die Nothwendigkeit einer directeren Verbindung mit Bremen erkannt worden wäre, so würde neben der Oldenburg-Braker Bahn noch ein Anschluß an diese hergestellt werden müssen. Der Anschluß in Oldenburg würde mithin zu geringeren Einnahmen und größeren Ausgaben führen, finanziell also nachtheilig sein.

Gegen die Rentabilitätsberechnung der Vorlage wurden im Landtage von den Abgeordneten der Stadt Oldenburg mehrfache Ausstellungen gemacht; namentlich seien die Mehrkosten der Linie Hude-Brake durch die Nothwendigkeit einer kostspieligen Ueberbrückung der Hunte nicht genügend berücksichtigt. Der gesammte Braker Verkehr verspreche eine Meileneinnahme für Güter von höchstens 4400 ₰, für Personentransport von 6000 ₰, so daß von den Betriebsausgaben ein Streckenüberschuß von 1500 ₰ pro Jahr sich ergebe, was einem Deficit von etwa 55,000 ₰ gleich stehe. Diese Berechnung basire auf Annahme des Groschentarifs, zu dessen Annahme der Tarif der Geestbahn, dessen Aenderung nicht eintreten werde, zwinge. Die wahren Interessen Brakes gipfelten in einem möglichst directen Anschluß nach Süden und dieser sei auf der Linie Elsfleth-Oldenburg zu suchen.

Vom Ministertische wurde entgegengehalten, daß auf der Strecke Elsfleth-Oldenburg anderweitige Terrainschwierigkeiten gleich hohe Baukosten erwarten ließen und der Widerspruch der Stadt Oldenburg auf Sonderinteressen zurückgeführt, denen gegenüber das Ministerium schon 1864 in objektiver Prüfung zu der Ueberzeugung von der Nothwendigkeit des Anschlusses in Hude gelangt wäre. Das ganze linke Weserufer, um dessen Verkehr es sich doch handele, sei einstimmig für den Anschluß, der den Umweg nach Bremen, dem eigentlichen Hauptmarkt und Disponenten, vermeide. Keineswegs solle die Bahn nach Brake und Nordenhamm als Concurrentin der

Geestebahn den Versuch machen, Verkehr vom rechten Weserufer nach der linken Küste herüberzuziehen; es handele sich vielmehr darum, dem Braker Hafen nicht länger die Lebensbedingung zu versagen, durch deren Ermangelung der aufblühende Verkehr, nachdem das andere Ufer die Schienenverbindung erhalten habe, total niedergedrückt sei.

Ein Vertreter der Marschdistricte erinnert aus eigener Erfahrung an den lebhaften Schiffsverkehr des linken Weserufers vor der Gründung Bremerhafens und an die Thatsache, daß trotz der bedeutenden Anlagen an der rechten Seite der Ausbau von Brake eine gesunde, kräftige Entwicklung zur Folge gehabt habe. Erst als Bremerhafen-Geestemünde die Eisenbahnverbindung erhalten und vollends als eine Bremer Verordnung den Bremer Schiffen für die Monate November bis März die Benutzung von Häfen untersagt habe, welche der Eisenbahnverbindung entbehrten, sei der Verkehr tief gesunken. Jetzt solle dies Hinderniß wegfallen und eine neue Belebung durch die Verbindung nach Süden angebahnt werden, welche den Export der Ruhrkohle in Aussicht stelle, statt des Auslaufens in Ballast, um erst in England Kohlen einzunehmen. Uebrigens sei auch für das produktenreiche Butjadingen, nicht in letzter Linie für den Viehhandel, der Schienenweg von großer Bedeutung.

Die Anstrengungen der städtischen Abgeordneten fanden nirgend Anklang. Auch das Anerbieten einer Zinsgarantie seitens der Stadt für die Strecke Oldenburg-Elsfleth wurde von der Staatsregierung bestimmt abgelehnt, da Hude-Brake gebaut werden sollte und eine Concurrenzbahn daneben ernstlich wohl überall nicht in's Auge gefaßt werden konnte.

Der Antrag, für eine eventuelle Gabelung wenigstens Elsfleth-Oldenburg und nicht Hude-Huntlosen in Aussicht zu nehmen, wurde abgelehnt, da keine Veranlassung vorlag, in dieser Hinsicht der zukünftigen Gestaltung der Dinge zu präjudiziren.

II. Sande-Jever.

Als eine nothwendige Fortsetzung der Nordsüdlinie wurde eine Bahn von Sande nach Jever angesehen. — Der eigentliche Verkehrsendpunkt der Oldenburg-Heppenser Bahn lag in Sande. Der Verkehr auf derselben konnte sich nur dann vollständig entwickeln, wenn der Centralpunkt der Herrschaft Jever, die Stadt Jever mit derselben in Verbindung gebracht wurde. Es sollte dadurch für die Jadebahn

und die übrigen Oldenburgischen Bahnen ein Saug-Canal eröffnet
werden und wurde ein erheblicher Werth für die Entwickelung der
wirthschaftlichen Verhältnisse Jeverlands auf eine Eisenbahn-Verbindung
mit Wilhelmshaven gelegt. Wenn auch der Gesammtverkehr der
Strecke Sande-Jever, namentlich für den Anfang, nicht so hoch
anzuschlagen war, daß derselbe das auf die Bahn zu verwendende
Capital vollständig verzinste, so war man doch der Ansicht, es könne
der Ausfall füglich auf die übrigen Bahnen übernommen werden,
deren Verkehr für längere Strecken durch die Bahn nach Jever
gehoben wurde. Was neben den allgemeinen wirthschaftlichen
Interessen für die Bahn nach Jever noch besonders sprach, war der
Umstand, daß eine Fortsetzung der Bahn nach Ostfriesland mit
einiger Sicherheit erwartet werden durfte. Im Landtage fanden
diese Motive Anerkennung und trat ein Widerspruch oder eine
Meinungsverschiedenheit bei den Verhandlungen überall nicht hervor.

III. Die Südbahn.

Die Südbahn auf Quakenbrück wurde von der Staatsregierung
in Nachstehendem begründet:

„Nach dem Kriegshafen-Vertrage vom 10. Juli 1853 hatte
die Königlich Preußische Regierung die Verpflichtung übernommen,
eine Eisenbahn vom Marine-Etablissement über Varel nach Oldenburg in südlicher Richtung zum Anschluß an die Köln-Mindener
Eisenbahn zu bauen und konnte dieselbe die übernommene Verpflichtung nicht erfüllen, weil die Königlich Hannoversche Regierung die
Durchführung durch das Hannoversche Gebiet nicht gestattete. Der
Vertrag vom 16. Februar 1864 sicherte den Bau einer Bahn vom
Kriegshafen nach Oldenburg und verpflichtete sich die Königlich
Preußische Regierung innerhalb 10 Jahren vom Tage der Ratification
des Vertrags angerechnet, die Jadebahn von Oldenburg nach der
Hannoverschen Landesgrenze in Angriff zu nehmen oder beim Ablaufe
der genannten 10jährigen Frist eine Million Thaler an die
Oldenburgische Regierung zu zahlen. Die Ereignisse des Jahres
1866 würden es der Königlich Preußischen Regierung ermöglichen,
den zunächst übernommenen vertragsmäßigen Verpflichtungen nach-
zukommen und hatte dieselbe es in der Hand durch die Leitung der
Paris-Hamburger Bahn durch das Herzogthum die Oldenburgische
Regierung rücksichtlich ihrer Ansprüche auf die Herstellung einer
Südbahn zu befriedigen. Nach jetziger Sachlage ist mit positiver
Gewißheit anzunehmen, daß die Königlich Preußische Regierung nicht

nur eine Eisenbahn von Oldenburg bis zur Landesgrenze bei Damme
nicht bauen wird, sondern auch, daß dieselbe, wenn Oldenburg diese
Bahn selbst bauen wollte, die Concession zur Weiterführung der
Bahn durch das Königlich Preußische Gebiet versagen würde,
eines Theils weil diese Bahn in das Verkehrsgebiet, welchem die
Paris-Hamburger Bahn dienen soll, führen, und anderen Theils,
weil dieselbe nur in untergeordneter Weise die Interessen des eigenen
Landes fördern würde. Der Staatsregierung ist es daher nicht
zweifelhaft, daß die Königlich Preußische Regierung nur eine Eisen=
bahn in der Richtung von Osnabrück-Quakenbrück-Oldenburg als
ihrem Interesse entsprechend erachten wird, da dadurch die betreffenden
Landestheile der Provinz Hannover, welchen gegenüber schon die
vormalige Hannoversche Regierung Verpflichtungen übernommen
hatte, am zweckmäßigsten aufgeschlossen und die Ruhrkohlen auf
kürzestem Wege nach Wilhelmshaven Beförderung finden werden.
Mag nun auch eine Bahn über Damme im eigenen Lande günstigere
Verhältnisse vorfinden, so kann doch Oldenburg einen südlichen
Anschluß seines Netzes nur über Quakenbrück erreichen und wird
deshalb und um die übrigen Linien rentabler zu machen, sowie seiner
inneren wirthschaftlichen Interessen wegen, der ursprüngliche Plan
aufgegeben und der Bau einer Bahn von Oldenburg bis zur Landes=
grenze bei Quakenbrück in Aussicht genommen werden müssen, wenn
die Fortführung der Bahn wenigstens bis Osnabrück gesichert ist.
Eine dem allgemeinen Interesse günstigere Richtung der Südbahn
kann nicht in Frage kommen."

Vergeblich trat ein Abgeordneter des Münsterlandes dieser
durchschlagenden Begründung gegenüber mit dem Versuche, die Aemter
Wildeshausen, Vechta, Damme durch ein bis Osnabrück reichendes
Projekt zu berücksichtigen. Auch fand bei der Mehrheit des Land=
tages der Antrag seinen Anklang, durch Weglassung der vorgezeich=
neten Richtung der Verbindung nach dem Süden der Staatsregierung
freie Hand zu lassen, und die Möglichkeit offen zu halten, bei etwa
inzwischen eintretender Veränderung der Verhältnisse eine mehr östliche
Richtung zu wählen.

Die Vorlage wurde ungeändert angenommen, nachdem die
Uebereinstimmung zwischen Landtag und Staatsregierung constatirt
war, daß der binnen 6 Jahren zu erfolgende Ausbau an die
Voraussetzung geknüpft sei, daß die Fortführung nach Osnabrück
gesichert erscheine.

Diese Voraussetzung blieb zunächst noch unerfüllt und schwebte der Beschluß so lange gewissermaßen in der Luft; die glückliche Erfüllung der Bedingung wurde erst nach neuen mehrjährigen Verhandlungen erreicht.

Nach Jahresfrist, im Mai 1871, wandte sich der für den Anschluß seiner Vaterstadt an das Eisenbahnnetz hoch verdiente Comerzienrath Schröder in Quakenbrück mit einem Gesuche an den Königlich Preußischen Handelsminister von Itzenplitz um Conzessionsertheilung zum Ausbau des alten Projektes Quakenbrück-Osnabrück, welches neuerdings zur Gewinnung eines direkten Anschlusses an das westfälische Steinkohlengebiet auf die Fortführung nach Hamm ausgedehnt war. Es wurde darauf hingewiesen, daß die Verwirklichung des Planes zwei Mal unmittelbar bevorstehend gescheitert sei: das ein Mal an der Abneigung der Königlich Hannoverschen Regierung gegen Privatbahnen, das andere Mal an den schwebenden Verhandlungen wegen der Paris-Hamburger Bahn. Nach der Annexion sei die Entscheidung über die Linie dieser letzteren Bahn wesentlich mit Rücksicht darauf erfolgt, daß das westliche Gebiet durch die von Oldenburg über Quakenbrück nach Osnabrück zu erbauenden Bahn durchschnitten werde. Von einer früheren Conzessionsbewerbung war Petent zurückgetreten als die Bergisch-Märkische Bahn zum Ausbau geneigt schien, und hatte sodann das Ergebniß der zwischen dieser Gesellschaft und der Oldenburgischen Regierung gepflogenen Verhandlungen abgewartet, sah sich jetzt aber wieder auf eigenes Vorgehen angewiesen, da von Bergisch-Mark weitere Schritte nicht erfolgten, und Oldenburg seinen Plan mit Quakenbrück abschloß, dabei aber die Ausführung von anderweitiger Herstellung der Linie Quakenbrück-Osnabrück abhängig machte. Schröder erhielt anfangs eine dilatorische Antwort wegen schwebender connexer Verhandlungen, dann im Herbst die Erlaubniß zu Vorarbeiten, welche auf sein Ersuchen an die Oldenburgische Regierung von dem Oberbaurath Buresch geleitet wurden.

In Berlin war man anscheinend nicht geneigt, die Bahn Quakenbrück-Osnabrück bezw. die Fortsetzung nach Hamm Privaten zu überlassen, namentlich aber nicht, dies Unternehmen einer kleinen neuen Gesellschaft anzuvertrauen, da solche für minder leistungsfähig erachtet wurden und man vermuthete, daß die Selbständigkeit doch bald durch Verkauf an eine der großen Verwaltungen aufgegeben werde. Andererseits rückte der Zeitpunkt, wo die Million an Oldenburg auszuzahlen war, immer näher und diese Angelegenheit hatte einen etwas unangenehmen Beigeschmack angenommen.

Wenngleich die vertragsmäßige Verpflichtung von 1864 aus= drücklich eine alternative war und die Geldleistung keineswegs den Charakter einer Conventionalstrafe trug, so war doch im Publikum und in der Presse die unliebsame Bezeichnung als „Strafmillion" üblich geworden und eine entfernte Berechtigung dieses Ausdrucks ließ sich nicht abstreiten. Es lag nahe, etwa in einem neuen Ver= trage diese Schuld zum Gegenstande eines modifizirten Uebercin= kommens zu machen, in welchem die Summe als Preußische Leistung zu Gunsten des Ausbaus einer neuen Linie sich darstellte.

Aus diesen Anschauungen ergab sich die Geneigtheit: Oldenburg für die Linie Quakenbrück-Osnabrück zu conzessioniren, während der Zeit von den drei großen Privatgesellschaften Cöln-Minden für die als nächstberechtigte angesehen wurde. Oldenburg konnte anderer= seits nicht wohl die Million, auf die es einen der Fälligkeit nahen Anspruch bereits besaß, als Zuschuß für eine neue Linie annehmen, zumal dieselbe als nothwendige Beihülfe für die bereits beschlossene Bahn Oldenburg=Quakenbrück in sichere Aussicht genommen war, dagegen war die Grundlage erwägenswerth, daß das Bauprojekt bis Osnabrück ausgedehnt wurde unter Erfrühung der Zahlung der Million. Im Januar 1872 glaubte man sich hiezu entschließen zu sollen, zumal man in den Resten der früheren Anleihen aus= reichende Deckung zu finden hoffte und wurden Commissarien zur Verhandlung über den abzuschließenden Vortrag ernannt.

In Osnabrück wurde gleichzeitig lebhaft für den Weiterbau nach Hamm agitirt. Die Handelskammer erhielt aus dem Ministerium die Zusage, daß die Verwirklichung dieses Projekts mit Interesse verfolgt werde und im Februar 1872 bewarb sich die Königliche Direktion der Bergisch-Märkischen-Gesellschaft um die Conzession für diese Strecke, während ein bedeutendes industrielles Werk in der Nähe von Osnabrück geneigt war, auf Grund eines Betriebsver= trages mit der Oldenburgischen Regierung die Ausführung zu unter= nehmen. Die Bergisch=Märkische Verwaltung, von den schwebenden Verhandlungen Oldenburgs wegen Fortführung der Bahn unter= richtet, wandte sich hierher, um eine gemeinschaftliche technische Prüfung wegen des Zusammentreffens beider Linien bezw. der Bahnhofsan= lage in Osnabrück zu veranlassen. Indessen wies schon der im Mai 1872 an die Generalversammlung gebrachte Antrag auf Genehmigung für den Ausbau Hamm=Osnabrück, ev. weiter zum Anschluß an die Oldenburgischen Bahnen darauf hin, daß man einer Weiter= führung geneigt sei, während die Rheinische Bahn gleichzeitig die

Conzession Duisburg=Rheine=Quakenbrück anstrebte. Bei der unter
Leitung eines Vertreters aus dem Königlich Preußischen Ministe=
rium im Juni 1872 an Ort und Stelle 'abgehaltenen Conferenz
über die Einmündungsfrage trat der Vorschlag von Berg=Marl, bis
Quakenbrück zu bauen, positiv hervor, doch hatte Oldenburg keine
Veranlassung von dem einmal gefaßten Beschluß zurückzutreten und
wurde die Schwierigkeit der technischen Ausführung durch das Projekt
eines gemeinschaftlichen Bahnhofs, über dessen Grundzüge wie die Ver=
theilung der Kosten eine vorläufige Verständigung erzielt wurde,
beseitigt. Gleichwohl nahm die Sache keinen rechten Fortgang trotz
mehrfacher Anregung von verschiedenen Seiten — vorübergehend
wurden unerledigte Punkte des Vertrages wegen Ihrhove=Neuschanz
in Connex gebracht, doch auch diese Differenzen wurden im Wesent=
lichen beseitigt. Es schien eine gewisse Tendenz für Conzessionirung
der Bergisch=Märkischen Gesellschaft und selbst für die Auffassung
vorzuwalten, als wenn in der Hauptsache dadurch den Verpflichtungen
des Vertrages von 1864 nachgekommen werde. Jedenfalls war es
begreiflich, daß Preußen bei der Concurrenz eines leistungsfähigen,
inländischen, unter Staatsverwaltung stehenden Unternehmens Olden=
burg für die Uebernahme der Conzession nicht noch besondere Avancen
machen konnte. Dieser Erwägung entsprechend verzichtete Oldenburg
auf die früher in Aussicht genommene Erfrühung der Zahlung,
welche um so weniger Bedeutung mehr hatte, als der vertragsmäßige
Fälligkeitstermin inzwischen nahe gerückt, war und gelangte auf dieser
Basis unter dem 24. Januar 1873 der Vertrag zur Unterzeichnung.

Wie bei dem fast gleichzeitigen Vertrage wegen Ihrhove=Neu=
schanz mußte der Preußische Standpunkt als berechtigt anerkannt
werden, daß hier, wo es sich um selbständige Glieder des Bahnnetzes,
in ihrer ganzen Ausdehnung auf Preußischem Territorium belegene,
handele, im Wesentlichen der Inhalt der Conzessionen, wie sie
Privatgesellschaften ertheilt werden, zu Grunde gelegt werden müsse.
Dem entspricht die Bezugnahme auf das Eisenbahngesetz von 1838,
die Unterwerfung unter das Besteuerungsgesetz vom 16. März 1877,
das Ankaufsrecht nach 30 Jahren rc. Indessen wurde dem Um=
stande, daß die Conzession einer Bundesregierung ertheilt werde,
nicht nur durch die Form des Staatsvertrages, sondern auch in dem
Inhalt Rechnung getragen. Es findet demnach keine Prüfung der
im Oldenburgischen zugelassenen Betriebsmittel statt; bei Meinungs=
verschiedenheit über das Vorhandensein eines Bedürfnisses zur Her=
stellung des zweiten Geleises soll der Reichskanzlers entscheiden;

die Genehmigung der Tarife, für welche im Allgemeinen die Sätze der Hannover'schen Staatsbahn angenommen, jedenfalls niedrigere nicht sollen verlangt werden, ist nur soweit vorbehalten, als nicht dem Ermessen der Oldenburgischen Regierung (wie inzwischen geschehen) ein weiterer Spielraum gelassen wird. Die Nöthigung, die vierte Wagenklasse zu führen, ist auf einen Zug täglich in jeder Richtung beschränkt. Im Uebrigen ist bemerkenswerth, daß der Ausbau binnen 3 Jahren stattfinden sollte und daß bei der Enteignung dasjenige Gesetz zur Anwendung zu bringen sei, welches „zur Zeit des Baues der Bahn bei Anlegung von Staatseisenbahnen im Gebiete des ehemaligen Königreichs Hannover zur Anwendung komme." Diese Fassung gab in den hervorgehobenen Worten zu Meinungsverschiedenheiten Veranlassung, welches Stadium der Projektfeststellung maßgebend sei, um die Anwendung des der Zeit bestehenden Gesetzes zu fixiren und das neue Preußische Expropriationsgesetz auszuschließen; sie hatte ferner anscheinend nicht berücksichtigt, daß ein Theil der Bahn die Provinz Westfalen berührte und wohl kaum Veranlassung vorlag, für dieses altpreußische Gebiet die Preußische Gesetzgebung auszuschließen. Im Schlußprotokoll wurde auf Wunsch Oldenburgs ausdrücklich ausgesprochen, daß durch den Vertrag die durch Artikel 6 des Vertrages vom 16. Februar 1864 in Betreff der Eisenbahnverbindung zwischen Oldenburg und der Landesgrenze bei Damme vereinbarte Bestimmung nicht alterirt werde.

Die Landtagsvorlage vom 7. Februar 1873 führte aus, daß von dem im Jahre 1870 in Aussicht genommenen Eisenbahnnetz die Strecke Sande-Jever am 1. November 1871 eröffnet, die Strecke Hude-Brake am 1. Januar 1873 dem Betriebe übergeben sei und die Ausführung der Fortsetzung bis Nordenhamm vorbereitet werde, während die Linie Oldenburg-Quakenbrück von dem, namentlich für das linke Weserufer wichtigen Anschluß abhängig geblieben sei. Man habe die Erweiterung des Planes auf eigenen Bau bis Osnabrück in Aussicht nehmen müssen, um überall zum Ziele zu gelangen. Die dazwischen getretene Concurrenz der Bergisch-Märkischen Bahn um eine Conzession bis Quakenbrück habe die Situation verschlechtert, gleichwohl nicht genügende Veranlassung gegeben, von dem einmal gefaßten Beschlusse abzugehen, welcher sich auch durch die größere Selbständigkeit empfehle, welche unser Eisenbahnnetz durch den Anschluß in Osnabrück gewinne. Da die Fortsetzung nach Hamm durch die Bergisch-Märkische Bahn gesichert sei und über die gemein-

schaftliche Bahnhofsanlage bereits eine Verständigung erzielt wor=
den, empfehle sich die Genehmigung des Vertrages.

Die Mehrheit des Landtagsausschusses konnte sich den großen
Bedenken nicht verschließen, welche sich für ein kleines Land daraus
ergeben, sich mit Eisenbahnbauten in solchem Umfang und mit solchem
Aufwande außerhalb Landes zu befassen. Bei Ihrhove=Neuschanz
(vgl. §. 7) seien diese Bedenken durch die bedeutenden Subventionen
von Preußen und den Niederlanden beseitigt; hier bedürfe es beson=
derer Momente zur Rechtfertigung. Diese glaubte die Ausschuß=
mehrheit in den Umständen zu finden, daß die südliche Hälfte der
Linie Oldenburg=Osnabrück schon durch die größere Dichtigkeit der
Bevölkerung (6—8000 Seelen auf die Quadratmeile) bessere Ergeb=
nisse zu liefern verspreche, als der menschenarme Distrikt im Herzog=
thum; zugleich erreiche Oldenburg damit die unmittelbare Antheil=
nahme am großen Verkehre und werde eine mehr gleichberechtigte
Stellung den großen Gesellschaften gegenüber einnehmen können.

Nur eine Minderheit, ein Vertreter des südlichen Münster=
landes, trat dem Antrage entgegen, mit dem Versuche, dem Landes=
theile, welcher durch den ersten Kriegshafenvertrag bereits vor
20 Jahren die begründete Aussicht einer Eisenbahn erlangt hatte,
den Schienenweg zu sichern, sei es durch eine Verschiebung der
ganzen Linie nach Osten oder durch eine Abzweigung.

Diese Bestrebung hatte den Erfolg, daß der Landtag am
11. März 1873 neben der Genehmigung des Staatsvertrages mit
Preußen und der Bereitstellung der zur Ausführung erforderlichen
Mittel auch den selbständigen Antrag genehmigte, „die Großherzog=
liche Staatsregierung zu ersuchen, sobald die finanzielle Lage des
Landes es gestatte und es im Interesse desselben liegt, den Bau
einer Eisenbahn von Ahlhorn ab durch die Aemter Vechta und
Damme zum Anschluß an die Paris=Hamburger Bahn in Aussicht
zu nehmen."

§. 7.
Ihrhove=Neuschanz.

Nach langjährigen Bemühungen um eine Verbindung der nörd=
lichen Niederländischen Provinzen mit Nord= und Ostdeutschland,
welche theilweise in der Vorgeschichte Erwähnung gefunden haben,
wurde unter dem 16. November 1864 zwischen den Königreichen der
Niederlande und Hannover ein Staatsvertrag abgeschlossen, welcher

für die mittlere der streitigen Linien — Neuschanz-Ihrhove — ent=
schied. Die Niederländische Regierung verpflichtete sich, eine Bahn
von Harlingen über Leeuwarden, Groningen und Windschoten bis
zur Hannoverschen Landesgrenze auf Staatskosten zu bauen und
ward die Betriebseröffnung im Laufe des Jahres 1867 in Aussicht
gestellt. Hannover versprach einer sich bewerbenden Gesellschaft nach
den Bestimmungen des Gesetzes vom 29. März 1856 zum Bau einer
Eisenbahn von der Niederländischen Grenze bei Ihrhove, einschließ=
lich einer Brücke über die Ems, und zum Betriebe eine Conzession
zu ertheilen. Der Gesellschaft sollte die Verpflichtung auferlegt
werden, möglichst rasch den Bau zu vollenden, damit derselbe gleich=
zeitig mit der Bahn von Harlingen bis zur Hannoverschen Grenze
in Betrieb gesetzt werden könne. Letztere Bahn bis Neuschanz wurde
ausgeführt und am 1. November 1868 vollendet und in Betrieb
gesetzt. Durch eine Uebereinkunft zwischen der Niederländischen und
Hannoverschen Regierung vom 16. December 1865 wurde die Rich=
tung der Verbindung zwischen Ihrhove und Neuschanz näher ver=
einbart.

Bei den Verhandlungen über den Vertrag vom 17. Januar
1867 über die Bahn von Oldenburg nach Leer kam auch die Sprache
auf die Bahn von Ihrhove nach Neuschanz und wurde preußischer=
seits erklärt, daß man die fragliche Eisenbahnverbindung entschieden
wünsche und nöthigenfalls selbst auf Staatskosten bauen werde.

In das Schlußprotokoll zu dem Vertrage vom 17. Januar
1867 wurde die Erklärung aufgenommen:

„Großherzoglich oldenburgischerseits wird besonderer Werth
darauf gelegt, mittelst der Bahn Oldenburg-Leer einen directen An=
schluß an das Niederländische Eisenbahnnetz in der Richtung auf
Neuschanz und Winschoten zu gewinnen. Mit Rücksicht hierauf
wurde seitens der Königlich Preußischen Bevollmächtigten erklärt,
daß die Königliche Regierung das baldige Zustandekommen einer
Eisenbahn von der Preußisch=Niederländischen Landesgrenze bei Neu=
schanz zum Anschluß an die Rheine=Emdener Eisenbahn thunlichst
fördern werde."

Unter dem 9. Mai 1867 ging aus dem Ministerium für Han=
del, Gewerbe und öffentliche Arbeiten der Handelskammer in Leer
folgende Verfügung zu:

„Der Handelskammer eröffne ich auf die Vorstellung vom
6. April c., daß ich die Wichtigkeit der Herstellung einer directen
Eisenbahn=Verbindung zwischen Harlingen und Bremen nicht ver=

kenne und die Aufnahme genereller Vorarbeiten für die Strecke von Ihrhove zur Preußischen Grenze bei Neuschanz eingeleitet habe.

Wenn ich nun auch nicht in der Lage bin, die Ausführung dieser Bahnstrecke auf Staatskosten zuzusichern, so werde ich doch das Unternehmen in sonst zulässiger Weise gern fördern und die Handelskammer kann vertrauen, daß die von derselben vertretenen Handelsinteressen auch meinerseits nicht unberücksichtigt bleiben werden."

Die Handelskammer in Leer und das Rheiderland thaten im Laufe des Jahres 1867 wiederholt Schritte im Interesse der Verbindung mit Nordholland, zu deren Gunsten in der Versammlung der Landstände von Groningen am 7. Juli 1868 der Königlich Niederländische Commissar sich lebhaft aussprach.

In einer Note vom 29. October 1868 theilte der diesseits accreditirte Königlich Preußische Gesandte mit: die thunlichste Förderung des Zustandekommens der Eisenbahn-Verbindung zwischen Ihrhove und Neuschanz sei fortgesetzt ein Gegenstand der Fürsorge seiner Allerhöchsten Regierung geblieben und sei es demselben sehr erwünscht, mittheilen zu können, daß sich eine neue Aussicht auf die Ausführung des Unternehmens eröffnet habe.

Nachdem der Königlich Preußische Minister für Handel ꝛc. es sich habe angelegen sein lassen, durch Beschaffung vollständiger Vorarbeiten den Eintritt eines Unternehmens zu erleichtern, sei neuerdings innerhalb der Niederländischen Provinzen Friesland und Groningen ein Comité zum Zwecke der Ausführung des Unternehmens zusammengetreten. Die auf Veranlassung des Königlich Preußischen Ministers für Handel ꝛc. angefertigten Vorarbeiten seien der Königlich Niederländischen Gesandtschaft zu Berlin mitgetheilt worden, und der vorgedachte Minister für Handel ꝛc. habe sich bereit erklärt, dem Comité, dessen weiteren Anträgen zur Zeit noch entgegengesehen werde, jede zulässige und erreichbare Unterstützung zu Theil werden zu lassen.

Im December 1868 sprach sich das Holländische Comité Oldenburg gegenüber seine Aufgabe dahin aus: das Comité wolle nicht die Conzession für den Bau der Bahn erlangen, sondern nur die Schritte thun, welche einer Gesellschaft es ermöglichen würden, das Projekt aufzufassen. Das sei bei einer nur 2¼ Meilen langen Bahn, welche zu 1,800,000 ℳ veranschlagt sei, nur möglich, wenn das Anlagecapital durch Subventionen ermäßigt werde und wenn der Betrieb von der Gesellschaft nicht selbst in die Hand genommen zu werden brauche. Das Comité gehe davon aus, daß, wenn das Actiencapital auf etwa 700,000 ℳ reducirt werden könne und wenn die Oldenburgische Regierung den Betrieb übernehme und einen concurrenten Betrieb von Leer bis Ihrhove erhalte, für den Betrieb eine Pacht gezahlt werden könne, welche eine ausreichende Verzinsung und Amortisation (etwa 4½%) ermögliche.

Werde die Reduction des Actiencapitals durch Subventionen Preußens und der Niederlande erreicht, so würde das Actiencapital leicht zu beschaffen sein.

Eine eingehende Prüfung der in Aussicht gestellten speziellen Propositionen ward oldenburgischerseits zugesagt, dabei indessen be= merkt, daß Oldenburg, wenn überhaupt, doch nur dann darauf ein= gehen könne, wenn man die Ueberzeugung gewonnen, daß damit kein finanzielles Risico übernommen werde.

Von Preußen wünschte das Comité eine Subvention von 190,000 ℳ, die Kosten des Baus der Emsbrücke und der nöthigen Erweiterungen der Station Ihrhove, und wurde demselben die Hälfte dieser Summe in Aussicht gestellt.

Im März 1869 konnte der Ober=Ingenieur Witsen=Elias die Mittheilung machen, daß Preußen die Hälfte der Kosten der Emsbrücke übernehmen und den Bahnhof Ihrhove so herstellen wolle, daß derselbe den hinzukommenden Verkehr mit aufzunehmen im Stande sei. Die Niederlande würden die Hälfte der Summe zuschießen, welche erforderlich sei, um das Actiencapital soweit zu reduziren, als das Comité es für nothwendig halte und hoffe er, daß Preußen außer der bereits angebotenen Unterstützung ein Gleiches thun werde. Die Einräumung eines concurrenten Betriebes von Leer nach Ihrhove werde voraussichtlich nicht beanstandet werden.

Oldenburg lehnte ein Eingehen auf diese Propositionen des Comités ab und beantragte eine nochmalige Prüfung.

Die Verhandlungen mit dem Niederländischen Comité und die Gründe, weshalb auf die Vorschläge desselben nicht eingetreten, wur= den nach Berlin mitgetheilt, wo man großen Werth auf das Zustande= kommen der Bahn legte und auf einen Entschluß Oldenburgs, die Sache zu übernehmen, einzuwirken suchte. Man stellte vor, daß Preußen eine Subvention von 300,000 ℳ offerire und außerdem die zu 40,000 ℳ veranschlagten Kosten der in Ihrhove erforder= lichen Erweiterungsbauten übernehmen wolle. Die Niederländische Regierung sichere eine Subvention von 400,000 ℳ zu und da die Brückenbaukosten gegen den ursprünglichen Anschlag um 100,000 ℳ ermäßigt werden könnten, so werde damit die erforderliche Reduction

5

des Actiencapitals erreicht. Die finanziellen Bedenken der Olden=
burgischen Regierung wurden dadurch nicht gehoben und konnte schon
deshalb auf den Plan nicht eingetreten werden, weil die Preußische
Regierung den concurrenten Betrieb auf der Strecke Ihrhove=Leer
nur jeder Zeit widerruflich einräumen wollte.

Dem Groninger Comité wurde mitgetheilt, daß mit Rücksicht
auf die ferneren Verhandlungen seit April 1869 ein Eingehen auf
das Projekt noch nicht definitiv abgelehnt werde, da vielleicht noch
die finanziellen Bedenken beseitigende Modificationen möglich seien.

Preußischerseits hielt man die Auffassung fest, daß die in Aus=
sicht gestellte Subvention nicht erhöht werden könne. Der von der
Großherzoglichen Regierung gewünschte concurrente Betrieb zwischen
Leer und Neuschanz mache den Bau eines zweiten Gleises erforder=
lich und betrügen die Kosten desselben, einschließlich der Kosten der
durch den Bahnanschluß gebotenen Erweiterung des Bahnhofes Ihr=
hove, 192,000 ℳ. Ohne eine angemessene Verzinsung dieser Summe
würde die preußischerseits zu gewährende Unterstützung mit dem zu=
gesagten baaren Zuschusse sich auf 492,000 ℳ, mithin nahezu auf
ein Dritttheil des Baucapitals für die Strecke Ihrhove=Neuschanz
steigern, was im Vergleich zu der von den Niederlanden zu bewilli=
genden Subvention nicht als verhältnißmäßig erachtet werden könne.
Sollte die Großherzogliche Regierung, unter Festhaltung ihres
Standpunktes, es ablehnen, das im Vergleich zu den von den Nieder=
landen und Preußen in Aussicht gestellten bedeutenden Subventionen
aller Wahrscheinlichkeit nach nur geringe Risico zu übernehmen, so
müsse leider auf die Herstellung der wichtigen Eisenbahn=Verbindung
bis auf Weiteres verzichtet werden.

Nach eingehender Prüfung und wiederholter Revision der vor=
liegenden Kostenüberschläge glaubte die Oldenburgische Regierung am
Schluß des Jahres 1869 den Bau und Betrieb der Bahn unter
folgenden Voraussetzungen übernehmen zu können:

1. Die offerirte Subvention von 300,000 ℳ wird à fonds
   perdu gewährt.
2. Es wird ein concurrenter Betrieb auf der Bahnstrecke Ihr=
   hove=Leer für jede Art der Beförderung dauernd eingeräumt.
3. Die Großherzogliche Regierung verzinst die von Preußen
   anzuwendenden 192,000 ℳ mit 4%, zahlt außerdem ½%
   für Verschleiß, sonstige Vergütungen aber nicht.
4. Die Großherzogliche Regierung wünscht, daß ihr die Wahl
   der Bahnlinie eingeräumt werde, und war vorläufig eine an

scheinend günstigere Linie nördlich von Weener in's Auge gefaßt. Es werde nicht fest zu bestimmen sein, daß bei Weener und Bunde eine Haltestelle sein solle, um den Grunderwerb zu erleichtern.

5. Die Bahn wird einspurig, wie die von der Landesgrenze bis Leer gebaut, der Grund und Boden aber für zwei Gleise erworben. Der Bau des zweiten Gleises kann erst gefordert werden, wenn die Bruttoeinnahme 60,000 ℳ pro Meile und Jahr erreicht hat.

6. Erleichterung der Zollabfertigung (Art. 10 des Vertrages vom 16. November 1864 zwischen Hannover und den Niederlanden) durch eine Zollabfertigung in Neuschanz.

7. Im Uebrigen Aufnahme der wesentlichen Bestimmungen des Vertrages vom 17. Januar 1867 wegen der Leerer Bahn in den abzuschließenden Staatsvertrag.

Die Niederländische Regierung war mit den diesseitigen Propositionen im Wesentlichen einverstanden, nur werde Holland jedenfalls eine Station bei Weener fordern.

Dem Landtage wurde in einer Vorlage vom 21. Februar 1870 von dem Stande der Sache im Allgemeinen vertrauliche Mittheilung gemacht und war derselbe mit dem Vorgehen des Staatsregierung einverstanden, ermächtigte auch den ständigen Ausschuß seine Genehmigung zu einem Vertrage zu ertheilen, welcher auf Grund der von der Regierung aufgestellten Propositionen etwa zu Stande kommen sollte. Am Tage dieses Beschlusses (18. März 1870) legte die Staatsregierung Preußen die Bedingungen formulirt vor, unter denen sie nunmehr zur Uebernahme des Baues und Betriebes bereit sei. Es wurde eine Subvention von 400,000 ℳ verlangt, dauernder, für Local- und durchgehenden Verkehr unbeschränkter concurrenter Betrieb auf der Strecke Leer-Ihrhove und zwar unter Benutzung des vorhandenen einen Gleises gegen eine im Verhältniß zur Roheinnahme zu bemessende Vergütung.

Indessen schien in Berlin das Interesse an dem Projekt nachgelassen zu haben; nicht ohne Einfluß der Schwierigkeiten, welche sich der Regierung aus dem neubelebten Kampfe um die Richtung der Bahn ergaben. Wenngleich die Niederländische wie die Preußische Regierung wiederholt dahin sich ausgesprochen hatten, daß der Vertrag zwischen dem ehemaligen Königreich Hannover und Holland von 1864 als zu Recht bestehend und auch die an die Stelle getretene neue Regierung bindend angesehen werde, ließ man in Leer, namentlich)

5*

aber in Papenburg, kein Mittel unversucht, um jene Entscheidung wieder rückgängig zu machen. Gegen den Wunsch von Leer, welcher auf eine Ueberbrückung bei Bingum gerichtet war, sprach die entscheidende finanzielle Rücksicht, daß dadurch die Kosten um eine Million Thaler sich steigern würden, ein Aufwand, welcher das Projekt von vornherein unmöglich machte. Für den, sowohl für den localen wie für den durchgehenden Verkehr offenbar ungünstigeren Anschluß in Papenburg suchte dieser Platz durch die Aufstellung zu agitiren, daß die Erbauung einer festen Brücke bei Weener der Seeschifffahrt ein unüberwindliches Hinderniß bereiten werde. Gleichwohl mußte zugegeben werden, daß die vielen Krümmungen und Untiefen der Ems oberhalb Weener das Passiren der Strecke mit vollen Segeln in rascher Fahrt ohnehin nicht gestatteten, daß die Fähren, deren Passiren die Schiffe um das Pünttau nicht zu gefährden liegend abwarten müssen, als ein lästigeres Hinderniß sich darstellen und daß endlich auch die Emsschleuse, von welcher die Schiffe auf den Canal nach Papenburg geschleppt werden müssen, als den Verkehr beeinträchtigend sich nicht ergeben habe.

Vorübergehend schienen die Anstrengungen der Papenburger erfolgreich; im Februar 1871 wurde statt der früher für ausreichend erachteten Anlegung von Ankerplätzen und der Haltung eines Schleppdampfers die Ueberbrückung der Ems im Hochniveau ev. die Verlegung der Brücke oder die Einschränkung auf einen Trajekt verlangt. Diese Zumuthung mußte um so mehr befremden, als sie mit der bisherigen gemeinsamen Grundlage der Verhandlungen in Widerspruch stand und eine Anlage erforderte, deren Ausführbarkeit kaum nähere Erörterung verdiente. In jener niederen Gegend wäre ein Damm oder ein Viadukt, der über dem Strome die erforderliche Höhe für das freie Passiren von Seeschiffen erreichte, ein Werk gewesen, das kaum seines Gleichen hatte, jedenfalls Kosten verursachte, die in gar keinem Verhältniß zu der Bedeutung des ganzen Unternehmens standen — ganz abgesehen davon, daß die Fortsetzung der Bahn am linken Ufer bei normalen Gradienten über den Kopf der Stadt Weener hinweggegangen wäre.

Die Vorstellungen Oldenburgs, daß die Forderung einer definitiven Aufgabe des ganzen Projektes gleich zu achten sei, daß der Verzicht auf dasselbe aber weit größere Nachtheile im Gefolge habe, als die Unbequemlichkeiten, welche etwa der Schifffahrt der Stadt Papenburg erwüchsen, fanden Eingang und es wurde zugegeben, daß die Interessen Papenburgs durch gewisse Bedingungen ausgeglichen werden könnten. Dieser Anschauung entsprach der Vorschlag, die Subvention auf 300,000 ℳ zu fixiren, den Bahnhof Ihrhove auf alleinige Kosten Preußens auszubauen, unverkürzten concurrenten Betrieb auf der Strecke Leer-Ihrhove gegen 50% der Bruttoeinnahme zuzulassen und dieses Verhältniß einer Auflösung durch Kündigung erst nach 13 Jahren auszusetzen, die Anlage eines besonderen Gleises von dem Hervortreten eines Verkehrsbedürfnisses abhängig zu machen, endlich nicht nur bei Konstruktion der Brücke und ihrem Beiwerk auf die Schifffahrt alle Rücksicht zu nehmen, sondern auch 25000 ℳ für die Unterhaltung eines Schleppers zur Verfügung zu stellen.

Wenn Oldenburg keinen Anstand nahm, auf dieser Basis, vorbehältlich eines endgültigen Entschlusses nach Maßgabe des Gesammtergebnisses, weiter zu verhandeln, so mußten die Fragen der Brückenkonstruktion wegen ihrer finanziellen Tragweite von so präjudizirlicher Bedeutung erscheinen, daß eine gleichzeitige Festsetzung der speziellen Punkte gesichert werden mußte. Es verband sich daher mit dem generellen Fortgang der Verhandlungen die mehr technische Prüfung der Brückenkonstruktion, durch welche die Angelegenheit noch volle zwei Jahre aufgehalten wurde, während mit den Niederlanden ohne Weiterungen im Februar 1872 eine Verständigung erzielt wurde, welche die Subvention auf 400,000 ℳ (700,000 Gulden) festsetzte und ferner bestimmte, daß die Niederländische Regierung den Bahnhof Neuschanz unentgeltlich zur Verfügung stelle mit der Maßgabe, daß die in den ersten drei Jahren als nothwendig sich ergebenden Erweiterungsbauten von Oldenburg mit 4%, die späteren mit 2% verzinst werden sollten; ebenfalls eine 4%ige Verzinsung wurde für die Kosten der von der Regierung herzustellenden Strecke vom Bahnhof Neuschanz bis an die Landesgrenze in Aussicht genommen. Zu gleicher Zeit bethätigte die Stadt Weener ihr Interesse an dem Zustandekommen der Bahn durch den einstimmigen Beschluß der Vertretung, den Grund und Boden der städtischen Gemeinheit, soweit er für die Bahnanlage erforderlich werde, unentgeltlich abzutreten. Dieses liberale Entgegenkommen stellte der Bauverwaltung eine Fläche von 9,1 Hectar zur Verfügung und verdient es fast noch größere Anerkennung, daß, im Gegensatz zu anderen unliebsamen Erfahrungen, das Streben zur Förderung und Erleichterung des Unternehmens nicht mit der Sicherstellung des Baues sein Ende erreichte, sondern durch alle Stadien der Bauausführung in kleineren wie größeren Angelegenheiten sich bewährte.

Die technischen Vorfragen wurden durch die von der Bauverwaltung in mündlicher Verhandlung vertretene Vorlage der diesseitigen Pläne gefördert; man erklärte sich in Berlin mit dem Projekt eingleisigen Oberbaus der Brücke einverstanden, hielt aber die
Forderung hinsichtlich der Anlage von Pfahl-Leitwerken und der
Beihülfe für einen Schlepper aufrecht.

Während die formelle Frage, ob der Abschluß des Staatsvertrages der gegenwärtigen Verfassung entsprechend nicht durch das
Reich zu erfolgen habe, einer Erörterung unterzogen worden war,
gelangte endlich im September 1872 ein Preußischer Vertragsent-
wurf nach Oldenburg, welcher in mehrfachen Punkten weniger günstige Bestimmungen enthielt, als nach den Vorverhandlungen zu erwarten war. Namentlich erregte es Bedenken, daß Preußen die
Feststellung der Baupläne und die alleinige Entscheidung über das
Erforderniß eines zweiten Gleises in Anspruch nahm, daß das Ge-
nehmigungsrecht der Tarife durch keinerlei Bezugnahme auf anderweitige Sätze limitirt war, daß die IV. Wagenklasse obligatorisch
gemacht wurde und außer den 50% der Roheinnahme für die Mitbenutzung der Strecke Leer=Ihrhove eine Entschädigung für den
Bahnhof der letzteren Station verlangt wurde. Oldenburg wies
darauf hin, daß man von hier aus keineswegs um die Conzession
ambirt, solche vielmehr auf dortseitigen wiederholt nahegelegten
Wunsch in Aussicht genommen habe; inzwischen war eine Steigerung
der Arbeitslöhne und der Preise für die Baumaterialien bis zu 50%
eingetreten; in solcher Situation konnte eine Steigerung der Ansprüche an die Bauverwaltung nicht gerechtfertigt erscheinen. In
Berlin gab man diesen Vorstellungen Gehör und hielt den Zeitpunkt
für gekommen, wo durch mündliche Verhandlungen die Sache zum
Schluß gebracht werden könne. Die im Januar 1873 in Berlin
abgehaltene Conferenz führte in der That zu einer Verständigung
über alle wesentlichen Punkte bis auf drei mehr technische Fragen:
die Weite der Brückenöffnungen über dem Lande, die Frage, ob und
wie weit die demnächstige Anlegung eines zweiten Gleises in der
Bauausführung vorzusehen sei und die Anforderungen an die
Liegeplätze. In allen drei Punkten mußten zunächst die Localbehör-
den sich äußern, theilweise auf Grund vorheriger Localuntersuchungen,
so daß man sich begnügen mußte, die vereinbarten Bestimmungen zu
fixiren (unter diesen auch der Ausgleich, daß für den Bahnhof Ihrhove nur eine theilweise Vergütung geleistet werden solle) und in

den annoch unerledigten den status caussae et controversiae festzustellen.

Am 7. Februar 1873 wurde dem Landtage der Stand der
Sache mit dem Antrage vorgelegt, den ständigen Landtagsausschuß
zu einer Genehmigung des hiernach in Aussicht zu nehmenden
Staatsvertrages zu autorisiren, und erfolgte die Zustimmung zu
dieser Vorlage unter dem 11. März 1873.

Auf Schwierigkeiten war dagegen die Sache im Preußischen
Abgeordnetenhause gestoßen, welches mit derselben durch Einstellung
der Subvention in den Voranschlag befaßt war. Die Papenburger
machten die Schädigung ihrer Schifffahrtsinteressen durch den projektirten Brückenbau geltend, die Weeneraner suchten in einer Petition
wie durch persönliche Vorstellungen diesen Punkt und den eigentlichen Grund der Gegenagitationen in das richtige Licht zu stellen.
Endlich wurde unter dem 5. März die Ausgabe in dritter Le-
sung genehmigt mit dem Zusatze: „die Königliche Staatsregierung
aufzufordern, bei der Genehmigung der Pläne für die auszuführende
Eisenbahnbrücke über die Ems solche konstruktive Einrichtungen vor-
zuschreiben, welche das Passiren der Seeschiffe möglichst erleichtern
und bei Feststellung des demnächstigen Betriebes darauf Bedacht zu
nehmen, daß die davon zu gewärtigende Benachtheiligung der Seeschifffahrt auf das geringste Maaß zurückgeführt werde."

Von den bezeichneten Differenzpunkten erledigte sich derjenige,
wegen Weite der Brückenöffnungen über dem festen Lande (Außen-
groden) am Einfachsten, indem die Königliche Landdrostei Aurich das
Oldenburgische Projekt in dieser Beziehung nicht beanstandete. Wegen
der Liegeplätze war der Zweifel aufgetaucht, ob Oldenburg gehalten
sein solle, an denselben eine Wassertiefe von 4 Meter künstlich herzustellen und zu unterhalten oder ob nur die möglichst günstigen
vorhandenen Tiefen aufzusuchen und zu benutzen seien. Oldenburg
schlug anscheinend geeignete Punkte vor und fand an Ort und Stelle
eine Prüfung statt, an der außer den Interessenten Sachverständige
des Fahrwesens vertreten waren. Von Letzteren wurden die besten
Punkte, an welchen und zwar nahe an dem convexen Ufer, Schwimm-
flöße mit Anbinde-Ringen anzubringen seien, bezeichnet, daneben
wurden auch Landpfähle zum Anbinden der Schiffe am festen Ufer
in Vorschlag gebracht.

Die Papenburger erklärten nach geheimer Berathung, daß sie
nach wie vor die Brückenanlage für unzulässig hielten, bezeichneten
eventuell die in Aussicht genommenen Punkte für „zu entfernt von

der Brücke," ließen sich auf irgend welche positive Vorschläge, wie
man ihren Interessen gerecht werden könne, nicht ein. In Berlin
versuchten die Papenburger nach wie vor auf eine Planfeststellung
für die Brücke einzuwirken, welche die wirkliche Ausführung des
Projekts illusorisch machen sollte; nachdem durch Peilungen der Zu=
stand des Fahrwassers ermittelt und eine technische Prüfung der
Vorlagen im December 1873 stattgefunden hatte, wurden die Pläne
für die Anlegeplätze genehmigt und verständigte man sich hinsichtlich
des letzteren Differenzpunktes dahin, daß die Fundamentirung der
drei Drehbrückenpfeiler für zwei Gleise erfolgen, im Uebrigen die
Ausführung nur auf ein Gleise rücksichtigen solle.

Bei unmittelbar bevorstehendem Abschluß des Vertrages ergab
sich eine neue Differenz aus der streitigen Auslegung des Oldenburg=
Leerer Vertrages. Preußischerseits wurde neuerdings die Beeidigung
der auf Preußischem Territorium funktionirenden Bahnpolizeibeamten
verlangt, sowie die Befugniß, zur Vermeidung der Feuersgefahr An=
ordnung zu treffen.

Der letztere Punkt wurde dahin ausgeglichen, daß die Zuständig=
keit der Landeshoheit zu solchen Anordnungen anerkannt wurde,
welche etwa in der Umgebung des Bahnkörpers auszuführen sind,
während es hinsichtlich der Betriebsmittel bei der alleinigen Olden=
burgischen Prüfung bewendet. Die Beeidigungsfrage wurde nach
Analogie des im Fürstenthum Birkenfeld hinsichtlich der Bahnpolizei=
beamten der Rhein=Nahe=Bahn bestehenden Verhältnisses dahin er=
ledigt, daß die im Preußischen domizilirten Beamten von den König=
lichen Behörden auf die dort geltenden Bestimmungen zu verpflichten
sind.

Endlich konnte am 17. März 1874 die Unterzeichnung des
Vertrages erfolgen; am 3. Juni desselben Jahres wurde der Staats=
vertrag zwischen dem deutschen Reich und dem Königreich der Nieder=
lande abgeschlossen, am 27. desselben Monats der Vertrag zwischen
dem Großherzogthum Oldenburg und den Niederlanden. Die Ver=
handlungen mit den letzteren ergaben keinerlei Anstand, nur mußte
Oldenburg sich bequemen, die Zollabfertigung in beiden Richtungen
zu übernehmen, was wegen der damit verbundenen Weiterungen
und Verantwortlichkeit nur ungern geschah. Die Niederländischen
Vertreter beriefen sich jedoch darauf, daß dieselbe Forderung auch
an anderen Grenzstationen aufgestellt sei und die Praxis die Zweck=
mäßigkeit der Verbindung des gesammten Zolldeklarationsgeschäfts in
einer Hand ergeben habe.

Die Anwesenheit in Utrecht wurde gleichzeitig zu mündlichen Besprechungen mit den Herren der Betriebsgesellschaft benutzt, auf Grund derer demnächst zwischen dieser und der Eisenbahnverwaltung ein Betriebsvertrag wegen gemeinschaftlicher Benutzung der Station Neuschanz abgeschlossen wurde.

Der Inhalt der Staatsverträge (publizirt unter dem 8. September 1874 Gesetzblatt Band XXIII. pag. 197) welchen der ständige Landtagsausschuß unter dem 9. Juli 1874 seine Zustimmung ertheilte, ist in seinen wesentlichsten Bestimmungen in der vorstehenden Entstehungsgeschichte bereits enthalten. Die allgemeinen Bestimmungen sind ganz analog dem Vertrage wegen der Bahn Quakenbrück-Osnabrück und kann auf das dort (§. 6) Angeführte Bezug genommen werden; hier ist nur in der Kürze zu rekapituliren:

Oldenburg erhält für den Bau der Bahn von den Niederlanden eine Subvention von 700,000 Gulden à fonds perdu in drei gleichen Raten, von denen die erste und die zweite am Ende des ersten und des zweiten Baujahres, die dritte bei Beendigung des Baues fällig ist.

Die Bahnstrecke zwischen der Niederländischen Grenze und dem Bahnhof Neuschanz, diesen einschließlich, wird Oldenburg zum Betrieb bezw. zur Mitbenutzung übergeben gegen eine jährliche Vergütung von 4% des auf die Herstellung der Bahnstrecke verwandten Capitals und aller Kosten der Erweiterungen und Vergrößerungen der Bauten und Anlagen, welche in beiderseitigem Einverständniß auf dem Bahnhof Ihrhove bis zum Ablauf von drei Jahren nach dem Beginn des gemeinsamen Betriebes auf dem Bahnhof werden ausgeführt werden, und der Hälfte solcher Kosten, welche nach Ablauf dieser Frist aufgewandt werden müssen.

Die Kosten der ersten Herstellung, der Erweiterung und der Vergrößerung der Bauten und Anlagen dieses Bahnhofs verbleiben zu Lasten des Niederländischen Staates.

Für den Betrieb ꝛc. sind die Niederländischen Gesetze und Verordnungen maßgebend.

Die preußische Subvention von 300,000 ℳ wird in gleichem Verhältniß ratenweise gezahlt; 25,000 ℳ sind davon an die Stadt Papenburg zur Beschaffung eines unterhalb Papenburg an der Eisenbahn=Brücke über die Ems zu haltenden Schleppdampfers abzuführen.

Der Bahnhof Ihrhove wird auf Preußische Kosten erweitert; die Mitbenutzung dieses Bahnhofes und der Strecke Leer=Ihrhove wird Oldenburg gestattet für die halbe Roheinnahme, welche auf die Strecke vom Stationsgebäude in Leer bis zum äußersten Punkt des Bahnhofes Ihrhove entfällt.

Darin ist zugleich enthalten die Entschädigung für die bauliche Unterhaltung und Erneuerung der Strecke, für die Besoldung des Streckenpersonals, für die Mitbenutzung der Gleise des Bahnhofs Ihrhove, ingleichen der Bahnhofsgebäude dieser Station, wogegen für die Dienstverrichtungen, welche etwa von dem Stations= und Expeditions=Personal der Westfälischen Eisenbahn für die Oldenburgische Verwaltung mit wahrgenommen werden, ein besonderes Aequivalent zu leisten ist.

Das bestehende Verkehrsverhältniß der Station Leer wird nicht alterirt.

Eine Kündigung des concurrenten Betriebes kann preußischerseits erst 10 Jahre nach der Inbetriebnahme geschehen und soll das Mitbenutzungsrecht in Ermangelung anderweitiger Verständigung erst drei Jahre nach der Kündigung aufhören.

§. 8.
Ocholt=Westerstede.

In derselben Sitzung (11. März 1873), in welcher der Landtag sich entschloß, im Einverständnisse mit der Staatsregierung die Lücke des internationalen Verkehrs zwischen den Niederlanden und dem nördlichen Deutschland durch Ausbau der Strecke Ihrhove=Neuschanz auf Kosten des Herzogthums auszufüllen, wurde auch die Genehmigung zu der Subvention einer Localbahn ausgesprochen, welche bestimmt war, dem Orte Westerstede, welcher bei Anlage der Bahn Oldenburg=Leer abseits hatte liegen bleiben müssen, einen Anschluß zu verschaffen. Die Entstehung dieser sekundären Bahn ist in der Brochüre des Geh. Oberbaurath Buresch (Die schmalspurige Eisenbahn von Ocholt nach Westerstede. Hannover, bei Schmorl & von Seefeld, 1877) eingehend behandelt und genügt hier unter Verweisung auf dieselbe eine kurze Uebersicht.

Vor dem Bestehen der Eisenbahnverbindung Hannover=Minden=Osnabrück=Rheine=Lingen=Leer=Emden bildete die Chaussee von Bremen über Oldenburg, Zwischenahn, Westerstede, Remels und Hesel einerseits nach Aurich und andererseits nach Leer die Hauptverbindung zwischen der Stadt Hannover und dem nördlichen Theile des Königreichs, sowie zwischen Hamburg, Bremen und Oldenburg mit

Ostfriesland und den reichen nordöstlichen Provinzen der Nieder=
lande. Mit der am 22. Juni 1856 erfolgten Eröffnung der Eisen=
bahn Minden=Osnabrück=Rheine=Emden in ihrer ganzen Länge wandte
sich ein großer Theil des Hannover=Ostfriesisch=Niederländischen Ver=
kehrs dieser Bahnlinie zu, ging also der obenerwähnten Chaussee
durch Oldenburg verloren.

Als der Oldenburgische Staat dann im Jahre 1866, etwa gleich=
zeitig mit dem Fertigwerden der Bahn Bremen=Oldenburg, an die
Frage der Fortsetzung dieser Bahn nach Leer herantrat, fand sich
sehr bald, wie dieselbe, in Anbetracht des Umstandes, daß es hier
nicht um eine Local= oder Provinzialbahn zwischen Oldenburg und
Leer, sondern um eine internationale Verbindung von Nordwest=
deutschland mit den Niederlanden (Hamburg=Bremen=Groningen=
Harlingen ꝛc.) sich handelte, — füglich nicht anders als in der mög=
lichst geraden Richtung ausgeführt werden könne, ungeachtet des
Umstandes, daß die Bahn dabei die weitgedehnten Inundations=
gebiete der Nebenflüsse der Leda (Ems) durchschneiden mußte, welche
die seit längerer Zeit bestehende Chaussee aus technischen Gründen
mit einem großen Bogen gegen Norden umging. Während diese
Chausseeverbindung zwischen Oldenburg und Leer eine Länge von
etwa 66 Kilometer hatte, bekam die in der neuen Richtung Zwischen=
ahn, Scholt, Apen, Detern, Stickhausen und Nortmoor projektirte
Bahnlinie zwischen Oldenburg und Leer nur eine Länge von 55 Kilo=
meter und wurde deshalb auch für die Ausführung gewählt, ob=
gleich man schon damals die Folgen nicht verkannte, welche das
Verlassen des alten Verkehrsweges voraussichtlich haben würde.
Mehrfacher Vorstellungen der an der Straße liegenden Gemeinden
ungeachtet verblieb es bei der getroffenen Wahl, einmal, weil man
theils der Kostenersparung wegen, theils in Anbetracht der inter=
nationalen Bedeutung der Bahn die erheblich kürzere Linie für die
richtige hielt und sodann, weil man von der Ansicht ausging: daß
man der durch die Bahn, der von derselben durchzogenen, bisher
ganz verbindungslosen Landschaft ein neues Kultur=Element, —
dessen dieselbe dringend bedurfte, — zuführen könne, während die
Umgebung der alten Chaussee ihren früheren Verkehrsweg behielt.

Die von den Anwohnern der Chaussee gefürchtete Beeinträchti=
gung ihres Erwerbes ließ dann auch nach der am 15. Junius 1869
erfolgten Eröffnung der Bahn Oldenburg=Leer nicht lange auf sich
warten. Namentlich mußte das weit abseits der Bahn liegen ge=
bliebene Städtchen Westerstede (ca. 1700 Einwohner, der Haupt=

und Amts-Ort der Landschaft „Ammerland") bald erkennen, daß mit der Einstellung der früher zweimaligen Postverbindung und mit dem Aufhören des übrigen Reise- und des Frachtverkehres auf der Straße ein wesentliches Lebenselement ihm genommen sei; der Wohlstand der Bewohner ging merklich zurück. Bezügliche Vorstellungen bei der Regierung waren deshalb ebenso begreiflich, als Abhülfe des unleugbaren Mißstandes wünschenswerth.

Unter den nach und nach auftauchenden Plänen zur Herbeiführung besserer Zustände wurde die Idee einer Schienen-Verbindung des Städtchens mit der Oldenburg-Leerer Eisenbahn energisch ergriffen und nachhaltig verfolgt.

Das Ziel der ersten Pläne war aus naheliegenden Gründen eine sogenannte Pferdebahn, ein Projekt, welchem ꝛc. Buresch sofort, als dasselbe ihm vorgelegt wurde, seine Beistimmung versagen zu müssen glaubte, indem er dafür hielt, daß, nachdem Westerstede mit zwei Stationen der Staatsbahn, Zwischenahn und Apen, Chaussee-Verbindung besaß, eine Pferdebahn weder die Verkehrs-Verhältnisse erheblich zu verbessern, noch auch einen erträglichen finanziellen Erfolg zu liefern geeignet sei, während seiner Ansicht nach ersteres von einer Lokomotivbahn sicher und letzteres wenigstens bis zu einem gewissen Grade mit einiger Wahrscheinlichkeit erwartet werden dürfe.

Nachdem die zunächst Betheiligten — ein zu Westerstede zusammengetretenes Comité — mit dieser Idee sich befreundet hatten, wurde von ꝛc. Buresch ein generelles Projekt und ein aus dem Anfange des Jahres 1872 datirender Kosten-Ueberschlag für eine Lokomotivbahn von 0,75 Meter Spurweite nebst gesammter Ausrüstung aufgestellt, welcher mit der Summe von rund 195,000 ℳ. abschloß, — während die Roheinnahmen der Bahn gleichzeitig zu 16,425 ℳ. und die Betriebskosten derselben zu 9000 ℳ. pro Jahr veranschlagt wurden.

Das ermittelte Anlage-Capital mußte allerdings der Art hoch erscheinen, daß an das Aufbringen desselben lediglich in den betheiligten Kreisen nicht gedacht werden konnte. Gleichwohl ging das Comité kräftig an's Werk und war bereits im Herbste desselben Jahres in der Lage, bei der Großherzoglichen Staatsregierung den Nachweis über eine durch Aktien, Prioritäten und Gemeinde-Subvention zusammengebrachte verfügbare Summe von 105,000 ℳ. liefern und um eine Staats-Subvention zum Betrage des Restbedarfes von 90,000 ℳ. bitten, auch sein Ansuchen durch ein begleitendes, mit ebensoviel Umsicht als Geschick und Verständniß der vorliegenden Aufgabe von einem der Comité-Mitglieder verfaßtes Memorial unterstützen zu können.

Das Staatsministerium veranlaßte eine eingehende Prüfung des Projekts, überzeugte sich von der Ausführbarkeit und Lebensfähigkeit des Unternehmens und beantragte bei dem Landtage die Gewährung einer Zinsgarantie für ein Capital von 30,000 ℳ. Das Gesuch der Interessenten, eine gleiche, event. eine etwas niedrigere Summe à fonds perdu zu erhalten, wurde für genügend begründet nicht erachtet, da kein Grund vorlag, Staatsmittel zu verwenden, sofern das Unternehmen als ein rentables sich herausstellen sollte.

Die Garantie der Verzinsung eines Capitals von 30,000 ℳ wurde dem entsprechend unter der Bedingung ausgesprochen, daß, wenn die Prioritäts- und Stamm-Aktien 5% erhalten haben, der Ueberschuß zum Ersatz der in Folge der Zinsgarantie etwa geleisteten Zahlungen bestimmt werde.

Man hielt die staatliche Förderung und materielle Unterstützung des Unternehmens für angezeigt, nicht nur, da die Bahn der Staatsbahn einigen Verkehr zuführen mußte, sondern auch aus dem allgemeinen Gesichtspunkt, daß es sich um einen wirthschaftlichen Vorgang von größerer Bedeutung handele.

Wenn die Steuerkraft des Landes für Chausseebauten, bei denen eine Rentabilität ausgeschlossen, mit Recht sehr erheblich in Anspruch genommen wurde, so empfahl sich vollends ein Versuch, eine in vieler Hinsicht vollkommnere Straße herzustellen, welche wenigstens eine theilweise Verzinsung des Anlagekapitals in Aussicht stellte. Man versprach sich dabei eine weitere Entwicklung durch ähnliche Unternehmungen in anderen Distrikten, wenn Ocholt-Westerstede den Erwartungen entsprechen sollte.

Der Landtag schloß sich diesen Erwägungen der Regierung an. Selbst die Reichsbehörden waren bestrebt, das Unternehmen zu erleichtern, namentlich wurde für die Postbeförderung eine dem bisherigen Aufwand entsprechende Beihülfe (960 ℳ. jährlich) gewährt und erklärte das Reichseisenbahnamt sich mit der Auffassung einverstanden, daß das Bahnpolizei-Reglement vom 3. Juni 1870 nur insoweit zur Anwendung gebracht werde, als die Bestimmungen desselben nicht durch die auf Veranlassung des Vereins Deutscher Eisenbahnverwaltungen festgestellten Grundzüge für die Gestaltung sekundärer Bahnen modifizirt werden. Diese technischen Grundzüge waren auch bei Ertheilung der Conzession maßgebend.

Während der Vorverhandlungen war für verschiedene Positionen des Kostenanschlags eine so erhebliche Steigerung eingetreten, daß eine eingehende Revision desselben die Erhöhung des Anlagekapitals um 14,700 ℳ über den früheren Anschlag (auf im Ganzen 74,525 ℳ) erforderlich machte. Es trat dadurch eine Verzögerung nicht nur durch die Nothwendigkeit ein, noch nachträglich einige Aktien unterzubringen, sondern es wurde eine nochmalige Befragung des Landtages erforderlich, da dessen Genehmigung die früher veranschlagte Summe als Anlagecapital zur Voraussetzung hatte. Im December 1874 ertheilte der ständige Landtagsausschuß seine Zustimmung, womit der Landtag selbst bei seinem Zusammentritt am Ende des nächsten Jahres gleichfalls einverstanden sich erklärte. Die Negoziirung des Capitals war in entgegenkommender Weise durch das Bankhaus Erlanger & Söhne in Frankfurt a./M. beschafft.

III. Organisation der Bau-Verwaltung.
§. 9.
Innere Organisation. Eisenbahn=Commission. Baudirector. Cassenwesen. Krankenwesen. Bau=Ausführung. Sectionen. Preußische Commission. Eisenbahndirection.

Nachdem der Landtag die Staatsverträge mit Bremen und Preußen genehmigt hatte (§ 3) war Seitens des Großherzoglichen Staats=Ministeriums zunächst darüber zu entscheiden: durch welches Organ das Unternehmen zur Ausführung gebracht werden solle? Man entschied sich für eine direct unter dem Minister des Innern stehende Eisenbahn=Commission, deren Einsetzung durch Verfügung des Großherzoglichen Staats=Ministeriums vom 15. September 1864 publicirt wurde.

Da eine in den Specialitäten des Eisenbahnwesens erfahrene, bewandte technische Kraft im eigenen Lande nicht verfügbar war, so mußte man eine solche von Außen her sich verschaffen. Wahrscheinlich veranlaßt durch eine zufällige Bekanntschaft des Oldenburgischen Ober=Baudirectors Lasius mit dem damaligen Eisenbahn=Betriebs=Director Buresch zu Hannover, wurde dieser, als mit dem Bau und

Betriebe der Hannoverschen Staatsbahnen seit dem Beginn des Jahres 1842 ununterbrochen befaßt, zum leitenden Techniker ausersehen.

Durch die freundschaftlichen Beziehungen, welche zwischen dem derzeitigen Hannoverschen Minister des Innern, Freiherrn von Hammerstein, und dem damaligen Oldenburgischen Minister-Präsidenten, Freiherrn von Rössing Excellenz, bestanden, wurde eine Beurlaubung des ꝛc. Buresch aus dem Hannoverschen Staatsdienste zunächst auf 3 Jahre, ermöglicht, wonach derselbe am 1. October 1864 in die Geschäfte eintrat und gegen Mitte November desselben Jahres nach Oldenburg übersiedelte, nachdem man in Berlin die noch ausstehende Genehmigung der Preußischen Landes-Vertretung zu dem (zweiten) Kriegshafen-Vertrage, sowie die Geld-Bewilligung zum Bau der Heppens-Oldenburger Eisenbahn nicht mehr für zweifelhaft hielt.

In die schon erwähnte Eisenbahn-Commission wurden berufen die Herren: Regierungsrath Strackerjan als Vorsitzender und administratives, der genannte ꝛc. Buresch als erstes technisches Mitglied (Baudirector) und der damalige Ober-Bau-Inspector Nienburg als zweites technisches Mitgied.

Als nach Eröffnung der Oldenburg-Bremer Bahn am 1. October 1867 der Urlaub des ꝛc. Buresch abgelaufen, inzwischen aber der Bau der Bahn von Oldenburg nach Leer bereits wieder begonnen war, wurde auf Wunsch des Großherzoglichen Staats-Ministeriums, von der, inzwischen an die Stelle der Hannoverschen Generaldirection getretenen „Königlich Preußischen Direction der Hannoverschen Staatsbahn" der Urlaub des ꝛc. Buresch auf weitere 2 Jahre und als nach deren Ablauf wiederum der Bau der Hude-Braker Bahn im Gange war, nochmals bedingungsweise auf unbestimmte Zeit verlängert.

Da, so lange die obenerwähnte Preußische Genehmigung aus-stand, die Organisation einer eigentlichen Bau-Verwaltung nicht angänglich war, so beschränkte sich die Thätigkeit der Commission einstweilen auf die Feststellung der Geschäftsordnung sowie auf sonstige Vorbereitungen, z. B. Einrichtung des Rechnungs- und Cassenwesens, (vorläufig jedoch noch ohne eigene Casse, indem die Zahlungen direkt von der Landes-Casse geleistet wurden) der Registratur ꝛc., den Entwurf der Arbeitsordnung, des Legitimations-wesens der Arbeiter, die Einrichtung der Krankencassen für dieselben (nach dem Princip der Selbsthülfe), sowie endlich auf die Feststellung

der Grundsätze für die Bau-Ausführung, welche in Regie unter
unmittelbarer Leitung des Baudirectors erfolgen sollte, welchem
auch das technische Bureau der Commission unterstellt wurde, während
dem zweiten technischen Mitgliede eine berathende und consultative
Stellung angewiesen war, um auch das Element der speziellen Kunde
des Landes und der Verhältnisse bei dem wichtigen Werke zu voller
Geltung zu bringen.

Diese Angelegenheiten wurden nach Umständen in ein bis zwei
wöchentlichen Sitzungen im Local der Eisenbahn-Commission Theater-
wall Nr. 10, welches zu diesem Zwecke, sowie zum technischen
Büreau der Commission und zur Wohnung des Baudirectors
ermiethet war, berathen. Wegen Mangels an Raum im Hause
konnten den Herrn Strackerjan und Nienburg Amtszimmer in
demselben nicht eingerichtet werden, was indeß auch Inconvenienzen
nicht im Gefolge hatte, so lange wenig zu thun war und der
Schwerpunct der Thätigkeit dieser Herren überdem in der Regierung
resp. in der Weg- und Wasserbau-Direction lag. Als einziger
Beamter der Commission wurde vorläufig ein Registrator angestellt.

Als man zur Ausführung überging, erfolgte als weiterer
Theil der Organisation die Errichtung der Bau-Sectionen zur
speziellen Anordnung und Beaufsichtigung der Bauarbeiten. Dieselben
sollten unter Leitung des Baudirectors und nach den von demselben
herauszugebenden im technischen Hauptbüreau der Commission
zu Oldenburg bearbeiteten Plänen ꝛc. die Bau-Ausführung bewirken.
Um derselben so eingehend und andauernd als möglich obliegen zu
können, sollten den Sections-Ingenieuren Projectirungsarbeiten überhaupt nicht obliegen, und dieselben auch durch Schreibereien so wenig
als möglich in Anspruch genommen werden, weshalb dem schriftlichen
Verkehre mit dem Baudirector, sowie dem Rechnungs- und Kranken-
cassenwesen, die einfachsten Formen gegeben wurden, so daß neben
der erforderlichen technischen Hülfe ein Bauschreiber für jede Section
genügen konnte. Aus gleichem Grunde wurde auch der gewöhnliche
Verkehr mit den Behörden ꝛc. als Regel der Eisenbahn-Commission
resp. dem Baudirector vorbehalten.

Die Leitung des Grunderwerbes, welche gesetzlich auf Grund
der „Wegeordnung für das Herzogthum Oldenburg vom 12. Juli,
6. August 1861“ zu erfolgen hatte, war dem administrativen Mitgliede übertragen, welchem auch die Leitung und Beaufsichtigung
des Rechnungs- und Cassenwesens oblag.

Diese Organisation, so einfach sie ist, bewährte sich beim Bahn=
bau vollständig, so daß sie fast unverändert auch für die nachfolgenden
Bahnbauten bis auf die neueste Zeit in Anwendung blieb.

Für die Preußische Staatsbahn Heppens=Oldenburg, deren Linie
von der Oldenburgischen Regierung festzustellen und welche vertrags=
mäßig nach denselben Grundsätzen zu erbauen, sowie gleichzeitig mit
der Bahn von Oldenburg nach Bremen fertig zu stellen war, wurde
vom Königlich Preußischen Handelsministerium unterm 1. Juni 1865
die „Königliche Commission für den Bau der Heppens=Oldenbur=
ger Eisenbahn" zu Oldenburg eingesetzt mit dem Bau-Inspector
Mellin als technischem und dem Regierungs-Assessor Gemmel
als administrativem Mitgliede. Da die Oldenburgische Eisenbahn=
behörde mit dieser Commission aus dem angegebenen Grunde in
einem steten und regen Geschäftsverkehre stand, so ist die Errichtung
der letzteren hier anzuführen, dabei aber zugleich hervorzuheben, daß
der Geschäftsverkehr mit derselben, auch nachdem bald nach Eröffnung
der Heppens=Oldenburger Bahn an Stelle des :c. Gemmel der
Regierungs-Assessor Breithaupt und bald darauf an Stelle des
:c. Mellin der Königliche Baumeister Stelzer getreten war, bei
den vielfachen Berührungen immer ein angenehmer blieb, indem
stets das beste Einvernehmen stattfand, was zur Erleichterung der
Geschäfte und zum guten Gelingen des Werkes nicht wenig bei=
getragen hat.

Als der Bau der Bahn nach Bremen der Vollendung nahe und
die Eröffnung des Betriebes auf derselben in unmittelbarer Aussicht
stand, wurde durch höchste Verfügung vom 31. Mai 1867 die bis
dahin bestandene Oldenburgische Eisenbahn=Commission aufgehoben
und an deren Stelle eine Eisenbahn=Direction gesetzt mit den
Herren Strackerjan und Buresch (commissarisch) an der Spitze,
als selbständigen Directoren resp. der Verwaltungs= und technischen
Angelegenheiten. Nachdem :c. Buresch später die erbetene Entlassung
aus dem Preußischen Staatsdienste erhalten hatte, trat derselbe am
3. Februar 1870 definitiv in die Eisenbahn=Direction und damit
zugleich in den Oldenburgischen Staatsdienst ein. Bei der Direction
war inzwischen auch eine eigene Casse, die Eisenbahn=Haupt=Casse,
eingerichtet, deren Führung dem bisherigen Casseführer der Wittwen=
:c. Casse, Stühmer, am 1. December 1865 übertragen wurde, welcher
derselben noch gegenwärtig vorsteht.

Nachdem die Geschäfte der Eisenbahn=Direction durch die hinzu=
gekommenen Betriebs=Angelegenheiten, sowie durch den Beschluß des

Baues einer weiteren Bahn nach Leer, sehr vermehrt waren, und das bis dahin allein benutzte Haus kaum mehr für das technische Bureau ausreichte, mußten die Diensträume für die administrative Abtheilung der Direction im Landtagsgebäude am Pferdemarkte untergebracht werden, eine räumliche Trennung, durch welche die Interessen des Dienstes erheblich beeinträchtigt wurden. Man entschloß sich deshalb bald, schon im Frühling 1867, auf eigenen, an den Pferdemarkt stoßenden, bei dem Grundankaufe zum Bahnhofe miterworbenen Terrain-Abschnitten, ein eigenes Directions-Gebäude zu errichten. Unterstützt wurde dieser Entschluß wesentlich mit dadurch, daß einestheils der Bau des Stationsgebäudes noch in weitem Felde lag (indem man das Oldenburgische Eisenbahnnetz mit der Bahn nach Leer noch nicht für abgeschlossen hielt) und anderntheils dadurch, daß man dafür hielt, das Dienstgebäude der Eisenbahn-Direction stehe mit dem Verwaltungsgebäude einer Station keineswegs in so engem Zusammenhange, um Angesichts der Veränderungen, Erweiterungen rc., welchen ein solches, oft wechselnden Bedürfnissen dienendes Gebäude erfahrungsmäßig unterliegt, eine solche Vereinigung wünschenswerth erscheinen zu lassen.

Das neue Gebäude wurde Ende October 1868 bezogen, nachdem vorübergehend das technische Bureau und die Wohnung des Baudirectors nothdürftig in dem Hause Peterstraße № 19 miethweise hatte untergebracht werden müssen.

Durch das Hinzukommen der übrigen bis jetzt erbauten Bahnen wurde dieses Directionsgebäude dann nach einigen Jahren schon unzulänglich, weshalb man sich entschloß, neben demselben, auf einem von Steinthal und Läschen angekauften Grundstücke in den Jahren 1873 und 1874 ein zweites Gebäude zu erbauen und in demselben dem Baudirector die vertragsmäßig zugebilligte, früher im Erdgeschosse des Directionsgebäudes untergebrachte Dienstwohnung anzuweisen, während das obere Geschoß zu Diensträumen eingerichtet und mit dem ersten durch eine Brücke verbunden wurde.

§. 10.

Aeußere Organisation der Bauverwaltung: Projectirung, Feststellung und Genehmigung der Pläne (im In- und Auslande) Enteignung rc.

Während die Eisenbahn-Commission die Beordnung der inneren Verwaltung des zu gründenden Eisenbahn-Unternehmens betrieb, war

der Baudirector gleichzeitig mit dem Studium der bereits vorliegenden Projecte beschäftigt und besorgte daneben das Wiederaufsuchen
der Linien und weitere Terrainstudien behufs Revision der Projekte.
Zu letzteren waren der Bau-Inspector Tenge und der Vermessungs-
Inspector Scheffler, welche beide früher an den Arbeiten behuf
Aufstellung von Bahnprojecten unter dem Ober-Bau-Inspector
Nienburg betheiligt gewesen waren, — ihrer Terrainkunde wegen
aus dem Oldenburgischen Staatsdienste herbeigezogen; denselben
wurden dann bald noch einige Hülfsarbeiter (Geometer, Bau-Can-
didaten ec.) beigegeben.

Die Unzulänglichkeit des Personals, der bald eintretende Winter,
mehrfache Differenzen mit den Behörden wegen der Linie auf
Bremischem Gebiete, welche weitläufige Verhandlungen erforderten,
sowie die allgemeinen, jedem neuen Unternehmen sich entgegenstellen-
den Schwierigkeiten, verzögerten indeß den Fortschritt der einleitenden Arbeiten sehr, so daß man, ungeachtet der Unsicherheit, welche
noch über dem Bahn-Unternehmen schwebte, zur Herbeiziehung einer
tüchtigen Kraft zur Assistenz des Baudirectors sich entschloß, welche
in der Person des Ingenieurs Mohr (damals Assistent des Landes-
baudirectors zu Schleswig, früher bei den Hannoverschen Staatsbahnen beschäftigt), gefunden wurde. Mohr trat am 15. Januar
1865 in den Dienst ein und war in demselben bis zum 1. Januar
1867, wo derselbe einem ehrenvollen Rufe als Professor an die
polytechnische Schule zu Stuttgart folgte, in demselben als Assistent
des Baudirectors und als Vorstand der Section Oldenburg-Bahnhof
mit bestem Erfolge thätig.

Da die neuen Terrain-Aufnahmen es zweckmäßig erscheinen
ließen, namentlich zur Vermeidung von Moorgründen, die Bahnlinie
fast ganz neu auszulegen, eine Arbeit, welche viel Zeit in Anspruch
nahm, so konnte die Feststellung einzelner Theilstrecken der neuen
Bahnlinie erst im Frühling 1865 erfolgen.

Inzwischen hatte auch das Preußische Handelsministerium die
einleitenden Arbeiten für die Ausführung der Bahn von Heppens
nach Oldenburg angeordnet. Der damalige Bau-Inspector Mellin
(der ältere) zuletzt mit dem Bau der westfälischen Staatsbahnstrecke
Höxter-Altenbecken betraut gewesen, wurde dazu am 15. November
1864 nach Oldenburg versetzt, um die schon einige Zeit vorher,
provisorisch durch den Baumeister Bronisch besorgten Arbeiten
zur Revision des von Dulon aufgestellten Projectes für die Heppens-
Oldenburger Bahn zu leiten. Weil für dieses Unternehmen indeß

6*

die definitive Genehmigung der Preußischen Landesvertretung noch
ausstand, so war die Thätigkeit des Herrn Mellin, ebenso wie die
der Oldenburgischen Eisenbahn=Commission, einstweilen nur eine vor=
bereitende.

Von ersterem wurde die Baulinie der Heppens=Oldenburger
Bahn bearbeitet und durch, im Auftrage des Ministeriums bewirkten
Begutachtung der diesseitigen Eisenbahn=Commission zur definitive
Feststellung durch das Großherzogliche Staats=Ministerium vorbe=
reitet. Daneben wurde etwa gleichzeitig die Aufstellung der Con=
structions=Normalien durch Zusammenwirken der beiden genannten
leitenden Techniker während des Winters 1864/65 aufgestellt. Hierbei
einigte man sich sofort über die Anwendung des metrischen
Maaßsystems, indem man voraussah, daß die allgemeine Ein=
führung desselben, wenigstens in die Technik, nur noch eine Frage
der Zeit sein könne.

Selbstverständlich wurden die: „technischen Vereinbarungen
des Vereins Deutscher Eisenbahn=Verwaltungen“ für den
Bau und die Betriebs=Einrichtungen der fraglichen Bahnen von vorn=
herein als maßgebend angenommen.

Daneben wurden als oberste Grundsätze für die Projektirung
und Ausführung der Bahnen hingestellt:

daß dieselben, um von vornherein möglichste Oeconomie im
Betriebe anzubahnen, durchweg günstige Alignements= und Ge=
fällverhältnisse (kleinster Curvenradius = 700 Meter, stärkste
Steigung = 1:200) und so wenig Niveau=Uebergänge als möglich
zu bekommen hätten;

daß die Bahnen im Unter= und Ober=Bau eingleisig hergestellt,
der Grunderwerb und die Nebenwerke (Parallelwege ꝛc.) jedoch für
eine zweigleisige Bahn ausgeführt werden sollen;

daß der Bahn=Oberbau nach dem auf der benachbarten Han=
noverschen Staatsbahn bewährtem Muster, aus breitbasigen Schienen
von 35 bis 36 Kilogramm Gewicht pro lfd. Meter, auf einer reich=
lichen Zahl von Querschwellen (des schlechten Bettungsmaterials
wegen) letztere wo möglich von hartem Holze, zu construiren;

daß die Kunstbauten solide, und so viel thunlich, in Massiv=
Construction auszuführen;

daß Hochbauten in einer für den Dienst vollständig aus=
reichenden Zahl und Größe (auch Wohnhäuser für die Wärter, wo
deren Unterkommen in unmittelbarer Nähe der Wachtposten zweifel=
haft war) herzustellen seien;

daß alle Anlagen nur für den sofort mit Sicherheit zu erwartenden Verkehr bemessen und auf das überhaupt möglich kleinste Maaß beschränkt, sowie in einfachster, allen äußeren Luxus ausschließender Weise ausgeführt; und endlich:

daß alle Pläne ꝛc. so eingerichtet werden sollten, daß man dieselben später dem jeweiligen Bedürfnisse anpassen und die erforderlichen Erweiterungen ohne wesentliche Verluste ausführen könne.

Grundsätze, deren Aufstellung durch den zu erwartenden, im Verhältnisse zu manchen anderen Bahnen von vornherein als gering anzusehenden und wegen fehlenden Hinterlandes einer erheblichen Steigerung kaum fähigen Verkehr als nothwendig angesehen werden mußte, sollten die fraglichen Bahnen nicht von vornherein als un= wirthschaftliche Anlagen erscheinen. Die Berechtigung und Zutreffendheit dieser Grundsätze wurde durch den Erfolg zeither voll= ständig erwiesen.

Anerkennend ist dabei hervorzuheben, wie der Vertreter der Preußischen Bau=Verwaltung in richtiger Würdigung der hier vor= liegenden besonderen Verhältnisse den aufgestellten Grundsätzen sich anschloß und dieselben mit ausbilden half, indem anderen Falls die Festhaltung und Durchführung der für die Eisenbahn=Anlagen in jener Zeit sonst üblichen Normen zu großen Weiterungen hätte führen, event. für Oldenburg leicht verhängnißvoll hätte werden können.

Da für Oldenburg noch besonders zu berücksichtigen war, daß die vom Landtage für die Bahnstrecke Oldenburg=Bremen bewilligte Anlagesumme auf alle Fälle nicht überschritten, wo möglich sogar nicht erreicht werden durfte, sofern auf die weitere Ausdehnung des Eisenbahnwesens im Lande gerechnet werden sollte, so war für die Entkleidung des Planes von allem Ueberflüssigen und die Ver= meidung jeden Luxus bei der Anlage, die strengste Durchführung der obigen Grundsätze ganz besonders geboten, was hier ausdrücklich hervorgehoben werden muß, gegenüber den mancherlei Mißdeutungen ꝛc., deren Gegenstand die Art der Projektirung und Ausführung der Oldenburgischen Bahnen gewesen ist.

Nach Genehmigung dieser Grundsätze durch das Großherzogl. Staatsministerium wurde dann zur Ausarbeitung der Pläne, zunächst der Normalien und der für die Expropriation erforderlichen Grund= pläne geschritten. Die letzteren, nebst den Projekten für die Regu= lirung der durch die Bahnanlage gestörten Wege= und Wasserver= hältnisse, bildeten dann die Grundlage für die ersten Verhandlungen

mit den Interessenten, welche lediglich die Feststellung der behuf Regulirung der Wege- und Wasserzüge herzustellenden Werke und auszuführenden Arbeiten zum Zweck hatten und unter amtlicher Leitung
abgehalten wurden. Konnte man wegen solcher Angelegenheiten im
Wege der Verhandlung mit den Interessenten nicht sich einigen,
so war die Großherzogliche Regierung zur Entscheidung anzu-
rufen.

Auf Grund der so gewonnenen Unterlagen wurden dann die
Baupläne aufgestellt. So weit dieselben in den Normalien nicht be-
rücksichtigt waren oder über dieselben hinausgingen, waren diese
Pläne den betreffenden Ministerien zur Genehmigung vorzulegen.

Wegen der Pläne für die Preußische Bahn war die Oldenburgische Eisenbahn-Commission commissarisch mit der Vorprüfung
aller Pläne in Rücksicht auf die Oldenburgischen Interessen beauf-
tragt, ein Verfahren, welche wegen deß grundsätzlichen Miteinander-
gehens der Techniker beider Verwaltungen stets ohne alle Schwierigkeiten erfüllt wurde.

Dasselbe Verhältniß fand statt hinsichtlich der Pläne für die
abseiten Bremens auf Oldenburgische Rechnung auszuführenden
Bauwerke, während Oldenburg die für das Bremen'sche Gebiet aus-
gearbeiteten Pläne einer zu diesem Zwecke vom Senate der freien
und Hansestadt Bremen aus den Herren Senator Grave und dem
Baudirektor Berg gebildeten Commission zur Prüfung und Genehmigung vorzulegen hatte, wobei es dann mancher abweichenden
Anschauungen und der allerdings auch schwierigen Verhältnisse wegen
beiderseits nicht immer glatt abging.

Wegen der Ausführung der Enteignung wurde das Verfahren
dahin bestimmt, daß nach erfolgter Regulirung der Wege- und
Wasser-Angelegenheiten seitens der Eisenbahn-Commission eine Ermittelung der, bei Ausführung des so festgestellten Projektes zu
zahlenden Entschädigungen (für Grund und Boden, Durchschneidung,
Umwege und alle sonst erwachsenden Inconvenienzen) durch Sachverständige erfolgen und auf Grund dieser Veranschlagung dann in
die Verhandlungen über den Erwerb des nöthigen Grund und
Bodens mit den Interessenten eingetreten werden sollte. Alle Verhandlungen mit den Letzteren, soweit sie einen allgemeinen Charakter
trugen, erfolgten unter der Leitung des betreffenden Local-Verwal-
tungsbeamten resp. der für das Grunderwerbs-Verfahren ernannten
Regierungs-Commissaren, nach den durch die Wegeordnung vorgeschriebenen Formen.

Hierbei erwiesen sich nun die bezüglichen Bestimmungen der Wege-Ordnung, weil dieselbe für einen ganz anderen Zweck erlassen, also der Eigenart einer Eisenbahnanlage nicht angepaßt waren, bald als unzureichend, so daß auf ein neues Gesetz Bedacht genommen werden mußte. Es wurde deßhalb das Gesetz betreffend: „die Ent=eignungen zu Eisenbahnen" unterm 28. März 1867 erlassen und zugleich mit demselben wegen der anscheinenden Feuergefähr=lichkeit des Locomotivbetriebes mit Torffeuerung, ein anderes hierher gehörendes Gesetz betreffend: „die Verminderung der durch den Eisen=bahnbetrieb herbeigeführten Feuersgefahr."

Beim Bau der Oldenburg=Leerer Bahn kam das im ehemaligen Königreich Hannover geltende Verfahren zur Anwendung, welches sowohl hinsichtlich der Feststellung der Projekte, als hinsichtlich der Enteignung mit den Oldenburgischen Bestimmungen in seinen Grund=zügen übereinstimmt.

Erst bei dem Bau der Strecken Ihrhove=Neuschanz und Qua=kenbrück=Osnabrück kamen die Preußischen Vorschriften zur Anwen=dung, welche die Einreichung und Festsetzung der Pläne durch Ver=mittelung des Commissariats seitens des Königlichen Ministeriums für Handel 2c. erfordern, und die Projektfeststellung in eine generelle, unter Mitwirkung der Behörden und Bezirksvertretungen, und eine spezielle, unter Zuziehung der einzelnen Interessenten, theilen. Zur Leitung der letzteren Verhandlungen wurde seitens der König=lichen Landdrosteien Aurich und Osnabrück bezw. der Regierung zu Münster durchweg der Lokalbeamte des Bezirks bestimmt.

Für einige Gemeinden der Südstrecke (Bramsche und Achmer) kam nach Entscheidung des Ministers in der Recursinstanz noch das Hannoversche Gesetz (auch für die Durchführung der Enteignung) zur Anwendung, da das Verfahren durch Genehmigung der Linie als unter der Herrschaft desselben bereits begonnen, angesehen wurde.

Im Uebrigen wurde auf allen Linien hinsichtlich des Grund=erwerbs der Versuch gemacht, unter entsprechenden Bedingungen nicht nur die Gestattung der Inangriffnahme, sondern auch die definitive Abtretung im Wege der Güte zu erreichen. Im Oldenburgischen und Ostfriesischen gelang es, in der ganz überwiegenden Mehrzahl der Fälle eine Einigung mit den Entschädigungsberechtigten herbei=zuführen, der Rest wurde im administrativen Verfahren und nur einzelne Fälle im Wege des Prozesses erledigt. Im Tecklenburgi=schen ist der Rechtsweg ebenfalls nur in zwei Fällen beschritten, das Meiste durch Festsetzung im administrativen Wege abgemacht. Im

Fürstenthum Osnabrück dagegen konnten verhältnißmäßig sehr wenige Grundstücke in Güte erworben werden, und hat das Schätzungs= verfahren unter Leitung eines Mitgliedes und Commissars der König= lichen Landdrostei noch nicht seinen Abschluß gefunden.

Unter thunlichster persönlicher Mitwirkung des administrativen Eisenbahndirektors, in welche Stellung Mai 1873 nach dem Ueber= tritt des Ober=Regierungsraths Strackerjan in ein anderes Amt der inzwischen zum Ober=Regierungsrath beförderte bisherige Justiz= beamte Ramsauer berufen war, sind die Enteignungsgeschäfte vor= zugsweise von dem im Juni 1867 definitiv in den Eisenbahndienst übergetretenen Oberinspektor Scheffler wahrgenommen, dessen reiche Erfahrungen auf diesem Gebiete in einer z. Z. unter der Presse be= findlichen Brochüre niedergelegt sind.

IV. Bau-Ausführung.

§. 11.

Charakter der baulichen Anlagen im Allgemeinen und Besonderen: Unterbau, Oberbau, Hochbau, Ausrüstung und Betriebsmittel.

Nachdem die Genehmigung des Kriegshafen= (zweiten) Vertrages mit Oldenburg und die Bewilligung des Anlagekapitals der Heppens= Oldenburger Bahn am 26. März 1865 durch die Preußische Landes= Vertretung — ganz unerwartet früh — erfolgt war, wurde olden= burgischerseits dann mit thunlichster Beschleunigung zur Einleitung der Bau=Ausführung der Oldenburg=Bremer Bahn geschritten.

Wenn die an dieser Linie erforderlichen Arbeiten, abgesehen von den Strecken durch das etwa 6 Kilometer breite Inundationsgebiet der Weser, welches (ohne die vertragsmäßig abseiten Bremens auszu= führenden bedeutenden Brücken über die Weser und den Sicherheits= hafen) durchweg auf hohen Dämmen und auf Fluthbrücken von zusammen etwa 340 Meter Länge zu überschreiten war, auch als nicht sehr bedeutend erscheinen, so fand die Ausführung derselben doch in den begleitenden Umständen manche Schwierigkeiten.

Zunächst hatte man keinen in den hierlands theilweise neuen Arbeitszweigen geübten Arbeiterstand, und wünschte doch fremde Arbeiter in nur möglichst geringer Zahl und eigentliche Unternehmer überhaupt nicht herbeizuziehen.

Ferner lag in der gewiß seltenen Wegelosigkeit der Linie eine wesentliche Erschwerung der Ausführung, indem die nöthigen Trans= porte den Preis der Materialen bis zur Verbrauchsstelle oft bis auf das Vierfache erhöhten.

Eine weitere große Schwierigkeit zeigte sich darin, daß auf den überschrittenen Moor=Terrains, obgleich man deren Länge bei der neuen Auslegung der Linie möglichst einzuschränken gesucht hatte, zur Dammbildung geeignetes Material sehr schwer zu beschaffen war, um so mehr, als die erforderlichen, verhältnißmäßig nur ge= ringen Massen und der Mangel an Schienen resp. die Kostspieligkeit der Herbeischaffung derselben, die Verwendung von Interimsbahnen nicht durchweg rechtfertigten. Man war deshalb gezwungen, durch weitere Handkarrentransporte und durch Hervorholen unter dem Moore zunächst nur so viel Sand herbeizuschaffen, als durchaus erforderlich war, um das permanente Gleis zur Noth legen zu können und dann das zur Bildung des Dammkörpers erforderliche Material auf der Bahn selbst unter allmähliger Hebung derselben herbeizuschaffen, eine langwierige und kostspielige Arbeit, so lange man nicht Dampftransport dabei anwenden konnte, was wegen der bereits oben angeführten Hindernisse erst später thunlich war.

Ebenso bildete die großentheils niedrige und deshalb der Inundation unterworfene Lage eine große Schwierigkeit für die Ge= winnung des zur Bildung des Bahndammes erforderlichen Bodens und führte in Verbindung mit dem gänzlichen Mangel an zur Bahn= bettung geeignetem Sand auf längeren Strecken, z. B. im Bremi= schen Gebiete (Kies oder gar Grant war, vielfachen Suchens unge= achtet, überhaupt nicht aufzufinden) darauf hin: das Prinzip des Transports größerer Massen auf weitere Entfernungen in den Plan der Bau=Ausführung aufzunehmen.

Hätte, als der Bau der Oldenburg=Bremer Bahn begonnen wurde, die Aufgabe der Herstellung des ganzen jetzt vorhandenen Bahnnetzes vorgelegen, so hätte man die Kosten der Anschaffung von Transportmaterial und anderen Baugeräthen nicht in gleichem Maaße als damals zu scheuen gehabt und das später eingeschlagene System — der Vorschiebung des permanenten Gleises mit mög= lichster Beschleunigung und Ausführung des weitaus größten Theils aller erforderlichen Transporte auf demselben — befolgend, viel günstigere Bau=Ergebnisse haben erzielen können.

Ebenmäßig wären erhebliche Vortheile auch für den Bahn= Oberbau und für die Hochbauten zu erzielen gewesen, da die theilweise

sehr complicirten Transporte der Oberbau=Materialien (auf durch=
weg sehr schwierigen Wasserstraßen und unbesteinten Landwegen,
(theilweise von der schlechtesten Beschaffenheit) hohe Kosten neben
großen Zeit= und Material=Verlusten im Gefolge hatten.

Dasselbe gilt überhaupt von dem ganzen damals geschaffenen
Ausführungs=Apparat; derselbe krankte daran, daß die augenblickliche
Aufgabe zu gering war, als daß man denselben — der Kosten
wegen — durchaus tüchtig hätte construiren und aufstellen können.

Die im Vorstehenden aufgestellten Haupt=Gesichtspunkte sind
übrigens mit im Ganzen unerheblichen Modificationen auch bei der
Projektirung und Ausführung der später erbauten Bahnen maß=
gebend gewesen. Wenn man dabei beispielsweise zu der vorwiegen=
den Anwendung von Eisen an Stelle der Holz=Construktion für
Brücken überging, so hat das seinen Grund außer in dem erheblich
gesunkenen Preise des Eisens wesentlich darin, daß es nun nicht
mehr um lokale, sondern um Bahnen sich handelte, welche einem durch=
gehenden Verkehre zu dienen hatten.

Nachdem der Bahnbau so weit in die Wege geleitet war, mußte
es dringend nothwendig erscheinen, auch auf die Ausrüstung der
Bahn, also auf die Beschaffung des für den demnächstigen Betrieb
derselben nöthigen Materials, Bedacht zu nehmen. Die Einleitungen
dazu fallen in die 2. Hälfte des Jahres 1865. Für dieselbe hatte
man bereits der Mitwirkung des zum Vorstande des Maschinen=
wesens der Bahn bestimmten jetzigen Obermaschinenmeisters, Baurath
Wolff, (bis dahin Maschinenverwalter der Hannoverschen Staats=
bahn zu Geestemünde) sich versichert, welcher am 1. October 1865
in den Oldenburgischen Dienst eintrat.

Den besonderen Verhältnissen der Bahnen war selbstverständlich
auch das Betriebsmaterial anzupassen, wobei neben voller Solidität
und Sicherheit thunlichste Einschränkung des Eigen=Gewichts
desselben als eine Haupt=Bedingung hingestellt und im Uebrigen
äußerste Einfachheit angestrebt wurde.

Bei der Construktion der Lokomotiven führten diese Bedingungen
von selbst auf die ausgedehnte Anwendung von Stahl anstatt
Eisen, sowie auf das in letztvorhergegangener Zeit fast außer An=
wendung gekommene System vierräbriger Maschinen; zugleich
ging man von der Voraussetzung aus, daß mit einer einzigen
Maschinenkategorie für den gesammten Dienst auszukommen sei.
Die Benutzung des Torfes als Brennmaterial für die Lokomotiven
war, nach dem Vorgange der Hannoverschen Westbahn, wegen

des großen Reichthums des Landes an solchem schon früher be=
schlossen, als es bei der Feststellung der Baupläne um die dazu er=
forderlichen Anlagen (Torfhafen mit Schuppen zu Oldenburg) sich
handelte.

Da die eigene Kunde und Erfahrung nicht ausreichte, um mit
solchen Neuerungen am Betriebsmaterial sicher vorgehen zu können,
bediente man sich des Beiraths des jetzigen Lokomotivfabrikanten
G. Krauß zu München, welcher als Ober=Maschinenmeister der
schweizerischen Nordostbahn zu Zürich in solchen Dingen damals
einen Namen sich erworben hatte. Mit Hülfe desselben wurde das
Programm für die Lokomotiven und Tender festgestellt.

Inzwischen wurden auf Grund der in Veranlassung des Aus=
schreibens ziemlich zahlreich eingegangenen Offerten 6 Maschinen
und 4 Tender an die rühmlich bekannte Fabrik von Richard Hart=
mann zu Chemnitz auf Lieferung zum Mai und Junius 1867, sowie
4 Maschinen nebst 2 Tendern auf Lieferung zum August bis No=
vember 1867 an den genannten Herrn Krauß vergeben, welcher
inzwischen eine Lokomotivfabrik zu München errichtet hatte.

Etwa gleichzeitig mit der Bearbeitung der Pläne für Maschinen
und Tender wurde auch mit der Herstellung der Zeichnungen für
die erforderlichen Wagen im Bau=Büreau zu Oldenburg vorge=
gangen, und war namentlich der zu diesem Zwecke von der polytech=
nischen Schule zu Hannover herbeigezogene Maschinentechniker Tenne
(zur Zeit Maschinenmeister im Dienste der Verwaltung) mit der Her=
stellung der Zeichnungen für die Personenwagen beschäftigt, welche
ebenso wie Maschine, Tender und alle andern Fuhrwerke, 4räbrig
construirt und den auf Süddeutschen Bahnen bereits vorhandenen
derartigen Mustern nachgebildet wurden.

Nach dann erfolgter Vollendung der Zeichnungen und Fest=
stellung der Lieferungsbedingungen konnte die Ausschreibung zur
Lieferung der erforderlichen Wagen am 27. Februar 1866 erfolgen.

Obgleich die meisten betreffenden Fabriken damals mit Auf=
trägen reichlich versehen waren, erfolgte — wahrscheinlich um mit
der neuen Bahnverwaltung Geschäfts=Verbindungen anzuknüpfen —
eine unerwartet große Anzahl von Anerbietungen, auf Grund deren
nach und nach:

43 Stück Personenwagen, per April bis September 1867
   lieferbar;
 8 Stück Gepäckwagen, per April bis August 1867 lieferbar;

70 Stück bedeckte Güterwagen, lieferbar von März bis Sep=
    tember 1867;

50 Stück offene Hochbordwagen, lieferbar von Februar bis
    Juni 1867, sowie

78 Stück offene Niederbordwagen, lieferbar von Februar bis
    Juni 1867, —

an verschiedene Fabriken vergeben wurden.

Um mit den wichtigsten Theilen der Wagen, den Achsen, Rädern und Federn, durchaus sicher zu gehen, wurden dieselben von der Eisenbahn=Commission bei den renommirtesten Fabriken direct bestellt und von derselben den Wagenfabrikanten geliefert. Man legte diesen Anschaffungen die bewährtesten Muster zu Grunde, bestimmte die Dimensionen und wählte das Material nach den neue= sten, besten Erfahrungen.

Nur eine schon früher beschaffte Partie von Radsätzen für große Erdtransportwagen hatte Achsen von Feinkorneisen und Hartguß= Scheibenräder.

Die bei der Beschaffung des Betriebsmaterials angewandte Sorgfalt hat vollständig sich bewährt, indem bisher, nach zehnjährigem Betriebe, weder ein Achs= oder Radbruch noch ein sonstiger erheb= licher Unfall am Betriebs=Material der Verwaltung vorgekommen ist, dessen spätere Lieferungen nach denselben Grundsätzen und wesent= lich auch nach denselben Mustern bewirkt wurden, mit der Ausnahme jedoch, daß neben den ursprünglich allein beschafften Coupé=Wagen (sogenanntes Englisches System) später, für den Dienst der Neben= linien, sowie für den Saison=Verkehr, auch Durchgangswagen (nach dem sogenannten Amerikanischen System, jedoch 4rädrig) ange= schafft wurden.

Durch diese über das Betriebs=Material mit zuverlässigen Fa= briken geschlossenen Contracte erschien nun die Möglichkeit der Er= öffnung der Bahn zeitig im Frühling 1867 gegeben.

Die Grundsätze und Muster, welche für die ersten Bestellungen von Betriebs=Material aufgestellt worden, sind im Wesentlichen auch für alle folgenden Bestellungen bis auf die neueste Zeit maßgebend ge= blieben, was die wichtige Folge gehabt hat, daß das ganze Betriebs= Material wie aus einem Gusse erscheint und daß mit einem Minimum von Reserve=Material und Reparatur=Werkzeug rc. auszukommen ist, — ein gewiß nicht unerheblicher Vortheil.

§. 12.

Abhandlung der einzelnen Strecken. Anschlußbahnen.

Alle Höhenangaben sind auf den Nullpunkt des Amsterdamer Pegels (AP 0) bezogen und AP 0 $\frac{+}{-}$ bezeichnet.

1. Oldenburg-Bremen.

Diese Linie schließt sich an den Bahnhof Bremen der Wunstorf-Bremen-Geestemünder Bahn, welchen sie vertragsmäßig mitzubenutzen hat, an, verfolgt dann die Bremische sogen. Weserbahn, zweigt von derselben nahe vor dem Weser-Bahnhofe ab, überschreitet die Weser auf einer 218 Meter langen Brücke mit 3 Oeffnungen von je 45,3 Meter, einer von 18,1 Meter und 2 Drehöffnungen von 17,9 Meter Lichtweite, dann den Bahnhof Bremen-Neustadt und gleich dahinter den Sicherheitshafen auf einer Brücke mit einer Drehöffnung von 15,75 Meter und 2 festen Oeffnungen von je 32,0 Meter Lichtweite; weiter die Woltmershauser Chaussee mittelst einer Brücke von 6,0 Meter Lichtweite, um dann in das Inundationsgebiet der Weser zu gelangen, innerhalb dessen bis zur Haltestelle Huchtingen die Haupt-Wasserzüge: Hakenburger See, Ochtum und Huchtinger Fleeth, mittelst dreier Fluth-Brücken in je 3 Oeffnungen von 30 Meter Lichtweite überschritten werden. Der weitere Theil des Inundationsgebietes erforderte außer einer größeren Zahl von Durchlässen noch die Brücken über den Barrelbach (Bremen-Oldenburgische Grenze), = 10,4 Meter, über das Fleeth = 7 Oeffnungen von je 5 Meter Lichtweite und über den Heidmühlenbach = 2 Oeffnungen von je 4,5 Meter Lichtweite. Ueber die Delme (Brücke = 12,0 Meter im Lichten weit) führt die Linie dann zu der in unmittelbarer Nähe der Stadt angelegten Station Delmenhorst, weiter über die Welse (Brücke = 11,0 Meter im Lichten weit) unter Umgehung des Hochplateaus von Ganderkesee mittelst eines großen Bogens gegen Norden, nach der Haltestelle Grüppenbühren (für das Stedinger Land), nach Station Hude, welche mit Rücksicht auf eine spätere Abzweigung der Bahn nach Brake zu situiren und einzurichten war; dann über die Berne (Brücke = 6,0 Meter weit) und durch das Reiherholz auf hohen Dämmen und durch tiefe Einschnitte nach der Haltestelle Wüsting und von da fast ununterbrochen über Moorgründe (Brücke über den neuen Canal = 10,0 Meter weit mit Zwischenjoch) sowie über die Hunte (Brücke mit 2 Oeffnungen von je 18,75 Meter und einer

Drehöffnung von 12,₅ Meter Lichtweite, nach Oldenburg, wo im Nordosten der eigentlichen Stadt auf einem moorigen Wiesenterrain, ein allen demnächst auf Oldenburg zuführenden Linien gemeinschaftlicher Central-Bahnhof anzulegen war.

Die Länge der Linie zwischen der Mitte der Bahnhöfe Bremen und Oldenburg beträgt 44,₃₃ Kilometer. Davon liegen auf Oldenburgischem Gebiete 36,₀₀ Kilometer, auf Bremischem Gebiete 8,₃₃ Kilometer und sind erbaut abseiten Oldenburgs 41,₆₁ Kilometer, Bremens 2,₇₂ Kilometer.

Alignements und Gradienten, nach den schon oben dargelegten Grundsätzen eingerichtet, sind günstig. Das Längenprofil der Bahn ist, entsprechend dem überschrittenen Terrain, undulirend und es beträgt die Differenz zwischen der höchsten und tiefsten Lage der Bahn (an der östlichen Grenze des Reiherholzes) = 14,₉₀ Meter und der tiefsten, (Bahnhof Wüsting) nur 11,₅ Meter.

Die abseiten Oldenburgs auszuführende Baustrecke wurde in 6 Sektionen, nämlich: Oldenburg-Bahnhof; Oldenburg-Strecke; Hude; Grüppenbühren; Delmenhorst und Bremen's Gebiet, getheilt.

Die Heranziehung des zur Besetzung desselben erforderlichen Personals an Ingenieuren und Assistenten war, weil damals der Eisenbahnbau fast in ganz Deutschland in schwunghaftem Betriebe stand und namentlich weil man nur für den einen bevorstehenden Bahnbau Beschäftigung bieten konnte, eine schwierige Sache, weshalb es nicht auffallen kann, wenn dieselbe nicht durchweg mit Glück erledigt wurde.

Außer von der Oldenburgischen Weg- und Wasserbau-Direction, welche von ihren Technikern zum Eisenbahnbau abgab, so viele sie entbehren konnte, wurden einige Ingenieure aus dem Personale der eben fertig gewordenen Bahn von Lübeck nach Hamburg engagirt, außerdem aber junge Leute, wie sie eben sich anboten, auf gutes Glück angenommen.

Von dem damals angestellten, schon während der Bauzeit der Bahn nach Bremen mehrfach wechselnden Personale verblieb allein der Ingenieur Niemeyer (jetzt Ober-Betriebs-Inspector zu Oldenburg) dauernd im Dienste der Verwaltung.

Sobald im Frühling 1865 einige Theilstrecken der Linien festlagen und für dieselben die erforderlichen Baupläne und der Bedarf an Grund und Boden festgestellt waren, ging man sofort mit dem Grunderwerbe vor. Wenn zwar das anzuwendende Expropriationsgesetz, weil der Eigenart einer Eisenbahn-Anlage nicht angepaßt,

dabei zu mancherlei Schwierigkeiten führte, so geschah der Grunderwerb doch zunächst mit leidlichem Erfolge, so lange die Sache
neu war und die Betheiligten dem Enteignungs-Verfahren meistens
billig denkend gegenüberstanden, was im weiteren Verlaufe der Enteignung freilich theilweise zu Ungunsten der Bahnverwaltung sich änderte.

So wurde es, ungeachtet mancher bei der Neuheit der Sache
sich erhebenden Schwierigkeiten, doch möglich, am 7. Juni 1865 mit
den Erdarbeiten für die Bahn im Drielakermoor vor Oldenburg zu
beginnen; freilich etwas übereilt, weil man bald Schwierigkeiten
fand, für die eingestellten Leute Arbeit zu schaffen, da es immer an
den nöthigen Vorbereitungen fehlte.

Indeß, man war des Wartens müde, und wünschte das lang-
ersehnte Werk nun endlich mit Fäusten angegriffen zu sehen. Die
Arbeiten nahmen jedoch keinen guten Fortgang. Bei dem rasch und
fast ohne Wahl und wie schon gesagt, nicht gerade sehr glücklich
zusammengebrachten technischen Personale war ein gedeihliches
Zusammenwirken kaum zu erzielen. Den Sections-Ingenieuren fehlte
meistens eigne Initiative, Umsicht und vor Allem Erfahrung, —
was um so störender einwirkte, als die eigene Thätigkeit des Baudirectors inzwischen auch durch die Einleitungen zur Beschaffung des
Betriebs-Materials vielfach in Anspruch genommen wurde, und da
ferner der Bau-Verwaltung auch keine von den Schwierigkeiten und
Unzuträglichkeiten erspart blieb, welche mit derartigen in der Gegend
ganz neuen Ausführungen verbunden zu sein pflegen und endlich,
weil man in der Voraussicht, daß diesem Bahnbau noch mehrere
andere folgen würden, statt zur Ausführung der Bahnarbeiten sach-
kundige Unternehmer oder geübte Arbeiter von Außen herbeizuziehen,
bestrebt war, so viel immer thunlich die eigenen Landes-Einwohner
zu denselben heranzubilden, eine Maßregel, welche später freilich ihre
guten Früchte gebracht hat.

Bis zum Ende des Jahres 1865 war der Erfolg bei den
Erdarbeiten deshalb ein nur geringer und namentlich auf Bremischem
Gebiete — der langwierigen Expropriationen wegen — kaum über
die Anfänge hinausgekommen. Die Anlieferung der Schienen hatte
zwar begonnen, doch waren dieselben nur mit großen Kosten und
Zeitverlusten an die Baustrecken zu schaffen; ebenso schritt die An-
lieferung der Bahnschwellen, welche man, so viel thunlich, aus dem
Lande zu entnehmen wünschte, nur langsam fort.

In dem schneereichen Winter von 1865/66 schritten die Erd-

und Brückenbau-Arbeiten nicht wesentlich fort, doch gab derselbe Muße, die Vorarbeiten der Art zu fördern, daß mit Eintritt des Frühlings die Arbeiten überall mit Energie wieder aufgenommen werden konnten. Wenn der Erfolg im Ganzen dann auch allen Erwartungen entsprach, so war es doch wesentlich hindernd für den Bau-Fortschritt, daß der Bahnlinie nicht schon jetzt an beiden End-puncten Gleis-Verbindungen gegeben werden konnten. Am Oldenburger Ende lag zwischen dem Bahnhofe und der Strecke die Huntebrücke, deren Bau durch die Feststellung des Planes, sowie durch die Beschaffung des beweglichen Eisenüberbaues für die 12,5 Meter weite Schifffahrts-Oeffnung verzögert war, so daß dieselbe erst Anfangs August 1866 überfahren werden konnte. Am Bremer Ende der Bahn waren es die vertragsmäßig von der Bremischen Bau-Verwaltung herzustellenden Brücken über die Weser und den Sicherheitshafen, welche den Zugang verhinderten. Die Feststellung der Pläne für dieselben verzögerte sich so sehr, daß der Bau erst im Mai 1866 in Angriff genommen werden konnte, was angesichts der Eventualitäten, welchen derartige Bauten unterliegen, die Idee wachrief, für die Eröffnung des Betriebes auf der Bahn die Vollendung der Weserbrücke nicht zu erwarten, sondern dieselbe durch Herstellung einer provisorischen (zugleich Arbeits-) Brücke über die Weser zu ermöglichen, ein Gedanke, den man wieder fallen ließ, nachdem Bremen gegen ein solches Project erhebliche Bedenken erhob und zugleich jede mögliche Beschleunigung der Brückenbauten zusagte.

Die für den Bahnhof Oldenburg herzustellende, sehr erhebliche Erdanschüttung, zu welcher, nachdem die Ausgrabung des Torfhafens ein in Bezug auf die Beschaffenheit des gewonnenen Bodens günstiges Ergebniß nicht geliefert hatte, das Material vom sogenannten Beverbäkenberge auf etwa 3 Kilometer Entfernung herbeigeschafft werden mußte, erforderte, um billig, rasch und ohne einen zu großen Park von Erdwagen ausgeführt werden zu können, die Anwendung der Dampfkraft, imgleichen konnte dieselbe beim Transport des Ober-baumaterials, sowie zur Herstellung der langen Dämme auf den überschrittenen Moorstrecken und zur Anfuhr des nöthigen Bettungs-materials, für die Wesermarschstrecke nicht gut entbehrt werden. Da die für den demnächstigen Bahnbetrieb bestellten Maschinen für diese Transporte zu spät lieferbar waren, so blieb nur übrig, auf andere Weise vorzusorgen, was durch den Ankauf zweier alter Maschinen von der Niederschlesisch-Märkischen Bahn geschah. Dieselben stammten aus der f. Z. berühmten Lokomotiv-Fabrik von Wm. Norris zu

Philadelphia, trugen als Zeitangabe ihrer Herstellung die Jahreszahl 1842, kamen Anfang Juni 1866 zu Wasser in Oldenburg an und wurden einige Tage später, als die ersten Lokomotiven im Oldenburger Lande, unter Führung der von der Niederländischen Staats=Eisenbahn herbeigezogenen Lokomotivführer (Henjes II. und B. Voges, geborne Hannoveraner, z. Z. noch als Lokomotivdienst= Vormann resp. Lokomotivführer im Dienste der Verwaltung) zwischen dem Bahnhofe Oldenburg und dem Beverbäkenberge unter großem Zulauf des Oldenburger Publikums in Thätigkeit gesetzt. Obgleich nach veraltetem System gebaut, haben diese Maschinen bis zum Jahre 1872, wo sie durch andere, kräftigere und oekonomischer arbeitende ersetzt wurden, bei den Bahnbauten gute Dienste geleistet und ihre Kosten reichlich bezahlt.

Neben den seit Wiederaufnahme des Baues im Frühlinge 1866 kräftig geförderten Erd= und Brückenbauten, war alsbald auch mit dem Legen des permanenten Gleises bei Oldenburg am rechtsseitigen Hunteufer begonnen und wurde damit so rasch vorgegangen, als der auf den Moorstrecken wegen Mangels an Material nur sehr unvollstän- dig hergestellte Damm und die Nachführung des sofort nothwendigen Füllsandes solches gestatteten. Ebenso wurden nach nothdürftiger Fertigstellung der Dämme und Einschnitte zwischen Wüsting und Hude die daselbst gebrauchten Interimsbahnen zum permanenten Gleise umgelegt.

Inzwischen hatte die von Bremen eingegangene Erklärung, daß die Weserbrücke vor dem 1. Juli 1867 nicht fertiggestellt werden könne, gegen Ende Juni eine Einschränkung der Bauthätigkeit zur Folge, da die Regierung der eingetretenen politischen Ver- wicklungen wegen wünschte, so wenig wie möglich von Geldmitteln sich zu entblößen, und durch Contracte Verbindlichkeiten zu über- nehmen. Die Bauthätigkeit wurde deshalb wesentlich auf einzelne Puncte und namentlich auf die Brückenbauten concentrirt. Ende Juli 1866 wurde die Huntebrücke fahrbar, worauf sofort daran gegangen wurde, die Moordämme zwischen Oldenburg und Wüsting mittelst Dampfkraft zunächst betriebssicher herzustellen.

Am 12. August konnte von den Technikern der Eisenbahn= Verwaltung eine Versuchsfahrt nach Hude veranstaltet werden, zu welcher ersten Dampf=Personenfahrt auf den Oldenburgischen Bahnen auch die Techniker der Hochbau= sowie der Weg= und Wasserbau= Direction nebst einigen andern Herren eingeladen wurden und zahlreich

7

erſchienen. Nachdem dieſer erſte Verſuch vollſtändig gelungen war, trug die Eiſenbahn=Commiſſion kein Bedenken, Seine Königliche Hoheit den Großherzog, den hohen Gönner und eifrigen Förderer des Eiſenbahn=Unternehmens, zu einer Probefahrt einzuladen, welche Einladung von Höchſtdemſelben angenommen und unter Betheiligung einer größeren eingeladenen Geſellſchaft am 19. Auguſt 1866, bis einige tauſend Meter über Hude hinaus, zu allgemeiner Befriedigung ausgeführt wurde. Die Wagen, deren man zu dieſen Fahrten ſich bediente, waren die ſ. g. „Droſchke" (ein für ſolche Zwecke auf dem Bahnhofe Oldenburg mit den einfachſten Mitteln hergeſtelltes ganz niedriges Fuhrwerk für 12—16 Perſonen) und einige mit Bänken und Geländern verſehene Erdtransportwagen.

Am 1. Auguſt 1866 war bereits der zum Betriebs=Inſpector auserſehene Ingenieur Altvater (aus Frankfurt a./M., früher beim Bau der Nahe=Bahn und zuletzt beim Betriebe der Naſſauiſchen Staatsbahn beſchäftigt geweſen) in den Dienſt eingetreten. Da nach erfolgter Einſchränkung der Bauthätigkeit die Einrichtung des Be= triebsdienſtes weiter hinausgeſchoben war, ſo wurde ꝛc. Altvater zunächſt mit der Leitung der Dampf=Transporte für den Bau und ſpäter (nach Abgang des ꝛc. Mohr) mit der Leitung der Erd= und Oberbau=Arbeiten auf dem Bahnhofe Oldenburg betraut.

Nachdem durch den hinfort langſameren Baubetrieb die Eiſen= bahn=Commiſſion weniger beſchäftigt war und von dem Bau=Perſonale einige Perſonen verfügbar wurden, gleichzeitig auch in den maß= gebenden Kreiſen mehr Meinung für die Fortſetzung der Eiſenbahn= Anlage Platz griff, ſo wurde im Juli 1866 mit der Reviſion des bereits vorliegenden Projektes einer Bahn von Hude über Berne und Elsfleth nach Brake (mit Inausſichtnahme der Weiterführung nach Nordenhamm) und Anfangs Auguſt auch mit den Vorarbeiten für eine Bahn von Oldenburg nach Leer begonnen.

Am 17. November 1866 wurde zum erſten Male mit der Lokomotive von Oldenburg nach Delmenhorſt gefahren und dann, nachdem auf der vorliegenden Strecke die dringendſten Transporte beſchafft worden, die Lokomotive vorwiegend mit der Completirung der Dämme und der Bahnbettung der dortigen Strecke beſchäftigt. Als Froſt und Schnee dieſe Arbeiten behinderten, wurde die Lokomotive damit beſchäftigt, den aus der Erweiterung der urſprünglich nur ſchmal durchgetriebenen Einſchnitte im Reiherholze erfolgenden Boden zur Erweiterung des Bahnhofs=Plateaus nach Oldenburg zu ſchaffen.

Beim Eintritt des Frühlings 1867 wurde das Legen und Bet=
ten des Gleises gegen Bremen zu wieder kräftig aufgenommen und
auch die Fertigstellung der Erdarbeiten auf den hinterliegenden
Strecken so lebhaft betrieben, als die eingeschränkten Geldbewilligungen
solches gestatteten. Anfangs Mai war die Bahn bis zu der Chaussee=
durchschneidung östlich vom Bahnhofe Huchtingen, — welche bis da=
hin nicht aufgehoben werden konnte, weil die bremischerseits dort
ausgeführte Chaussee=Verlegung noch nicht fertig war, — fahrbar
hergestellt, so daß, nachdem einige Personenwagen per Landfuhrwerk
von Bremen dorthin geschafft waren, am 8. Mai 1867 Ihre Maje=
stät die Königin von Griechenland von dort per Bahn nach Olden=
burg befördert werden konnte.

Die bald darauf begonnene Verfüllung der obenerwähnten
Dammlücke, sowie das durch das Winterwetter sehr verzögerte Auf=
schlagen des Oberbaues der drei großen Fluthbrücken auf Bremischem
Gebiete, endlich die Anfuhr des Bettungssandes für diese Strecken auf
größerer Entfernung (von der Delmenhorster Geest), verzögerten die
Herstellung der letzten Bahnstrecke zur Fahrbarkeit bis in die ersten
Tage des Julius; am 1. Julius wurde die in der verhältnißmäßig
sehr kurzen Zeit von 14 Monaten erbaute Brücke über die Weser
(die über den Sicherheitshafen war schon etwas früher fertig gestellt)
der amtlichen Probe unterworfen, welche befriedigend ausfiel, worauf
dann, nachdem die Arbeiten zur völligen Fertigstellung mit thun=
lichster Beschleunigung betrieben waren und nachdem auch auf dem
Oldenburgischen Theile der Bahn das Erforderliche zur Noth fertig
gestellt war (in Folge der Einschränkung des Baues im vorigen
Jahre) am 14. Julius 1867 die offizielle Probefahrt mit einiger
Feierlichkeit stattfand und am 15. Julius die Bahn dem öffent=
lichen Verkehre übergeben wurde.

Nachträglich ist hier anzuführen, daß die Unterbringung des
seit März desselben Jahres nach und nach zur Ablieferung gelangen=
den Betriebs=Materials wegen der später als beim Abschluß der
Contrakte in Aussicht genommenen, erfolgenden Fertigstellung der
Bahn mit nicht unerheblichen Schwierigkeiten verbunden war, weil
die Fabrikanten dasselbe in ihren Etablissements nicht länger bergen
konnten und die Verwaltung wegen Unzugänglichkeit ihrer Bahn auf
einem Schienenwege dasselbe nicht aufzustellen vermochte.

Die von Hartmann zu Chemnitz gelieferten Lokomotiven wur=
den theils auf der Sächsischen, theils bei der Hannoverschen Staats=

7*

bahn untergebracht. Auf der ersteren wurden dabei vergleichende Versuche über die Leistungsfähigkeit gegenüber anderen Lokomotiven vorgenommen, welche sehr zu Gunsten des diesseitigen Systems ausfielen.

Ebenso war man in Bremen und Lingen mit den Leistungen der dort in regelmäßigen Dienst gestellten diesseitigen Lokomotiven sehr zufrieden. Bekam man auch keine Miethe für die Maschinen, so hatte diese Verwendung doch den Vortheil, daß die s. g. Neumängel, welche allen Maschinen anhaften, bei dieser Gelegenheit, wo die Maschinen sofort schweren Dienst zu thun hatten, in Einem ausgemerzt wurden, was für die Verwaltung von doppeltem Werthe war, weil einestheils bei der Neuheit der Construktion solche Mängel an den Maschinen mehr als gewöhnlich vorkamen, theils auch, weil die eigene Verwaltung damals fast noch ohne Werkstätten war, so daß dieselbe bei vorkommenden häufigen und namentlich größeren Reparaturen also leicht hätte in Verlegenheit gerathen können. So hatte man bei der Bahn-Eröffnung denn bereits eingefahrene Maschinen zur Verfügung.

Die Wagen wurden, wie sie zur Ablieferung kamen, von der Hannoverschen Verwaltung freundnachbarlich aufgenommen, vorkommendenfalls auch verwendet. Bei der großen Zahl derselben konnte aber nur ein kleiner Theil in Schuppen untergebracht werden; man mußte indeß zufrieden sein, für dieselben nur Aufstellungsraum auf Gleisen zu finden.

Anerkennend ist hier hervorzuheben, wie die Verwaltung der Hannoverschen Staatsbahn sowohl von Anfang an, als auch in diesem Falle, und ganz besonders durch Besorgung größerer Maschinen-Reparatur-Arbeiten für die diesseitige Bahn während der ersten Jahre des Betriebes, ehe die eigenen Werkstätten vollständig eingerichtet waren, das diesseitige Unternehmen thatkräftig unterstützte und dadurch nicht wenig zum guten Fortgange desselben beitrug.

Wenn es in der ersten Zeit des mit einem ganz ungeübten Personal begonnenen Betriebes selbstverständlich auch an allerlei unliebsamen Vorkommnissen nicht fehlte und wenn Manches von dem bei anderen Bahnen Ueblichen, Abweichende, dem Publikum auch zu allerlei Erörterungen Veranlassung gab, bei welchen die Eisenbahn-Verwaltung nicht immer auf's Beste wegkam, so mußte man sich doch bald überzeugen, daß das nach einem wohlerwogenen Programm entworfene und durchgeführte Unternehmen im Ganzen seinen Zweck

erfülle und namentlich durch die adoptirten niedrigeren (Personen=
geld=) Tarife dem öffentlichen Verkehre alle diejenigen Dienste leisten
könne, welche man von demselben billigerweise erwarten durfte.

Die erste betriebsfähige Herstellung der Bahn von Oldenburg
nach Bremen, für welche der Landtag die Summe von 5,693,715 ℳ.
bewilligt hatte, kostete einschließlich des im Kosten=
Anschlage gar nicht vorgesehenen ausgedehnten Grund=
erwerbes ꝛc. für die Bahnhöfe: Hude als Abzwei=
gungsstation einer einstigen Bahn nach Brake und
weiter (Weserbahn); und: Oldenburg als Central= und
Flußhafen = Station für alle einst auf Oldenburg
zu führenden Bahnen, — die Summe von . . . 3,943,329 ℳ.
gab also eine Ersparniß von rund . . . . . . 1,750,000 ℳ.
welche, wenn dieselbe seither auch zum Theil für Vervollständigung
der Bahn und des Betriebsmaterials, sowie für ursprünglich nicht
vorgesehene Anlagen Verwendung gefunden hat, doch den gewiß nicht
gering anzuschlagenden Erfolg hatte, daß man einsehen lernte: wie
ein verständig eingeleiteter und sorgfältig, unter stetem Festhalten
des eigentlichen Zweckes und wirklichen Bedürfnisses, sowie mit stren=
ger Oeconomie durchgeführter Eisenbahnbau ein in Beziehung auf
die Kosten so unsicheres Unternehmen keineswegs sei, als wofür
man dasselbe bisher gehalten und vor welchem man deshalb so sehr
sich gescheut hatte.

2. Heppens (Wilhelmshaven)=Oldenburg.

Obgleich diese Bahn ein Oldenburgisches Unternehmen nicht ist,
so wird dasselbe doch in einigen Punkten kurz hier abzuhandeln
sein, theils weil zwischen demselben und dem Oldenburgischen
Unternehmen vielfache und nahe Beziehungen bestehen, theils auch,
weil die Heppens=Oldenburger Bahn nach ihrer Fertigstellung ver=
tragsmäßig in Oldenburgische Betriebsführung und Verwaltung über=
zugehen hatte.

Die Bahn beginnt am nordöstlichen Ende des an die Esplanade
der Stadt Wilhelmshaven (früher Heppens) stoßenden Bahnhofes
gleichen Namens und verläßt in westlicher Richtung fortgehend in
einer Entfernung von 0,20 Kilometer das Preußische Jadegebiet und
tritt auf Oldenburgisches Territorium, welches sie dann auch nicht
mehr verläßt. Bei Marienfiel, wo die Bahn dem Seedeich bis
auf etwa 200 Meter sich nähert, das Marien=Sieltief mittelst einer
11,9 Meter im Lichten weiten Brücke überschreitet und hinter welcher

dann bald die später noch zu erwähnende Fortificationsbahn nach
Rüstersiel einmündet, nimmt die Bahn nach und nach eine fast süd=
liche Richtung an und erreicht den Bahnhof Sande, auf dem
die Bahn nach Jever abzweigt, von welcher weiter unten noch
speziell die Rede sein wird. In fast genau südlicher Richtung fort=
schreitend, führt die Bahn dann nach der gleichfalls nur etwa
200 Meter vom Seedeiche entfernt liegenden Station Ellenserdamm,
in deren Nähe das Ellenserdammer Tief, sowie das Zeteler= und Stein=
hauser Sieltief mittelst Brücken von resp. 23,7, 11,9 und 11,9 Meter
Lichtweite überschritten werden. In mehreren Curven die südwestliche
Ecke des Meerbusens umgehend, nimmt die Bahn dann eine südöst=
liche Richtung an und erreicht bald, bei Tange, das Ende der See=
marsch, in welcher dieselbe bis dahin lag, und erreicht über das
(nicht tiefe) Dangaster Moor und später über tiefliegende Grün=
ländereien mittelst ziemlich langer Steigung von 1 : 200 die nord=
östlich nahe an der hochgelegenen Stadt Varel errichtete Station.
Dieselbe liegt zum Theil in einem so tiefen Einschnitte, daß die
Straße von der Stadt nach dem Vareler Hafen am nördlichen Ende
des Bahnhofs mittelst einer Brücke über die Bahn geführt ist.
Diese verhältnißmäßig ungünstige Lage der Station wurde gewählt,
weil man von derselben wegen der Nähe zu dem Hafen und den dort
liegenden Fabriken Vortheile sich versprach, welche indeß später nur
zu einem geringen Theile sich erfüllt haben. Die Station Varel
wieder mit längeren Gefällen verlassend, nimmt die Bahn eine im
Wesentlichen südliche Richtung an und überschreitet zunächst wieder
Seemarsch= und Moorboden der Jade=Niederung bis nahe vor
Station Jaderberg, wo die hohe Geest erreicht wird. Zwischen dieser
Station, der Haltestelle Hahn und zwischen der weiterhin folgenden
Station Rastede wechseln in dem ziemlich bewegten Terrain Sand=,
Moor=, Thon= und Lehmboden mit einander, während der Rest der
Strecke durchweg auf Sand liegt. Neben der Stadt Oldenburg
wird der Pferdemarktsplatz überschritten, worauf die Bahn in den
dortigen Centralbahnhof einläuft.

Bis zum Anfang desselben ist die Bahn abseiten Preußens her=
gestellt und hat bis dahin eine Länge von 51,37 Kilometer, während
die Gesammtlänge 52,37 Kilometer beträgt.

Die Alignements= und Neigungs=Verhältnisse der Bahn sind
nach den bereits oben gegebenen Grundsätzen günstig beordnet. In
dem undulirenden Längenprofile besteht zwischen der höchsten und
niedrigsten Lage der Gradiente resp. auf der Wasserscheide zwischen

Hunte und Jade bei Rastede = 19,₀₈ Meter über Amsterdamer Null und Bahnhof Sande = 1,₆₇ Meter ein Höhen-Unterschied von 17,₄₁ Meter.

Außer den genannten Brücken hat die Bahn größere Kunst-bauten nicht erfordert, wenn zwar die theils tiefe und deßhalb nasse, theils wellige Lage des Terrains eine größere Zahl von kleineren Durchlässen und ziemlich bedeutende Erdarbeiten im Gefolge hatte.

Der Bau der Bahn wurde unter steter Wechselwirkung der beiderseitigen Commissionen ziemlich gleichmäßig mit dem der Olden-burgischen gefördert, so zwar, daß die vor der Eröffnung der letzteren ausgeführte sogen. offizielle Probefahrt bereits bis Heppens ausgedehnt werden konnte. Die gleichzeitige Uebergabe dieser Bahn an den öffentlichen Verkehr war indeß nicht angänglich. War der Bau im Ganzen zwar einfacher als der der Oldenburg-Bremer, so lagen die Verhältnisse für die Ausführung desselben, namentlich durch die noch größere Isolirung, doch im Ganzen noch schwieriger als die oben bei Oldenburg-Bremen geschilderten.

Bei der Unthunlichkeit der Beschaffung eines eigenen Transport-material-Parks für die Bahn wurden die auch dort unvermeidlichen größeren Transporte auf längere Entfernungen übereinkunftsmäßig durch das diesseitige Material ausgeführt, welches dazu aber erst abgegeben werden konnte, nachdem die eigenen Transporte im Wesentlichen beendet waren.

Obgleich die Preußische Bau-Verwaltung zur Förderung der Arbeiten das überhaupt Mögliche that, so war doch aus obigem Grunde und weil der sehr regnige Sommer von 1867 die Förderung der Hochbauten sehr erschwerte, die Bahn nicht, wie der Vertrag es vorschrieb, gleichzeitig mit der Oldenburgischen betriebsfertig her-zustellen; dieselbe konnte vielmehr erst am 3. September 1867 dem öffentlichen Verkehre übergeben werden. Die diesseitige Ver-waltung war übrigens mit dieser Verzögerung durchaus einverstanden, da dieselbe bei der Eröffnung des Betriebes der Bahn nach Bremen, mit einem ganz neuen Personale und nur durch wenige von außen herbeigezogene erfahrene Eisenbahnbeamte unterstützt, anfangs in einer schwierigen Lage sich befand, welche durch die sofortige Mit-Eröffnung der Bahn nach Heppens möglicher-weise eine mißliche hätte werden können. Nachdem der Oldenburg-Bremer Dienst dann aber durch eine etwa sechswöchige Uebung in einen guten Gang gebracht war, ging die Ausdehnung desselben auf die Strecke nach Heppens dann ohne weitere Unzuträglichkeiten vor sich.

Selbstverständlich war mit der Eröffnung der Bau der Heppens=Oldenburger Bahn auch nicht abgeschlossen, derselbe vielmehr noch mancher Ergänzungen und Vervollständigungen bedürftig, welche dann auch sofort erfolgten.

Mit der diesseitigen Verwaltung war auch noch die Betheiligung Preußens an dem vertragsmäßig gemeinschaftlich herzustellenden Bahnhofe Oldenburg zu beordnen, über welche im Laufe der Bauzeit bereits vielfach verhandelt war. Durch die bereits im Februar 1867 erfolgte Genehmigung des Landtages zum Bau einer Eisenbahn von Oldenburg nach Leer, welche selbstverständlich auch von dem gemein=schaftlichen Bahnhofe abgehen sollte, wurde die Frage der Betheili=gung Preußens noch mehr complicirt, nach manchen weiteren Ver=handlungen jedoch Ende September 1868 in liberaler Weise dahin zum Abschluß gebracht, daß Preußen für die Mitbenutzung des fraglichen Bahnhofs Eins in Allem die Summe von 750,000 ℳ. zu zahlen habe, gegen deren Zahlung Oldenburg ausdrücklich allen Ansprüchen auf Nachforderungen für Ergänzungsbauten ꝛc. entsagte und außerdem sich verpflichtete, event. den Nachweis über den Verbau einer entsprechenden Summe zu liefern und eine gleiche Summe zurückzuzahlen, sofern in Folge einer etwaigen späteren Ueberein=kunft die Mitbenutzung des Bahnhofs für die Preußische Bahn aufhören sollte.

Bei Gelegenheit der Abwickelung der Geschäfte der Heppens=Oldenburger Bahn wurden dann die von derselben miterworbenen Restgrundstücke nebst den darauf stehenden Häusern, und zwar das des früher Harbers'schen Hauses, Nr. 1 an der Ziegelhofstraße, und das des früher Büsing'schen und des früher Bruch'schen Anwesens, Nr. 4 und Nr. 3 am Pferdemarktsplatze zu Oldenburg, zu Wohnungen für den Direktor Strackerjan, den Betriebs-Inspektor und den Maschinenmeister erworben, nachdem für die Verwaltung ein drin=gendes Bedürfniß hervorgetreten war, die bisher zerstreut in der Stadt und theilweise sehr entfernt wohnenden Bahn=Beamten in der Nähe der Direktion zu domiciliren.

Am 18. September 1868 erfolgte die definitive Uebergabe der Heppens=Oldenburger Bahn nebst Zubehör, Karten, Inventarien ꝛc. an Oldenburg, wobei die Ausführung einiger noch rückständigen Arbeiten abseiten Oldenburgs übernommen wurde, worauf dann die

Preußische Commission am 1. October 1868 ihre Thätigkeit einstellte und Oldenburg verließ.

3. Oldenburg-Leer.

Nach Bewilligung dieser Bahn im Oldenburgischen Landtag am 26. Februar 1867 wurde, nachdem das Baupersonal der Oldenburg=Bremer Bahn theils anderweit zu verwenden, theils auch auseinander gegangen war, sofort an die Herbeiziehung der erforder= lichen Techniker gedacht, wozu die Entlassung des Bau=Personals der eben vollendeten Ostholsteinischen Linien der Altona=Kieler Gesellschaft Gelegenheit bot. Von der großen Zahl der damals engagirten Techniker befinden sich zur Zeit nur die Herren Ober= Bau=Inspector Meyer (z. Zeit Assistent des Baudirectors und Vorsteher des technischen Bureaus der Direction), und der Bau= Inspector Behrmann (z. Zeit Strecken=Ingenieur bei der Betriebs= Inspection) noch im Dienste der Verwaltung.

Ein Theil dieses Personals trat schon im Laufe des Frühlings 1867 ein und wurde, soweit dasselbe nicht einstweilen ander= weit verwendet werden mußte, mit der Vervollständigung der Vorarbeiten für Oldenburg=Leer beschäftigt. Die Vorschläge der Direction für die zu wählende Linie konnten bereits am 1. April 1867 dem Großherzoglichen Staats=Ministerium zur Genehmigung vorgelegt werden, welche dann auch bald erfolgte. Der erste Lokal= Termin auf Oldenburgischem Gebiete fand am 30. Juli 1867 statt, die übrigen folgten demselben in der Zeit vom 14.—18. August, wodurch dann die Unterlagen für die Aufstellung der Special= Projecte gewonnen waren.

Auf der im Preußischen Gebiete liegenden Strecke Holtgast=Leer, deren Verhältnisse hier weniger bekannt waren, und für welche dann schon die bisher ungewohnten Preußischen Formen zur Anwendung zu kommen hatten, konnte man damit zwar nicht so rasch fortschreiten, doch erfolgte die ministerielle Genehmigung der Linie bereits am 23. Juni 1867, so daß dann auch hier zur Bearbeitung des Spezial= Projects geschritten werden konnte.

Nachdem indeß jetzt die Bau=Grundsätze und alle Normalien bereits feststanden, man auch über eine bereits geschulte Verwal= tung, sowie über ein tüchtigeres Personal verfügte, so gingen die Vorarbeiten rascher von Statten.

Auch erwiesen sich die localen und baulichen Verhältnisse der Linien im Ganzen erheblich einfacher als bei der Bahn nach Bremen.

Zu Oldenburg war der Ausgangspunct der Linie durch den dortigen Central-Bahnhof gegeben, während der Endpunct zu Leer durch die vertragsmäßige Einmündung in den dortigen Bahnhof der Westfälischen Staatsbahn bereits feststand, so daß alle bezüglichen Voruntersuchungen wegfielen.

Nachdem die im Interesse von Westerstede allerdings in Frage gekommene Führung der Bahn im Oldenburgischen Gebiete wesentlich in der Richtung der vorhandenen Chaussee, weil eine, gegenüber der Luftlinie für eine Hauptbahn zu lange Linie ergebend, — bald als unzulässig erkannt wurde, ergab sich der möglichst enge Anschluß an die Luftlinie als Haupt-Bedingung für die Auslegung der Bahn, welche in folgender Weise erfolgte:

Die Bahn verläßt den Bahnhof Oldenburg in westlicher Richtung, über den Pferdemarktsplatz vorläufig gemeinschaftlich mit der Preußischen Bahn und erreicht nach der Abzweigung von dieser mit einer einzigen geraden Linie und in fast horizontaler Lage die Haltestelle Bloh, von welcher dieselbe wieder in langen geraden Linien und in $6{,}_{10}$ Meter Höhe über Bahnhof Oldenburg, gleich $10{,}_{52}$ Meter über Amsterdamer-Null, im Kayhauser Moore bald ihre höchste Lage auf der Wasserscheide zwischen Hunte (Weser) und Ems, sowie die wenig tiefer liegende Station Zwischenahn erreicht.

Als etwas bedeutendere Kunstbauten finden sich auf dieser Strecke nur 2 Brücken, über die Puthaaren und die Haaren von resp. $3{,}_0$ und $4{,}_0$ Meter Lichtweite. Bald hinter der Station Zwischenahn wird die Aue mit einer Brücke von $6{,}_0$ Meter Lichtweite überschritten und dann mit steten schwachen Gefällen und in langen geraden Linien die Haltestelle Ocholt erreicht, bei deren ursprünglicher Anlage die Abzweigung einer Bahn nach Westerstede, von welcher später noch die Rede sein wird, nicht vorgesehen werden konnte.

Von der Haltestelle Ocholt tritt die Linie dann sofort in das den regelmäßigen winterlichen Inundationen durch die Zuflüsse der Leda unterworfene tiefliegende und meistens flache Terrain des Emsgebietes, dessen Berührung bei der Wahl einer directen Linie auf Leer nicht zu vermeiden war. Von der Inundation durch die Winter-Hochwasser ist von hier bis zur hohen Geest bei Loga kaum die Hälfte der Länge der Linie ausgeschlossen. Vor Apen wird die Süderbäke mittelst einer $6{,}_{50}$ Meter im Lichten und unmittelbar hinter der gleichnamigen Station die Jhorster Bäke mittelst einer im Lichten $6{,}_{50}$ Meter weiten Brücke überschritten. Der von der Linie gleichfalls berührte für gewöhnlich die Grenze der Schifffahrt auf dem Apener Tief bildende Apener Hafen, war zum Theil durch eine Neuanlage zu ersetzen, welche, durch ein Schienengleis an die Bahn angeschlossen, einen nicht unbedeutenden Wechselverkehr zwischen Schiff und Bahn (in Torf, Holz und sonstigen Producten) hervorgerufen hat.

Vor der folgenden, unmittelbar neben dem gleichnamigen Eisenwerke liegenden Station Augustfehn, war der Augustfehn=Canal mittelst einer für die Schifffahrt zu öffnenden Brücke von 6,0 Meter Lichtweite (nach dem Krahn=Principe construirt) zu überschreiten. Da der genannte Canal in Wasserverbindung mit dem Hunte=Ems=Canal und dessen Neben=Canälen steht, und deshalb als eine Haupt=Zufuhrstraße von Torf für die Lokomotivfeuerung anzusehen war, so wurde bauseitig am Canale sofort ein Haupt=Torfmagazin für den Bahndienst mit erheblichen Schuppenräumen in Aussicht genommen und mit Schienenverbindung versehen. Da diese Anlage bei dem Hinzukommen weiterer Bahnen nicht genügte, so wurde dieselbe später durch Anlage eines eigenen Torfhafens nördlich und parallel zur Station, mit den nöthigen Schuppen, Gleisverbindungen re. ausgedehnt, durch welche Anlage Augustfehn die bedeutendste Torf=verkehrs=Station, nicht allein für die eigene Verwaltung, sondern auch für den Torfverkehr überhaupt, geworden ist, der Art, daß, nachdem die geschaffenen Einrichtungen jetzt zeitweise nicht mehr genügten und zugleich auch weiterer Ausdehnung nicht fähig sind, ernstlich darauf hat Bedacht genommen werden müssen, die bisher nicht sehr frequente Station Apen durch die unschwer ausführbare Anlage eines Hafens, zu einer Torfstation zu erweitern.

Von Augustfehn überschreitet die Bahn den Bokeler Esch, um dann über Holtgast in die Preußische Landschaft Ostfriesland überzutreten. In derselben berührt sie zunächst den Flecken Detern, in dessen Nähe die Station Stickhausen angelegt ist, von welcher ab die Stickhausener, Filsumer und Holtlander Hammeriche und Fluß=niederungen durchschnitten werden, welche, mit Moor= und Darg=ablagerungen bis zu 10 Meter bedeckt, dem Bahnbau die größten Schwierigkeiten bereiteten und in deren Voraussicht bei Feststellung der Bahnlinie zu einer bedeutenden Abschwenkung gegen Norden veranlaßten, um mehr festen und trocknen Boden zu gewinnen. Hinter Stickhausen war der Georgsfehn=Canal auf einer Brücke mit einer Dreh=Oeffnung von 6,0 Meter Lichtweite und einer 10,0 Meter weiten festen Oeffnung und zwischen Filsum und Nortmoor das Holtlander Tief mittelst einer (im tiefsten Moore zu erbauenden) Brücke von 7,90 Meter

Lichtweite zu überschreiten. An dem westlichen Ende des Dorfes Nortmoor, dessen größter Theil im Norden umgangen wird, ist die gleichnamige Station errichtet, von welcher die Linie dann in den Nortmoorer Hammerich tritt, dessen Winter-Inundation bis nahe an die Leer-Auricher Chaussee zwischen Loga und Logabirum heranreicht, welche letztere bei der Logaer Windmühle von der Bahn im Niveau überschritten wird. Von da führt die Bahn dann nur noch über trockne Geest, um dann mit einer fast 90° beschreibenden Curve an die Leer-Emdener Bahn sich anzuschließen und neben dieser in den Bahnhof Leer einzulaufen, wo die Züge dem Stationsgebäude gegenüber an einem von Oldenburg hergestellten Zwischen-Perron anfahren.

Außer den angeführten Brücken ist für die Bahn eine große Zahl von kleineren Durchlässen anzulegen gewesen. Die Ebarbreiten sind im Ganzen zwar nicht von großer Bedeutung, wurden jedoch auf den, erheblichen Nachsackungen, sowie der Inundation unterworfenen Theilen der Strecke von Ocholt bis zur Logaer Windmühle ziemlich kostspielig, und zwar sowohl durch die weiten Transporte des zu den Dämmen erforderlichen Bodens und Sandes, als auch durch die zum Schutze der Böschungen gegen Abspülung bei den langdauernden und wegen großer Ausdehnung der vorliegenden blanken Wasserflächen den Dämmen sehr gefährlichen Inundationen zu ergreifenden Maßregeln (flache Anlage, Deckung derselben mit Steinen, Bepflanzen mit Weiden 2c.).

Die Bahn hat zwischen der Mitte der Bahnhöfe Oldenburg und Leer eine Länge von 54,98 Kilometer, wovon auf Oldenburgischem Gebiete 36,66 Kilometer und auf Preußischem 18,32 Kilometer liegen.

Behuf des Baues war die Bahn in 5 Sectionen und zwar Oldenburg, Zwischenahn, Apen, Detern und Leer getheilt. Begonnen wurde der Bau im Herbst 1867 und verlief unter den angedeuteten günstigen Verhältnissen im Ganzen glücklich und rasch, so daß schon am 14. Juni 1869 die sogenannte offizielle Probefahrt stattfinden und die Bahn am folgenden Tage dem öffentlichen Verkehre übergeben werden konnte.

Die vom Landtage für dieselbe bewilligte Summe betrug

5,700,000 $\mathcal{M}$.

die betriebsfähige Herstellung derselben erforderte . 3,812,055 $\mathcal{M}$.

so daß eine Ersparung von rund . . . . 1,887,945 $\mathcal{M}$.

sich herausstellte, von welcher ein Theil indeß zu späteren Ergänzungen und Erweiterungen, namentlich zu der im Interesse der ferner hinzugekommenen Bahnen ausgeführten, schon oben besprochenen, Anlage des neuen Augustfehner Torfhafens ꝛc., Verwendung gefunden hat.

4. Hude-Brake-Nordenhamm.

Nach der am 15. Februar 1870 erfolgten Entscheidung des Landtags für die dritte Serie von Bahnen wurde sofort der Ausführung der Hude-Braker Bahn, von welcher man die erheblichste Steigerung des Verkehrs der schon vorhandenen Linien sich versprach, näher getreten und, soweit das durch Abgang ꝛc. wieder sehr geschwächte technische Personal solches gestattete, alsbald auch die Bearbeitung des Projekts der Fortführung der Bahn nach Nordenhamm aufgenommen.

Da fast die ganze Erstreckung dieser Linie in der Marsch und zugleich in der Nähe des Weserstromes liegt, so stellten dem Bau der Bahn erheblich größere Schwierigkeiten, als man bisher gewohnt war, sich entgegen. Zu thunlichster Herabminderung derselben, sowie wegen der in dem theuren Terrain ohnedies sehr hohen Kosten des Baues, entschloß man sich von vornherein, die gesammten Bahnanlagen für nur ein Gleis zu projektiren und auszuführen, eine Maßregel, für welche neben dem Kostenpunkte auch noch der Umstand entscheidend war, daß die Bahn eine sogenannte Sackbahn war, deren überhaupt nur in einer Richtung — um die Butjadinger Küste — mögliche Fortführung in absehbarer Zeit nicht zu erwarten stand.

Das neuere, in den Jahren 1866 und 1867 bearbeitete Projekt unterschied sich von dem vorliegenden früheren dadurch, daß man jetzt die möglichst direkte Verbindung zwischen Bahn und Schifffahrt anstrebte und die Linie deshalb bei Elsfleth bis zur vorhandenen Kaje an der Wasserseite führte, während dieselbe dort früher binnendeichs neben der Stadt lag und nur durch eine Zweigbahn und Drehscheiben mit der Weserkaje verbunden war. Bei Brake, bis wohin das vorliegende Projekt nur sich ausstreckte, endete die Linie ohne Rücksichtnahme auf weitere Fortführung, in der Nähe der Stadt auf freiem Felde und schien es die Absicht gewesen zu sein, dort den Endbahnhof zu errichten und den Hafen gleichfalls mittelst einer Zweigbahn anzuschließen. Das neue Projekt ging hier wie zu Elsfleth auf einen direkten Anschluß der Bahn an die Schifffahrt hin-

aus, welchen man zu erreichen wünschte, theils, weil man in An=
betracht des Umstandes, daß die Schifffahrt die wesentliche
Verkehrsquelle für die Bahn sein werde, dafür hielt, daß
Anschlüsse mittelst Zweiggleisen in der früher beabsichtigten Art einer=
seits den Interessen des Verkehrs nicht genügen und andererseits
in der Verwaltung zu kostspielig sein würden.

Mit dem Theile der Bahn von unterhalb Hude bis über den
Hunte-Uebergang vor Elsfleth wurden wesentlich auf Anregung des
damaligen, um des Landes Wohl hochverdienten Ober=Deichgräfen
Peters zwei hydrotechnisch wichtige Projekte in Verbindung ge=
bracht, deren Anforderungen bei der Festlegung der Linie auf diesen
Strecken mit maßgebend waren, nämlich:

die Herstellung einer rationellen Abwässerung der tiefliegenden
ausgedehnten Geest= und Moordistrikte zu beiden Seiten der Bahn=
linie zwischen Hude und Oldenburg, welche bisher durch den s. g.
„neuen Canal" und andere ähnliche Anlagen in durchaus unzuläng=
licher Weise stromaufwärts in die Hunte entwässert wurden; ferner

eine bessere Trockenlegung der häufig Jahr aus Jahr ein er=
trunkenen tiefliegenden Ländereien am rechtsseitigen Hunteufer unter=
halb Oldenburg, namentlich des Wüstenlandes; und endlich

eine Verbesserung der Abwässerung des großentheils tiefliegen=
den und unter Umständen sogar als Rezipient für die Abwässerung
der hohen Geest dienenden Stedingerlandes.

Leider erwiesen sich die aus diesen Nebenzwecken sich ergebenden
Postulate zum Theil so widerstreitend und zum Theil so verwickelt,
daß es unthunlich war, dieselben innerhalb der für den Eisenbahnbau
gegebenen Zeit zu vereinigen, so daß nach langen Verhandlungen
die Idee der Verbindung beider Werke im Frühjahr 1871 fallen zu
lassen man sich genöthigt sah.

Ebenso wurde etwa um dieselbe Zeit das Projekt, die Hunte
gegen das Eindringen der Meeresfluth aus der Weser durch Ein=
richtung des Eisenbahnüberganges als Schleusenbrücke abzuschließen,
von welchem man damals für die gesammte in die obere Hunte
erfolgende Abwässerung, sowie für die Sicherung der Stadt Olden=
burg gegen die Folgen schwerer Sturmfluthen einen erheblichen Er=
folg sich versprach, — aufgegeben, nachdem neuere eingehende Unter=
suchungen in Zweifel gestellt hatten, ob die in Aussicht genommenen
Vortheile durch die fragliche, sehr kostspielige Maßregel auch wirklich
erreichbar seien.

Die unter solchen Voraussetzungen ausgelegte, später nicht wie=
der abgeänderte Bahnlinie ist nun die folgende:

Mit einem gegen Bremen (dem vorwiegend wichtigen Zielpunkte
des Verkehrs der Weserbahn) gerichteten Viertelkreisbogen verläßt
die Bahn den ursprünglich gleich dazu situirten und eingerichteten
Bahnhof Hude und zwar wegen der hohen Lage desselben in einem
1800 Meter langen Gefälle von 1 : 200, mit welchem und einer,
nach Ueberschreitung des Bernebachs auf einer 6,30 Meter weiten
Brücke, sogleich folgenden geringeren Gefällstrecke dann sofort das
allgemeine tiefliegende Niveau der Weser= resp. Hunte=Niederung
und an der Grenze derselben die Haltestelle Neuenkoop erreicht wird,
bis um welche herum schon die regelmäßigen Inundationen jener
unglücklichen Distrikte sich erstrecken, deren bessere Entwässerung
Gegenstand der so eben besprochenen Projekte war. In einem Theile
des weiterhin von der Bahn durchschnittenen Inundationsgebietes,
der s. g. Neuenkooper Sommer=Mühlenacht, welche fast allwinterlich
das Bild einer kaum absehbaren Wasserwüste bietet, in welcher die
Bahn wie eine dunkle Linie auf einem weißen Papierblatt erscheint,
hat der Bahndamm in den ersten Jahren mehrfach erhebliche Be=
schädigungen durch Stürme erfahren, ohne daß indeß das Gleis un=
fahrbar geworden wäre, eine Erscheinung, welche jedoch nach den
seither ausgeführten Maßregeln und nach dem Eintreten vollständiger
Consolidirung der Dämme hoffentlich nicht sich wiederholen wird.
Die dann folgende Bahnstrecke führt über ein durch Mühlen meistens
trocken gehaltenes Terrain zu dem neben dem gleichgenannten Orte
gelegenen Bahnhofe Berne, hinter welchem die Stedinger Chaussee
auf einer Brücke über das Schlüter Sieltief im Niveau und bald
darauf die Ollen (alter Weserarm, Haupt=Abwässerungscanal des
Stedingerlandes) mittelst einer schiefen Brücke von 3 gleichen Oeff=
nungen von zusammen 36 Meter Lichtweite und bald darauf auch
das Piependamner Sieltief mittelst einer gleichfalls schiefen Brücke
von 8,50 Meter Lichtweite überschritten wird.

Ueber hochgelegenes und deshalb meistens trockenes Marschland
gelangt die Bahn dann bald an den Fuß der mit 1 auf 200 steigen=
den Rampe, mittelst welcher dieselbe auf die Huntebrücke geführt
wird, deren Fahrschienen etwa 1,0 Meter höher als die Kappe des
Stedinger Deiches am Ohrt, wie der Uebergangspunkt genannt wird,
und 7,70 Meter über dem Niedrigwasser der hier etwa 2,5 Meter
wachsenden täglichen Fluth liegt. Die Huntebrücke, der bedeutendste
der bis dahin an den Oldenburgischen Bahnen ausgeführte Kunst=

bau, hat 3 fest überbrückte Oeffnungen von je 31,₅ Meter Lichtweite und eine mit einer Drehbrücke überspannte Schifffahrts-Oeffnung von 12,₀ Meter Lichtweite.

Von der Brücke wieder mit 1:200 fallend, gelangt die Bahn in einer außerhalb des Deichs liegenden und nur auf einer kurzen Strecke an denselben sich anlehnenden scharfen Curve mittelst einer nach dem Krahnprinzipe construirten 6,₇ Meter im Lichten weiten Drehbrücke über die Hafen-Einfahrt auf den Bahnhof Elsfleth, welcher, gleichfalls außendeichs, auf einem, früher einen Theil der s. g. Elsflether Rhede bildenden Schlickwatt der Weser angelegt ist.

Die Höhenlage des Bahnhofs wurde aus verschiedenen, auf dieselbe einwirkenden Gründen so gewählt, daß die höchsten Fluthen die Schienenhöhe zwar überschreiten, die Fußbodenhöhe des Stations- gebäudes sowie des Güterschuppens aber nicht erreichen.

Vom Bahnhofe ab durchschneidet die Bahn mittelst sehr complicir- ter Anlagen die ganz schmal längs dem Deiche gebaute Stadt Els- fleth, nach Ueberschreitung der Deichlinie sofort wieder mit 1:200 auf das Binnen-Maifeld hinabfallend. Nach Ueberschreitung des alten Elsflether Sieltiefs, welches in nicht zu fernliegender Zeit ein- gehen wird, mit einer ganz hölzernen Brücke (10,₇ Meter Lichtweite, auf 2 Jochfelder vertheilt) gelangt die Bahn bald an den neuen Moorriemer Entwässerungs-Canal, welchem dieselbe auf etwa 3000 Meter Länge unmittelbar folgt, um nach dem Passiren der am Canale nachträglich ausgeführten Haltestelle Hammelwarden den- selben mittelst einer 50,₉ Meter langen schiefen Brücke, = 4 Oeff- nungen von je 12,₅ Meter Lichtweiten, zu überschreiten. Diese bedeutende Länge der Brücke ergab sich aus dem Umstande, daß die Bahnlinie füglich nicht anders als unter dem sehr spitzen Winkel von 30 Grad über den Canal geführt werden konnte, weil die Canal- Interessenten jede Veränderung an demselben behufs Abflachung des Durchschneidungswinkels entschieden ablehnten und es keine Mittel gab, dieselben dazu zu veranlassen. Sodann wird das fast unmittel- bar danebenliegende Oldenbroker Sieltief mittelst einer Brücke in 2 Oeffnungen von je 7,₃₅ Meter Lichtweite überschritten, worauf die Bahn dann, in dem theuren Marschlande meistens wieder natür- liche Linien aufsuchend, nach Ueberschreitung mehrerer Straßen der Stadt Brake, den dortigen Hafen erreicht, an dessen Westseite un- mittelbar die Station, auf verhältnißmäßig engem Terrain, angelegt ist.

Der ausgedehnte Bahnhof Brake reicht bis an das Braker Sieltief, welches von der Fortsetzung der Bahn nach Nordenhamm mittelst einer Brücke in 2 Oeffnungen von je 10 Meter Lichtweiten überschritten wird, welcher in kleinem Abstande die Uebersetzung des Klippkanner Sieltiefs mittelst einer 3,₆ Meter im Lichten weiten massiven Brücke folgt. Bald wird dann die Haltestelle Golzwarden und dann nach Ueberschreitung des s. g. kleinen Sieltiefs, sowie weiterhin des Schmalenflether und Abser Sieltiefs mittelst Brücken von resp. 3,₅₀ Meter, 7,₅₀ Meter und 7,₉₀ Meter Lichtweiten, der Bahnhof Rodenkirchen erreicht. Nahe hinter demselben erfolgt die Uebersetzung des Strohauser und demnächst des Beckumer Sieltiefs mittelst Brücken von resp. 10,₅₀ und 8,₀₅ Meter Lichtweiten, sowie unmittelbar vor der Haltestelle Kleinensiel die des Esenshammer Sieltiefs mittelst einer Brücke von 5,₆₀ Meter Lichtweite. Die Haltestelle Kleinensiel, wesentlich wegen des gegenüber auf dem rechts= seitigen Weserufer liegenden Amtes Landwührden errichtet, liegt schon unmittelbar am Weserdeich, welchem die Bahn von jetzt an auf der s. g. Binnenberme folgt. Unmittelbar vor der, theils wegen der vorhandenen Chaussee=Verbindung mit dem Binnenlande, theils zur Herstellung einer bequemeren Verbindung mit der Küsten= und Stromschifffahrt angelegten Haltestelle Großensiel wird noch auf einer 7,₉₀ Meter im Lichten weiten Brücke das Abbehauser Sieltief überschritten. In geringer Entfernung vom nördlichen Ende der Haltestelle Großensiel beginnt schon der für ein ausgedehntes Rangir= geschäft, sowie für massenhafte Aufstellung von Betriebs=Material, wie eine große Hafenstation solche erfordert, bestimmte Nordenham= mer Binnenbahnhof, welchem dann, nach Durchschneidung des Weser= deichs mittelst eines zweigleisigen Schaarts (etwa auf halber Deich= höhe) der Außenbahnhof gleichen Namens sich anschließt, für dessen Anlage als Hafenstation gleichfalls ein großes Terrain erworben wurde und für welchen neben den theilweise bereits in Ausführung gebrachten Ueberlade=Vorkehrungen an der Rhede auch ein Dockhafen in Aussicht genommen ist.

Die Höhenlage des Nordenhammer (Binnen= wie Außen=) Bahnhofes ist wie die des Bahnhofes Elsfleth bestimmt und hat die Zulässigkeit der Inundirbarkeit durch die höchsten Fluthen durch den ganz unschädlichen Verlauf zweier solcher Fluthen bereits sich erwiesen:

Die Länge der so ausgelegten Linien beträgt:

1. von Mitte Bahnhof Hude bis Mitte Bahnhof Brake
= 25,₅₀ Kilometer;

2. von demselben Anfangspunkte bis Nordenhamm, Mitte des Stationsgebäudes   = 43,₅₆ Kilometer
3. desgleichen bis Ende der jetzt projektirten
   Hafenstation daselbst . . . . . . = 44,₆₀ „

Der höchste Punkt der Bahn ist der auf AP 0 + 12,₃ liegende
Bahnhof Hude, der tiefstliegende ein Theil des zwischen Berne und
Neuenkoop auf AP ÷ 1,₃ liegenden Bahndammes, woraus eine
Differenz in der Höhenlage der Bahngradienten = 11,₀ Meter
sich ergiebt.

Da die Entwässerungsverhältnisse der Wesermarschen durchweg
auf's Beste geregelt sind, so hat die Bahn, bis auf die Eingangs
bereits besprochene Strecke am rechtsseitigen Hunteufer, im einge-
deichten Terrain, trotz ihrer niedrigen Lage (streckenweise bis 0,₄ Meter
unter der täglichen Fluth) vom Wasser wenig oder gar nicht zu
leiden.

Anders steht die Sache freilich an den außendeichs liegenden
Bahnstrecken von der Hunte bis Elsfleth und bei Nordenhamm, wo
der Angriff, der immerhin günstigen Lage ungeachtet, unter Umständen
doch ein erheblicher sein und größere Schäden im Gefolge haben
kann, namentlich so lange die Anlagen unfertig resp. nicht gehörig
consolidirt und die Verhältnisse noch nicht auf Grund längerer
Erfahrungen vollständig beordnet sind.

Der schwierigeren Situation entsprechend sind die Linien- und
Steigungs-Verhältnisse bei dieser Bahn nicht ganz so günstig, als
bei den früher erbauten. Da man, um die Kosten des Grunderwerbs
in dem fast durchweg sehr theuren Terrain nicht unnöthig zu steigern,
mit der Linie natürlichen Terrain-Abschnitten thunlichst folgte,
wurde nüberhaupt mehr Curven als sonst nothwendig; auch war man
genöthigt, die Halbmesser eines Theils derselben kleiner als das
normale Minimum von 700 Meter zu wählen, wobei bis auf 300 Meter
vor den Bahnhöfen Elsfleth und Brake hat hinabgegangen werden
müssen. Ebenso war südlich vor Bahnhof Brake eine, freilich nicht
lange Steigung von 1:100, ohne trotz großer Beeinträchtigung
der bestehenden Verhältnisse zur Erreichung der Höhe des Bahnhofs
Brake nicht wohl zu vermeiden. Im Uebrigen ist freilich auch auf
dieser Bahn das Steigungsverhältniß von 1:200 als stärkstes durchgeführt, doch ließ es nicht immer sich umgehen, stärkere Steigungen
in schärferen Curven anzuordnen. Die Betriebs-Verhältnisse dieser
Linie sind danach als die wenigst günstigen auf den Oldenburgischen
Bahnen zu bezeichnen.

Was den Grund und Boden betrifft, auf welchem die Bahn liegt, so ist derselbe in einer kurzen Strecke, nächst Hude, Geestland; an dieselbe schließen dann auf eine größere Erstreckung Torf- und Darggründe von stellenweise fast unergründlicher Tiefe, dabei an einzelnen Punkten mit einem Untergrunde von fast flüssigem Schlamm. Gegen das Stedinger Land hin werden diese, anscheinend meistens aus angetriebenen Sinkstoffen bestehenden schlechten Bodenarten dann von Knick und Kleiüberlagert. Aehnliche Bildungen finden auch jenseits der Hunte und zwar sowohl südlich als nördlich von Elsfleth, jedoch nur auf kürzeren Strecken sich vor, besonders da wo die Bahn das Terrain alter Weserarme, (der Liene) überschreitet. Aber auch an andern Strecken, namentlich fast in der ganzen Länge des neuen Moorriemer Canals findet unter dem Klei, Torf oder Darg in größerer oder geringerer Stärke der Lagerung sich vor. Im Uebrigen geht die in der Erdoberfläche durchweg vorhandene mehr oder minder dicke Kleischicht nach und nach in den feinen, glimmerreichen, meistens schiefergrauen Wattsand über, welcher fast ausnahmslos auf größere Tiefen den Boden der Deutschen Nordseeküste bildet.

Außer beim Anschlusse an die hohe Geest, wo das Terrain in der Bahnrichtung stark abfällt, zeigt dasselbe irgend erhebliche Bewegungen nicht und hätten demnach die Erdarbeiten für die Bahn sehr gering sein können, wenn nicht die Untragfähigkeit des Bodens, die Ueberschreitung der Deiche, die Ueberbrückung der Wasserzüge, die Bahnhofs-Plateaus rc. größere, theilweise sogar sehr erhebliche Erdbewegungen erfordert hätten.

Als größere Erdarbeiten sind hier hervorzuheben: der Damm vor dem Bahnhofe Hude (mit 2 Wege-Unterführungen); die theilweise tief im Boden steckenden Dämme auf den Moor- und Dargterrains zu beiden Seiten der Haltestelle Neuenkoop; die beiderseits an die Huntebrücke anstoßenden hohen Dämme und ganz besonders die ca. 112,000 Cubikmeter enthaltende Anschüttung des Bahnhofs Elsfleth auf dem Weser-Watt, für welche der Boden zu einem kleinen Theile aus einer benachbarten Ausgrabung, großentheils von den Ablagerungen längs dem Moorriemer Canale (per Dampftransport), und theils von Baggersand aus der Weser, sehr schwierig zu beschaffen war.

Der Abschluß dieser Bahnhofs-Anschüttung gegen die Weser wird durch einen aus reinem Sand hergestellten und vorläufig durch ein bis zur Höhe der ordinairen Fluth reichendes Busch-Werk gedeckten Damm mit bisher gutem Erfolge bewirkt; zur Aufstellung

8*

eines oder einiger Ladekrahne und Herrichtung anderweiter Ueberlade=
Vorrichtungen zwischen Bahn und Schiff dient ein am Nordende
des Bahnhofes an die alte Hafenkaje anschließendes, über der Kanten=
Böschung hergestelltes, mit einem Krahngleise versehenes Holzgerüst.
Von der zu Elsfleth sich entwickelnden Frequenz wird es abhängen,
ob die Busch=Einfassung, wenn dieselbe abgängig wird, durch eine
vorzuschüttende und abzupflasternde Böschung von Piesberger Bruch=
stein, oder durch eine vorzubauende Ufer=Mauer zu ersetzen sein wird.

Weil das an der südwestlichen Ecke des Bahnhofs Elsfleth
liegende Anwesen: „Der Timpen" mit einer eigenen sogenannten
„Schiffstelle" versehen war, und der Eigenthümer dieselbe wegen der
dort betriebenen Probukten=Geschäfte (Kalkbrennerei 2c.) nicht aufgeben
zu können glaubte, wurde in der südlichen Ecke zwischen Bahnhof
und Gehöft zum Ersatz dieser Schiffstelle eine Ausgrabung (zugleich
zur Gewinnung von Füllboden) gemacht und durch Herstellung einer
Verbindung mit der Weser (mit Drehbrücke für die Eisenbahn) zu
einem für Flußschiffe praktikablen Tidehafen eingerichtet.

Nachdem später sich herausstellte, daß durch die, der Bahnhofs=
Anlage wegen erforderlich gewordene Verschüttung eines Theils der
sogenannten Elsflether Rhede der dortige Schifffahrtsbetrieb eines
leiblich sicheren Winter=Liegeplatzes verlustig gegangen war und die
anderweite Ersetzung eines solchen Schwierigkeiten fand, erwies es
sich nothwendig, die oben erwähnte Ausgrabung erheblich zu erweitern
und dieselbe durch Anbau einer einfachen Stauschleuse an die Dreh=
brücke zu einem kleinen Dockhafen als Ersatz für den Liegeplatz
einzurichten; diese Arbeit wurde in den Jahren 1871—1872 nicht
ohne einiges durch unzeitige Hochwasser wiederholt bewirktes Miß=
geschick (Durchbrechung des Bahndammes) ausgeführt. Obgleich zu
bedauern bleibt, daß die ursprünglich für solchen Zweck gar nicht
projektirte Drehbrücke über der Hafen=Einfahrt nicht eine etwas
größere Lichtweite besitzt, so hat die Anlage doch bisher vollständig
sich bewährt und auch im Gefolge gehabt, daß schon einiger Handel,
namentlich mit Holz, nach Elsfleth sich gezogen hat, indem es
durch die aus der Bassin=Erweiterung gewonnene Erde möglich
wurde, einen Theil der an das südliche Ende des Bahnhofes
anschließenden Schilfgroben 2c. zwischen der Bahn und Weser so
hoch anzufüllen, daß sie als Lagerplätze dienen können. Wenn die
einer weiteren Ausbildung sehr wohl fähigen Elsflether Anlagen zur
Zeit auch noch eine erhebliche Erweiterung des Verkehrs gestatten,
so hat der bisherige Erfolg die anfänglich von verschiedenen Seiten

angezweifelte Zweckmäßigkeit der Führung der Bahn an der Wasserseite des Ortes doch wohl genugsam dargethan.

Die unter sehr beengenden Lokal-Verhältnissen hergestellte Braker
Bahnhofsanlage hat schon mehrfache Erweiterungen erfahren, so daß
die Bahnhofsgleise jetzt das Hafenbassin bereits auf 3 Seiten umfassen und an der Südseite desselben durch einen Deichschaart auch
bis unmittelbar an das Weserufer vorgeschoben sind. Daß der Verkehr dort seit der Eisenbahn-Anlage eine erhebliche Steigerung erfahren hat, dürfte allein schon daraus hervorgehen, daß ungeachtet
der ungünstigen Zeitverhältnisse bereits eine, eben im Fertigwerden
begriffene Hafen-Erweiterung nöthig geworden ist. Auch hier dürfte
das anfänglich vielfach angezweifelte Prinzip, den Verkehr unmittelbar an seiner Entstehung mit der Eisenbahn aufzusuchen, vollständig
sich bewährt und auch die Einrichtung des Bahnhofes im Wesentlichen als praktisch sich erwiesen haben, obgleich dieselbe, weil einer
ungünstigen und knappen Lokalität mühsam angepaßt, wenig übersichtlich und durchaus unscheinbar sich darstellt.

Im Uebrigen ist vom Plane der Bahn wohl nur noch hervorzuheben, daß bei der Eigenschaft derselben als Sackbahn, deren Betheiligung am großen Handel nur allmälig, sowie unter bisherigen Zeit-
verhältnissen wahrscheinlich langsam erfolgen wird, daher eine besondere Berücksichtigung des Lokalverkehrs und deshalb
eine verhältnißmäßig große Zahl von Stationen erforderte.

Diese besondere Berücksichtigung des Lokal-Verkehrs ließ, behuf
rascherer Expedition der Züge auf den Stationen, auch andere als
die bisher angewendeten Coupee-Wagen (sogen. englisches System)
nämlich sogen. Durchgangswagen (modificirtes amerikanisches System)
anräthlich erscheinen, deren Einführung für solche Zwecke, sowie als
Reserve für den starken Sommer- (namentlich Vergnügungs-) Verkehr
sehr sich bewährt hat.

Von dem Endpunkte Nordenhamm ist nur anzuführen, daß derselbe zum Fahrwasser der Weser, welches bis hierher eine sichere
Tiefe von 8,00 Meter (= etwa 27 Fuß) unter Niedrigwasser besitzt,
eine besondere günstige Lage (mindestens ebenso günstig als Bremerhafen-Geestemünde) hat, zu deren Ausnutzung alle zur Zeit möglichen
Vorkehrungen durch Ankauf des erforderlichen Terrains und Aufstellung umfassender Pläne getroffen sind. Wenn nun zugleich die
bisher mit verhältnißmäßig geringen Mitteln zur Ausführung gelangten wenigen Schifffahrts-Anlagen (zwei Ueberlade-Piers, ein

Wassergüterschuppen, Personen= und Vieh=Lade=Vorrichtungen ꝛc.)
schon einigen Verkehr heranzuziehen vermocht haben, so darf kaum
bezweifelt werden, daß, sofern die nach den besten Mustern projek=
tirten übrigen Anlagen erst ausgeführt sein werden, Nordenhamm
bald zu einem frequenten Hafenplatze sich erheben wird. Die Pläne
schließen auch einen Dockhafen von nicht unerheblicher Ausdehnung
in unmittelbarer Verbindung mit dem Außenbahnhofe ein, dessen Aus=
grabung durch Entnahme aller zu den Anschüttungen erforderlichen
Erde aus demselben schon erheblich vorgeschritten ist.

Was die Baupläne der Bahn im Uebrigen betrifft, so sind die=
selben ganz den Prinzipien nachgebildet, welche zu Anfang aufgestellt
wurden und bei den früheren Bahnen maßgebend waren, mit der
alleinigen Ausnahme, daß hier für den Ueberbau aller größeren
Brücken die Eisen=Construktion gewählt wurde, weil man dafür hielt,
daß bei einer einspurigen Bahn die Reparatur event. Erneuerung
der Holz=Construktion große Schwierigkeiten haben werde und zu
Betriebsstörungen führen könne.

Außer den schon angeführten Kunstbauten von einiger Bedeu=
tung ist eine verhältnißmäßig große Zahl von kleineren Brücken und
Durchlässen, durchweg in Massiv=Construktion, erbaut worden, weil
für solche Anlagen sehr viel mehr der fast unbedingt zu respektirende
Wille der sehr autonormen Sielachten ꝛc. als das anerkannte (wirk=
liche) Bedürfniß maßgebend war.

In einer von dem bisherigen Gebrauche etwas abweichenden
Art und Ausdehnung wurde das Stationsgebäude zu Nordenhamm
unter Einbeziehung des von dem Erbauer desselben Wilhelm
Müller in liberalster Weise der Eisenbahn=Verwaltung über=
lassenen früheren Gasthauses Nordenhamm projektirt und aus=
geführt, weil Nordenhamm, wenn nicht immer, so doch jedenfalls
für längere Zeit ein Bahn=Endpunkt sein wird, an welchen besondere
Ansprüche um so mehr zu stellen sind, als derselbe nicht in der
Nähe eines größeren Ortes, nur benachbart zu 2 andern Wohn=
stätten, einsam am Ufer des Weserstromes liegt, dessen Verhältnisse
in Zeiten von Dunkelheit, Nebel, Eisgang ꝛc. eine regelmäßige Ver=
bindung mit Bremerhaven=Geestemünde nicht gestatten. Ebenso war,
weil ein Provisorium unter obwaltenden Verhältnissen nicht wohl
möglich erschien, auch aus diesem Grunde schon eine größere als die
augenblicklich nothwendige Ausdehnung geboten; indeß ist mit Be=
stimmtheit vorauszusehen, daß, sobald nur bessere Zeiten eintreten,

der Verkehr der Station Nordenhamm das dortige Stationsgebäude bald ausfüllen wird.

Behuf der Bau-Ausführung wurde die Bahn Hude-Brake in 4 Sectionen: Hude, Berne, Elsfleth und Brake getheilt; nach dem Ausbau dieser Linie wurde dann die Section Brake auch mit der Ausführung des hinterliegenden Theils der Nordenhammer Linie, nach und nach bis Großenfiel, betraut, während Nordenhamm eine eigene Section bildete.

Der Bau der Bahn von Hude nach Brake wurde im Juni 1870 begonnen, während der Kriegsjahre 1870—1871 jedoch nicht kräftig betrieben, so daß die Bahn bis Brake erst am 1. Januar 1873 dem öffentlichen Verkehre übergeben werden konnte.

Der Bau der Fortsetzung nach Nordenhamm konnte erst ins Werk gesetzt werden, nachdem vom Bau der Hude-Braker Bahn die damals sehr spärlichen Kräfte dazu abgegeben werden konnten; ein kräftigerer Baubetrieb konnte überhaupt erst nach Vollendung jener Linie stattfinden, so daß die Uebergabe dieser Bahn an den öffentlichen Verkehr erst, und zwar zunächst nur für beschränkten Betrieb im Mai 1875, dann für den regelmäßigen Dienst am 1. Januar 1877 erfolgen konnte.

Nach dem Voranschlage wurden zur Ausführung dieser Linie

	Hude-Brake.	Brake-Nordenhamm.
die Baukosten angesetzt zu . .	3,051,000 $\mathcal{M}$.	2,355,000 $\mathcal{M}$.
in Wirklichkeit haben die Kosten sich gestellt auf	3,740,400 „	2,860,000 „
wonach ein Mehrbedarf von .	689,400 „	505,000 „

sich ergiebt, welcher darin seine Erklärung findet:

einestheils, daß die Baugrundsätze, wie schon oben gesagt, in Bezug auf die Anwendung von Eisen statt Holz bei den Brückenbauten geändert wurden; ferner:

daß der Bahnbau in der Marsch erheblich kostspieliger sich erwies als vorher angenommen wurde; weiter:

daß nachträglich vielfache Erweiterungen des ursprünglichen Planes eintraten; und endlich:

daß der Bau in eine Zeitperiode fiel, in welcher die Preise der Materialien, wie der Arbeit einen ganz abnormen Stand erreicht hatten.

Der Mehrbedarf von im Ganzen 1,194,400 $\mathcal{M}$. wurde vom Landtage unterm 11. Februar 1876 nachbewilligt, so daß zur Zeit

nur noch der, allerdings nicht unerhebliche Bedarf für den vollständigen Ausbau der Hafenstation Nordenhamm noch nicht gedeckt
ist (siehe unten).

5. Sande-Jever.

Diese Bahn wurde durch Beschluß des Landtags am 15. Februar 1870 gleichzeitig mit Hude-Brake-Nordenhamm bewilligt.

Weil daran liegen mußte, die Bau-Thätigkeit bald wieder in
Gang zu bringen, um für die vorliegenden und zu erwartenden
größeren Aufgaben sich einzuarbeiten und weil an den Beginn der
Ausführung an der Hude-Brake-Nordenhammer Bahn der schwierigen
Planfeststellung wegen sobald nicht zu denken war, entschloß man
sich, den sehr einfachen Bau der Bahn Sande-Jever so bald als
irgend thunlich in Angriff zu nehmen und denselben wo möglich bis
zum Beginn der Haupt-Bauthätigkeit an der Weserbahn fertig zu
stellen. Mitbestimmend war dabei die Erwägung, daß man die Erweiterung des Betriebs-Dienstes ganz allmälig vor sich gehen zu
lassen und die befruchtende Wirkung jeder neu hinzukommenden
Linie auf die schon vorhandenen sobald als möglich eintreten zu
sehen wünschte.

Gleich nach dem Aufgange des Frostes im Frühjahr 1870
wurde deshalb mit der Tracirung der Bahnlinie begonnen und dieselbe so rasch gefördert, daß nach festgestellter Linie schon am
12. Juli 1870 die erste Lokal-Verhandlung stattfinden konnte, welcher
die andern dann rasch folgten.

Nach dem, für eine eingleisige Sekundärbahn mit normaler
Spur, aufgestellten Projekte sollte der Bahnhof Sande der Preußischen
Wilhelmshaven-Oldenburger Bahn nach Herstellung der erforderlichen
auf Kosten Oldenburg's zu beschaffenden Erweiterungen, Vervollständigungen 2c. vertragsmäßig gegen Entschädigung für den Dienst
der Jever'schen Bahn mit benutzt werden, wodurch der Ausgangs-
punkt für die Linie also gegeben war. Die Bahn verläßt denselben
in nördlicher Richtung, umgeht das Dorf Sande dann im Osten und
legt sich bei Sanderbusch (wo später noch eine Haltestelle angelegt
wurde) auf die Berme der Chaussee von Sande nach Jever, verfolgt
dieselbe bis etwa über Weißenfloh hinaus (ca. 3 Kilometer), geht
am Dorfe Gr. Ostiem südlich vorbei und erreicht dann die in der
Nähe der Haidmühle angelegte gleichnamige Haltestelle. Weiterhin
passirt die Bahn Siebethshaus im Norden und erreicht von da in
gerader Linie den im Süden der Stadt, mit Rücksicht auf eine dem-

nächſtige Weiterführung nach Wittmund ꝛc. (ſogenannte Oſtfrieſiſche
Küſtenbahn) angelegten Bahnhof Jever.

Dieſe Trace fand zwar anfänglich in der Benutzung der Chauſſee
von mehren Seiten Bedenken, doch wurden dieſelben nach eingehen=
den Verhandlungen, Angeſichts der einer anderen Führung der Linie
namentlich daraus erwachſenden Schwierigkeiten, daß dann Preußi=
ſches Gebiet hätte berührt werden müſſen, beſeitigt, wonach dann
zur Lage der Bahn auf der Chauſſeeberme, ſowie zu der ganzen
Trace bald die definitive Genehmigung erfolgte. Als man darnach
den bereits angefangenen Bau kräftig glaubte weiter fördern zu
können, entſtand ein längerer Aufenthalt noch durch die Forderung
des Bundeskanzlers, nach welcher die Bahn aus ſtrategiſchen Grün=
den nicht von Sande abzweigen dürfe, ſondern von Wilhelmshaven
aus in einem großen Bogen etwa über Accum nach Jever geführt
werden müſſe. Da hierdurch der Zweck der Bahn: Stadt und Land
Jever auf dem kürzeſten Wege mit Oldenburg zu verbinden und
namentlich auch für die Produkte des Jeverlandes einen günſtigen
Abſatzweg zu ſchaffen, ſowie endlich den Verkehr des öſtlichen Oſt=
friesland über Jever auf die dieſſeitigen Bahnen zu ziehen, größten=
theils vereitelt ſein würde, ſo glaubte Oldenburg auf dieſe Bedingung
nicht eingehen zu können, um ſo weniger noch als die vom Land=
tage bewilligte Summe zum Aufbau der bei der Führung ab
Wihelmshaven um ca. 6 Kilometer länger werdende Bahn längſt
nicht ausgereicht haben würde. Auch gegen eine ſpätere Modifikation
dieſer Forderung, nach welcher die Jeverſche Bahn von der Wilhelms=
havener, von einer bei Marienſiel, unter den Kanonen des dort zu
errichtenden Forts, neu anzulegenden Station (für Jever Kopfſtation)
abgehen ſollte, glaubte man oldenburgiſcherſeits aus gleichen Grün=
den nicht eingehen zu können, worauf es nach langen Verhandlungen
dann endlich bei der oben beſchriebenen Linie ſein Verbleiben hatte.

Darnach hat die Bahn von Mitte Bahnhof Sande bis Mitte
Bahnhof Jever eine Länge von 12,96 Kilometer, und bis Ende
Bahnhof Jever 13,18 Kilometer.

Das Alignement und die Steigungsverhältniſſe der Bahn ſind
ganz nach den früheren aufgeſtellten Grundſätzen beordnet und durch=
weg günſtig. Der höchſte Punkt der Bahn iſt der Bahnhof Haid=
mühle mit einer Höhenlage von AP $0 + 5{,}0$, während der tiefſte
öſtlich vor Oſtiem (in der Niederung eines früheren Meerbuſens) die
Höhe von AP $0 + 1{,}7$ hat.

Der Boden, auf welchem die Bahn liegt, ist bis Ostiem Seemarsch, also eine mehr oder weniger mächtige Schicht von hier meistens magerem Klei auf Wattsand; bei Ostiem tritt die Bahn auf
die hohe Geest, meistens trockenen Sandboden, welchen sie dann auch
nicht wieder verläßt, ausgenommen einen kurzen Moorstrich — die
Moorlanden, zwischen Sibethshaus und der Geesthöhe (vorwiegend
Lehmboden) — auf welcher Jever liegt. Während die Marsch wie
gewöhnlich sehr eben ist, zeigt die Geestparthie eine etwas wellige
Bodenbildung, welche Veranlassung zu einem tieferen Einschnitte bei
Ostiem gegeben hat, welcher jedoch wesentlich mit aus dem Grunde
gemacht wurde, um Sand für den Bahnbau, sowie zur Abfuhr nach
Wilhelmshaven, für Bauzwecke, zu gewinnen. Im Uebrigen sind die
Erdarbeiten nicht bedeutend, erforderten aber auf der Marsch- und
Moorstrecke längere, ohne Dampfbetrieb kaum ausführbare Transporte.

Kunstbauten von Erheblichkeit waren nicht und überhaupt
nicht viele erforderlich; von den herzustellenden Durchlässen ist die
Brücke über das s. g. Stinktief von 4,75 Meter Lichtweite der bedeutendste.

Bei der Aussicht auf Fortsetzung der Bahn durch das nördliche Ostfriesland über Wittmund, Esens und Norden nach Emden
wurde, ungeachtet des sekundären Charakters der Bahn, der Oberbau
in gleicher Construktion wie der auf den neueren Oldenburgischen
Bahnen, mit Schienen von 30 Kilogramm Gewicht pro lfd. Meter,
ausgeführt.

Da für den Betrieb dieser Linie ausschließlich 4rädrige Tendermaschinen der kleineren Kategorie von einem Maximalgewichte =
12,000 Kilogramm in Aussicht genommen waren (und auch ausschließlich in Anwendung gekommen sind), so würde ein so kräftiger
Oberbau nicht in Ausführung gebracht sein, hätte man nicht schon
bei der Anlage eine starke Inanspruchnahme des Gleises durch massenhafte Sandtransporte voraussehen können, welche auch wirklich erfolgte und durch mehrere Jahre die Zahl der auf dem einen Gleise
gefahrenen Züge auf täglich 28—30 steigerte, wobei der kräftige
Oberbau gut zu Statten kam.

Durch die wegen eines solchen kräftigen Betriebes erforderlich
gewordenen Vervollständigungen und Ergänzungen der Bahnanlage
wurde der ursprünglich sekundäre Charakter derselben bald ganz ver-
wischt, so daß die Bahn jetzt von den anderen Oldenburgischen Bahnen kaum anders als durch das Betriebsmaterial, — die schon er-

wähnten kleinen Maschinen und Durchgangswagen, — sowie durch
etwas langsameres Fahren sich unterscheidet.

Obgleich der im Juni 1870 begonnene Bahnbau bis zum Ein=
treffen der Genehmigung des Bundeskanzleramts vom 9. Januar
1871 fast ruhte, konnte die Bahn doch bereits am 15. October 1871
dem öffentlichen Verkehre übergeben werden.

Bewilligt war vom Landtage die Summe von . 980,667 _M._
die erstmalige betriebsfähige Herstellung der Bahn kostete 647,841 _M._
während durch die nach und nach erforderlichen Ver=
vollständigungen rc. der Anlagen die Bausumme seit=
her auf . . . . 801,298 _M._
sich erhöhte.   Da diese Mehrkosten indeß durch den bei den Sand=
transporten erzielten Gewinn aufgewogen wurden und auch der rege
übrige Verkehr der Bahn die Nützlichkeit derselben wohl zur Genüge
erwiesen hat, so darf füglich angenommen werden, daß weder die
Bewilligung, noch die sofortige Ausführung der Bahn, — wie
früher mehrfach angenommen wurde, — ein Fehler war.

6. Oldenburg-Quakenbrück-Osnabrück.

Die auf Oldenburgischem Gebiete liegende Theilstrecke Olden=
burg=Quakenbrück der obigen Bahnlinie wurde gleichzeitig mit
den letztbehandelten Bahnen unterm 15. Februar 1870 vom Land=
tage zur Ausführung als Oldenburgische Staatsbahn unter der
Bedingung genehmigt, daß vor Inangriffnahme des Baues derselben
die Fortsetzung der Bahn bis Osnabrück gesichert sei.   Da diese
Bedingung lange nicht erfüllt werden konnte und erst durch den
Landtagsbeschluß vom 11. März 1873, betreffend die Uebernahme
auch der Strecke Quakenbrück=Osnabrück als Oldenburgische Staats=
bahn, ihre Erledigung fand, so datirt die Genehmigung dieser läng=
sten von allen Oldenburgischen Eisenbahnlinien eigentlich erst von
diesem Tage.

Wenn zwar nun die Ausführung der Strecke Oldenburg=
Quakenbrück als Oldenburgische Staatsbahn kaum je ernstlich be=
zweifelt wurde und deshalb auch zur Bearbeitung der Pläne Auftrag
vorlag, so war dabei doch längere Zeit kaum ernstlich Hand anzu=
legen, weil einestheils die Thätigkeit der Eisenbahn=Direction ander=
weit bringlicher in Anspruch genommen wurde und weil anderntheils
bei dem in jener Zeit gerade auf der größten Höhe stehenden Eisen=
bahnfieber für solche Arbeiten brauchbare technische Kräfte nicht zu
bekommen waren.   Erst nach dem in 1872 eingetretenen sogenannten

Krach fand der Baudirector bei Gelegenheit des Besuchs der Wiener Weltausstellung Gelegenheit, wegen Herbeiziehung der nöthigen Techniker aus der Zahl der in Oesterreich durch die Einstellung vieler Bahnbauten beschäftigungslos gewordenen die ersten einleitenden Schritte zu thun, welche dann die Einstellung einer reichlichen Zahl von Technikern im Winter 1872/73 zur Folge hatten, worauf dann mit den Vorarbeiten dieser Linie ernstlich vorgegangen werden konnte.

Da diese Bahn, wenigstens bis Cloppenburg, die vielleicht sterilste und wenigst bevölkerte Gegend des Herzogthums durchschneidet und da auf den schon im Betriebe stehenden Bahnen inzwischen bereits sich herausgestellt hatte, daß der Lokalverkehr bei denselben (wie auch bei vielen anderen Bahnen) den weitaus größeren Theil der Einnahme erbringe, so war man, obgleich für diese (die sogenannte Süd=) Bahn ein größerer Durchgangsverkehr erwartet wurde, doch der Meinung, daß dieselbe, namentlich auf dem bezeichneten verkehrsarmen Oldenburgischen Gebiete, mit größtmöglicher Kostenersparniß gebaut werden müsse, wenn man nicht geradezu ungünstige Betriebsergebnisse befürchten wolle. Diese Erwägungen führten auf den Plan einer möglichst ausgedehnten Benutzung der Chaussee, wenigstens bis zur Poststation Ahlhorn, welche als bestimmender Punkt für die Bahnlinie angenommen wurde, theils wegen der dort kreuzenden Chausseen (namentlich zur Vermittlung des Verkehrs mit Wildeshausen und Vechta ꝛc.), theils als Abzweigungspunkt für eine einstige Eisenbahn zum Anschluß der südöstlichen Landestheile (Vechta, Lohne, Damme ꝛc.) einerseits an das Oldenburgische Bahnnetz und bei weiterer Fortführung andererseits an die Köln=Mindener Bahn bei Lemförde resp. eine einstige Bahn von da über Herford nach Detmold ꝛc.

Während man in diesem Sinne zwischen Oldenburg und Ahlhorn mit den ersten einleitenden Arbeiten beschäftigt war, wurden die Gemeinden des oberen Hunkethales dahin vorstellig, daß man der Bahnlinie ab Oldenburg eine mehr östlich liegende Richtung geben möge, um jene Gegenden mehr zu berühren, deren natürliche Entwickelung durch den gänzlichen Mangel an Chausseen sehr beeinträchtigt werde, eine Auffassung der Verhältnisse, denen eine gewisse Berechtigung um so weniger abgesprochen werden konnte, als man bei der Oldenburg=Leerer Bahn in einem ähnlichen Falle bereits für das Verlassen der Chaussee=Richtung sich entschieden hatte. Fortgesetzte Verhandlungen, welche für die betreffenden Gemeinden von dem Gutsbesitzer Rübebusch, Ortsvorsteher zu Huntlosen, mit

ebenso viel Umsicht als Unermüdlichkeit geführt wurden, während
die Anlieger der Chaussee-Linie zunächst ganz theilnahmlos sich ver-
hielten, gipfelten schließlich in der Interessen-Frage und zwar dahin: daß die Bahn über Wardenburg wesentlich in der Richtung der
Chaussee geführt werden solle, wenn die dabei vorwiegend interessirte
Gemeinde Wardenburg zur Zahlung eines Kostenbeitrages von
12,000 *M.* sich verpflichten wolle;

daß dieselbe dagegen die Richtung über Huntlosen erhalten
werde, wenn die bei dieser Richtung interessirten Gemeinden den gesammten Grunderwerb für dieselbe gegen eine Entschädigung von
22,500 *M.* pro Meile übernehmen wollten, welche Ziffer als derjenige Betrag ermittelt war, welchen die Eisenbahn-Verwaltung an
Entschädigungen jeglicher Art zu zahlen haben würde, wenn man
die Chausseelinie baute.

Nachdem Wardenburg den für die bezügliche Erklärung gesetzten
Termin hatte verstreichen lassen, ohne zu der verlangten Leistung
sich zu entschließen, während zugleich der Gutsbesitzer Rüdebusch
zur Uebernahme der für die Wahl der östlichen Linie gestellten Bedingung bereit sich erklärt hatte, entschied man höheren Orts sich
für die letztere, nachdem rc. Rüdebusch zur Erfüllung der gestellten
Bedingung in bindender Weise sich verpflichtet hatte, welcher derselbe
dann in der Folge auch vollständig nachkam.

Von Ahlhorn weiter waren nur noch die Stadt Kloppenburg
und das Dorf Essen, letzteres namentlich wegen der Chaussee-Verbindung mit Löningen, für die Auslegung der Bahntrace maßgebende
Punkte, zwischen welchen dieselbe dann vorwiegend nach dem Prinzipe
der graden Linie erfolgen konnte, während in dem dann folgenden,
durch die verschiedenen Zuflüsse und Arme der Hase häufigen Inundationen unterworfenen Terrain zwischen Essen und Qualenbrück
der, wenigstens theilweise, Anschluß an die bestehende Chaussee zur
Vermeidung erheblicher Expropriations- und Baukosten anräthlich
erschien und nach einigen Weiterungen auch festgestellt wurde.

Kloppenburg wünschte zwar den Bahnhof etwas näher, als
projektirt, an die Stadt zu bekommen, erklärte sich aber bald mit
der gewählten Lage einverstanden, nachdem es sich überzeugen mußte,
daß dieselbe schon eine erhebliche Abweichung von der graden Linie
verursachte und daß die Terrainbildung in größerer Nähe der Stadt
einer Bahnhofsanlage nicht günstig war.

Nach Wunsch des Preußischen Handels-Ministeriums wurde die
ursprünglich auf Oldenburgischem Gebiete projektirte Bahnhofs-

Lage zu Quakenbrück im Südwesten der Stadt, auf Preußischem Gebiete, bestimmt, nachdem die Stadt zur Uebernahme der dieserhalb nothwendigen Straßen-Verlegungen und Anlagen, sowie zur unentgeltlichen Abtretung des zum Bahnhofe erforderlichen Terrains, soweit dasselbe im Besitze der Stadt sich befand (mit dem weitaus größten Theile war dies der Fall) bereit sich erklärt hatte.

Die Feststellung der Linien auf Oldenburgischem Gebiete erfolgte Seitens des Großherzoglichen Staats-Ministeriums durch die Verfügungen vom 15. Juli 1872, 23. April und 10. November 1873.

In der Preußischen Provinz Hannover, wo die Feststellung der Linie durch die dortseitigen Behörden zu geschehen hatte, erfolgte dieselbe nicht ohne erhebliche Weiterungen und Zeitverluste.

Vom Bahnhofe Quakenbrück ab war für die Richtung der Bahn der Ort Bersenbrück, welcher unmittelbar an einer scharfen Biegung der Hase liegend, im Westen zu umgehen war, der zunächst bestimmende Punkt. Zwischen beiden war, da Terrain-Hindernisse nicht sich vorfanden, im ersten generellen Plane eine möglichst gerade Linie projektirt, welche über die Bauerschaft Vehs fiel, wo in etwa 2,4 Kilometer Entfernung von Babbergen an der chaussirten Landstraße von Babbergen nach Menslage eine Station angelegt werden sollte. Man hatte bei der Regulirung diese Lage der Haltestelle für um so geeigneter gehalten, als die Benutzung derselben von den Anwohnern der Landstraße zu beiden Seiten der Bahn zu erfolgen hat und als die Verkehrsbedeutung von Babbergen nicht für so überwiegend gehalten wurde, um, abgesehen von den höheren Baukosten, den für den gesammten übrigen Verkehr der Bahn durch eine größere Annäherung an Babbergen entstehenden Umweg, gerechtfertigt erscheinen zu lassen. Babbergen indeß hielt durch die entferntere Lage der Station in seinen Interessen sich geschädigt und beantragte bei den Preußischen Behörden eine nähere Lage zum Orte, wodurch auf deren Veranlassung neue Aufnahme erforderlich und weitere Verhandlungen nöthig wurden, welche schließlich zu der jetzigen, Babbergen mehr angenäherten Lage der Station führten, nachdem man dafür hielt, daß dieser Ort durch Anerbietung eines Beitrages von 1000 ℳ zu den auf etwa 30000 ℳ berechneten Mehrkosten dieser Bahnhofslage sein Interesse an derselben in genügender Weise bethätigt habe.

Auch bei Bersenbrück wurde Seitens der Lokalbehörden eine andere als die an der Straße nach Ankum projektirte Bahnhofslage gewünscht; da es sich hierbei indeß nicht um eine Verlegung der

Linie, sondern nur um eine Verschiebung des Bahnhofs auf der vor=
geschlagenen sich handelte, so wurde dieser Abänderung des Projekts
zur Vermeidung weiteren Zeitverlustes beigestimmt, obgleich die Vor=
züge der neuen Lage mindestens für sehr zweifelhaft gehalten werden
mußten.

Weiterhin war die Lage der Linie in der Absicht gewählt: eine
Haltestelle an der Chaussee in unmittelbarer Nähe des Dorfes Alf=
hausen situiren und weiterhin die Bahn an die Chausseestrecke legen
zu können, welche in einer ca. 3 Kilometer langen geraden Linie
das Thiener Feld durchschneidet, ein Projekt, welches wiederum erheb=
lichen Bedenken der Lokalbehörden begegnete und aller Gegenvor=
stellungen ungeachtet die Bearbeitung einer neuen Linie auf ca.
12 Kilometer Länge erforderte, eine um so zeitraubendere Arbeit als
ein großer Theil des Terrains, auf welches dieselbe zu liegen kam,
durch Inundation während längerer Zeit unzugänglich war. Auch
hier wurde, obgleich wegen der größeren Zweckmäßigkeit Zweifel nicht
ausgeschlossen waren, die neue Linie gewählt.

Auch Bramsche war mit der im Nordwesten der Stadt projek=
tirten Bahnhofslage nicht zufrieden und bemühte sich um eine solche
an der östlichen Seite derselben. Da hierbei indeß zwei Hase=
Uebergänge nicht zu vermeiden und viele andere Schwierigkeiten zu
überwinden gewesen wären, so einigte man sich schließlich zu einer
Verschiebung des Bahnhofs auf der Linie bis neben die Stadt, nach=
dem dieselbe wegen der dort sehr erheblich größeren Erdarbeiten zu
einem Kosten=Beitrage von 1000 ℳ sich bereit erklärt hatte.

Auch weiterhin in den Bauerschaften Achmer, Waccum, Halen
und Büren, (die beiden letzteren im Gebiete der Altpreußischen Pro=
vinz Westfalen liegend) wo eigentlich allein der Lauf des Haseflusses
für die Linie bestimmend ist und auch für das erste Projekt maß=
gebend gewesen war, mußten wegen der inzwischen dort aufgenomme=
nen Projekte und Anlagen von Kunstwiesen, theils auf Wunsch der be=
treffenden Genossenschaften, theils im eigenen Interesse der Bahn=
anlage, noch manche Veränderungen der Linie vorgenommen
werden.

Auf dem Preußischen Territorium erfolgte bis zur Grenze der
Provinz Westfalen und Hannover bei Eversburg die obrigkeitliche
Festlegung der Trace in verschiedenen Abschnitten zwischen dem
12. Juni 1874 und 26. Juli 1875.

Da zur Zeit der Feststellung der Linie noch nicht übersehen
werden konnte, in welcher Weise die Verbindung der diesseitigen Bahn

mit der anschließenden Bahnlinie der Bergisch-Märkischen Gesellschaft nach Hamm, ferner die Durchführung durch Osnabrück und endlich die Herstellung eines für die Oldenburgische und Bergisch-Märkische Verwaltung gemeinschaftlichen Bahnhofes dort zu bewirken sein werde, so wurde an der oben genannten Grenze der Provinzen Westfalen und Hannover, Angesichts des etwa 1200 Meter entfernt liegenden Vereinigungspunktes der, auf der diesseitigen Bahn anzuschließenden, Stadt Osnabrücker Zweigbahn nach dem Piesberge mit der Osnabrück-Rheiner Linie der Hannoverschen Staatsbahn, von weiterer Feststellung der Linie bis auf Weiteres abgesehen.

Die Linie der Oldenburg-Osnabrücker Bahn wurde darnach in folgender Weise definitiv projektirt: dieselbe verläßt mit 2 von denen der Oldenburg-Bremer Bahn ganz unabhängigen Gleisen den Bahnhof Oldenburg (Höhenlage = AP 0 + 4,12) in südöstlicher Richtung, um sofort die Hunte auf einer 56,0 Meter langen, für 2 verschlungene Gleise eingerichteten besonderen Brücke mit 3 Oeffnungen von resp. 14,0, 17,05 und 17,05 Meter rechtwinkliger Lichtweiten (die erstere als Schifffahrts-Oeffnung mit beweglichem Ueberbau) die Hunte zu überschreiten und dann sofort eine fast genau südliche Richtung anzunehmen. In langer gerader Linie und mit flachen Steigungen werden die zu beiden Seiten der bald überschrittenen Chaussee nach Bremen liegenden, namentlich in südlicher Richtung ausgedehnten Moordistrikte überschritten. Vor dem ausgedehnten Kiefernwalde „Osenberge" biegt die Linie dann etwas nach Westen aus, um den feuergefährlichen Forst an seiner schmalsten Stelle, beim Sandkruge (Haltestelle gleichen Namens, Höhenlage = AP 0 + 9,40) zu durchschneiden dann wieder freies Feld (Haide und Ackerland) zu gewinnen und bald darauf in die Niederung der oberen Hunte (Campbruch und Barnesführer Holz) einzutreten, nach deren Durchschneidung der Huntefluß dann auf einer massiven Brücke von zwei Oeffnungen von je 8,30 Meter Lichtweite zum zweiten Male überschritten wird. Dann wiederum eine mehr südöstliche Richtung annehmend legt sich die Bahn, bald stärkere Steigungen annehmend, auf den linksseitigen Abhang zum Huntethale, passirt neben dem Dorfe Huntlosen die gleichnamige Station (Höhenlage AP 0 + 20,30) um im Süden derselben dann bald den Ort Döhlen zu erreichen, neben welchem sie, schon auf hohem Damme und in langer Steigung von 1 : 200 liegend, östlich vorbei führt, um auf einer kurzen Stufe des Gehänges (zugleich Wasserscheide zwischen Hunte und Lethe) Raum zu einer Haltestelle für Großenkneten (Höhenlage

AP 0 + 39,$_{90}$) zu finden, von wo sie dann, zunächst wieder mit 1 : 200 steigend, und auf der letzten Strecke an die Chaussee sich legend die neben dem Kreuzungspunkte der Chausseen, gegenüber der Poststation Ahlhorn, angelegte gleichnamige Station (Höhenlage AP 0 + 47,$_{90}$) erreicht. Noch ein Stück weiter der Chaussee folgend und dann wieder etwas mehr gegen Westen sich wendend, überschreitet die Bahn dann das etwas wellige Quellengebiet der Lethe und erreicht auf der Haltestelle Höltinghausen mit AP 0 + 51,$_{30}$ ihren höchsten Punkt und damit zugleich die Wasserscheide zwischen Lethe (Weser) und Söste (Ems). Das etwas wellige Gebiet der Söste-Zuflüsse überschreitend fällt die Bahn dann bis zur Station Kloppenburg, neben der Stadt gleichen Namens, bis auf AP 0 + 43,$_{00}$ hinab. In fast gerader Linie über undulirendes Terrain und zuletzt mit Ueberschreitung einer Moorstrecke, wird die Haltestelle Hemmelte (Höhenlage AP 0 + 39,$_{30}$) und demnächst über ähnliches Terrain die auf AP 0 + 29,$_{20}$ liegende Station Essen erreicht. Von derselben fällt die Bahn dann mit 1 : 200 in das Thal der Lager Hase, welche mittelst einer massiven Brücke von 3 Oeffnungen von je 8,$_{30}$ Meter Lichtweite überschritten wird, welcher bald eine Fluthbrücke mit 2 Oeffnungen von je 5,$_{0}$ Meter Lichtweite folgt. Nach kurzem Zwischenraume folgt dann die unmittelbar neben der Chausseebrücke liegende Ueberbrückung des Hase-Canals mit 3 Oeffnungen von 7,$_{10}$, 9,$_{25}$ und 7,$_{10}$ Meter Lichtweite. Auf der Chaussee fortlaufend überschreitet die Bahn dann mittelst der sogen. Linksbrücke (2 Oeffnungen à 5,$_{30}$ Meter und eine von 5,$_{16}$ Meter Lichtweite) und der Storkshagenbrücke (1 Oeffnung von 5,$_{29}$ Meter Lichtweite) zwei Fluthläufe der Hase, verläßt bei der letzteren die Chaussee, um über die Hengelage, Klein- und Groß-Arkenstedt vorbei, und endlich nach Ueberschreitung der, die Grenzen zwischen Oldenburg und der Preußischen Provinz Hannover bildenden kleinen Hase mittelst einer Brücke von 2 Oeffnungen, jede von 5,$_{4}$ Meter im Lichten weit, den Bahnhof Quakenbrück zu erreichen, (Höhenlage AP 0 + 25,$_{20}$) welchem, nach dem Hinzukommen der hier anschließenden Linie Duisburg-Rheine-Quakenbrück, eine sehr erhebliche Länge gegeben werden mußte, so daß derselbe im Süden jetzt bis an die Grenze der Feldmark Lechterke reicht. Ueber meistens niedrig gelegenes Grünland, wechselnd mit Acker und Forst, sowie zwischen einzelnen zerstreut liegenden Gehöften der Bauerschaft Grothe schwierig sich durchwindend, wird dann zunächst die in fruchtbarer Gegend liegende Station Babbergen (Höhenlage AP 0 + 27,$_{20}$)

9

und demnächst unter ganz ähnlichen Verhältnissen, nach Ueberschrei=
tung eines Wildwasserlaufes der Hase mittelst einer Brücke mit
2 Oeffnungen von je 5 Meter Lichtweiten (Trimpebrücke) die Station
Versenbrück (Höhenlage AP 0 + 37,$_{00}$) erreicht. Die auf gutem
Boden liegenden Feldmarken von Priggenhagen, Woltrup, Weh=
bergen und Heeke durchschneidend, wird die inmitten fruchtbarer
Aecker angelegte Station Alfhausen (Höhenlage AP 0 + 43,$_{00}$) und
bald darauf die tiefliegende wüste Fläche des „Thiener Feld" erreicht
und in langer gerader Linie überschritten, bis bei Hesepe der Fuß
des ersten Höhenzuges des hügligen Osnabrücker Landes, der Gehn,
erreicht wird, an dessen Abhange auf sehr fruchtbarem, zum Theil
sogar schwerem Boden, die Bahn in ziemlich langer Steigung von
1 : 200 zur Höhe der auf AP 0 + 53,$_{30}$ liegenden Station
Bramsche — westlich unmittelbar an der gleichnamigen Stadt —
sich erhebt. Von hier behuf Umgehung einer starken Krümmung des
Haseflusses in langer Curve gegen Westen sich wendend und zugleich
mit 1 : 200 wieder in das engere Thal der Hase herabfallend er=
reicht die Bahn dann bald die Bauerschaft Achmer und damit den
Thalweg der Hase, um denselben nun nicht mehr zu verlassen. Nach
Durchschneidung der zunächst folgenden waldigen Bauerschaft Waccum
nimmt dann, an der nördlichen Grenze der Provinz Westfalen
(Regierungsbezirk Münster), welche nun auf etwa 9 Kilometer Länge
durchschnitten wird, die Bahn wieder die südliche Richtung an und
gelangt über die wüste Halener Haide auf die neben dem Dorfe
Halen gelegene gleichnamige Haltestelle (Höhenlage AP 0 + 53,$_{40}$)
und von da unter mehrmaliger naher Berührung des Haseflusses
durch die Bauerschaft Büren, in welcher der Dütefluß und dessen
Inundationsgebiet mittelst dreier Brücken von resp. 5,$_{0}$—8,$_{0}$ und
5,$_{0}$ Meter Lichtweite überschritten wird, sowie durch die Bauer=
schaft Büren, schon von Halen her eine anmuthige Landschaft durch=
schneidend, in die Gemarkung des am Fuße des Piesberges gelege=
nen alten Schlosses Eversburg, wo auf der, am Anschlusse der
Piesberger Zweigbahn an die Hannoversche Staatsbahn (Osnabrück=
Rheine) errichteten diesseitigen Station Eversburg (Höhenlage AP 0
+ 61,$_{40}$) der vorläufige Endpunkt der Bahn erreicht wird.

Nachdem nämlich, nach mehr als dreijährigen fruchtlosen Ver=
handlungen, die allerdings sehr schwierig liegende Osnabrücker
Bahnhofs=Frage durch den Rücktritt der Bergisch=Märkischen Gesell=
schaft von der Ausführung der Linie Osnabrück=Hamm eine vorläufige
Erledigung gefunden hatte, trug die Preußische Regierung nicht ferner

Bedenken, die früher von der Feststellung ausgeschlossene etwa 1200 Meter, lange letzte Strecke der diesseitigen Linie, von der Grenze der Provinzen Westfalen und Hannover zum Anschlusse an die Hannoversche Staatsbahn, sowie das Projekt einer, den Anschluß an die letztere und zugleich an die Piesberger Bahn bewirkenden Station und zwar unterm 26. September 1876 zu genehmigen.

Während die Personenzüge zeither auf dem Gleise der Hannoverschen Staatsbahn nach deren Bahnhofe zu Osnabrück hineinfahren und auf Grund eines Vertrages Bahnstrecken die Station mitbenutzen, ist Eversburg zeither Endstation für den Oldenburgischen Güterdienst. Inzwischen schweben Verhandlungen mit der Verwaltung der Hannoverschen Staatsbahn über die gleichberechtigte Mitbenutzung der Station Osnabrück auch für den Güterdienst, auf Grund eines zu schließenden Vertrages.

Für den Fall, daß ein solcher wider Erwarten nicht zu Stande kommen sollte, wird Oldenburg, welches zu Osnabrück die sämmtlichen dortigen Bahnen unter allen Umständen ganz selbständig erreichen muß, in der Lage sich befinden, eines der dafür vorliegenden verschiedenen Projekte in Ausführung bringen zu müssen.

Die beschriebene Bahnlinie hat von der Mitte des Bahnhofs Oldenburg bis zu dem, durch die diesseitige Bahnhofs-Anlage etwas verändertem, Anschlußpunkte der Piesberger Zweigbahn an die Hannoversche Staatsbahn eine Länge von . . 107,36 Kilometer, von hier bis Mitte Bahnhof Osnabrück sind es 4,12 „

wonach die ganze Bahn Oldenburg-Osnabrück eine Länge von . . . . 112,28 „ hat, wovon auf Oldenburgischem Gebiete . . . 62,31 „ und auf Preußischem Gebiete 45,55 + 4,12 = 49,97 „ liegen.

Die Alignements- und Steigungsverhältnisse der Bahn sind als durchweg günstig zu bezeichnen. In den nach altsächsischer Weise sporadisch bebauten Theilen des Osnabrücker Landes waren zwar mehr Kurven als sonst erforderlich, doch kommen bei denselben kleinere Radien als 700 Meter nicht vor.

Als stärkstes Steigungsverhältniß konnte, wie auf den andern Linien, auch hier das von 1 auf 200 durchgeführt werden, doch kommt dasselbe bei der Ersteigung des nördlichen Abhanges der Wasserscheide zwischen Weser und Ems, namentlich zwischen den Stationen Huntlosen und Großenkneten in einer zusammenhängenden

Länge von nahe 1000 Meter vor, und konnte die Durchführung desselben hier sogar nur durch, für hiesige Verhältnisse keineswegs unerhebliche Erdarbeiten erreicht werden. Ganz vermeiden oder auch nur erheblich abkürzen ließ diese lange Steigung sich überhaupt nicht, so wünschens= werth solches im Interesse des Betriebsdienstes auch gewesen wäre.

Bei Anwendung von 1 : 200 als Maximalsteigung im undu= lirenden Längenprofile der Bahn sind größere Erdarbeiten, mit Ausnahme der eben besprochenen Strecke, überall nicht erforderlich gewesen; nur bei der Uebersetzung einzelner Querthäler kommen kürzere Dämme bis zu 4 Meter Höhe vor.

Wenn das von dieser, in das Innere des Landes führenden Bahn zu überschreitende Terrain, zwar einen ganz anderen Charakter hat, als das der übrigen Oldenburgischen Bahnen, welche ohne Ausnahme in dem, die Flußmündungen und die Meeresküste umge= benden Tieflande liegen, so zeigt sich das doch mehr in der inneren Beschaffenheit als in der äußeren Bildung des Bodens, weil in letzter Beziehung die charakteristischen Eigenschaften des Binnen= landes überhaupt erst an der letzteren Strecke der Linie, etwa von Bramsche an, auftreten. Bis dahin ist die Bodenbildung flach und zeigen etwaige Schwellungen durchweg abgerundete und sanfte Formen, welche dem Bahnbau wenig Schwierigkeiten bieten.

Mehr abweichend von dem mit allen übrigen Linien überbauten Terrain erweist sich dagegen hier die Bodenbeschaffenheit.

Klei kommt auf dieser Linie gar nicht vor, da die Alluvionen, welche etwa im Flußthale der Hase betroffen werden, wenn sie auch einigermaßen plastisch sich zeigen, jene Bezeichnung doch nicht beanspruchen können.

Moorbildung tritt hier schon mehr in den Hintergrund; dieselbe beschränkte sich auf die zwar längere, indeß nur flache Moorstrecke an Drielake bis vor die Osenberge, wo das Torflager allerdings in seltsamster Weise unter dem Dünensande der Osenberge (für die Bahnanlage ganz unschädlich) sich fortsetzt; sodann auf eine flache Mulde hinter Ahlhorn) ferner auf geringfügige Bildungen in den Quellen=Niederungen der Lethe und Söste, sowie endlich auf das etwas größere aber flache Hemmelter Moor.

Fast auf der ganzen übrigen Länge der Bahn findet sich Diluvium, vorwiegend Sand, welcher in den verschiedenartigen Bildungen auftritt; als Düne am Großartigsten in den Osenbergen, aber zerstreut auch am ganzen hunteseitigen Abhange der Wasser= scheibe, bis gegen Höltinghausen hin; dann wieder im Emsgebiete besonders merkwürdig an der oberen Hase zwischen Dallberg und Halen. Festliegend findet sich Sand auf dem weitaus größten Theile der Linie vielfach als Haidebildung (mit sogenannter Branderde-Schicht) und in verschiedenen Graden der Feinheit sowie Mischung mit Lehm, und stellenweise (bei Höltinghausen, Essen, Badbergen und Alfhausen ꝛc.) selbst in milden Lehmboden übergehend; erratische Geschiebe kommen zwar durchweg aber in nur sehr geringem Maße vor; Thonlager, sonst nicht gerade selten in solcher Bodenbildung, finden sich nur ganz vereinzelt (Hunflosen und Tegelrieden). Unter der Diluvial-Bildung scheint — allerdings aus nur wenigen Aufschlußpunkten zu folgern, — auch hier meistens schwarzer Thon resp. Wattsand zu liegen. Geschichtetes Gebirge tritt zuerst im Osnabrückischen Hügellande, bei Bramsche auf, wo am Abhange des Gehn, auf dem Bahnhofe: Letten, Mergel und Gesteinschichten, anscheinend zur Keuperformation gehörend, angeschnitten sind. In einiger Entfernung der Bahn, gegen Uesseln kommen am Gehn abbauwürdige Bänke von Thonquarz und Sandstein vor, welche beim Bau als Material zu Wege- und Kunstbauten Verwendung gefunden haben.

Bei Halen, Wersen und Büren enthalten die, das Hasethal im Westen begleitenden Hügel reiche Ablagerungen von Muschelkalk, meistens jedoch zu dünn geschichtet um als Baustein gebraucht werden zu können, während zum Kalkbrennen auch nur einzelne Lagen geeignet sind. Gleichwohl könnten diese Kalkablagerungen, wenn einmal besser aufgeschlossen, der Bahn vielleicht reichliches Material für Massentransporte ins Oldenburgische liefern.

Längs dem weitaus größten Theile der Linie war man also auf den Ziegel als Baumaterial beschränkt und auch dieser wird, wegen des Mangels an Thonlagern, in nur sehr wenigen Ziegeleien und von nur mittelmäßiger Beschaffenheit erzeugt.

Um so mehr mußte es willkommen sein, daß Kunstbauten in verhältnißmäßig geringer Bedeutung nur auszuführen waren. Außer den bereits oben angeführten etwas größeren Brückenwerken war zwar eine große Zahl von Bahn- ꝛc. Durchlässen herzustellen, doch sind dieselben meistens von nur geringen Dimensionen.

Bis auf die im Preußischen Gebiete liegende Strecke, wo die Pläne der Bahnhöfe und deren Hochbauten auf Anforderung der dortigen Oberbehörde nach etwas abweichenden Normen angeordnet werden mußten, erfolgte Projektirung und Ausführung aller Werke auch bei dieser Bahn nach den früher aufgestellten und bereits bewährten Grundsätzen und Normalien, sowie durchweg für ein einfaches Gleis, indeß mit Grunderwerb und Nebenwerken für zwei Gleise.

Begonnen wurde mit dem Bau der Bahnstrecke Oldenburg=Quakenbrück in der Nähe von Oldenburg im Juni 1873. Da durch Einlegung einer provisorischen Weiche in das Gleis der Bahn nach Bremen hier sofort eine Schienenverbindung hergestellt wurde, so daß mit Dampftransport auf der permanenten Bahn von vornherein nachgeholfen werden konnte, so schritt der Bau rasch voran, in Folge dessen die Strecke bis Quakenbrück schon am 15. Oktober 1875 dem öffentlichen Dienste übergeben werden konnte, nachdem schon früher auf einzelnen Theilstrecken (zunächst bis Ahlhorn, dann bis Kloppenburg) ein beschränkter Verkehr mit den Baudienstzügen zugelassen war.

Der Bau der folgenden Strecke wurde bei Quakenbrück im Mai 1874 und bei Büren im Januar 1874 begonnen, mußte jedoch am letzteren Orte auf längerer Zeit wieder eingestellt werden, nachdem die Grund=Interessenten angeblich um ihre Position beim Grund=erwerbe günstiger zu gestalten, die früher ertheilte Erlaubniß der Inangriffnahme widerriefen. Die begonnenen Arbeiten konnten dann erst im Juni 1875 wieder aufgenommen werden, nachdem das Expropriations=Verfahren vollständig durchgeführt war. Auch die Verhandlungen über einen provisorischen Anschluß der diesseitigen Bahn an die Staatsbahn, resp. das vorläufige Hineinfahren der Personenzüge in den Bahnhof Osnabrück, zogen sich sehr in die Länge, so daß, nach der üblichen am 14. November 1876 mit einiger Feierlichkeit stattgehabten sogenannten offiziellen Probefahrt, die Uebergabe der Bahn an den öffentlichen Verkehr erst am 15. November 1876 erfolgen konnte, obgleich Züge für den Baudienst zwischen Osnabrück und Eversburg schon seit Anfang Juli 1876 regelmäßig verkehrten.

Veranschlagt waren die Kosten der sogenannten Oldenburger Südbahn bis Osnabrück zur Summe von . . . 11,122,059 ℳ.

Für die bis jetzt ausgeführte Bahnstrecke Olden=burg=Eversburg wird dieselbe, nach Erledigung der zur Zeit noch vorliegenden Zahlungs=Verpflichtungen, voraussichtlich sich stellen auf . . . . 11,900,000 „

so daß schon für diese Strecke eine Ueberschreitung von 777,941 „ sich herausstellt, welche darin ihren Grund hat, daß die Bauzeit gerade in die Periode der höchsten Arbeits= und Materialpreise fiel

(— ein Theil der Schienen mußte mit mehr als dem doppelten des früheren Durchschnittspreises bezahlt werden, —) namentlich aber darin, daß auf Preußischem Gebiete, sowohl hinsichtlich der herzustellenden Werke als auch bei jeder Art von Entschädigung im Grunderwerbe, die Forderungen aufs Höchste hinaufgeschraubt wurden und daß bei dem Geiste, welcher in der Behandlung aller solchen Fragen herrschte, den übertriebensten Ansprüchen auch meistens Rechnung getragen werden mußte.

Welche Opfer die Erreichung voller Selbstänbigkeit des Olden= burgischen Bahn=Verkehrs bis Osnabrück, sowie des Anschlusses an die Venlo=Hamburger Bahn event. an eine Bahn nach Hamm, annoch erfordern wird, ist zur Zeit nicht zu ermessen, doch wird man, wie die Sache heute liegt, annehmen dürfen, daß das Ziel ohne weiteren erheblichen Kapital=Aufwand zu erreichen sein wird.

7. Ihrhove=Neuschanz.

Als der Oldenburgische Landtag unterm 15. Februar 1870 neben anderen Bahnen auch die Uebernahme der Ihrhove=Neuschanzer Eisenbahn unter gewissen Bedingungen bewilligte, lag für diese wich= tige und schwierige Bahn nur ein von der früheren Königlich Han= noverschen Eisenbahn=Verwaltung verfaßtes ganz generelles und nicht gerade glücklich corrigirtes Projekt vor, welches erheblicher Verände= rungen zu bedürfen schien, ehe die gestellten Bedingungen erfüllt und die Spezialprojekte in Angriff genommen werden konnten. Zur Er= reichung dieser Zwecke waren wiederholt zeitraubende Aufnahmen und Bearbeitungen, sowie neue Verhandlungen (namentlich über die Papenburger Schiffsahrts=Ansprüche ꝛc.) erforderlich, bis man endlich dahin gelangte, unterm 13. August 1874 das Spezialprojekt bei dem Königlich Preußischen Eisenbahn=Commissariate zu Coblenz vor= zulegen und durch dasselbe zur Verhandlung mit den Interessenten bringen zu können. Nach vielen bei letzteren vorgekommenen Weite= rungen wurde die Spezial=Linie endlich unterm 14. December 1874 für die Strecke Ihrhove=Weener und unterm 22. August 1875 für die Strecke Weener=Grenze vom Königlich Preußischen Herrn Minister für Handel ꝛc. genehmigt.

Darnach beginnt die Bahn auf dem Bahnhof Ihrhove, der in= zwischen in die Verwaltung der Königlichen Direktion der West= fälischen Staatsbahn zu Münster übergegangenen s. g. Hannover= schen Westbahn, welcher gemeinschaftlich zu benutzen und dem ent= sprechend abseiten Preußens zu erweitern ist; die Bahn verläßt den=

selben in südlicher Richtung, folgt der Bahn nach Rheine wegen der für erforderlich gehaltenen erheblichen Erweiterung des Bahnhofes auf ca. 900 Meter Länge, wendet sich dann aber mit einem großen Bogen in die westliche Richtung. Bald tritt die Bahn dabei von der hohen Geest in den Großwolder und Hilkenborger Hammerich (eingedeichte, aber der Inundation unterworfene Niederung), welche sie in ihrer ganzen Erstreckung bis zum Emsstrom durchschneidet. In demselben sind mehrere Wasserzüge mittelst Brücken zu überschreiten, von welchen der Wallschloot (Brücke 14,0 Meter Licht= weite) der bedeutendste ist. In der Nähe des Emsdeiches werden der s. g. Hilkenborger Heerweg und unmittelbar vor demselben der Bermeweg mittelst Bahnbrücken von 4,50 resp. 4,20 Meter Lichtweiten unterführt. Dann überschreitet die Bahn den Emsstrom auf einer Brücke von 345 Meter Gesammtlänge, in 15, durch 16 massive Pfeiler gebildeten Feldern, und zwar:

8 Fluthöffnungen von je 14,25 Meter Lichtweite,
2 „ „ „ 10,56 „ „
3 Stromöffnungen „ „ 48,00 „ „ und
2 Schifffahrtsöffnungen „ „ 20,00 „ „
mit beweglichem Ueberbau.

Die Brücke, deren Träger=Unterkante in minimo 30 Centimeter über dem höchsten Wasserstande liegt, füllt den ganzen Zwischenraum der an der Uebergangsstelle besonders weit auseinander liegenden Ems-Deiche.

Jenseits der Ems durchschneidet die Bahn die dortige Niede= rung, den Weener Hammerich, in welchem das Weener Sieltief mit= telst einer 10 Meter im Lichten weiten Brücke zu überschreiten war, worauf dann die quer vorliegende langgestreckte Stadt Weener und damit zugleich der dortige hohe Geestrücken derart durchschnitten wird, daß die Mühlenstraße auf einer Brücke über die Bahn zu führen war. Jenseits des Einschnittes folgt dann gleich die Station Weener, welcher eine größere als die für die Strecke sonst erforder= lich gewesene Ausdehnung gegeben werden mußte, nachdem das Grenz= zollamt für den Zollverein gegen die Niederlande hieher verlegt wurde. Vom Bahnhof, welcher noch auf der hohen Geest, allerdings tiefer als der höchste Wasserstand, liegt, tritt die Bahn dann in die ausgedehnte Niederung der Weener Gemeinheit, überschreitet in der= selben das Groß=Soltborger Sieltief mittelst einer massiven Brücke von 4,50 Meter Lichtweite und erreicht darauf bald das schwierige Terrain des s. g. Püttenbollen (wovon später noch die Rede sein wird), um alsdann die Jelsgaste und die Anhöhe von Tichelwarf zu durchschneiden, die Niederung von Beschotenweg zu passiren und dann die Station für das wiederum auf einer Geesthöhe liegende langgestreckte Dorf Bunde zu erreichen: dieses durchschneidend senkt die Bahn dann in die dem Dollart abgewonnenen Niederungen des „Bunder-Klei" und „Charlotten-Polder" sich hinab, um am Ende des letzteren, nach Ueberschreitung des Wymeerer Tiefs, mittelst einer Brücke von 10,00 Meter Lichtweite, die Grenze der Niederlande und damit das Ende der von Oldenburg erbauten Bahnstrecke zu erreichen, während der Oldenburgische Betrieb auf Niederländischer Staatsbahn bis Bahnhof Neuschanz sich erstreckt. In der zu diesem Zweck erpachteten kurzen Strecke der Niederländischen Staatsbahn ist denn noch der Herrenfloot mittelst einer 3,95 Meter weiten und die Westerwoldsche Au mittelst einer Drehbrücke von zwei Oeffnungen, jede von 8,00 Meter Lichtweite, zu überschreiten. Der Seitens der Niederländischen Staatsbahn erbaute Bahnhof Neuschanz wird von der Oldenburgischen Staatsbahn und von der Betriebsgesellschaft der Niederländischen Staatsbahnen gemeinschaftlich benutzt.

Die Bahn Ihrhove-Neuschanz hat darnach zwischen der Mitte dieser Bahnhöfe eine Länge von . . . . . . 18,42 Kilometer, davon:

a) Oldenburgische Staatsbahn auf Preußischem Gebiete von dem südlichen Ende des Bahnhofs Ihrhove bis zur Grenze der Niederlande . . . . 16,51 „

b) Preußische Staatsbahn (Bahnhof Ihrhove) 1,03 „

c) Niederländische Staatsbahn auf Niederländischem Gebiete . . . . 0,88 „

Wenn das von der Bahn überschrittene Terrain im Ganzen auch eben erscheint, so wird dasselbe doch durch einige nicht unerhebliche Höhenrücken, die Geesthöhen, auf welchen die Orte Weener, Tichelwarf und Bunde liegen, durchschnitten. Während die Höhenlage des Terrains zwischen AP 0 + 0,0 (Charlottenpolder) und AP 0 + 5,9 Meter (Weener-Mühlenstraße) schwankt, variirt die Höhenlage der Bahn nur zwischen AP 0 + 0,9 (Charlottenpolder) und AP 0 +|- 6,2 (Emsbrücke). Lange Strecken der Bahn, durch die Hammeriche zu beiden Seiten der Ems, sowie über die Weener Gemeinheit, sind regelmäßigen und langdauernden (in der Regel von Mitte November bis Anfangs Mai) Inundationen unterworfen, deren Wellenbewegung wegen der weitgedehnten, seeartig erscheinenden Wasserflächen die Bahn bei anhaltenden Stürmen nicht selten gefährdet.

Alignement und Längenprofile der Bahn sind im Ganzen günstig; außer bei den resp. 1000 und 750 Meter langen mit 1 : 200 angelegten Rampen zu beiden Seiten der Ems, kommt dieses stärkste Steigungs-Verhältniß nur noch zu beiden Seiten des Bahnhofs Bunde auf geringeren Längen vor.

Den Boden betreffend, auf welchem die Bahn liegt, so zeigt derselbe merkwürdige Verschiedenheiten. Es sind zu unterscheiden: Geest, Moor- und Darggrund, Fluß- und Seemarsch.

Die Geest (Ihrhove, Weener, Tichelwarf und Bunde) zeigt in ihrer Oberfläche durchweg Sand von diluvialem Charakter, stellenweise (Jelsgaste) auch als Dünenbildung. Während in den meisten Strecken die Sanddecke beim Bahnbau nicht durchschnitten wurde, mußte an einzelnen Punkten (Jelsgaste und Bunde) auch ziemlich tief in den unterliegenden Thonboden eingeschnitten werden.

Dieser letztere scheint in der Jelsgaste der Formation der oberen Kreide anzugehören, während zu Bunde für die geologische Bestimmung desselben keinerlei Anhaltspunkte bemerkt worden sind. Leider war man nicht in der Lage, diese jedenfalls sehr interessanten Formationen näher bestimmen zu können.

Die Moor- und Darggründe kommen in den Niederungen zur Erscheinung; an der Ihrhover Seite fällt die Geest beim Lübewege sehr schroff ab und räumt in der Oberfläche sofort den Bildungen von Moor und Darg (ersterer anscheinend in der Oberfläche, letzterer im Grunde) in einer Weise den Platz, welche der Vermuthung Raum giebt, daß der Sand dort eben vorher als Dünenbildung auftritt und die alluvialen Bildungen überlagert. Bis zum Wallschloot, etwa dem halben Wege zur Ems, erreichen die Moor- und Dargablagerungen bis zu 6 Meter, an einzelnen Punkten vielleicht eine noch größere Mächtigkeit und haben, nach den erforderlich gewordenen Nachhöhungen des Bahndammes zu schließen, bisher schon eine Compression bis auf die Hälfte ihres ursprünglichen Volums erfahren, ohne daß dabei außer dem sehr vermehrten Bedarf an Damm-Material und dem wiederholt nothwendig gewordenen Aufholen der Dammböschungen, Mißstände sich herausgestellt hätten.

Weiterhin scheint die Mächtigkeit dieser jüngsten Bodenbildungen durch Ansteigen des Untergrundes (feiner Sand) abzunehmen, wobei zugleich die ursprüngliche Stärke, durch höhere Ueberlagerung von Ems-Klei, je näher zum Strom, desto mehr verringert zu sein scheint. Während z. B. am Bauplatze der Bahnbrücke über den Hillenborger Heerweg unter etwa $1_{,25}$ Meter Klei die Mächtigkeit der Moor= und Dargschicht noch $0_{,10}$—$0_{,60}$ Meter beträgt, wurde dieselbe in unmittelbarer Nähe der Emsdeiche bei $2_{,00}$—$2_{,50}$ Meter Stärke der Kleischicht nur in einer Mächtigkeit von $0_{,20}$—$0_{,30}$ Meter vorgefunden, im Emsbett selbst aber ganz vermißt. Im Weener= Hammerich erreicht dieselbe dann wieder eine größere, stellenweise über $1_{,00}$ Meter hinausgehende Mächtigkeit. Unter den Geesthöhen von Weener, Tichelwarf und Bunde scheint dieselbe nicht zu liegen, während sie im Charlottenpolder durchweg vorhanden sein soll und nächst der Niederländischen Grenze, beim Bau der Brücke über das Wymeerer Tief, in einer Mächtigkeit von etwa 2 Meter erschlossen wurde. In der Niederung neben Beschotenweg wurde in der Linie Torf als Hochmoorbildung, auf einer kurzen Strecke, jedoch in nicht erheblicher Stärke des Lagers betroffen.

Flußmarsch findet sich in den oben besprochenen Kleibildungen zu beiden Seiten des Emsstromes über der ursprünglichen Moor= resp. Dargablagerung; Seemarsch in dem früher dem Dollart= Busen angehörenden Terrain des Bunder=Klei und Charlottenpolders. In der Regel liegt hier der Klei auf dem Wattsande, stellenweise auf einer Zwischenschicht von Darg.

Eine eigenthümliche Bodenbildung zeigt das Terrain der Wee= ner Gemeinheit. Die Oberfläche desselben dürfte etwa als eine schwache Lage von Knick (magerer, sehr eisenschüssiger Klei) über Diluvial=Sand) zu bezeichnen sein, welche, weil tiefliegend, meistens eine üppige Gras=Vegetation zeigt. Während dieser auf der weitaus größten Erstreckung der Weener Gemeinheit vorhandene Boden einen für den Bahnbau sehr günstigen Grund bot, erscheint der schon oben erwähnte, in etwa 300 Meter Breite der Geesthöhe Jelsgaste vor= liegende, vulgo „Püttenbollen" bezeichnete Strich als ein geradezu abnormer Boden.

Während die benachbarten Gründe einen gewöhnlichen Gras= wuchs zeigen, ist der „Püttenbollen" schon oberflächlich durch eine rauhe Vegetation von Porst und anderen Sumpfpflanzen gekenn= zeichnet. Nach dem Volksglauben sollte der Püttenbollen überhaupt „keinen Grund" haben; derselbe kann in trocknen Zeiten von Men= schen und Vieh mit einiger Vorsicht begangen werden, ist aber der Inundation länger als das benachbarte Terrain unterworfen und deshalb während des größeren Theils des Jahres ohne Weiteres nicht zu überschreiten. Die Hannoverschen Pläne deuteten untrag=

fähigen Boden bis auf etwa 18 Meter Tiefe und damit ein Terrain an, welches mit einer Eisenbahn wenn möglich zu vermeiden ist.

Nachdem solches aber als unthunlich sich erwies, hat man von weiteren Untersuchungen sowohl in Beziehung auf die Mächtigkeit als auf die Beschaffenheit des Grundes abgesehen, weil theils die Un= tragfähigkeit der Oberfläche, theils die etwa 1 Meter starke Filz= decke (Pflanzenwurzeln, Moose ꝛc.) solche sehr schwierig machten. Später stellte sich heraus, daß im Püttenbollen unter der erwähnten Filzdecke ein fast flüssiger, also ganz untragfähiger Schlick sich vor= finde, aus welchem unter sehr großer Schwindung Ziegel von ganz ungewöhnlich geringem Gewichte, im Uebrigen aber von sehr fester Masse, sich brennen ließen.

Die Ausführung der Bahn erfolgte durchweg für ein einfaches Gleis, mit Terrainankauf und Herstellung der Nebenwerke für eine doppelspurige Bahn. Nur bei der Emsbrücke erfolgte die Anlage der drei Drehbrückenpfeiler bis zur Höhe der ordinairen Fluth sofort für eine doppelspurige Bahn.

Sämmtliche Pläne wurden im Wesentlichen nach Maßgabe der früher aufgestellten Normalien bearbeitet und darnach auch von der Revisions=Instanz ohne wesentliche Abänderungen genehmigt, bis auf die der Bahnhofsgrundrisse und Stationsgebäude, welche den in Preußen zur Zeit bestehenden Grundsätzen angepaßt werden mußten.

Die Erdarbeiten waren wegen der großentheils niedrigen Lage und wegen der welligen Bildung des Terrains, wie auch wegen der im Vorstehenden schon angedeuteten Beschaffenheit, keineswegs unbedeutend.

Der etwa $1{,}_{50}$ Meter über Maifeld hohe Damm auf den Moor= und Darggründen nächst Ihrhove, welcher der sehr schwierigen Expropriation wegen erst sehr spät ausgeführt werden konnte, hat nach und nach, meistens erst unter dem Betriebe, das 2 bis 3fache seiner ursprünglichen Masse bekommen, ohne daß dadurch jedoch irgend welche Unzuträglichkeit entstanden, oder die geringste Störung im Betriebe hervorgerufen wäre. Viel mißlicher gestaltete sich aber die Herstellung des Bahnkörpers über dem „Püttenbollen". Nachdem der vorsorglich sofort beim Beginn des Baues hergestellte, absichtlich niedrig ($0{,}_{75}$— $1{,}_{00}$ Meter über Maifeld) gehaltene Damm fast ein Jahr fertig gelegen hatte, ohne erhebliche Senkungen zu erleiden, versank derselbe urplötzlich vollständig, so zwar, daß es die größte Mühe machte und viele Kosten verursachte, die Schienen der behuf etwaiger Nachschüttungen auf demselben liegen gebliebenen Interims=

bahn zu bergen. Ueber 6 Monate wurde dann mit der größten Kraft in den letzten Wochen sogar Tag und Nacht daran gearbeitet, um den Damm wieder soweit herzustellen, daß die permanente Bahn über denselben gelegt werden konnte. Statt der ursprünglich (incl. reichlichem Sackmaaß) für den Damm veranschlagten 12,000 Cubikmeter Boden wurden ca. 75,000 Cubikmeter hingeschafft, bis der Damm zum Stehen kam, während gleichzeitig der Boden zu beiden Seiten bis etwa 1½ Meter über Schienenhöhe aufstieg, so daß die Bahn jetzt dort statt auf einem Damm, in einem flach geböschten Einschnitte zu liegen scheint.

Als eine besondere Schwierigkeit für den Erdbau trat wiederum die auf, daß die Baulinie für Dampftransport-Geräth längere Zeit nicht zugänglich war; der auf dem rechtsseitigen Emsufer liegende Theil wegen einiger, unmittelbar an der Abzweigung von der Westfälischen Bahn liegenden Grundstücke, deren renitente Besitzer den Angriff nicht erlaubten, bevor alle Querelen, welche das Expropriationsverfahren ihnen gestattete, erschöpft waren. Auf dem linken Ufer der Ems konnte man mit dem Dampftransport nicht beginnen, weil der betreffenden Bahnstrecke das nöthige schwere Transportgeräth nicht zugeführt werden konnte, ehe solches auf der permanenten Bahn von der Ems, auf welcher dasselbe zu Schiff ab Leer angebracht wurde, an Ort und Stelle zu schaffen war.

In Betreff der Kunstbauten, von welchen die hauptsächlichen bereits oben genannt wurden, während außerdem eine größere Zahl kleinerer Brücken und Durchlässe, sämmtlich in Massiv-Construktion, auszuführen war, ist anzuführen, daß dieselben in der Emsbrücke das bedeutendste Werk der Oldenburgischen Staatsbahnen aufzuweisen haben. Die sämmtlichen Pfeiler derselben sind mittelst Senkbrunnen gegründet und aus Beton und Backsteinmauerwerk in Cement mit Ausschluß von Quadern hergestellt. Der Ueberbau besteht, wie bei allen anderen offenen Brücken, aus Eisen-Fachwerk, — über den kleineren Oeffnungen in Parallelform, über den Strom- und Schifffahrts-Oeffnungen in abgekürzter Parabelform. Der Zusammenbau der Eisen-Construktion erfolgte bei allen kleineren Oeffnungen einschließlich der Drehbrücke an Ort und Stelle auf leichten Gerüsten, während die drei Stromöffnungen am Lande montirt und in ganz fertigem Zustande mittelst Pontons an ihren Platz geflößt wurden, was mit Hülfe des an der Baustelle etwa 1,70 Meter betragenden Fluthwechsels sehr leicht und ohne allen Anstand geschah.

Der Bau der Ihrhove-Neuschanzer Bahn, der schwierigste der

bisher von der Oldenburgischen Verwaltung ausgeführten, wurde im April 1874 mit den vorbereitenden Arbeiten an der Ems be= gonnen und verlief im Ganzen glücklich, so daß die Uebergabe der= selben an den öffentlichen Verkehr bereits am 26. November 1876 erfolgen konnte, nachdem am Tage vorher eine unter allseitig leb= hafter Betheiligung, mit besonderer Feierlichkeit in Scene gesetzte offizielle Probefahrt stattgefunden hatte, bei welcher die Niederländer durch großartige Bethätigung allbekannter Gastlichkeit und Urbanität ihre Freude über das endliche Zustandekommen der so lang geplanten und vielersehnten internationalen Verbindung offen zu erkennen gaben und dadurch Anerkennung wie Dank ihrer deutschen Gäste in vollem Maße ernteten.

Indeß nicht lange sollte die Freude über die neue sofort viel= benutzte Verkehrs=Verbindung dauern. Die phänomenale Sturmfluth der Nordsee in der Nacht vom 30./31. Januar 1877 durchbrach den linksseitigen Emsdeich an einer durch einen früheren Grundbruch ge= schwächten Stelle, etwa 30 Meter unterhalb des linksseitigen Brücken= kopfes der Eisenbahnbrücke, füllte rasch den nördlich der Bahn liegen= den kleineren Theil des Weener=Hammerich; das Wasser stürzte dann sofort mit großer, bis die Inundation des kleinen Hammerichtheiles die Höhe der Bahn erreichte, stets wachsender Geschwindigkeit durch die nur 10 Meter weite Bahnbrücke über das Weener Tief (während der Deichbruch in kürzester Frist eine Weite von 45 Meter und eine Tiefe von 14 Meter über Maisfeld erreichte) deren Rinnsaal dadurch reißend ausgetieft wurde. Nachdem die Inundation dann auch über den Bahndamm in den bisher trocknen (sehr großen südlichen) Theil des Hammerich stürzte, wurden die beiden Landpfeiler der Brücke im Umsehen hinterwaschen, worauf dann die Brücke zusammen= fiel und an deren Stelle ein in der Bahnlinie gemessen 48 Meter breiter und bis zu 13 Meter unter Maisfeld tiefer Kolk trat. Nach= dem der kaum ein Jahr fertige und wenig consolidirte Bahndamm ein Mal eine Lücke bekommen hatte, war die Erweiterung derselben durch die in dem bis dahin sehr wenig nur inundirten südlichen Theil des Hammerichs einbrechende Fluth fast im Handumdrehen bis zu einer Weite von mehreren Hundert Meter erfolgt; der anbrechende Morgen zeigte bereits eine Dammlücke von 530 Meter Weite, durch welche das entfesselte Element nach den Zeiten der Meerfluth hin= und herströmte, die Dammenden dabei unausgesetzt weiter abspülend. Da es kein Mittel gab, diesen unausgesetzten Fluthwechsel zu ver= hindern und die nächstfolgende Zeit eine sehr stürmische war, so ging

die sofort und mit allen erdenkbaren Mitteln und überhaupt ver-
wendbaren Kräften in Angriff genommene Wiederherstellung des
Bahndammes, sowie einer Nothbrücke über den Kolk nur sehr langsam von Statten, ja, es wurde wiederholt in einer einzigen Nacht
am Damm wie an der Brücke die Frucht wochenlanger Arbeiten
wieder zerstört. Erst nach Ablauf des Sturmonats Februar nahmen
die Arbeiten einen etwas günstigeren Fortgang, so daß am 27. März
die beiden Dammenden durch eine Fußgängerbrücke wieder verbunden
werden konnten, wodurch es dann möglich wurde, einen beschränkten
Bahnverkehr durch Entgegenfahren der Züge (zwischen Weener und
Neuschanz war der Transportdienst nicht unterbrochen) wieder einzurichten. Nachdem endlich auch die Fertigstellung der Nothbrücke
und der bei unausgesetzt heftiger Strömung sehr schwierigen Anschlüsse des Dammes an dieselbe ermöglicht waren, konnte der Bahnbetrieb über die interimistische Passage dann am 6. April nach
65tägiger Unterbrechung in vollem Maße mit einiger Sicherheit
wieder aufgenommen werden, obgleich der Deichbruch, dessen Schließung
mit noch viel größeren Schwierigkeiten zu kämpfen hatte, der Tide
fortwährend (bis in die Mitte des Mai, wenn zuletzt auch im beschränkten Maße), Aus- und Eingang gestattete.

Die Reconstruktion der Brücke über das Weener Tief fand in
den auf dem Grunde des Kolkes liegenden Trümmern der zerstörten
Brücke, sowie in der großen Wassertiefe desselben erhebliche Schwierigkeiten. Nachdem der Eisen-Ueberbau der zerstörten Brücke ziemlich
unverletzt wieder gehoben und die Situation bei ruhig gewordenem
Wasser genau festzustellen war, entschloß man sich, wesentlich aus
construktiven Gründen, an Stelle der früheren 10 Meter weiten
Brücke eine neue mit zwei Oeffnungen von je 10 Meter Lichtweite
herzustellen, welche dann auch nach erfolgter höherer Genehmigung
des Planes im Sommer 1877 nicht ohne erhebliche Schwierigkeiten
in Ausführung gebracht und am 12. October in Dienst genommen
wurde, während die vollständige Instandsetzung des gleichzeitig mit
sehr flachen Böschungen versehenen Dammes, die Verschüttung des
Kolkes unter und in der Nähe der Brücke, sowie sonstige Neben-
arbeiten erst Ende November beendet wurden.

Veranschlagt war die Ihrhove-Neuschanzer Bahn, Oldenburgischer
Antheil, und zwar zunächst die eingleisige Ausführung, auf die
Summe von . . . . 3,770,790 ℳ.
Für die erstmalige betriebsfähige Herstellung
derselben wurden verausgabt . . . . 3,565,000 „

welcher Summe an bisher nicht bezahlten Ex=
propriationsgeldern anschlagsmäßig noch hinzu=
gehen . . . .   175,000 *M.*

    während die, weil vor ganz vollendetem Bau
eingetretene und deshalb zu Lasten des Baufonds
zu bringende Wiederherstellung des oben be=
sprochenen Durchbruchs einen weiteren Aufwand
von . . . .   93,000 „

    sowie das unterdeß nothwendig gewordene
mehrfache Aufholen des Dammes im Groß=
wolder Hammerich eine fernere Ausgabe von .   45,000 „

    nothwendig machten, wodurch die ganzen Bau=
kosten auf die Summe von . . . .   3,878,000 „

sich stellen werden, also um etwa . . . .   107,200 „

höher als die Endsumme des Voranschlags.

8. Ocholt-Westerstede.

    Nachdem über diese, mit Subvention des Oldenburgischen
Staates zu Stande gekommene und von der Direktion der Olden=
burgischen Staatseisenbahnen erbaute und betriebene Lokalbahn von
0,75 Meter Spurweite, mit einer Länge von rund 7 Kilometer,
wie schon oben gesagt wurde, eine vollständige Monographie bereits
erschienen ist, auf welche wegen aller Einzelheiten hier verwiesen
werden darf, erübrigt der Vollständigkeit wegen nur hier anzuführen,
daß das Grund=Capital der Gesellschaft . . . . . 223,800 *M.*
beträgt.

    Von demselben wurde für die erstmalige betriebs=
fähige Herstellung der Bahn verausgabt die Summe
von . . . . 182,532 „

    Durch nachträglich nöthig gewordene feuersichere
Eindeckung einiger, nahe an der Linie stehender
Gebäude, sowie durch einige Ergänzungen und Ver=
vollständigungen der ersten Anlage hat die Gesammt=
Ausgabe zeither auf die Summe . . . . . . 192,765 „

sich gestellt, womit dem Bedürfnisse voraussichtlich nun vollständig
genügt sein wird.

    Begonnen wurde der Bau dieser Bahn im April 1875; am
1. September 1876 erfolgte die Uebergabe derselben an den öffent=
lichen Verkehr, und im Laufe des Herbstes noch die vollständige
Fertigstellung des Baues.

9. Anschlußbahnen (auch Anschlüsse von Privatgleisen).

Da die Anschlüsse der Oldenburgischen Bahn-Linien an fremde Bahnen in Vorstehendem bereits Berücksichtigung gefunden haben, so handelt es sich hier nur noch um solche Bahnen resp. Privat= (sogenannte Industrie=) Gleise, welche im Bereiche des eigenen Bahn= gleises an die Oldenburgischen Linien sich anschließen.

Dieselben sind theils auf Kosten von Privaten und Gesellschaften, theils auch auf Kosten der Oldenburgischen Eisenbahn-Verwaltung angelegt; im letzteren Falle wird eine, bei den meisten Fällen mit einer Minimalsumme Seitens des Benutzers garantirte Quote für die Verzinsung und Amortisation des Anlagekapitals pr. Wagen erhoben, welcher die Anschlußbahn benutzt.

Die Ermöglichung raschester Be= und Entladung der Wagen, sowie Entlastung der Bahnhöfe sind die Gründe, aus welchen die Eisenbahn-Verwaltung alle solche Gleisanlagen thunlichst unterstützt.

Der oben für die einzelnen Bahnlinien beobachteten Reihenfolge sich anschließend, sollen nachstehend die · einzelnen Anschlußbahnen aufgezählt werden.

A. Oldenburg=Bremen.
Am Bahnhofe Oldenburg.

	Gleise lfd. Meter	Drehscheiben Stück
1. Industriegleis, gemeinschaftlich für die Glashütte und Warps=Spinnerei, zum Theil mittelst Drehscheiben, zusammen vorhandene Gleislänge	1150	5
Der Anschluß findet zwar erst außerhalb des Bahnhofes, am südöstlichen Ende desselben an die Oldenburg=Osnabrücker Bahn statt, doch wird derselbe zum Bahnhofe Oldenburg gerechnet.		
2. Anschluß des Gaswerkes, nordwestlich am Bahnhofe. Länge des Anschluß= gleises etwa	215	—
An Haltestelle Grüppenbühren.		
3. Anschluß eines Gleises an die dortige große Sandgrube, welcher, außer für		
Zu übertragen	1365	5

	Gleise lfd. Meter	Drehscheiben Stück
Uebertrag	1365	5

Bahnzwecke, große Quantitäten von Sand entnommen werden, welche die Eisenbahn=Verwaltung zu Straßenbau= und Privatzwecken, namentlich auf den Stationen der Weserbahn liefert. Gleislänge ca. . . . . — 1650 — —

An Station Delmenhorst.

4. Anschluß der dortigen Eisengießerei und Jutespinnerei; vorhanden sind . . . — 550 — 2

An Station Bremen=Neustadt.

5. Anschluß der dort im Norden und Süden der Station abseiten Bremens hergestellten Holz= ꝛc. Niederlagen mittelst zweier den Bahnhof in den beiden angegebenen Richtungen verlassenden Gleise in einer ungefähren Länge von . . . . . . — 4400 — —
Diese Gleise werden vorwiegend von der Hannoverschen Staatsbahn und nur ausnahmsweise von Oldenburg benutzt.

B. Wilhelmshaven=Oldenburg.

An Station Wilhelmshaven.

6. Anschluß des Marine=Etablissements, des Artillerie=Depots, der in der Ausführung begriffenen neuen Hafen=Anlagen ꝛc., mittelst eines ausgedehnten Gleissystems, dessen Länge hier nicht genau angegeben werden kann, aber betragen wird ca. . . . . . . — 4000 — —
Außerdem einige, lediglich momentanen Bauzwecken dienende, provisorische Gleis=Anschlüsse.

Zu übertragen — 11,965 — 7

	Gleise lfd. Meter	Drehscheiben Stück
Uebertrag	11,965	7

An die freie Strecke bei Marienfiel.

7. Anschluß der sogenannten Fortifikations=
bahn über Schaar nach Rüsterfiel zum
Bau der drei Forts der sogenannten
Made=Linie. Bahnlänge ca. . . . . | 7500 | —
mit drei Bahnhofsanlagen bei den Forts.

An Haltestelle Hahn.

8. Anschluß der dortigen Ziegelei ꝛc. des
Gutsbesitzers de Cousser durch. . . | 70 | 1

C. Oldenburg=Leer.

An die freie Strecke.

9. Bei Düvelshoop. Ein Torfladegleis . | 250 | —
10. Neben Petersfehn, Anschluß eines in
das dortige Moor zu führenden Gleises
der Torfbereitungsgesellschaft Mohr u.
Andree voraussichtlich ca. . . . . | 640 | —
. (Ist eben in der Ausführung begriffen.)

An Bahnhof Zwischenahn.

11. Anschluß der Torfbereitungs = Unter=
nehmung von Mohr u. Andree mittelst
einer ca. . . . . | 2000 | —
langen schmalspurigen Bahn zur Herbei=
schaffung und Verladung des Torfes.

An Haltestelle Ocholt.

12. Anschluß der schon oben erwähnten ca.
langen schmalspurigen Ocholt=Westersteder
Lokomotiv=Eisenbahn. | 7000 | —

13. Schmalspurige Anschlußbahn von ca. . | 2500 | —
Länge der Torfbereitungs=Unternehmung
von Mede u. Sander wie ad 11.

An Station Augustfehn.

14. Anschluß des dortigen Eisenwerkes
mittelst eines Gleissystems von . . . | 530 | 2

| Zu übertragen | 32,455 | 10 |

	Gleise lfd. Meter	Drehscheiben Stück
Uebertrag	32,455	10

D. Hude-Brake-Nordenhamm.

(Weserbahn.)

An Station Brake.

15.	Anschluß der Holzsägerei von Wardenburg	66	1
16.	Desgleichen von Bergen u. Hauschild .	110	—

An Station (Binnen-) Nordenhamm.

17.	Anschluß der Ziegelei von Müller u. Gristede . . . . , ...	434	1

E. Sande-Jever.

An Haltestelle Heidmühle.

18.	Anschluß der Gleise für das Sandtransport-Geschäft nach Wilhelmshaven ca.	1300	——

An Station Jever.

19.	Anschluß des Gleises für die Süßmilch'sche Speicher- 2c. Anlage	320	—

F. Oldenburg-Osnabrück.

An Station Huntlosen.

20.	Anschluß eines Holzlagerplatzes und der Ziegelei Hosüne	520	2

An Station Kloppenburg.

21.	Anschluß der Meyer'schen Packhaus- und Holzschuppen-Anlagen	192	—

An Station Bramsche.

22.	Anschluß der Varwig'schen Kalkbrennerei und Kohlen-Niederlage	167	—

An Station Eversburg.

23.	Anschluß an die bereits früher bestandene, der Stadt Osnabrück gehörende Zweigbahn nach dem Piesberge für die dortige reiche Kohlengrube und die ausgedehnten Steinbrüche für Wegbau-Material. Diese Bahn mit ihrer Bahnhofs-Anlage hat eine Ausdehnung von etwa . . .	1800	1

Totalsumme (ungefähr)	37,364	15

Es darf wohl hinzugefügt werden, daß das diesseitige junge und in Nichts weniger als industrieller Gegend liegende Unternehmen in Bezug auf solche, den Verkehr besonders erleichternde und unterstützende Gleis-Anschlüsse den Vergleich mit irgend einer anderen Bahn nicht zu scheuen hat, sowie, daß die Vermehrung und Ausdehnung solcher Anschlüsse bei den Bahnhofs-Plänen und Anlagen ausdrücklich vorgesehen ist.

§. 13.
Anlagekapital.

Die Beschaffung des für den Eisenbahnbau erforderlichen Anlagekapitals wurde durch das Großherzogliche Staatsministerium vermittelt. Die Eisenbahn-Baukasse bezog die zu verausgabenden Beträge auf Grund periodischer Voranschläge aus der Landeskasse. Nach Eröffnung des Betriebes einzelner Strecken wurden die zeitweiligen Bestände der Betriebskasse vorläufig zu Bauzwecken verwendet und von der Baukasse mit 3½% verzinst.

Die Gesammtbaukosten wurden in folgender Weise beschafft:

In dem zwischen Oldenburg und Bremen abgeschlossenen Staatsvertrage vom 8. März 1864 übernahm Bremen die Herstellung aller Eisenbahnanlagen vom Stadtgraben in der Neustadt ab bis zum Hauptbahnhofe in Bremen unter der Bedingung, daß das von Bremen aufgewendete Anlagekapital mit 4% jährlich verzinst werde. Das von Bremen für diese Anlagen in Rechnung gestellte Anlagekapital beträgt 1,895,211 ℳ, wobei zu bemerken ist, daß für die Weserbrücke, welche in ihrer Anlage über das Bedürfniß des Oldenburgischen Eisenbahnbetriebes hinaus erweitert wurde, nicht das volle Baukapital, sondern eine von der Bauausführung vereinbarte Summe in Rechnung gebracht ist.

Die Mittel für den Ausbau der von Oldenburg herzustellenden Strecke Oldenburg-Bremen-Neustadt wurden, nachdem die ersten Anforderungen durch Vorschüsse der Landeskasse und interimistischen Anleihen gedeckt worden waren, durch einen auf Grund des Gesetzes vom 25. April 1865 kontrahirte vierprocentige Anleihe von 1,750,000 ℳ flüssig gemacht.

Das von Preußen für die Wilhelmshaven-Oldenburger Eisenbahn aufgewendete Anlagekapital beziffert sich auf . . . 6,940,254 ℳ worin der an Oldenburg gezahlte Antheil für Beschaffung des Betriebsmaterials ad . . . . . . 1,174,800 „ sowie der Beitrag zu den Kosten des Centralbahnhofs in Oldenburg ad . . . . 750,000 „

zusammen 1,924,800 ℳ

mitbegriffen ist.

Die für den Bau der Oldenburg-Leerer Eisenbahn erforderlichen Mittel wurden durch eine auf Grund des Gesetzes vom 24. Juni 1867 abgeschlossene 4½ procentige Anleihe zum Betrage von 1,651,800 ℳ verfügbar gestellt.

Zur Beschaffung des Anlagekapitals für den weiteren Ausbau des Oldenburgischen Eisenbahnnetzes wurde auf Grund des Gesetzes vom 7. Februar 1871 eine Eisenbahn-Prämien-Anleihe zum Betrage von 4,800,000 ℳ aufgenommen, welche einen Netto-Ertrag von 3,889,500 ℳ aufbrachte. Außerdem wurde aus den disponibeln Mitteln der Staatsguts-Kapitalien-Kasse bezw. der Landeskasse ein zu verzinsender Zuschuß zu den Eisenbahnbaukosten von 665,000 ℳ bewilligt.

Neben diesen Seitens der Oldenburgischen Regierung für den Eisenbahnbau flüssig gemachten Kapitalien waren folgende Zuschüsse der benachbarten, an dem Weiterbau interessirten Staaten disponibel gestellt:

a) der von Preußen auf Grund des Vertrages wegen Abtretung des Kriegshafens an der Jade 2c. (cfr. Art. 6 des Staatsvertrags vom 16. Februar 1864) zum Ausbau der Eisenbahnverbindung nach Süden zu leistende Zuschuß ad 1,000,000 ℳ.

b) die vertragsmäßig von Preußen zu leistende Subvention zum Ausbau der Verbindungsbahn von Ihrhove nach Neuschanz ad 300,000 ℳ abzüglich der daraus an die Stadt Papenburg für die Beschaffung eines Schleppdampfers abzuführenden 25,000 = 275,000 ℳ.

c) der zu dem Ausbau derselben Strecke Seitens des Niederländischen Staats vertragsmäßig zu zahlende Beitrag ad 700,000 Gulden = 400,000 ℳ.

Während man bei dem Beginn des Weiterbaues diese disponiblen Summen für völlig ausreichend hielt, zeigten sich nachträglich die ursprünglichen Anschläge als unzutreffend. Die Ansprüche an die Anlage und Ausrüstung der Bahn hatten sich inzwischen gesteigert, ebenso die Arbeitslöhne der Handwerker und qualificirten Arbeiter; auch die für die Grundentschädigung erforderlichen Mittel waren — namentlich für die Bahnanlage auf Königlich Preußischem Gebiete erheblich unterschätzt worden. Daneben mußten in Rücksicht auf die erhebliche Verkehrssteigerung auf den im Betriebe befindlichen Strecken die Ausgaben für Betriebsmaterial, neue Gleisanlagen und Hochbauten über den ursprünglichen Anschlag hinaus gesteigert werden. Die Staatsregierung sah sich deshalb genöthigt, bei dem 18. Land-

tage (1875/76) eine Nachtragsbewilligung von 2,300,000 ℳ zu beantragen, welche aus den disponibeln Mitteln des Großherzog=
thums (Ablösungskapitalien) gegen eine Verzinsung von 4¼% entnommen ist.

Hiernach sind für die oldenburgischerseits zu beschaffenden An=
lagen ꝛc. im Ganzen folgende Summen zur Verfügung gestellt.

1. Von Seiten des Oldenburgischen Staats:

a) durch Anleihe:

Anleihe de 1865	5,250,000	ℳ
„ „ 1867	4,955,400	„
	10,205,400	ℳ

Hiervon sind zur Deckung von Schuld=
beträgen pro 1868 und 1869 ver=
wandt . . . . 180,000 „

Bleiben für die Eisenbahnbaufonds	10,025,400	ℳ
Prämienanleihe de 1871 . . .	11,668,500	„
	21,713,900	ℳ

b) aus Landesmitteln:

Die ursprünglich bewilligten , . .	1,995,000	ℳ
Die Nachbewilligung von . . .	2,300,000	„
	4,295,000	ℳ

2. Durch Subvention der mitinteressirten Staaten.

Beitrag Preußens zu den Anlage=
kosten des Bahnhofs Oldenburg in
Rücksicht auf die Einmündung der
Wilhelmshaven=Oldenburger Bahn 750,000 ℳ

Desgleichen zur Beschaffung des Be=
triebsmaterials für die Wilhelms=
haven=Oldenburger Bahn . . . 1,174,800 „

Desgleichen zu den Anlagekosten
der Oldenburgischen Südbahn . 3,000,000 „

Desgleichen zu den Anlagekosten der
Verbindungsbahn Ihrhove=Neu=
schanz . . . . 825,000 „

Beitrag des Niederländischen Staats
zu der letztgenannten Verbindungs=
bahn (rund) . . . . . . , 1,200,000 „
——————————— 6,949,800 ℳ

In Summa 32,958,700 ℳ

Von diesem Betrage sind bis 1. Januar 1878 an die Eisen-
bahnbaukasse abgeführt . . . 29,600,000 ℳ.
an Unkosten für Geldbeschaffungs-
kosten und Zinsen während der
Bauzeit verausgabt . . . . . 2,064,897 „
                                        ————————31,664,897 ℳ
so daß am 1. Januar noch disponibel waren . . 1,293,803 ℳ.
Allerdings hatte die Eisenbahnbetriebskasse zu dieser
    Zeit einen Vorschuß von . . . . 357,754 „
geleistet, so daß das zur Verwendung zu Eisenbahn-
bauzwecken noch flüssige Kapital . . . . . . 936,049 ℳ.
betrug, jenem Vorschusse der Betriebskasse gegenüber waren jedoch
in disponiblem Oberbaumaterial ꝛc. gleichwerthige Objekte vorhanden.

Es erscheint zweifelhaft, ob dieser Betrag zu den noch bevorstehenden Ausgaben, namentlich zum Ausbau der definitiven Stations-
anlagen auf dem Bahnhofe Oldenburg, sowie zur Deckung der noch
rückständigen Grundentschädigungen ausreichen wird.
Die aus dem Eisenbahnbaufonds verausgabten . 31,947,204 ℳ.
nebst den aus der Eisenbahn-Betriebskasse vorschuß-
    weise gezahlten . . . . 357,754 „
                                        32,304,958 ℳ.
sind im Einzelnen wie folgt verwandt:

a) direkt für die einzelnen Baustrecken:

Strecke	Streckenlänge Kilometer	Anlagekapital	
		im Ganzen ℳ.	per Kilometer ℳ.
Oldenburg-Bremen-Neustadt	41,61	2,945,958	70,799
Oldenburg-Leer	54,89	3,167,112	57,710
Sande-Jever	12,96	580,736	44,810
Hude-Brake	25,50	3,621,374	142,015
Brake-Nordenhamm . . .	18,06	2,254,457	124,832
Oldenburg-Eversburg . .	107,86	7,513,525	69,660
Ihrhove, Holländische Grenze	17,53	2,118,184	120,763
Zusammen:	278,41	22,201,346	79,743

b) Generelle Ausgaben für das Gesammtnetz.

Allgemeine Kosten, Vorarbeiten, Geldbeschaffungs-
kosten, Bauzinsen ꝛc. . . . . 2,653,917 ℳ.
Centralbahnhof Oldenburg . . . . 2,426,329 „
Betriebsmaterial . . . . 4,741,059 „
                                        9,821,305 ℳ.
dazu obige   . . 22,201,446 „
                                        32,022,651 ℳ.

Eine zutreffende Vertheilung dieser generellen Ausgaben auf die einzelnen Baustrecken ist an sich schwierig, dürfte erst nach vollständigem Ausbau des Gesammtnetzes definitiv vorzunehmen sein. Reichen die im Ganzen disponibel gestellten . . 32,958,700 ℳ aus, so würden unter Abzug der für die vollständige Ausrüstung der Wilhelmshaven-Oldenburger Bahn eingerechneten . . . . . 1,924,800 „ die von Oldenburg hergestellten 278,₄₁ Kilometer 31,033,900 ℳ also pro Kilometer 111,468 ℳ kosten.

§. 14.
Ergänzungs=Bauten.

Das Bau=Programm für die Stations=Anlagen der älteren Bahnen war nach den damals anzunehmenden Verkehrs=Verhältnissen als durchaus genügend anzusehen; in richtiger Vorsicht war jedoch durch die Bau=Verwaltung der Oldenburgischen Staatsbahnen für etwaige Erweiterungen in Erwerbung von Terrain zu den Bahnhöfen nichts gespart, während beim Bau der Oldenburger und Wilhelmshavener Bahn von Seiten der Königlich Preußischen Bau=Verwaltung in dieser Beziehung den Bedürfnissen der Zukunft weniger Rechnung getragen war, so daß die nothwendig gewordenen Erweiterungen theilweise in der wünschenswerthen Ausdehnung ohne neuen Terrainerwerb nicht erfolgen konnten.

Von den hauptsächlichsten Erweiterungs= und Ergänzungsbauten, welche in Folge des gesteigerten Verkehrs nothwendig wurden und welche theils auf Bau-Conto, theils aus den Betriebs-Ueberschüssen, theils aus dem zuerst für die Finanzperiode 1876/78 zu diesen Zwecken gebildeten besonderen Ergänzungs= und Erweiterungsfonds auf der Oldenburg=Wilhelmshavener Bahn aber auf Grund von Einzel=Bewilligungen ausgeführt sind, dürften folgende hervorzuheben sein.

1. Im Jahre 1870 wurden auf Bahnhof Augustfehn, nachdem die Torfheizung für die Lokomotiven sich in jeder Weise bewährt hatte, und die beim Neubau hergestellten Anstalten für die später neu hinzugekommenen Bahnen nicht mit ausreichten, 6 Torflagerschuppen nebst Dienstwohnung für einen Materialien=Verwalter erbaut, welche eine direkte Verbindung mit den Bahngleisen und dem Augustfehner=Schifffahrts=Kanal erhielten.

2. Im Jahre 1872 mußte auf den Bahnhöfen Huchtingen und Wüsting eine Verlängerung des zweiten Hauptgleises, auf Bahnhof Delmenhorst eine Vergrößerung des Güterschuppens mit Gleis=

erweiterung für den Produkten=Verkehr zur Ausführung gebracht werden.

3. Im Jahre 1873 erfolgten: eine Gleiserweiterung und der Bau eines Beamten=Wohnsitzes zu Bremen=Neustadt.

Die Anlage eines zweiten Wartezimmers im Anbau an das Hauptgebäude der Haltestelle zu Gruppenbühren; auf Bahnhof Hude die Aufstellung einer Dampfmaschine in der Wasserstation und die eines zweiten Wasserkrahns daselbst für die Bremer Strecke, sowie eine Erweiterung der Gütergleise daselbst.

Das neben dem Bahnhofe Augustfehn im Jahre 1872 begonnene Hafenbassin zum Löschen von Torfschiffen, ward dem Betriebe übergeben und die dadurch nothwendig gewordenen Gleiserweiterungen mit Anlage einer Brückenwage daselbst vollendet.

Auf der Haltestelle Nortmoor ward über dem Güterraume eine Weichenwärterwohnung ausgebaut.

Nachdem sich herausgestellt hatte, daß wie auf den andern Strecken, so auch an der Heppenser Bahn es Bedürfniß sei, den Wärtern nicht nur ein Dienstlokal, sondern eine Familienwohnung zu liefern, da in passender Nähe der Standorte geeignete Mieths= wohnungen zu entsprechendem Preise nicht vorhanden waren, erfolgte in 1874 und 1875 die Erbauung von 21 Bahnwärterhäusern an der Bahnstrecke Oldenburg=Wilhelmshaven.

Ferner Gleiserweiterungen auf Bahnhof Wilhelmshaven und Anlage eines Vorwärmers in der Wasserstation daselbst.

Erweiterung des Güterschoppens daselbst.

Ferner Gleiserweiterung auf Bahnhof Brake und Anlage einer Brückenwage daselbst.

Auch für das Arbeiterpersonal wurde es immer schwieriger, zu zivilen Preisen geeignete Wohnungen zu miethen und bildete dies namentlich ein Hinderniß, für die Maschinenwerkstatt einen Stamm tüchtiger Leute zu gewinnen und dauernd zu erhalten. Auch jetzt, nachdem die Wohnungsnoth durch verschiedene Umstände nachgelassen hat, sind die Arbeiterwohnungen der Verwaltung gesucht, da sie bei mäßiger Verzinsung des Anlagekapitals für den durchschnittlichen Miethsatz anderer Arbeiterwohnungen (120 und 135 ℳ) wesentlich bessere und gesundere Räumlichkeiten bieten. Einige Wohnungen dienen als Dienstwohnungen für Weichenwärter.

4. Im Jahre 1874.

Erweiterung des Verwaltungsgebäudes der Eisenbahn=Direktion zu Oldenburg.

Erbauung eines Beamtenhauses für 2 Familien auf Bahnhof Hude.

Erbauung von 3 Arbeiterhäusern für 6 Familien neben Bahnhof Oldenburg.

Ausbau einer Weichenwärterwohnung über dem Güterschuppen auf Bahnhof Ocholt.

Gleiserweiterung auf Bahnhof Rastede.

Erbauung einer zweiten Wasserstation mit Dampfmaschinen-Betrieb auf Bahnhof Varel.

Vergrößerung des Hauptgebäudes zu Wilhelmshaven und in Folge dessen Versetzung und Vergrößerung des Nebengebäudes.

Erbauung eines Beamtenhauses für 4 Familien daselbst.

Herstellung von Glockensignallinien an sämmtlichen im Betriebe befindlichen Bahnstrecken.

5. Im Jahre 1875.

Erbauung eines Beamtenhauses für 2 Familien auf Bahnhof Huchtingen.

Gleiserweiterung auf Bahnhof Hude.

Erbauung von 6 Arbeiterhäusern für 12 Familien neben Bahnhof Oldenburg.

Verlegung der Viehrampe mit Gleiserweiterung auf Bahnhof Zwischenahn.

Herstellung von Zwischenperrons auf den Bahnhöfen Rastede, Hahn und Varel.

Anlage von Stallungen auf den Bahnhöfen Rastede, Hahn, Jaderberg, Varel, Ellenserdamm und Sande.

Vergrößerung der Viehrampen zu Varel und Sande.

Einrichtung zur Gasbeleuchtung auf Bahnhof Varel.

Gleiserweiterung auf Bahnhof Ellenserdamm und Erweiterung des Produkten-Ladeplatzes.

Gleiserweiterung auf Bahnhof Wilhelmshaven und Erbauung einer Brückenwage.

Gleiserweiterung auf Bahnhof Brake.

6. Im Jahre 1876.

Herstellung eines Produkten-Ladeplatzes auf Bahnhof Huchtingen.

Erbauung einer Umladerampe am Güterschuppen auf Bahnhof Delmenhorst.

Gleiserweiterungen auf Bahnhof Hude und Anlage einer Lokomotiv-Drehscheibe.

Erweiterung des Hauptgebäudes und Erbauung zweier Beamten=
häuser für 4 Lokomotivbeamten zu Hude.

Erbauung eines Beamtenhauses für 2 Weichenwärter auf
Bahnhof Wüsting.

Gleiserweiterungen auf den Bahnhöfen Hude und Ellenserdamm
mit Erweiterung der Produktenplätze.

Verlängerung des Güterschuppens auf Bahnhof Varel.

Anlage einer Dampfpumpe in der Wasserstation auf Bahnhof
Wilhelmshaven und Herstellung einer Einfriedigungsmauer um den
Bahnhof daselbst.

Anlage einer Ausladerampe am Güterschuppen auf Bahnhof
Jever.

Gleiserweiterung und Anlage eines Produktenweges auf Bahnhof
Großensiel.

7. Im Jahre 1877.

Vergrößerung des Wartezimmers I. und II. Classe, sowie
Herstellung eines Damenzimmers im Hauptgebäude zu Delmenhorst.

Gleiserweiterung und Vergrößerung der Produkten=Ladeplätze
daselbst.

Gleiserweiterung auf den Bahnhöfen Zwischenahn und Ocholt.

Erbauung eines Güterschuppens auf Bahnhof Hude.

Gleiserweiterungen mit Vermehrung der Produkten=Ladeplätze
auf Bahnhof Varel und Anlage einer Brückenwage daselbst.

Vergrößerung des Produkten=Ladeplatzes auf Bahnhof Sande.

Die auf dem Bahnhof Oldenburg im Laufe der Jahre aus=
geführten Erweiterungs=Anlagen sind bis nach Vollendung des
definitiven Bahnhofs als Provisorien zu betrachten, und können
daher nicht im Sinne von Ergänzungsbauten angesehen werden,
weßhalb von einer Ausführung derselben Abstand zu nehmen ist.

Zweiter Abschnitt.

~~~~~~~~

Ordnung und Stand des gegenwärtigen Bahnwesens.

~~~~~~~~

I. Uebersicht über die zu Grunde liegenden Gesetze etc. des Deutschen Reiches, Oldenburgs, Bremens, der Niederlande.

§. 15.

Bekanntlich entbehrt das Reich zur Zeit noch eines eigentlichen Eisenbahngesetzes, worunter hier namentlich Bestimmungen verstanden werden, welche die Verfassung der einzelnen Eisenbahnverwaltungen, das Verhältniß derselben zu einander festsetzten, das Aufsichtsrecht der Bundesstaaten und dasjenige des Reiches gegen einander abgrenzten und organisirten. Als Grundlage des öffentlichen Rechtes für das Eisenbahnwesen in Deutschland sind daher nur die generellen Bestimmungen in den Artikeln 42—45 der Reichsverfassung vom 16. April 1871 aufzuführen, welche schon allgemeine Grundsätze für die Verwaltung der Bahnen aufstellen und dem Reiche ein Aufsichtsrecht vindiziren.

Eine etwas concretere Gestalt hat diese Reichshoheit gewonnen durch das Gesetz vom 27. Juni 1873, betreffend die Errichtung eines Reichseisenbahnamts, welches eine Centralbehörde unter Verantwortlichkeit des Reichskanzlers einsetzte, mit der Aufgabe, innerhalb der durch die Verfassung bestimmten Zuständigkeit des Reiches

1. das Aufsichtsrecht über das Eisenbahnwesen wahrzunehmen,
2. für die Ausführung der in der Reichsverfassung enthaltenen Bestimmungen, sowie der sonstigen auf das Eisenbahnwesen bezüglichen Gesetze und verfassungsmäßigen Vorschriften Sorge zu tragen,

3. auf Abstellung der in Hinsicht auf das Eisenbahnwesen bezüglichen Mängel und Mißstände hinzuwirken.

Auf Grund dieses Gesetzes ist auch die diesseitige Verwaltung
vielfach zur Hergabe von Nachweisen ꝛc. veranlaßt; in ganz ver-
einzelten Fällen sind Beschwerden über die Eisenbahndirektion an die
hohe Reichsbehörde gelangt, während einer persönlichen Berührung
mit Mitgliedern derselben diesseitige Beamte zwei Mal sich zu erfreuen hatten; einmal bei einer Inspektionsreise über die Verkehrs-
einrichtungen und -Verhältnisse in Bremen (mit besonderer Rücksicht
auf die Zollabfertigung), einmal gelegentlich einer Inspektionsreise
eines ersten technischen Mitgliedes des Reichseisenbahnamtes, welche
demselben Anlaß auch zur Besichtigung des diesseitigen Bahnnetzes gab.

Von mehr finanzieller Bedeutung und in seiner Einwirkung
in dieser Hinsicht daher an einer anderen Stelle zu behandeln, ist
das wichtige Gesetz vom 20. December 1875, welches die Leistungen
der Bahnen für die Post bezw. die dafür zu gewährenden Vergütungen regelt.

Während über die Zweckmäßigkeit der Belastung eines Verkehrsinstitutes zu Gunsten eines anderen leicht Meinungsverschiedenheiten
auftauchen, welche geneigt sind, von einem gewissen Ressortinteresse
sich beeinflussen zu lassen, darf mit Genugthuung hervorgehoben
werden, daß nicht nur im Großen und Ganzen, sondern auch bei
Erledigung der Einzelheiten zwischen der Kaiserlichen Postbehörde
und der Eisenbahndirektion stets das beste Einvernehmen sich bewährt hat.

Die verwandten Vorschriften über die Militärtransporte,
welche gewissermaßen als den Eisenbahnverwaltungen oktroyirte Aus-
nahmetarife bezeichnet werden können, finden unter diesem Gesichtspunkt weiter unten ihre Besprechung.

Das allgemeine Handelsgesetzbuch, welches durch seine Einführung
als Bundesgesetz unter dem 5. Juni 1869 zum gemeinen Rechte
Deutschlands erhoben wurde, bildet in den Artikeln 422 und 431
die zivilrechtliche Spezialgesetzgebung für das Frachtgeschäft der
Eisenbahnen, während das Betriebs-Reglement in seinen verschiedenen Redaktionen eingehender die Bedingungen des Frachtvertrages
feststellt und zugleich einzelne mit dem Personen- und Frachtverkehr
unmittelbar zusammenhängende polizeiliche Vorschriften enthält, während das Bahnpolizeireglement vom 4. Januar 1875 die polizeilichen
Vorschriften und Strafandrohungen für das gesammte Gebiet des
Eisenbahnbetriebswesens zum Gegenstande hat.

Es erübrigt das Haftpflichtgesetz vom 7. Juni 1871 zu erwäh=
nen, welches hinsichtlich der Verbindlichkeit zum Schadenersatz für
die bei dem Betriebe von Eisenbahnen herbeigeführten Tödtungen
und Körperverletzungen, namentlich durch die Regelung der Beweis=
last, für das Unternehmen besonders ungünstige Bestimmungen ent=
hält, um diese kurze Uebersicht über die Reichsgesetzgebung abzu=
schließen, da es auf die Einzelheiten hier nicht ankommen kann und
die Vorschriften über zollamtliche Behandlung der Güter auf dem
Eisenbahntransporte nach den Publikationen für das Herzogthum
Oldenburg weiter unten Platz finden.

Unter den Partikulargesetzen sind diejenigen des Herzogthums
Oldenburg wegen ihrer Wichtigkeit für die diesseitige Verwaltung
hier vollständig aufzuführen — unter Weglassung derjenigen, welche
im folgenden Paragraphen als auf die Organisation der Eisenbahn=
Verwaltung bezüglich Aufnahme finden werden.

Zunächst setzte eine Regierungsbekanntmachung vom 12. Septem=
ber 1865 die polizeilichen Vorschriften in Beziehung auf die Eisen=
bahnarbeiter und deren Legitimation fest.

Nachdem sodann, wie im historischen Theile erwähnt, für die
Enteignung auf den ersten Strecken die Wege=Ordnung in Anwen=
dung gebracht war, erschien unter dem 28. März 1867 ein Enteig=
nungsgesetz speziell für Eisenbahnanlagen im Herzogthum, welches
im Ganzen, sowohl hinsichtlich seines Einflusses auf die rasche
Abwicklung des Geschäfts, als hinsichtlich des materiellen Inhalts
sich wohl bewährt hat. Ein Vorzug, im Vorverfahren, namentlich
auch im Vergleich zu dem neuen Preußischen Enteignungsgesetz, be=
steht darin, daß, nachdem die Linie generell durch das Ministerium
festgestellt ist, die Auslegung der (Spezial)=Projekte und der Expro=
priationstabelle erfolgt, um in einem Termine mit allen Betheilig=
ten über Wege, Wasserzüge, sonstige Nebenanlagen, Widerspruch
gegen verlangte Abtretung, Anträge auf Ausdehnung derselben zc.
zu verhandeln und nicht Behörden und Corporationen von den
Privatinteressenten zu trennen. Ferner ist die Erzwingung der
Besitzabtretung unter voller Cautel für die berechtigten Ansprüche
der Expropriaten so erleichtert, daß der Chikane kein Raum gelassen
ist, um durch den Widerspruch gegen die Inangriffnahme Verzöge=
rungen herbeizuführen, welche unter allen Umständen eine allgemeine
wirthschaftliche Schädigung nach sich ziehen und von den unglücklich=
sten Folgen begleitet sind, wenn die Nothlage der Verwaltung
materiell ungerechtfertigte Zugeständnisse zum überwiegenden Vortheil

der Renitenten abpreßt. Dagegen scheint in dem neuen Preußischen Enteignungsgesetz die Bestimmung richtiger, welche die Schätzer ausdrücklich auf ihren wahren Platz, denjenigen der Gehülfen der Behörde, bei nicht ausreichender eigener Erkenntniß verstellt, eine freie Beweistheorie sanktionirt und Verwaltungsinstanz wie Gericht vollständig von den Gutachten der Sachverständigen emanzipirt. Möchten alle Erfahrungen, die in den einzelnen Bundesstaaten auf Grund der bestehenden Gesetze gemacht sind, voll zur Geltung kommen, wenn es sich über kurz oder lang um die Emanation eines Reichsenteignungsgesetzes handeln sollte, was freilich nach den Motiven der bisherigen Entwürfe eines Eisenbahngesetzes bislang an maßgebender Stelle nicht in Aussicht genommen zu sein scheint.

Unter demselben Datum erfolgte das Gesetz betr. Verminderung der durch den Eisenbahnbetrieb herbeigeführten Feuersgefahr, welches vielleicht in einigen Bestimmungen zu Zweifeln der Auslegung Anlaß geben kann und im Großen und Ganzen in seinen Anforderungen an das Unternehmen reichlich weit geht. Ein Vorzug ist jedenfalls die gesetzliche Fixirung, welche bei Projektirung und Anlage der Bahn wenigstens die Sicherheit bietet, daß man den Verhältnissen zeitig ausreichend Rechnung tragen kann und nicht nachträglichen Forderungen ausgesetzt ist, welche auf schwankender Auffassung oder subjektiver Ansicht wechselnder Personen beruhen.

Das erwähnte Gesetz wurde durch Bekanntmachung des Staatsministeriums vom 20. August 1867 für anwendbar auch auf die Heppens-Oldenburger Bahn erklärt; eine spätere Verordnung läßt zu Gunsten von Sekundärbahnen Ausnahmen zu und möchten in den letzten Jahren unter verschiedenen Lokalverhältnissen ausreichende Erfahrungen gemacht sein, um auch diese Materie im Wege der Gesetzgebung positiv zu ordnen.

Die Bahnpolizeiordnung für die Bremen-Oldenburg-Heppenser Strecke vom 1. Juli 1867, welche unter dem 26. September 1868 auf die Eisenbahnstrecke Oldenburg-Leer zur Anwendung gebracht war, gehört bereits der Geschichte an, nachdem durch Bekanntmachung des Staatsministeriums vom 22. November 1870 das Bahnpolizei-Reglement für die Eisenbahnen im Norddeutschen Bunde publizirt und dieser Gegenstand damit aus der Partikulargesetzgebung ganz ausgeschieden war (vgl. oben).

In gleicher Weise ist das unter dem 4. Juli 1867 publizirte „Betriebs-Reglement für die Oldenburgischen und unter Verwaltung der Oldenburgischen Eisenbahn-Direktion stehenden Eisenbahnen" durch das mittelst Bekanntmachung des Bundesraths vom 10. Juni 1870 veröffentlichte Betriebs=Reglement für die Eisenbahnen im Nord= deutschen Bunde beseitigt.

Das erste Regulativ über die Behandlung des Güter= und Effektentransportes auf den Eisenbahnen in Bezug auf das Zoll= wesen ꝛc. wurde durch Bekanntmachung des Staatsministeriums vom 6. Mai 1867 publizirt, Aenderungen desselben unter dem 10. Juli 1868.

Gegenwärtig in Geltung befinden sich die durch Bekanntmachung des Staatsministeriums vom 13. Januar 1870 veröffentlichten Regulative des Bundesraths zum Vereinszollgesetz vom 1. Juli 1869.

An unbedeutenden Verordnungen sind anzuführen:

Bekanntmachung des Staatsministeriums vom 9. Juli 1867, betr. die an der Bremen=Oldenburg=Heppenser Eisenbahn errichteten Zoll=Abfertigungsstellen,

desgl. vom 17. Mai 1871, betr. die Benutzung des Schiffs= Durchlasses in der Eisenbahnbrücke über die Hunte bei Drielake,

desgl. vom 17. März 1873, betr. das Passiren von Schiffen durch die Eisenbahnbrücke über die Hunte am Ohrt ober= halb Elsfleth,

desgl. vom 23. November 1876, betr. die Ausführung des Reichsgesetzes vom 25. Februar 1876 über die Beseitigung von Ansteckungsstoffen bei Viehbeförderungen auf Eisen= bahnen,

desgl. vom 27. Oktober 1877, betr. Verbot des Ankerwerfens und Ankerschleppens nächst der an der Eisenbahnbrücke bei Elsfleth durch die Hunte und bei dem Bahnhof in August= fehn durch den Canal gelegten Telegraphenkabel.

Diese Bekanntmachungen werden durch ihre Titel hinlänglich bezeichnet, um eine Uebersicht über die Gesetzgebung zu gewinnen und den auf den praktischen Gebrauch Angewiesenen zu instruiren, wo das Detail zu suchen ist.

Der sonstige auf Eisenbahnwesen bezügliche Inhalt unserer Gesetzgebung besteht aus den schon in der Geschichte erwähnten Staatsverträgen, dem dort ebenfalls abgehandelten Gesetz über den Ausbau des Eisenbahnnetzes und den verschiedenen Erlassen wegen Beschaffung der Geldmittel durch Anleihen, deren vorübergehende Bedeutung abgelaufen ist.

11*

Im Gebiete der freien und Hansestadt Bremen, dem ersten Nach=
barstaat, in welchen sich der Oldenburgische Eisenbahnbau erstreckte,
sind gesetzliche Vorschriften, welche für das Unternehmen von Bedeu=
tung erscheinen, nur in spärlichem Maaße vorhanden.

Ein Spezialgesetz für Enteignung zu Eisenbahnen existirt nicht;
man hat sich bisher beholfen mit dem Gesetz vom 7. Juni 1843,
wegen Abtretung des Eigenthums zum Besten öffentlicher Anstalten,
einer Fortbildung älterer Vorschriften vom 8. Januar 1821.

An bahnpolizeilichem Partikularrecht sind die Bestimmungen in
den §§. 9—11 der Verordnung vom 10. October 1849 noch in
Kraft, welche sich auf die Verminderung von Feuersgefahr des
Lokomotivbetriebes beziehen.

Endlich sind bei Aufführung von Hochbauten die Vorschriften
der Gesetze vom 28. Mai 1863, 8. Juni 1872, 31. Juli 1874
maßgebend und für das Landgebiet die Bauordnung vom 31. Juli
1874.

Bei dem Bau der Oldenburg=Leerer Bahn befanden sich für
das im Preußischen belegene Gebiet noch das Königlich Hannoversche
Enteignungsgesetz vom 8. September 1840 und die Ausführungs=
Verordnung vom 6. Mai 1844 in Kraft.

Dies Gesetz war wesentlich für inländische Staatsbahnen zu=
geschnitten, der im ehemaligen Königreich Hannover bis in die letzte
Zeit festgehaltenen Tendenz entsprechend, Privatunternehmungen zum
Bau von Eisenbahnen nicht zu conzessioniren.

Nach diesem Gesetze wurde die generelle Linie vom Könige selbst
genehmigt; im Uebrigen fiel der ganze Schwerpunkt der Verhandlung
und Entscheidung, auch hinsichtlich der Feststellung des Spezial=
projekts, auf den Lokal=Beamten. In dem letzteren Punkte kam
unter der Königlich Preußischen Herrschaft die Mitwirkung des
Commissariats und der dort eingeführte Instanzenzug zur Anwen=
dung. Dagegen bewendete es hinsichtlich der eigentlichen Enteignung
bei dem althannoverschen Verfahren, welches in einigen Punkten,
namentlich in Betreff der Bildung der Schätzerkollegien bei wieder=
holter Taxation nach sogen. Schürzen, eigenthümliche Vorschriften
enthält.

Feuerpolizeiliche Bestimmungen genereller Natur existirten für
jenes Gebiet der Zeit gar nicht, vielmehr hing die Anordnung von
Untersuchung des Spezialfalls ab; diesseits wurden die Oldenburgi=
schen gesetzlichen Bestimmungen zur Anwendung gebracht, die man
um so mehr für auskömmlich erachtete, als bei der Frage der Aus=

dehnung des für die Oldenburg-Bremer Bahn erlassenen desfallsigen
Gesetzes auf die Heppens-Oldenburger Bahn preußischerseits An=
fangs Bedenken geäußert wurden, da jene Bestimmungen dem Bau=
unternehmer mehr auferlegten, als die Praxis des Königreichs auf
Grund ausgedehnter Erfahrungen für nothwendig erachtete. Später
wurde auf diesem Gebiete ein Rescript des Königlich Preußischen
Ministers, welches zunächst nur von Neubauten handelt, analog
angewandt, bis in letzter Zeit in den einzelnen Regierungs= bezw.
Landdrostei-Bezirken übereinstimmende Polizei-Verordnungen erlassen
wurden.

Wie auf einem Theil der Südstrecke gleichfalls das althanno=
versche Gesetz noch zur Anwendung kommt, ist bereits erwähnt. Im
Uebrigen richtet sich die Feststellung des Bauplanes wie der Ent=
schädigung auf den Strecken Quakenbrück-Osnabrück und Ihrhove=
Neuschanz nach dem Enteignungsgesetz vom 11. Juni 1874, und ist
überhaupt die Oldenburgische Verwaltung der bestehenden Preußi=
schen Gesetzgebung, insbesondere dem eigentlichen Grundgesetz vom
3. November 1838 über die Eisenbahnunternehmungen und dem
Besteuerungsgesetz vom 16. März 1867 unterworfen.

Für die kurze Strecke, auf welcher der Oldenburgische Eisenbahn=
betrieb auf Niederländischem Gebiete sich bewegt, kommen die dor=
tigen Gesetze, das Eisenbahngesetz, Betriebsreglement und die Bahn=
polizeiordnung zur Anwendung, deren materieller Inhalt mit den in
Deutschland geltenden Bestimmungen im Wesentlichen übereinstimmt,
doch ist Manches im Wege der Gesetzgebung für obligatorisch er=
klärt (z. B. das Heizen der zweiten Wagenclasse) was sonst nur im
Wege der eigenen Initiative der Verwaltung oder auf Anordnung
der Aufsichtsbehörde erfolgt.

II. Verfassung der Verwaltung.

§. 16.
Organisationsgesetz, Geschäftsordnung, Instruktion.

Die Organisation der Eisenbahnverwaltung ist durch Gesetz vom
1. April 1867 erfolgt. Dasselbe setzte für den gesammten Bau= und
Betriebsdienst eine Eisenbahndirektion ein, welche als obere Ver=
waltungsbehörde dem Staatsministerium unmittelbar untergeordnet

ist. In Anschluß an die im ehemaligen Herzogthum Nassau be=
standene Organisation sollte die Direktion aus zwei Direktoren
bestehen, von denen der eine vorzugsweise den administrativen Theil,
der andere den technischen Theil der Geschäfte zu leiten habe; im
Uebrigen sollten nach Bedürfniß der Direktion Hülfsarbeiter zugeord=
net und die erforderlichen Büreaus unterstellt werden. Als Organe
der Direktion fungiren

1. der Betriebsinspektor, welchem die Leitung des gesammten
   Fahrdienstes, namentlich die Sorge für dessen Sicherheit und
   Regelmäßigkeit, für ordnungsmäßige Unterhaltung der Bahnen
   nebst Zubehör, für die Ordnung des ganzen Dienstes über=
   haupt, sowie die Aufsicht über die Handhabung der Bahn=
   polizei obliegt, und

2. der Maschinenmeister für die Leitung und Verwaltung
   des technischen Theils des Maschinen= und Wagendienstes,
   der Reparatur=Werkstätten, für die Aufsicht über das gesammte
   rollende Material, sowie zur vorläufigen Wahrnehmung der
   Materialverwaltung.

Die zweite Hälfte des angezogenen Gesetzes enthält ein sogen.
Gehaltsregulativ, in dem nicht nur die Minimal= und Maximalsätze
der einzelnen Stellen ausgeworfen sind, sondern auch die Zahl der
in Aussicht genommenen Beamten angegeben ist, sofern nicht bei
einzelnen Kategorien die Zahl der Annahme nach Bedürfniß von
vornherein überlassen ist.

Das Gesetz vom 12. Februar 1870 enthält eine Revision des
Gehaltsregulativs, durch welche nicht nur dem Bedürfnisse einer
Personalvermehrung, sondern in den meisten Positionen auch den
berechtigten Ansprüchen auf eine höhere Besoldung Rechnung getragen
wurde.

Das Gesetz vom 23. December 1872 nahm eine abermalige
Revision in demselben Sinne vor.

Die im Art. 16. des Organisationsgesetzes vorgesehene Ge=
schäftsordnung für die Direktion ist unter dem 14. December 1873
Höchstgenehmigt worden.

Für den Betriebs=Inspektor und den (Ober=) Maschinenmeister
sind schriftliche Instruktionen erst jetzt in definitiver Feststellung be=
griffen, theils weil die extensive und intensive Erweiterung ihrer
Thätigkeit räthlich erscheinen ließ, einen Abschluß abzuwarten, theils
weil Personalveränderungen und damit verbundene Provisorien einen
Aufschub befürworteten.

Dagegen erhielten die Strecken-Ingenieure schon im Jahre der
ersten Betriebseröffnung (1867) eine besondere Instruktion und erwies
es sich zweckmäßig, unter dem Ober-Maschinenmeister, welcher die
im Organisationsgesetz vorgesehene Aufgabe nach allen Richtungen
vertritt, dem Maschinenmeister, als unmittelbarem Leiter des Lokomotivbetriebes, eine mehr selbständige und entsprechend persönlich
verantwortliche Stellung anzuweisen, was durch die Geschäftsordnung
für den Maschinenmeister des Lokomotivbetriebes vom 4. April 1874
geschehen ist.

Für sämmtliche Büreaus der Eisenbahndirektion dient die Büreau-
Ordnung vom 11. November 1873 zur Regelung der äußeren Ordnung. Das Cassen- und Rechnungswesen der Direktion ist durch
spezielle Vorschriften geregelt; in der Revision, Buchhalterei und
Hauptkasse sind drei Organe gegeben, deren ineinandergreifender Ge-
schäftsgang mit Sicherheit arbeitet und gegenseitige Controlle
gewährt.

Für die Wagencontrolle ist eine besondere Instruktion unter
dem 7. Juli 1874 erlassen; auch für die übrigen Büreaus werden
spezielle Instruktionen in Aussicht zu nehmen sein, sobald die Verhältnisse sich etwas mehr konsolidirt haben, welche jetzt, namentlich
durch Hinzutritt der erst neuerdings eröffneten Strecken, während der
Tarifreform und anderer, auch auf die kleineren Verhältnisse zurück-
wirkender Umgestaltungen im Eisenbahnwesen Deutschlands, in
mancher Beziehung den Charakter eines Uebergangsstadiums tragen.

Für die einzelnen Kategorien des Strecken-, Stations- und
Fahrpersonals wurden bei Eröffnung des Betriebes Instruktionen
erlassen, welche denjenigen auf den Preußischen Staatsbahnen genau
nachgebildet wurden, nämlich solche

für die Bahnmeister,
„ „ Stationsverwalter,
„ „ Zugbegleitungsbeamten,
„ „ Güterexpedienten,
„ „ Gepäckexpedienten,
„ „ Stationseinnehmer,
„ „ Lokomotivführer und Heizer,
„ „ Bahn-, Weichen- und Hülfswärter,

sowie eine Arbeiter-Ordnung für die Arbeiter in den Werkstätten.
Theilweise sind diese Reglements bei neuen Auflagen einigen Modi-
fikationen unterzogen.

Außerdem sind zu erwähnen:

1. Spätere Instruktionen für einzelne Beamtenklassen, als Wagen=nachseher, Nachtwächter, Portiers, Gepäckträger.

2. Bestimmungen über einzelne Einrichtungen, welche die Ver=hältnisse des Personals näher regeln, als:

, Reglement für die Dienstkleidung,

Bestimmungen über die Krankenkassen (des Betriebspersonals und des Maschinen= und Werkstättenpersonals),

Regulativ, betr. die Dienstcautionen der Angestellten,

Regulativ über die Dienstwohnungen und Dienstlocali=täten,

Reglement über die Nebenbezüge des Lokomotivführer=personals,

Reglement, betr. Tagegelder bei Dienstreisen.

3. Instruktionen, welche besondere Vorschriften oder Unter=weisungen für einzelne Dienstzweige enthalten, als:

Reglement über die freien Fahrten nebst Nachtrag,

Instruktion zum Betriebs=Reglement für die Eisenbahnen Deutschlands,

Allgemeine Vorschriften über die Behandlung der Glocken=signallinien mit Einrichtung zum Geben elektrischer Hülfs=signale, Signal=Ordnung vom März 1875 nebst Nachtrag,

Instruktion über das Stellen der Stationsuhren,

Instruktion für die Unterhaltung und Benutzung der Feuer=spritzen.

Diese gruppenweise Aufführung hat nicht ganz ohne Werth geschehen, um summarisch Einsicht in die Materien zu geben, auf welche sich das Instruktionswesen erstreckt, wobei diejenigen Be=stimmungen unbeachtet gelassen sind, welche sich, wie die Krahn=Ordnung, Niederlage=Ordnung als Pertinenzien der Tarife darstellen, von denen an anderer Stelle die Rede sein wird.

Im Uebrigen werden die generellen Anordnungen, welche durch den häufigen Wechsel der Verhältnisse bedingt sind, in Aenderung Erweiterung oder Ausführung der Instruktionen ⁊c. durch sogen. Dienstbefehle zur Kenntniß gebracht, deren Zahl unter Umständen die Uebersichtlichkeit der bestehenden Vorschriften zu beeinträchtigen geeignet ist. Aus diesem Bedürfniß ging die mit dem 1. Januar 1872 (unter Aufhebung aller bis zu diesem Zeitpunkt erlassener Dienstbefehle) erlassene Zusammenstellung der „Dienstvorschriften für

den Betriebsdienst" hervor, welche den Inhalt der im Wege der In=
struktion oder des Dienstbefehles gegebenen, gegenwärtig in Kraft
befindlichen Vorschriften systematisch zusammenstellte.

Eine Umarbeitung dieser seither antiquirten nützlichen Zusammen=
stellung ist in Aussicht genommen und nur aus den oben bereits
angedeuteten Zweckmäßigkeitsgründen bislang noch nicht zur Aus=
führung gebracht.

§. 17.
Die einzelnen Dienstabtheilungen.

I. Die Eisenbahndirektion besteht zur Zeit aus fünf Mitgliedern
unter dem Vorsitz des technischen Direktors, dessen Thätigkeit bislang
vorzugsweise durch Projektirung und Ausführung der Neubauten in
Anspruch genommen war, so daß die Betriebsleitung und die Bahn=
unterhaltung von dem technischen Mitgliede, Baurath Schmidt, in
erster Linie wahrgenommen wurde, welcher im Jahre 1871 nach dem Ab=
gange des Betriebs=Inspektors Altvater an die Verwaltung der
oberhessischen Bahn, aus der Königlich Preußischen Eisenbahnverwal=
tung, als Vorstand der Betriebs=Inspektion eingetreten war, 1873
zum Mitgliede der Direktion ernannt wurde und bis 1875 mit die=
ser Stellung diejenige des Ober=Betriebs=Inspektors vereinigte. Eine
gleiche Combination findet gegenwärtig in der Person des zweiten
technischen Mitgliedes, Baurath Wolff, statt, der den Schwerpunkt
seiner Geschäfte nach wie vor in der Vorstandschaft der Maschinen=
Inspektion findet. Diesem Verhältniß entspricht auch die Berechnung
des Gehalts unter der angeführten Position des Regulativs, welche für
die Stelle, wie für diejenige des Vorstandes der Betriebs=Inspektion
1000 bis 1700 $\mathscr{A}$ (3000 bis 5100 $\mathscr{M}$.) auswirft. Das administrative
Mitglied, Direktions=Rath Behrens, früher ebenfalls in der Verwal=
tung der Königlich Hannoverschen Staatseisenbahn thätig und von
dort als Oberbeamter an die Betriebsgesellschaft der Niederländischen
Staatsbahn berufen, ist bereits vor der Betriebs=Eröffnung im Jahre
1867 als Hülfsarbeiter der Direktion in Oldenburg eingetreten und
1872 zum Mitgliede der Direktion ernannt. Derselbe hat vorzugs=
weise die Tariffachen, das Cassen= und Rechnungswesen und die
damit verbundene unmittelbare Aufsicht über die Büreaus in seiner
ressortmäßigen Thätigkeit. Der Gehalt ist bislang außeretatsmäßig
bewilligt, da das neueste Regulativ nur ein Mitglied (1200 bis
1800 $\mathscr{A}$) neben 1800 bis 2300 $\mathscr{A}$ (5400 bis 6900 $\mathscr{M}$.) für zwei
Direktoren vorsieht.

Für die gemeinschaftlich zu erledigenden Geschäfte findet in der Regel am Montag jeder Woche eine Sitzung statt; die laufenden Sachen werden von sämmtlichen Mitgliedern in ihren Departements bearbeitet; eilige Sachen, welche ihrer Wichtigkeit wegen von dem Dezernenten nicht allein zu entscheiden sind, werden, wie sie herantreten, zur Besprechung oder Beschlußfassung gebracht.

Die Fälle, welche dem Großherzoglichen Staatsministerium, unter dessen Departement des Innern die Eisenbahndirektion ressortirt, zur Entscheidung vorzutragen sind, finden sich in der Geschäftsordnung speziell aufgeführt.

Hülfsarbeiter sind im Regulativ 4 ausgeworfen mit einem Gehalt von 800 bis 1400 *₰* (2400 bis 4200 *ℳ*); gegenwärtig fungiren, außer einem vorübergehend für den Bau des Stationsgebäudes in Oldenburg engagirten Architekten, zwei bereits genannte Beamte, der Vorstand des technischen Central-Büreaus Ober-Inspektor Meyer und der vorzugsweise mit dem Grunderwerb und allen hiemit verwandten, sowie aus dem Grundbesitz sich ergebenden Geschäften (Inventarisation, Abgabenwesen, Brandkassenwesen ꝛc.) betraute Ober-Inspektor Scheffler.

Den Hülfsarbeitern ist in der Geschäftsordnung ein bestimmter Wirkungskreis nicht abgegrenzt.

Ein außerordentliches (unbesoldetes) Mitglied der Direktion, Geh. Finanzrath Siebold, soll nach Geschäftsordnung in einzelnen geeigneten Fällen zur Mitwirkung veranlaßt werden.

Die Büreaus der Direktion, außer der bereits erwähnten Hauptkassenverwaltung, in ihren drei Zweigen sind folgende:

1. Das technische Büreau, in welchem unter unmittelbarer Leitung des Baudirektors projektirt und gezeichnet wird, ist durch Abschluß des Baues neuer Linien wesentlich reduzirt.

Für die registraturmäßige Behandlung der Karten ꝛc. wird ein technisch gebildeter Plankammerverwalter in Aussicht zu nehmen sein.

2. Die Registraturen für Betriebs- und für Bausachen mit dem erforderlichen Personal an Schreibkräften ꝛc. Von letzteren ist einer angestellt. Die übrigen Hülfsarbeiter mit Monatsremuneration. Diesem System wird demjenigen der Stückarbeit gegenüber der Vorzug gegeben, einmal, da sich eine angemessene Taxe für Copialien bei der großen Verschiedenheit der vorkommenden Arbeiten nicht wohl aufstellen läßt, sodann weil das Prinzip verfolgt wird, nicht einen ständigen Schreiberstand zu erhalten, sondern die jungen Leute mög-

lichst vielseitig in den verschiedenen Branchen des Dienstes auszu=
bilden und je nach geistiger, moralischer und körperlicher Tüchtigkeit
zu verwenden.

Zu den Registraturen gehört auch die Drucksachenverwaltung,
welche die Formulare und geldwerthen Drucksachen anzuschaffen, auf
Requisition zu verabfolgen und den Verbrauch zu controlliren hat,
sowie in gewissem Sinne die lithographische Anstalt, welche jedoch
nicht nur Schriftstücke, Zeichnungen und Karten im Wege des Ab=
klatsches vervielfältigt, sondern auch außerordentlich saubere Zeich=
nungen (graphische Fahrpläne, Karten 2c.) auf der Steinplatte aus=
führt.

3. Die Controllen für den Güter= und Personen=Verkehr sind
mit der Feststellung der Einnahmen der Stationen einerseits, mit der
Abrechnung der Verwaltungen untereinander andererseits befaßt.

Als ein Appendix an die letztere ist die Druckerei in welcher die
Fahrkarten angefertigt werden, aufzuführen.

4. Die Wagencontrolle stellt den Lauf aller Wagen auf der
eigenen Bahn, den der Oldenburgischen Wagen auf fremden Bahnen
fest und vermittelt die darnach erforderliche Abrechnung mit den
übrigen Verwaltungen.

5. Der Stationscassen=Controlleur ist mit der im Jahre 1871
eingerichteten, regelmäßigen Revision der Stationscassen befaßt,
um den Sollbestand (nach Feststellung durch die Controllen bezw.
nach dem Buchen der Station seit der letzten Dezision) mit dem Ist=
bestande zu vergleichen. Die Regelmäßigkeit und häufige Wieder=
holung hat nicht nur dahin geführt, die Ordnung in der Casse= und
Geschäftsführung der Stationen zu heben, sondern dient auch wesent=
lich zur Befriedigung der Beamten, welchen durch die Feststellung
die Verantwortlichkeit erleichtert und ein größeres Gefühl der Ruhe
und Sicherheit gegeben wird.

6. Das erst im Jahre 1876 eingerichtete Recherche=Büreau hat
die Aufgabe, die Voruntersuchung in den vielen Reclamationssachen
wegen Unregelmäßigkeiten im Güterverkehr (Beschädigungen, Verluste,
unrichtige Berechnung der Fracht, Ueberschreitung der Lieferfrist) zu
führen, den Thatbestand festzustellen bei Anträgen auf Rückver=
gütungen, namentlich Erlaß von Standgeld und die Ausgleichsver=
handlungen mit den betheiligten Verwaltungen vorzubereiten

7. Das Tarifbüreau, die jüngste, erst im vorigen Jahre abge=
sonderte Dienststelle hat die Local= und Verbandstarife auszurechnen,
die Tarife und tarifarischen Vorschriften zu sammeln 2c.

Neben den erwähnten Registraturen für den Betrieb (A), für den Bau (B), werden die Tarifakten von dem Tarifbüreau (C), die Reclamations= rc. Sachen von dem Recherchebüreau (D) selbst registrirt.

Die Zahl dieses Personals beläuft sich auf:

32 Beamte,
49 Hülfsarbeiter,
3 Hauswart und Büreaudiener.
84 Personen im Ganzen.

II. „Der Betriebsinspektor des Organisationsgesetzes ist als eine der Direktion unmittelbar unterstellte Person gedacht; dagegen hat sich bei dem größeren Umfange des Geschäfts eine förmliche Dienststelle (Behörde) herausgebildet und ist die Bezeichnung „Betriebs= Inspektion" nach und nach nicht nur in die dienstliche und außerdienstliche Sprache übergegangen, sondern selbst in die Gesetzgebung, sofern das letzte Gesetz über die Besoldungsverhältnisse von einem „Vorstand der Betriebs=Inspektion" redet.

Die Betriebs=Inspektion ist in einem, in der Nähe des Stationsgebäudes ermietheten Gebäude untergebracht, welches mit dem Stationsgebäude durch eine telegraphische, mit dem Direktionsgebäude durch eine telephonische Leitung verbunden ist. Demnächst wird dasselbe in das im Bau begriffene Hauptgebäude verlegt und dadurch auch dem Direktionsgebäude erheblich näher gerückt werden. In den Dienstlokalitäten der Betriebs=Inspektion sind zugleich die Büreaus der derselben untergestellten Streckeningenieure eingerichtet.

Als Vorstand der Betriebsinspektion fungirt der in der Baugeschichte erwähnte Oberbetriebsinspektor Niemeyer, welchem seit Ende 1876 ein Ingenieur als Assistent beigegeben ist.

Das Büreaupersonal zerfällt in die Registratur und Expedition, welche den schriftlichen Verkehr mit den übrigen Dienstzweigen vermitteln und die Rechnungsabtheilung, in welcher die Rechnungen von den mit Ausführung der Arbeiten betrauten Personen, geprüft, eingetragen und mit den direkten Ausgaben (für das zugehörige Personal rc.) vorbereitet und mit Attest der Inspektion der Direktion zur Anweisung vorgelegt werden.

Unter den Streckeningenieuren ressortiren die Bahnmeister, welche die Aufsicht über die Wärter und Arbeitercolonnen ihrer Distrikte führen; direkt unter der Inspektion die Stations=Telegraphen und Zugbegleitungsbeamten.

III. Für den Maschinenmeister gilt zunächst das hinsichtlich des Betriebsinspektors oben Bemerkte, mit der Maßgabe, daß das persönliche Zusammenwirken durch die Verbindung gesichert erscheint, daß der Obermaschinenmeister zugleich Mitglied der Direktion ist.

Die Maschinen-Inspektion hat ihre Diensträume in den Gebäuden, in welchen die Reparaturwerkstätten ec. sich befinden. Unter dem Obermaschinenmeister fungiren der Maschinenmeister für den Lokomotivdienst, welchem das Lokomotivpersonal unmittelbar unterstellt ist, ein zweiter Maschinenmeister, welcher vorzugsweise mit der Instandhaltung des Wagenparks betraut ist und ein Maschinen-Ingenieure als Assistent nebst den erforderlichen Zeichnern.

Die Aufsicht ec. über die sämmtlichen Arbeiter der Werkstätten wird durch die Werkmeister vermittelt.

Der Materialverwalter empfängt die Vorräthe und Materialien auf Einnahmeordre, verabfolgt sie auf bescheinigte Requisition und führt mit Hülfe eines Schreibers über Ab= und Zugang Bücher, aus denen sich der jeweilige Bestand ergeben muß.

Mit irgend welcher Verrechnung von Kosten ist derselbe nicht befaßt, diese ist vielmehr mit den Geschäften des Rechnungsführers verbunden. Als Vorstand des Bürraus nimmt derselbe unter Beihülfe von Werkschreibern, außer den Registraturgeschäften, die Buchung und Rechnungsaufstellung über die Materialien, sowie die Revision der Bestände vor, führt die Werkstättenrechnungen unter Sammlung der verdienten Accord= und Tagelöhne, handhabt Verbuchung derselben, einschließlich des verwandten Materials, auf die einzelnen Objekte, besorgt endlich sämmtliche im Ressort des Obermaschinenmeisters vorkommende Zahlungen durch Aufstellung der Rollen, welche mit dem Attest des Vorstandes versehen, an die Direktion gelangen, um nach abermaliger Revision angewiesen zu werden.

§. 18.
Verhältniß zu anderen Staaten und Verwaltungen.

Durch die Eisenbahnverbindung ist Oldenburg bezw. die Eisenbahnverwaltung nicht nur zu den beiden Bundesstaaten, Preußen und Bremen, von denen das Herzogthum eingeschlossen wird, sondern auch zu dem Königreich der Niederlande in besondere Rechtsverhältnisse eingetreten, indem der oldenburgische Betrieb sich bis auf das Territorium dieser Staaten erstreckt.

1. Was die Beziehungen zu der freien und Hansestadt Bremen betrifft, so ist für die Form der Verhandlungen das im

Staatsvertrage vorgesehene Verfahren eingeschlagen, nach welchem von den beiderseitigen Regierungen je ein Commissar bezeichnet wurde. Als Commissare des Senats der freien und Hansestadt Bremen haben die Herrn Senator (jetzt Bürgermeister) Grave, dann Senator Buff fungirt, von dem Oldenburgischen Ministerium wurde ein Mitglied der Eisenbahn-Direktion, in der Regel das administrative hiezu designirt.

Zu laufender Geschäftsverbindung gab in erster Linie der Theil des Staatsvertrages Anlaß, welcher die von Oldenburg an Bremen zu zahlende Vergütung behandelt.

Um diese, für Oldenburg wichtige Angelegenheit in ihrer Ent= wicklung aus den Bestimmungen des Staatsvertrages im Zusammen= hange zu behandeln, darf der im §. 3 bereits enthaltene, bezügliche Inhalt des Staatsvertrages übersichtlich vorangestellt werden.

Für die Benutzung der Bremischen Anlagen hat Oldenburg jährlich zu zahlen:

A) Für Mitbenutzung des Hauptbahnhofs und der Weserbahn excl. für Oldenburg neu anzulegender Gleise;

1. zur Verzinsung den verhältnißmäßigen Theil von 4%, des Anlagekapitals,

2. für Verschleiß — desgleichen von ½% der Anlagekosten für die Gebäude des Hauptbahnhofs,

3. zur Unterhaltung und Ergänzung der Bahnhofsanlagen und der Weserbahn, auch zur Bewachung letzterer — den entsprechenden Kostentheil.

Statt dieser unter 1. 2. 3. vorgesehenen Vergütungen ist es Oldenburg freigestellt, im Ganzen ein Aversum von 5000 ℳ Gold zu zahlen.

4. Beitrag zu den Verwaltungskosten ꝛc.

B) Für Benutzung der übrigen Bauwerke, als Gleis zwischen Weser-Bahn und -Brücke, Weser- und Sicher= heitshafen-Brücke, Anlagen in Bremen-Neustadt und der für Oldenburg angelegten neuen Gleise in Alt= stadt und Neustadt:

4% Verzinsung der Anlagekosten,

für Verschleiß der Brücken ⅓% der Unterbau-Kosten,

½% der Oberbau-Kosten,

für Verschleiß der Gebäude in Bremen-Neustadt ½% des Anlagekapitals.

Die Unterhaltungs= und Ergänzungskosten für die sub. B.
genannten Bahnanlagen hat Oldenburg gleichfalls zu tragen,
dieselben werden aber nicht jährlich, sondern in einzelnen Rechnungen
liquidirt und kommen wie die Ausgaben für die Strecke
außerhalb der Stadt Bremen hier nicht weiter in Betracht.
So verhält es sich auch mit dem Beitrage Bremens zu den Gleis=
unterhaltungskosten für lokale Transporte nach Bremen=Neustadt.

Im Uebrigen ist bestimmt, daß von Oldenburgischer Benutzung
ausgeschlossene Anlagen nicht zur Berechnung zu ziehen seien, das
Anlagekapital für die Weser= und Sicherheitshafen=Brücke wurde
auf zusammen 426,000 *₰ Gold normirt, und sind in Rücksicht auf
die Anlagekosten der Haltestelle Bremen=Neustadt, so lange diese
besteht, jährlich 2000 *₰ Gold von der dießseitigen Ver=
gütung abzusetzen.

In weiterer Ausführung des Vertrages wurde unterm
9. April 1867 zwischen den beiderseitigen Kommissaren ein Ueberein=
kommen wegen der von Oldenburg mitzubenutzenden Anlagen getroffen,
welches sich auch auf den Antheil an Personal= 2c. Kosten bezieht,
und nach erfolgter Ratifikation mit der Oldenburgischen Betriebs=
eröffnung, 15. Juli 1867, in Anwendung kam. Bei der Vorver=
handlung zu diesem Spezial=Vertrage wurden die zu berechnenden
Anlagekosten des Hauptbahnhofs zu Bremen zu

	800,000	*₰ Gold,
die der Weserbahn zu	60,000	„ „

angenommen, macht zu 4% an Zinsen 32,000 *₰
Gold und 2,400 *₰ Gold

und sollte Oldenburg davon ¹/₁₀ des ersten Betrages	3,200	*₰ Gold,
¹/₂ des zweiten „	1,200	„ „
ferner für Unterhaltung des Bahnhofs, der Weserbahn und Bewachung der letzteren als Antheil	700	„ „
	5,100	*₰ Gold,

und einen Beitrag zum Verschleiß der Gebäude
zahlen, welcher nicht fixirt wurde, aber auf . 150 „ „
anzuschlagen ist.

Statt dieser Beträge übernahm Oldenburg
  a) die jährliche Summe von . . . . 5,000 „ „
zu entrichten, und ferner zu zahlen:
  b) 4% Zinsen der Anlage und Terrainkosten der für Oldenburg
    neu anzulegenden Gleise,

c) 1. für Mitbenutzung des Lokomotivschuppens nebst Dreh=
scheibe und Wasserstation . . . . 500 ₰ Courant.

2. für Bedienung und Wasserspeisung
der Lokomotiven . . . . . . 500 „ „

3. Beitrag zur Instandhaltung der vor=
handenen und der laut dem Vertrage
beigefügter Karte anzulegenden Gleise 1310 „ „

4. Beitrag zu den Beamten=Besoldungen
($^1/_6$—$^1/_7$) . . . . 2200 „ „

5. Desgleichen zu den Arbeitslöhnen
($^1/_{10}$ der Kosten) . . . . . 2000 „ „

6. für Rangirdienst, wobei die Olden=
burgische Maschine thunlichst mitwirkt 500 „ „

7. Beitrag wegen Erleuchtung, Heizung
und Reinigung der Gebäude ($^1/_{10}$) 340 „ „

8. zur Unterhaltung ꝛc. des Inventars
und der Bahngeräthe ($^1/_4$) . . . 230 „ „

Zusammen Abtheilung c = 7580 ₰ Courant.

Auf Grund dieser bis zum 31. December 1869 und ferner
mit einjähriger Kündigungsfrist geltenden Abmachung, sowie der
früheren Bedingungen wegen der übrigen Anlagen, war
die Jahres=Vergütung an Bremen seit der Verkehrs=Uebergabe der
Oldenburg=Bremer Bahn zu berechnen. Dabei ist das zu verzinsende
Anlage=Kapital für die Weserbrücke zu . . 276,000 ₰ Gold,
die Sicherheitshafenbrücke. . . . 150,000 „ „
das Stationsgebäude in Bremen=
Neustadt . . . . 36,000 „ „
für die übrigen Anlagen in Bremen=
Neustadt und bis zur Weserbahn,
als Gleise ꝛc., auch neue Gleise
auf Bremer Hauptbahnhof . . 130,800 „ „

Zusammen 592,800 ₰ Gold,

ermittelt. Die pro 1867 erfolgte diesseitige Vergütung setzte sich
demnach zusammen:

Jährlicher Betrag (abgerundete Zahlen).

		₰ Gold.	₰ Cour.
I.	Aversum für Mitbenutzung ꝛc. des Hauptbahnhofs und der Weserbahn . . : .	5000	—
II.	4% Zinsen für die neuen Gleise daselbst, sind in Abtheilung IV. mit enthalten.		
III.	Für Mitbenutzung des Lokomotiv=Schuppens ꝛc. und an Beitrag zu den Betriebskosten des Hauptbahnhofs ꝛc..	—	7580

IV. 1. Die 4% Verzinsung für die Anlagekosten der Brücken, Bremen-Neustädter Bauten und neuen Gleise ad 592800 ₰ Gold . . . . 23712 —

2. Verschleiß der Gebäude in Neustadt
   ½% von 36000 ₰ Gold 180 —
   „ des Brücken-Unterbaus
   ⅓% von 236000 ₰ Gold 295 —
   „ des Brücken-Oberbaues
   ½% von 190000 ₰ Gold 950 —

Zusammen jährl.	30137	7580
Ab für Station Bremen-Neustadt . . .	2000	—
Bleibt jährlich	28137	7580
28137 ₰ Gold sind in Cour. à 110 ½ % =		31090
Jährlich		38670

Für 1867 ist gezahlt für 5 ½ Monat $\dfrac{38670 . 11}{24} =$ 17724

und an Zinsen=Mehrbetrag für Brücken ꝛc., deren Fertigstellung Juli 3 erfolgte . . ‘666

Zusammen	18390

Pro 1868 wurde vergütet: ₰ Cour.
wie oben 38670
und 4% Zinsen für 7550 ₰ Gold Capital für Neubauten, pro Jahrestheil 162

38832

Nach Zusetzung dieser 7550 ₰ Gold zu dem früheren Capital ad 592800 ₰ Gold ist das Capital auf 600300 ₰ Gold festgestellt, und ist danach von Oldenburg gezahlt pro 1869 . . . 38670
und 300

38970

Wegen der ferneren Zahlungen, die bis Ende 1873 sowie pro 1869 blieben cfr. den Schluß dieser Uebersicht. Laut Schreibens des Bremischen Commissars vom 23. Decbr. 1868 wurde der Vertrag vom 9. April 1867 zum 31. Decbr. 1869 gekündigt, mit Rücksicht auf die damals erwartete Einmündung der Venlo-Hamburger Bahn in den Hauptbahnhof. Die Verhand= lungen über eine neue Vereinbarung wurden aber erst im Jahre 1872 wieder aufgenommen, wobei die Königlich Preußische Staatsbahn=Verwaltung als mitinteressirt eintrat. Oldenburgischerseits wurde anerkannt, daß die no= torische Steigerung der Betriebskosten zu einer Revision des Ver= trags veranlasse, daß aber der projektirte Umbau des Haupt= bahnhofs rc. die Einführung eines neuen **provisorischen** Vertrags wenig empfehle; ferner ist gegen den Antrag Bre= mens und Preußens, den diesseitigen Kostenbeitrag bedeutend zu erhöhen, eingewendet, daß die diesseitige Benutzung der Bre= mischen Anlagen nicht so intensiv sei, wie durch den andern Verkehr und Oldenburg mehrere besondere Gleise habe. In Rücksicht auf den anderseitigen Nachweis, daß viele Bau=Unterhaltungs= und Be= triebskosten sich mehr als verdoppelt hatten, konnte nicht aus= bleiben, daß der diesseitige Beitrag im Nachtrage vom 25./26. März 1875 zum Vertrage vom 9. April 1867 bedeutend erhöht wurde, indem man das Verhältniß des Oldenburgischen Verkehrs zum Gesammtverkehr wie 9/16 zu 100 (nach Maßgabe der ein= und auslaufenden Wagenachsen) annahm.

Oldenburg hat danach zu zahlen:

I. Statt des Aversums von 5000 ₰ für Bahn= hof und Weserbahn = ... 43247 ℳ.

II. Verzinsung der neuen Gleise.

III. 1. Für Mitbenutzung des Lokomotivschuppens rc.   1500 ℳ.
2. Für Bedienung und Wasserspeisung der Lo= komotiven . . . .   1500 „
3. Beitrag zur Unterhaltung der Gleise . . .   9618 „
4. Beitrag zu den Beamten=Besoldungen . .   16269 „
5. Beitrag zu den Arbeitslöhnen . . . . .   15246 „
6. Für Rangirdienst . . . .   18414 „
7. Beitrag zur Erleuchtung, Heizung und Reini= gung der Gebäude . . . .   3555 „

Uebertrag 66102 ℳ.

Uebertrag 66102 ℳ.

8. Zur Unterhaltung ꝛc. des Inventars und
der Geräthe . . . .   780 „

II. Zus. 66882 ℳ.
Dazu Summa I. 43247 „

Summa 110129 ℳ.

(statt früherer 16600 ℳ. + 227400 =
39400 ℳ.)

IV. Die Verzinsung und der Verschleiß der übrigen Anlagen ist
mit den ad II. gedachten zusammen wie früher zu bezahlen;
— seit 1. Juni 1874 geht hinzu Verzinsung für die Herstel=
lungskosten des III. Gleises in Bremen=Neustadt mit 7360 ℳ.
Capital. Hiernach beträgt die Vergütung

ad II. und IV. zusammen 84800 ℳ.
I. und II. zusammen 110129 „

Summa 194929 ℳ.
Ab 6650 „

Bleibt 188279 ℳ.

Die Zahlung der Summe I. läuft vom 1. Juli 1874,
der Summe II. vom 1. April 1874 ab.

Bei einer jährlich bis zum 1. September für das folgende
Jahr zu fordernden Revision soll für die Vergütungen I. sowie
III. ³/₆ und 8 die Beitragspflicht Oldenburgs nach Ver=
hältniß der auf dem Hauptbahnhof verkehrenden Achsen
und nach den Anlage= und Betriebskosten zur Zeit der Revision er=
mittelt, der diesseitigen Verwaltung für weniger intensive Benutzung
1%, jedoch nur für den Beitrag zu I. gutgerechnet werden.
Diese Revision soll jetzt regelmäßig stattfinden, dabei wurde bestimmt,
daß die von Preußen verlangte Achsenzählung vom 1. Januar
1877 an vorzunehmen sei. In Ausführung dieser Vereinbarung
wurde unterm 10. April 1877 wegen Zählung der Wagen=
achsen gemeinschaftlich bestimmt, daß sämmtliche in den Richtungen
Bremen=Oldenburg, Bremen=Langwedel, Bremen=Geestemünde, Bahn=
hof=Köln=Minder und Bahnhof=Productengleis in Bremen=Neustadt
ankommende und abgehende Wagen zu zählen seien. Hiernach wird
sich das Verhältniß für Oldenburg pro 1877 auf 13,₃%
des ganzen Verkehrs stellen, von welchem Satze 1% zu
Gunsten Oldenburgs bei Berechnung der Vergütung abzusetzen ist.

12*

Die jährlichen Zahlungen Oldenburgs haben bis jetzt betragen:

pro 1867 (5½ Monat . . . . 55170 ℳ.
„ 1868, 69, 70, 71, 72 und 73 je rund 117000 ℳ.
„ 1874 (theils nach dem frühern, theils neuen Verhältniß, 9,₆% ꝛc.) 163800 ℳ.
„ 1875 und 1876 je . . . . 188278 ℳ.
„ 1877 eine Abschlagszahlung von . 190000 ℳ.

Eine genaue Aufrechnung für 1877 ist von Bremen noch nicht hergegeben und wird man sich diesseits auf eine Nachzahlung bis zu 30,000 ℳ. gefaßt machen müssen.

Die enorme Steigerung der Betriebsausgaben für Bahnhof Bremen steht schwerlich in dem richtigen Verhältniß zu den Mehreinnahmen, welche diese Station erbracht. Da jedoch eine wirklich zutreffende Berechnung überhaupt nicht, und eine vergleichende der verschiedenen Betriebsjahre um so weniger sich aufstellen läßt, als im Laufe der Zeit das Verhältniß der lokalen Stationseinnahmen sich verschoben hat durch direkte Verkehre an Stelle von Umexpeditionen, so ist von dem Versuche eines rechnungsmäßigen Nachweises abgesehen; soviel wird man mit Bestimmtheit behaupten können, daß Bremen verhältnißmäßig die theuerste Station des Oldenburgischen Eisenbahnnetzes ist und daß die hohen Kosten der Anlage und des Betriebes in so vollem Maße getragen werden, als ob die ganze Verbindung Bremens mit dem Oldenburgischen Eisenbahnnetz und seinen weiteren Anschlüssen in ausschließlich diesseitigem Interesse läge und für Bremen als Handelsplatz und Eisenbahninhaber werthlos wäre.

Anderweitige Verhandlungen mit der Stadt Bremen haben sich namentlich auf das Projekt der Anlegung eines Centralbahnhofes bezogen, über welches bislang ein definitiver Beschluß der Betheiligten noch nicht vorliegt.

2. Mit der Königlich Preußischen Regierung und den Preußischen Staatsbahnen liegen mehrfache Verbindungen vor: a) Aus den Einkünften der Wilhelmshavener Bahn welche pro Meile 18,000—60,000 ℳ. betragen, wird die Hälfte, von der Mehreinnahme über 60,000 ℳ. pro Meile (ein Rohertrag, welcher überschritten ist) 60% an den Königlich Preußischen Eisenbahn-Fiskus abgeführt. Die Ueberweisung erfolgt in runder Summe bis zur Aufstellung einer genauen Aufrechnung. Andererseits werden für die erforderlich erscheinenden Ergänzungsbauten auf Antrag die

Mittel gewährt und ist in dieser Hinsicht bislang stets in liberalster Weise verfahren; wozu beitragen mag, daß man diesseits bei solchen Anträgen stets auf das wirklich Nothwendige sich beschränkt, sowie, daß man jenseits von der Bahn wohl nie eine solche Verzinsung des Anlagekapitals erwartet hat, wie der Erfolg sie ergiebt. Ferner ist eine Entschädigung für Mitbenutzung der über den Pferdemarkt in Oldenburg führenden Strecke seitens der Leerer Bahn zu zahlen, und endlich für theilweise Mitbenutzung des Bahnhofs Sande für die Bahn von Sande nach Jever. Der Betrag der Entschädigung stellt sich für die erste Strecke laut Uebereinkommen vom 25. Januar 1868 auf 4% p. a. Zinsen eines Kapitals von 14,400 *₰* oder auf 1728 *M.*, die Vergütung für Mitbenutzung der Station Sande (welche zu den Streckeneinnahmen gerechnet wird) betrug vom 15. Oktober 1871 bis Ende 1873 jährlich 961 *M.* 70 ₰, in den 5 Jahren 1874—1878 jährlich 1178 *M.*, seit 1. Januar 1878 jährlich 1538 *M.* 50 ₰. Hierin stecken 96 *M.* 50 ₰ Pacht für Terrain, welches Anlagen der Bahn Sande-Jever in Anspruch nehmen, die Hauptsumme ist die theilweise 4% Verzinsung des Anlagekapitals, welches laut Vertrag vom 10. August/9. September 1875 für die erste Periode zu $\frac{1}{5}$, für die zweite zu $\frac{1}{4}$ und für die dritte dauernd zu $\frac{1}{3}$ zu erfolgen hat. Die Preußische Regierung hat zur Wahrung der fiskalischen Interessen der Wilhelmshavener Bahn einen Königlichen Kommissarius bestellt, und zwar in der Person des jeweiligen Vorsitzenden der Königlichen Eisenbahndirektion Hannover.

Die Mitbenutzung des Bahnhofs Leer der Westfälischen Eisenbahn seitens der Oldenburgischen Eisenbahn-Verwaltung beruht auf Vertrag vom 23. Oktober 1871, welcher auf Grund des Staatsvertrages vom 17. Januar 1867 zwischen der Königlichen Direktion der Westfälischen Eisenbahn in Münster und der Großherzoglich Oldenburgischen Eisenbahn-Direktion in Oldenburg abgeschlossen ist.

Sämmtliche Anlagen und Einrichtungen des Bahnhofs Leer unterliegen der gemeinschaftlichen Benutzung beider Verwaltungen.

Nur die von der Oldenburgischen Eisenbahn-Verwaltung für eigene Rechnung hergestellten Anlagen, als:

a) eine Drehscheibe für Maschinen und Tender,

b) ein provisorisches Maschinenhaus,

c) ein Wagenschuppen,

bleiben der ausschließlichen Benutzung dieser Verwaltung vorbehalten.

Jede der beiden Verwaltungen besorgt die Unterhaltung der von ihr hergestellten Anlagen.

Der Direktion der Westfälischen Eisenbahn steht die Verwaltung des Gesammtbahnhofs Leer zu, und hat dieselbe wegen Wahrnehmung des Stations- und Expeditionsdienstes durch ihre dortigen Beamten für die Oldenburgische Verwaltung die erforderlichen Anordnungen zu treffen.

Als Vergütung für die Mitbenutzung des Bahnhofs Leer, soweit derselbe bereits vor Anschluß der Oldenburgischen Bahn bestand, und als Beitrag zu den Kosten des von der Westfälischen Eisenbahn für die Oldenburgische Verwaltung mitübernommenen Stations- und Expeditionsdienstes hat die letztere an die Westfälische Verwaltung eine jährliche Aversionalsumme von 19,200 $\mathcal{M}$. zu zahlen. Diese Vergütung entspricht einem Drittel ($\frac{1}{3}$) der zu 57,600 $\mathcal{M}$. ermittelten Kosten für die gemeinschaftliche Benutzung des Bahnhofs Leer, wovon $\frac{2}{3}$ die Westfälische Eisenbahn-Verwaltung trägt.

In dieser Entschädigung ist eine Vergütung für die Mitbenutzung der in Leer für die direkte Verbindung mit der Schifffahrt hergestellten Anlagen nicht einbegriffen, vielmehr wird für die Ueberführung von Gütern nach der Hafenstation in jedem einzelnen Falle eine Verschiebegebühr berechnet.

Die nach der Betriebs-Eröffnung der Oldenburg-Leerer Bahn (1869, Juni 15) auf Bahnhof Leer etwa nöthig werdenden Erweiterungsbauten der einen oder andern Verwaltung bleiben, sofern die Kosten derselben im einzelnen Falle 1500 $\mathcal{M}$. nicht übersteigen, auf die erwähnte Pauschalsumme von 19,200 $\mathcal{M}$. ohne Einfluß. Bei Neuanlagen für gemeinschaftliche Benutzung von höherem Kostenbetrage bedarf es zur Heranziehung der andern Verwaltung zu der ein für allemal auf $4\frac{1}{2}\%$ festgesetzten Baurente der vorherigen Verständigung unter beiden Verwaltungen. Die demnach zu berechnende Baurente wird von der Westfälischen Verwaltung mit $\frac{2}{3}$, von der Oldenburgischen mit $\frac{1}{3}$ übernommen, und erhöht sich um den letztern Betrag die von Oldenburg zu zahlende Pauschalsumme von dem Tage der Fertigstellung der Anlagen ab.

Entstehen aus derartigen Erweiterungen direkte Einnahmen, so wird der Oldenburgischen Verwaltung $\frac{1}{3}$ Antheil davon gutgerechnet.

Das gleiche Rechnungs-Verhältniß findet Anwendung, falls sich in Zukunft die gegenwärtig auf 1125 $\mathcal{M}$. angenommenen, in der Pauschalentschädigung mitbegriffenen Beleuchtungskosten erhöhen sollten.

Bis Ende des Jahres 1873 sind außer der Pauschalsumme an die Westfälische Verwaltung für von ihr inzwischen hergestellte Neuanlagen jährlich rund 70 $\mathcal{M}$. bezahlt worden.

Der Vertrag vom 23. Oktober 1871 ist bis ultimo 1873 unverändert in Kraft getreten; vom 1. Januar 1874 ab hat derselbe in Folge der größeren Entwickelung des Verkehrs und der durch die gesteigerten Gehaltssätze und Löhne für Beamte und Arbeiter rc. hervorgerufenen Mehrausgaben entsprechende Modifikation erhalten, durch welche der von Oldenburg jährlich zu zahlende Beitrag sich nicht unerheblich steigert.

Die Neuerung besteht darin, daß in dem der Berechnung der oldenburgischerseits zu zahlenden Pauschalsumme zu Grunde gelegten Kostenbetrage ad 57,600 $\mathcal{M}$. die Gehalte und Löhne zu 42,597,$_{34}$ $\mathcal{M}$. und die Beleuchtungskosten, wie bereits erwähnt, zu 1125 $\mathcal{M}$. angenommen waren, während vom 1. Januar 1874 an die wirklich stattgehabten Ausgaben nach dem stipulirten Verhältnisse von $^2/_3$ und $^1/_3$, und zwar auf Grund eines von der Westfälischen Verwaltung alljährlich aufzustellenden Verzeichnisses, anderweit festzustellen sind.

In den Jahren 1874 bis Ende 1877 ist, unter Berücksichtigung des modificirten Vertrages, durchschnittlich an Gesammt-Vergütung für die Mitbenutzung des Bahnhofs Leer oldenburgischerseits an die Westfälische Eisenbahn-Verwaltung der Betrag von rund 25,000 $\mathcal{M}$., einschließlich 230 $\mathcal{M}$. Baurente für Erweiterungen, gezahlt worden.

c) Der auf Grund zwischen Preußen und Oldenburg abgeschlossenen Staatsvertrages vom 17. März 1874 über Herstellung einer Eisenbahnverbindung von Ihrhove nach Neuschanz mit der Königlichen Direktion der Westfälischen Eisenbahn in Münster abzuschließende Vertrag über die Mitbenutzung des Bahnhofes Ihrhove und der Strecke Leer-Ihrhove hat wegen einiger noch schwebender Differenzen bislang nicht zum Abschluß gebracht werden können. Doch ist zwischen den Verwaltungen über die hauptsächlichsten Punkte eine Verständigung erzielt, nach welchen sämmtliche für den Stations- und Expeditionsdienst auf Bahnhof Ihrhove erforderlichen Beamten und Arbeiter seitens der Westfälischen Eisenbahn-Verwaltung gestellt und die Kosten zu gleichen Theilen getragen werden.

Hinsichtlich der Mitbenutzung der Strecke Leer-Ihrhove, deren Verwaltung und Unterhaltung allein westfälischerseits auf eigene Kosten geschieht, sind die Verkehrsverhältnisse folgendermaßen geregelt,

Oldenburg verzichtet auf den Lokal-Güterverkehr;

der Personenverkehr bildet ein gemeinsames Unternehmen, die

Fahrkarten beider Verwaltungen sind für die Benutzung der beiderseitigen Züge gültig, die Einnahmen werden zu gleichen Theilen getheilt, so daß Oldenburg, welches 50% seiner Einnahmen für die Mitbenutzung abgeben muß, von der Gesammteinnahme 25% erhält.

für den Güterverkehr, der sich über die eine oder die andere Station bewegt, soll das Prinzip zur Anerkennung gebracht werden, daß jede Verwaltung die Güter, welche sie einmal hat, auch bis an den Endpunkt der konkurrenten Strecke in eigener Beförderung behält.

Der oldenburgischerseits zu zahlende Antheil an den Besoldungskosten des Stations- und Expeditions- 2c. Personals auf Bahnhof Ihrhove für 1877, wird sich anschlagmäßig auf rund 7900 M. belaufen.

d. Hinsichtlich der gemeinschaftlichen Benutzung der Strecke Eversburg-Osnabrück und des Bahnhofs Osnabrück der Hannoverschen Staatsbahn seitens der diesseitigen Verwaltung ist unter den betheiligten Direktionen eine Verständigung erzielt, welche auf der Grundlage beruht, daß die Mitbenutzung sich nur auf Personen-Eilgut und Viehverkehr erstrecken, der Güterverkehr also von derselben ausgeschlossen sein solle.

Während hiernach thatsächlich verfahren wird, so daß der Oldenburgische Güterverkehr in Eversburg endigt und die Fortsetzung desselben bis Osnabrück als Nachbar- bezw. Verbandverkehr erscheint, sind Vereinbarungen auf anderweitiger Grundlage in Anregung gebracht, welche der Mittheilung hier sich entziehen.

Der definitive Abschluß des erstermähnten Vertrages ist dadurch verzögert, sowie auch durch den beiderseitigen Wunsch, an Stelle der aus einzelnen Vergütungen 2c. zusammengesetzten, theilweise auf veränderlichen Faktoren beruhenden Entschädigung eine Pauschalsumme treten zu lassen. Für das verflossene Betriebsjahr vom 15. November 1876/77 würde nach der zunächst in Aussicht genommenen Regelung rund 35000 M. für die Mitbenutzung zu zahlen sein (jedoch abgesehen von antheiliger Verzinsung einer in Ausführung begriffenen Ergänzung).

e. Im Uebrigen ist der Eisenbahnverwaltung für die Strecken Quakenbrück-Osnabrück und Ihrhove-Neuschanz die Stellung einer Privatgesellschaft angewiesen und ressortirt dieselbe unter dem Königlichen Eisenbahn-Commissariate zu Coblenz.

Die gemeinschaftliche Benutzung der Station Neuschanz der

Niederländischen Staats-Eisenbahn seitens der Großherzoglichen Oldenburgischen Eisenbahn-Verwaltung beruht auf einem, auf Grund des zwischen der Niederländischen und der Oldenburgischen Regierung unterm 27. Juni 1874 abgeschlossenen Staatsvertrages getroffenen Uebereinkommen der General-Direktion der Gesellschaft für den Betrieb der Niederländischen Staats-Eisenbahnen einerseits und der Großherzoglichen Oldenburgischen Eisenbahn-Direktion andererseits.

Die Mitbenutzung ist am Tage der Betriebs-Eröffnung der Strecke Jhrhove-Neuschanz (1876, November 26) eingetreten und erstreckt sich auf den gemeinschaftlichen Betrieb für den Personen-, Gepäck- und Güterverkehr.

Die gemeinschaftliche Benutzung umfaßt den gesammten Stations-, Expeditions- und Bahnbewachungsdienst.

Dagegen gehört nicht zum gemeinschaftlichen Dienst die administrative Behandlung der Güter, als die Annahme, das Verladen, Wägen, Expediren derselben und die ganze Verbuchung des Güterverkehrs, einschließlich der bezüglichen Kassengeschäfte, sowie das Abladen, die Auslieferung und Zuführung der Güter, und die Beförderung von Personen und Reisegepäck außerhalb der Station. Ebensowenig gehört dahin das Deklariren rc. von Gütern bei der Niederländischen Zollverwaltung, welches für die von Deutschland nach den Niederlanden und umgekehrt bestimmten Güter erforderlich ist. Die letztern Dienste läßt die Oldenburgische Eisenbahn-Verwaltung durch ihre eigene Beamte und auf ihre Kosten vermitteln.

Im Uebrigen wird der gemeinschaftliche Dienst der Station durch die Beamten und Bediensteten der Niederländischen Staats-Eisenbahn versehen.

Alle Einnahmen der Station, welche nicht Verkehrs-Einnahmen sind, sondern aus der Verpachtung der Restauration, dem Verkauf von Gras und dergl. fließen, werden unter beiden Verwaltungen gleichmäßig vertheilt.

Die Ausgaben des gemeinschaftlichen Dienstes der Station werden von beiden Verwaltungen je zur Hälfte getragen.

In den gemeinschaftlichen Ausgaben sind inbegriffen:

a. die Kosten für Anschaffung von Geräthen und Inventarstücken für den gemeinschaftlichen Dienst, jährlich bis zum Betrage von 1000 Gulden holländisch;

b. die Besoldungen und Tagelöhne der Beamten und Arbeiter des gemeinschaftlichen Dienstes;

c. die Kosten der Feuerversicherung aller Gebäude;

d. die Wiederherstellungskosten bei Brandschäden, soweit dieselben nicht durch die geleistete Entschädigung gedeckt werden;

e. etwaige durch den gemeinschaftlichen Dienst hervorgerufene Entschädigungen;

f. ein Betrag von 4% der obigen sub a. bis e. genannten Ausgaben als Beitrag zu den allgemeinen Kosten.

Pro 1877 wird der oldenburgischerseits zu zahlende Antheil an den Kosten des gemeinschaftlichen Stations-, Expeditions- und Bahnbewachungsdienstes, nach Verhältniß der bis ult. September 1877 vorliegenden Rechnungen, sich auf rund 18000—19000 ℳ. stellen.

Wie hoch sich dagegen die nach dem Staatsvertrag zu leistende Verzinsung der Anlagekosten belaufen wird, kann nicht veranschlagt werden, da über die zu verzinsenden Anlagekosten der Strecke Landesgrenze bis Bahnhof Neuschanz bislang Mittheilung hierher nicht gelangt ist.

Als betriebsführende Gesellschaft ist die diesseitige Verwaltung dem Raad van toezigt unterstellt, welcher über alle Eisenbahnen des Königreichs der Niederlande als Aufsichtsbehörde fungirt und neuerdings unter dem Verkehrsminister, früher unter dem Minister des Innern, ressortirt.

II. Die Oldenburgische Eisenbahnverwaltung ist Mitglied des Vereins Deutscher Eisenbahnverwaltungen welcher gegenwärtig sämmtliche Bahnen des Deutschen Reiches, der Oesterreich-Ungarischen Monarchie und der Niederlande, sowie einige Belgische Verwaltungen umfaßt, und als solches in der ständigen Commission für den Personenverkehr, der für Statistik und der Prüfungs-Commission vertreten. Als die wichtigsten Ergebnisse dieser großartigen Genossenschaft, welche gelegentlich einer Generalversammlung in Wien nicht mit Unrecht als eine „Vertretung" begrüßt wurde, „die mehr Capital und Intelligenz" vereinige als irgend eine andere der Welt, stehen folgende Grundgesetze des Eisenbahnverkehrs von Mitteleuropa da.

1. Das Vereins-Betriebs-Reglement, dessen Inhalt zugleich Gegenstand der offiziellen, gesetzlichen bezw. verordnungsmäßigen Ordnung des Betriebsdienstes in Deutschland, Oesterreich-Ungarn und in den Niederlanden geworden ist.

2. Das Wagenregulativ, welches die Bedingungen und Ausgleichsbestimmungen enthält, unter welchen der Park der Güterwagen gemeinsam sämmtlicher Verwaltungen dient.

3. Die technischen Vereinbarungen, über den Bau und Betrieb der Bahnen (normaler wie sekundärer).

4. Das Uebereinkommen über einheitliche Behandlung von Ent= schädigungs=Reklamationen im Gepäck= und Güterverkehr.

5. Das Uebereinkommen betreffend Verschleppung von Güter und Reisegepäck.

Außer der jährlichen Generalversammlung geben die verschiedenen Verbände und Vereinigungen, welche theils unmittelbar praktischen Zwecken dienen (Tarifverband, Fahrplanconferenz 2c.), theils Fragen der Eisenbahntechnik durch theoretische Verhandlungen für die Praxis vorbereiten, häufige Gelegenheit zum Zusammentreffen mit Fachge= nossen, eine Gelegenheit zum Austausch der Ansichten und Erfahrungen, welche für die Beamten eines Verkehrsinstitutes unentbehrlich erscheint, wenn die Verwaltung nicht in eine mechanische Routine ausarten soll.

III. Betriebsführung.

§. 19.
Betriebsleitung im engeren Sinne.

Der bei der Bauverwaltung streng durchgeführte Grundsatz, die Kosten auf das möglichste Minimum zu reduciren, mußte in gleichem Maße im Betriebe zur Anwendung kommen, um die Rentabilität und Weiterentwickelung der Oldenburgischen Bahnen zu sichern. Dem Publikum gegenüber durfte man annehmen, daß es in Rück= sicht auf die langjährigen vergeblichen Anstrengungen, die mit jedem Eisenbahnbetriebe verbundenen Verkehrserleichterungen zu gewinnen, dem Umstande Rechnung tragen werde, daß ein Unternehmen, dessen Erfolg noch zweifelhaft ist, nicht sofort Leistungen übernehmen kann, wie sie von älteren und lukrativen Unternehmungen mit Recht beansprucht werden. Bei der ersten Betriebseröffnung wurden die Leistungen deshalb nur dem wirklich vorhandenen Bedürfnisse ange= paßt und dabei der Gesichtspunkt festgehalten, daß eine Verbesserung dieser Leistungen nur im Verhältniß zu einer etwa eintretenden Stei= gerung des Verkehrs eintreten könne. Um nun die Betriebskosten möglichst niedrig zu halten, mußte zunächst darauf Bedacht genommen werden, durch einfache Einrichtungen im Expeditionsdienste 2c. und durch Vermeidung allen unnöthigen Schreibwerks im gesammten Betrieb die Ausführung des Dienstes durch eine möglichst geringe

Zahl von Beamten zu ermöglichen, daneben aber durch thunliche Beschränkung der Zahl und der Geschwindigkeit der Züge den Transportdienst mit geringen Kosten auszuführen.

Obgleich im Herzogthum Oldenburg ein im Eisenbahnbetriebe geübtes Personal nicht vorhanden war, so wurden doch von auswärtigen Verwaltungen nur in so weit Beamte herangezogen, als dies zur ordnungsmäßigen Ausführung des Dienstes unbedingt erforderlich erschien.

Zur Wahrnehmung der speziell den Betrieb angehenden Verwaltungs-Angelegenheiten (Organisation des Expeditionsdienstes, Tariffachen, Betriebs-Controlle zc.) in der Direktion war seit 15. März 1867 der frühere Betriebs-Chef der Niederländischen Staatsbahn im Haag, Behrens (vorher Hannoverscher Beamter) in den diesseitigen Dienst eingetreten, in welchem derselbe als Direktionsrath auch zur Zeit noch sich befindet.

Zum Vorstande der den Bahnbetrieb speziell ausführenden Behörde, der gleichzeitig mit der Eröffnung der Oldenburg-Bremer Bahn errichteten Betriebs-Inspektion, wurde der schon seit etwa Jahresfrist als Bau-Sektions-Vorstand beschäftigte, hernach mit der Einrichtung des Betriebsdienstes betraute, vorher schon im Betriebsdienste der Nassauischen Staatsbahn beschäftigt gewesene Ingenieur Altvater ernannt. Derselbe war in dieser Stellung bis zum 1. Mai 1871 thätig, wo derselbe einem Rufe als Betriebs-Leiter der Oberhessischen Bahn nach Gießen folgte, welche Stellung derselbe als Betriebs-Direktor heute noch inne hat.

Nachfolger desselben war der heutige Baurath Schmidt, bis dahin Betriebs-Inspektor und Vorstand der Betriebs-Inspection Osnabrück der Hannoverschen Staatsbahn.

Für die Verwaltung des Centralbahnhofs Oldenburg wurde ein bewährter Stationsbeamter der Hannoverschen Staatsbahn, der jetzige Stationsverwalter Meyer, gewonnen.

Die große Mehrzahl der Beamtenstellen wurde von Angehörigen des Oldenburgischen Staates — bis auf wenige Ausnahmen Militairanwärter — besetzt, welche vor der Betriebs-Eröffnung einige Wochen lang nach der Hannoverschen Staatsbahn detachirt wurden, um sich die nothwendigsten Vorkenntnisse für den Stations-, Expeditions- und Zugbegleitungsdienst zu erwerben.

Das Bahnbewachungspersonal (Bahnmeister und Bahn- und Weichenwärter) wurde aus den beim Bau beschäftigt gewesenen Bauaufsehern bezw. qualificirten Oberbauarbeitern entnommen.

Auf kleineren Stationen bezw. Haltestellen wurde der Expeditions=
dienst unter Aufsicht des Bahnmeisters an qualificirte Weichenwärter
übertragen, welche sich durchweg bewährt haben, so daß die ursprüng=
lich beschränkten Expeditionsbefugnisse im Interesse des öffentlichen
Verkehrs später erweitert werden konnten.

Bei Eröffnung der 13 Meilen langen Bahnstrecke Oldenburg=
Bremen und Oldenburg=Wilhelmshaven waren im Ressort der Be=
triebs=Inspektion angestellt resp. beschäftigt:

> 3 Oberbeamte,
> 14 Stationsbeamte,
> 14 Zugbegleitungsbeamte,
> 5 Expeditions=Hülfsarbeiter,
> 7 Bahnmeister,
> 120 Bahn= und Weichenwärter,
> 26 Stationsarbeiter und Bremser,
> 15 ständige Oberbauarbeiter.

Zus.: 204 Personen.

Mit der Erweiterung des Bahnnetzes hat sich die Zahl des
Personals nicht nur im Verhältniß zur Ausdehnung der Länge der
Betriebsstrecke vermehrt, sondern es hat in Folge der eingetretenen
Verkehrssteigerung und der erhöhten Anforderungen an den Betrieb
in Folge der Einrichtung des Privatdepeschenverkehrs und Verschär=
fung der bahnpolizeilichen Bestimmungen das Personals auch erheblich
verstärkt werden müssen, so daß am 1. Januar 1878 sich im Dienst
befanden:

> 8 Oberbeamte,
> 54 Stationsbeamte,
> 54 Zugbegleitungsbeamte,
> 6 Telegraphenbeamte,
> 22 Bahnmeister,
> 65 Expedienten, Stationseinnehmer und Hülfsarbeiter,
> 493 Bahn=, Weichen= und Brückenwärter,
> 224 Portiers, Rangierer, Bremser und Stationsarbeiter,
> 228 Oberbauarbeiter.

Zus.: 1154 Personen.

Die Oberbeamten, welchen die Betriebsleitung und die Bahn=
unterhaltung obliegt, müssen eine technisch=wissenschaftliche Vorbildung
besitzen und vor ihrer Anstellung das höhere technische Staats=
Examen ablegen. Die regulativmäßigen Gehaltssätze derselben betragen
1800—5100 $\mathcal{M}$.

Die Stationsbeamten werden aus dem Zugbegleitungspersonal entnommen, soweit qualificirte Bewerber unter denselben vorhanden sind. Denselben wird, nachdem sie im Fahrdienste mit dem Sicherheitsdienste 2c. vollständig vertraut geworden sind, Gelegenheit gegeben, sich im Stations-, Expeditions- und Telegraphendienste auszubilden, und erfolgt vor ihrer Ernennung zu Stationsbeamten die Prüfung ihrer Qualifikation, sowohl hinsichtlich ihrer Vorbildung als des praktischen Dienstes. Im Gehaltsregulativ ist für Stationsbeamte ein Minimalsatz von 750 ℳ, ein Maximalsatz von 3000 ℳ vorgesehen.

Das Zugbegleitungspersonal wird, so weit thunlich, aus dem Stande der Militairanwärter entnommen und werden vakante Stellen nur dann mit Civilanwärtern besetzt, wenn aus ersteren Kategorien qualificirte Bewerber nicht aufgetreten sind. Das gesammte Zugbegleitungspersonal ist in Oldenburg stationirt, wodurch eine gleichmäßigere und bessere Ausnutzung ermöglicht, wie auch eine bessere Beaufsichtigung erzielt wird. Daneben ist für diese Einrichtung der aus verschiedenen Gründen wünschenswerthe Wechsel im Dienste auf den einzelnen Routen maßgebend gewesen. Die regulativmäßigen Gehaltssätze betragen für Zugführer 1080—1350 ℳ, für Packmeister 1080—1260 ℳ, für Schaffner 720—1080 ℳ. Außerdem werden für die durchfahrene Entfernung, sowie für Uebernachtungen außerhalb des Stationsortes Vergütungen geleistet, welche durchschnittlich eine Nebeneinnahme von etwa 460 ℳ pro Jahr und Person ergeben.

Das Telegraphenpersonal besteht aus zwei technischen Telegraphenbeamten, welchen die Anlage und Unterhaltung der Leitungen und Apparate obliegt, und 4 Hülfstelegraphisten, welche auf größeren Stationen dem Stationsvorsteher zur Hülfeleistung unterstellt sind. Die Gehaltssätze betragen nach dem Regulativ 1080—2100 ℳ.

Zur Anstellung als Bahnmeister sind zunächst nur Militairanwärter berechtigt; da der Dienst eines Bahnmeisters jedoch besondere technische Vorkenntnisse erfordert, so finden sich selten qualificirte Bewerber unter den Militairanwärtern und werden vorzugsweise Handwerker herangezogen, welche eine Baugewerkschule besucht und als Aufseher beim Eisenbahnbau sich die erforderlichen praktischen Kenntnisse angeeignet haben. Im Gehaltsregulativ ist die Einnahme der Bahnmeister auf 1050—1650 ℳ normirt.

Zu den Bahn- und Weichenwärterstellen haben sich Militairanwärter nur selten gemeldet, weil mit diesen Stellen eine feste An-

stellung nicht verbunden ist; es sind deshalb fast ausschließlich quali=
sicirte Oberbau=Arbeiter zur Verwendung gekommen. Die Bahn=,
Weichen= und Brückenwärter erhalten einen festen Monatslohn nur
auf solchen Posten, auf denen der gewöhnliche Wärterdienst ihre
Dienstzeit voll in Anspruch nimmt, also namentlich, wenn dieselben
auf Bahnhöfen stationirt sind. Die auf freier Bahn postirten Wär=
ter erhalten neben freier Wohnung und unentgeltlicher Benutzung
eines Complexes Land, für Signalisirung der fahrplanmäßigen Züge,
Bedienung der Barrieren und Ausführung der vorgeschriebenen
Bahnkontrollen eine feste monatliche Vergütung von 15—18 ℳ.
Ihr übriger Verdienst besteht in Accordarbeiten für die Bahnunter=
haltung, wodurch sie zu einer regelmäßigen Thätigkeit angehalten
werden. Die Durchschnittseinnahme der Bahn= und Weichenwärter
beträgt neben freier Wohnung und unentgeltlicher Benutzung von
Ländereien jährlich 500—600 ℳ.

Nachdem durch das Bahnpolizei=Reglement die Beschäftigung
von Frauen bei der Bedienung von Barrieren zugelassen ist, hat auf
den Oldenburgischen Bahnen die Bewachung von Ueberfahrten durch
Frauen der Bahnwärter Eingang gefunden. Diese Beschäftigung
findet immer mehr Anklang, indem die Familie dadurch eine Ver=
besserung ihrer Einnahme mit geringem Zeitaufwande erreichen
kann.

Selbstständige von einem Güterverwalter geleitete Güter=Expe=
ditionen bestehen nur auf einigen wenigen Stationen, auf den übrigen
wird der Güter=Expeditionsdienst durchweg unter Aufsicht des Stations=
vorstandes ausgeführt, welcher die Verantwortlichkeit für den Stations=
und Expeditionsdienst hat. Dagegen ist auf allen größeren Stationen
dem Stationsvorstande ein Stationseinnehmer zur Hülfe gegeben,
welcher für die richtige Führung der Stationskasse verantwortlich ist.
Die Expeditionsbeamten und Stationseinnehmer sind fast ausschließ=
lich aus der Kategorie der Hülfsarbeiter entnommen, welche meistens
im jüngeren Lebensalter in den Eisenbahndienst eintreten, auf den
Stationen im Expeditionsdienste vollständig ausgebildet und auch in
der Centralverwaltung — vorzugsweise in der Betriebscontrolle —
längere Zeit beschäftigt werden. Die Anstellung erfolgt nur nach
Ablegung des für die Subalternbeamten des Oldenburgischen Civil=
Staatsdienstes vorgeschriebenen Examens. Die regulativmäßigen
Gehaltssätze dieser Beamten=Kategorie betragen 1080—2400 ℳ.

Die Feststellung des Fahrplans für die ersten zur Eröffnung gekommenen Bahnstrecken Bremen-Oldenburg und Oldenburg-Wilhelmshaven hatte nur in sofern einige Schwierigkeiten, als die öffentlichen Verkehrsbedürfnisse vorher nicht sicher ermittelt werden können, sich vielmehr erst durch praktische Erfahrung feststellen lassen. Dagegen kamen die, eine Feststellung der Fahrpläne so sehr erschwerenden Anschlüsse an fremde Bahnen kaum in Betracht, da nur der Anschluß an die Hannoversche Staatsbahn in Bremen zu berücksichtigen war. Auch waren die Ansprüche des Publikums derzeit nicht so hoch hinaufgeschraubt wie jetzt, brachte doch der Eisenbahnbetrieb gegenüber einem noch so musterhaft geleiteten Postbetriebe die fühlbarsten Erleichterungen mit sich und bewirkte eine Verkehrsentwickelung, wie sie im Anfange des Betriebes kaum erwartet werden konnte. Der erste zum 15. Juli 1867 für die Strecke Bremen-Oldenburg publizirte und zugleich für die am 3. September desselben Jahres eröffnete Strecke Oldenburg-Wilhelmshaven gültige Fahrplan weist in jeder Richtung drei gemischte Züge zwischen Oldenburg und Bremen und zwei gemischte Züge zwischen Oldenburg und Wilhelmshaven nach und ist wegen des hohen Interesses, welches derselbe derzeit für das Land Oldenburg hatte, und als Vergleichsobjekt zu der jetzt gebotenen Fahrgelegenheit nachstehend vollständig abgedruckt:

Oldenburgische Eisenbahnen.

Fahrplan, gültig vom 15. Juli 1875.

Richtung: Bremen=Oldenburg=Heppens.

Entfernung Meilen	Stationen		I. Morgens	III. Nachmittags	V. Nachmittags
	Abfahrt von Berlin	Abfahrt	7. 45 Abds.	10. 30 Abds.	7. 30 Mgs.
	„ „ Frankfurt	„	5. 25 „		5. 55
	„ „ Cassel	„	10. 38 „		2. 30 Nchm.
	„ „ Hannover	„	3. 00 Mgs.	8. 30 Mgs.	7. 20 Mgs.
	„ „ Cöln	„	7. 15 Abds.	10. 30 Mgs.	5. 25 Nchm.
	Ankunft in Bremen	Ankunft	6. 30 Mgs.	11. 45 Mgs.	2. 35 „
	Abfahrt von Geestemünde	Abfahrt		9. 10 „	
	Ankunft in Bremen	Ankunft		10. 45 „	4. 15 „
	Bremen	Abfahrt	6. 50	12. 15	5. 45
0,32	Bremen (Neustadt)	„	7. 00	12. 25	5. 55
0,66	Huchtingen	„	7. 9	12. 35	6. 4
1,84	Delmenhorst	„	7. 24	12. 50	6. 19
3,03	Grüppenbühren	„	7. 40	1. 7	6. 35
3,73	Ende	„	7. 52	1. 20	6. 47
4,67	Wüsting	Ankunft	8. 8	1. 37	7. 2
		Abfahrt	8. 25	1. 55	7. 17
5,97	Oldenburg	Abfahrt	8. 35	—	7. 27
7,40	Neßede	„	9. 00	—	7. 52
8,30	Hahn	„	9. 10	—	8. 13
9,07	Jaderberg	„	9. 21	—	8. 2
10,66	Varel	„	9. 40	—	8. 30
11,15	Ellenserdamm	„	9. 56	—	8. 46
11,92	Sande	„	10. 10	—	9. 00
12,91	Heppens	Ankunft	10. 25	—	9. 15

Oldenburgische Eisenbahnen.

Fahrplan, gültig vom 15. Juli 1875.

Richtung: Heppens-Oldenburg-Bremen.

Entfernung Meilen	Stationen		II. Morgens	IV. Nachmittags	VI. Nachmittags
	Heppens	Abfahrt	6. 43	—	4. 50
0,99	Sande	"	6. 59	—	5. 5
1,76	Ellenserdamm	"	7. 10	—	5. 16
2,85	Varel	"	7. 29	—	5. 35
3,83	Jaderberg	"	7. 43	—	5. 49
4,61	Dahl	"	7. 55	—	6. 1
5,31	Rastede	"	8. 7	—	6. 13
6,94	Oldenburg	Ankunft	8. 32	—	6. 35
		Abfahrt	8. 42	2. 25	6. 45
8,04	Wüsting	"	8. 57	2. 42	7. 04
9,18	Hude	"	9. 15	2. 58	7. 20
9,89	Gruppenbühren	"	9. 25	3. 10	7. 30
11,07	Delmenhorst	"	9. 44	3. 28	7. 47
12,05	Huchtingen	"	9. 58	3. 44	8. 1
12,59	Bremen (Neustadt)	"	10. 9	3. 56	8. 12
12,91	Bremen	Anfunft	10. 17	4. 05	8. 20
	Abfahrt von Bremen		11. 00 Nchm.	4. 45 Nchm.	8. 50 Mgs.
	Ankunft in Hannover		2. 00 Nachm.	8. 30 Abds.	11. 35
	" " Cöln		9. 00 Abds.	8. 15 Mgs.	8. 15
	" " Cassel				4. 45 Mgs.
	" " Berlin		9. 45 "	7. 45 Mgs.	7. 45 "
	" " Frankfurt			9. 45	9. 40 "
	Abfahrt von Bremen		12. 00	6. 5	—
	Anfunft in Geestemünde		1. 40	7. 35 Abds.	—

Anschlüsse der Fahrposten.

In Delmenhorst:

8. 10 Morg. nach Lingen;
6. 50 Ab. von Lingen.
7. 00 Ab. nach Cloppenburg;
8. 45 Vorm. von Cloppenburg.
1. 30 Nachm. nach Berne;
8. 50 Vorm. von Berne.

In Oldenburg:

9. 15 Vorm. nach Osnabrück;
6. 00 Nachm. von Osnabrück.
7. 45 Ab. nach Vechta;
7. 50 Vorm. von Vechta.
9. 15 Vorm. und 8. 10 Ab. nach Leer;
7. 00 Vorm. und 5 45 Nachm. von Leer.
4. 00 Nachm. nach Elsfleth;
7. 25 Vorm. von Elsfleth.
7. 00 Vorm. und 3. 00 Nachm. nach Burhave;
10. 20 Vorm. und. 5. 50 Nachm. von Burhave.

In Varel:

8. 45 Vorm. und 4. 45 Nachm. nach Brake;
8. 35 Vorm. und 7. 30 Ab. von Brake.

In Ellenserdamm:

10. 15 Vorm. nach Bockhorn;
4. 45 Nachm. von Bockhorn.
9. 15 Ab. nach Zetel — Neuenburg;
6. 40 Vorm. von Zetel — Neuenburg.

In Sande:

7. 20 Vorm. und 10. 30 Vorm. nach Aurich;
4. 30 Nachm. und 8. 35 Ab. von Aurich.
9. 30 Ab. nach Wittmund;
6. 30 Vorm. von Wittmund.

Der Verkehr entwickelte sich in so erfreulicher Weise, namentlich nahm der Güterverkehr einen so unerwarteten Aufschwung, daß die Bewältigung desselben mit den eingerichteten gemischten Zügen nicht mehr möglich war. Nachdem anfänglich versucht worden, die gemischten Züge durch Einlegung von Extragüterzügen zu entlasten, stellte sich zur Aufrechthaltung der Ordnung des Betriebes die Nothwendigkeit der Einlegung eines dritten Güterzuges zwischen Oldenburg und Bremen, sowie der Einlegung eines dritten Zuges zwischen Oldenburg und Wilhelmshaven heraus und wurde unterm 8. April 1868 der Fahrplan dementsprechend geändert.

Auch nach der am 15. Juni 1869 erfolgten Eröffnung der Bahnstrecke Oldenburg-Leer entsprach dieser Fahrplan mit je drei Zügen in jeder Richtung, von denen Mittagszüge dem Güterverkehr mit dienten, dem Bedürfniß.

Erst im Jahre 1871 hatte sich der Güterverkehr auf den Bahnstrecken Oldenburg-Wilhelmshaven und Oldenburg-Leer so weit entwickelt, daß auch auf diesen eine Trennung des Personenverkehrs vom Güterverkehr vortheilhaft sich erwies, und wurde im Herbst 1871 auf beiden Strecken je ein Güterzug in beiden Richtungen eingelegt unter Verwandlung der gemischten Züge auf allen drei Strecken in gewöhnliche Personenzüge.

Wenn an den Oldenburgischen Eisenbahnbetrieb während des Deutsch-Französischen Krieges 1870/71 auch nicht so erhebliche Anforderungen gestellt wurden, wie an die dem Kriegsschauplatze näher gelegenen Verwaltungen, so dürfte an dieser Stelle doch jene Periode Erwähnung verdienen. Die Befürchtung einer feindlichen Landung an der Deutschen Nordsee-Küste gab schon vor erfolgter Mobilmachung Anlaß zu Alarmirungen und nächtlichen Truppentransporten nach Wilhelmshaven. Die Nothwendigkeit einer raschen Befestigung von Wilhelmshaven hatte die Beförderung so bedeutender Massen von Geschützen, Munition re. zur Folge, daß die Station Wilhelmshaven zeitweilig verstopft war.

Nach inzwischen eingezogener Reserve und beendeter Mobilmachung begann Ende Juli der Transport der nach dem Kriegsschauplatze bestimmten Truppen und wurden allein von der Station Oldenburg an einem Tage 7 Truppenzüge abgelassen. Auch später dauerte die Truppenbewegung auf den Oldenburgischen Eisenbahnen in Folge der Beförderung von Ersatzmannschaften, von Verwundeten und Gefangenentransporten und der für die Küstenbewachung bestimmten Truppen durch die ganze Dauer des Krieges fort.

Während nun die Deutschen Eisenbahnen ihre ganze Kraft ein-
zusetzen hatten, um an einem glücklichen Ausgange des Krieges
mitzuwirken, war die durch den Druck des Krieges, namentlich durch
die Einziehung eines Theils ihrer Arbeiter zum Kriegsdienste geschwächte Industrie nicht im Stande, für die außerordentliche Abnutzung des Eisenbahnbetriebsmaterials Ersatz zu liefern. Unter
diesen Umständen mußte selbstverständlich die Leistungsfähigkeit der
Eisenbahnen während des Krieges geschwächt werden und konnte es
nicht Wunder nehmen, daß nach Beendigung desselben ihre Kraft
nicht ausreichte, der plötzlich eintretenden, theils auf künstlichem Wege
hervorgerufenen Verkehrssteigerung zu genügen. Aus jener Zeit
datirt eine allgemeine Mißstimmung des Publikums gegen das
Deutsche Eisenbahnwesen, welche, später künstlich genährt und vermehrt, auch jetzt noch nicht überwunden ist und zu den großartigsten
Projekten in Bezug auf die Reorganisation des Eisenbahnwesens
Veranlassung gegeben hat.

Mit der in jene Zeit der Milliarden fallenden unnatürlichen
Verkehrssteigerung, welche für die wirthschaftliche Entwickelung so
verderblich geworden ist, traten zugleich die übertriebensten Forderungen des Publikums an die Bequemlichkeit der Beförderung auf den
Eisenbahnen hervor, Anforderungen, wie weit reichere Nationen als
die Deutsche solche niemals gestellt haben.

Wenngleich die diesseitige Eisenbahn-Direktion diesen unwirth-
schaftlichen, das finanzielle Gleichgewicht bedrohenden Ansprüchen
unter kräftigem Beistande der Staatsregierung thunlichst entgegen-
zutreten bestrebt war, so konnte sie in Rücksicht auf die fort-
schreitende Zunahme des gesammten Verkehrs, namentlich aber auf
den nach Eröffnung der Bahnstrecke Oldenburg-Leer hinzutretenden
Durchgangsverkehr denselben doch nicht überall sich entziehen; es
wurde allmählich die Fahrgeschwindigkeit der Personenzüge erhöht
und die Zahl der Güterzüge vermehrt. In Folge der Eröffnung
der Bahnstrecke Hude-Brake trat das Oldenburgische Bahnnetz mit
der Seeschifffahrt in direkte Verbindung und damit in den allgemeinen Weltverkehr.

Durch die im November 1876 erfolgte Eröffnung der Bahnstrecken Oldenburg-Osnabrück und Ihrhove-Neuschanz wurden weitere
Anschlüsse gewonnen, damit aber auch die Construktion der Fahrpläne erheblich erschwert, indem dabei unter voller Wahrung der
Forderungen des Lokalverkehrs und unter Vermeidung des Nacht-
dienstes folgende Anschlüsse zu berichtigen sind:

1. In Bremen an die Hannoversche Staatsbahn, die Köln-Mindener und die Magdeburg-Halberstädter Bahn;
2. in Hude an die Bahn nach Nordenhamm;
3. in Oldenburg an die Bahnen nach Wilhelmshaven und Osnabrück;
4. in Leer an die Westfälische Bahn in der Richtung nach Emden und nach Rheine;
5. in Ihrhove ebenfalls an die Westfälische Bahn;
6. in Neuschanz an die Niederländische Staatsbahn;
7. in Osnabrück an die Hannoversche Staatsbahn und an die Köln-Mindener Bahn.

Bei dieser nicht unerheblichen Zahl von Anschlußpunkten, welche sich unter Hinzurechnung von Sande auf 8 stellen, ist es erklärlich, daß nicht alle Ansprüche auf schnelle Durchführung der Personenzüge aus allen und nach allen Richtungen befriedigt werden können und daß die wichtigsten und frequentesten Routen in erster Linie berücksichtigt werden müssen.

Während bei der ersten Betriebseröffnung die Personenzüge mit einer Fahrgeschwindigkeit von 13 Minuten pro Meile (7½ Kilometer) einschließlich der An- und Abfahrt auf den Stationen befördert wurden, ist diese Geschwindigkeit zur Zeit auf 10 bezw. 8¼ Minuten erhöht und kommen täglich in jeder Richtung zur Beförderung:

1. Auf der Strecke Oldenburg-Bremen:
   4 Personenzüge,
   3 Güterzüge;
2. auf der Strecke Oldenburg-Leer:
   4 Personenzüge,
   2 Güterzüge;
3. auf der Strecke Leer-Neuschanz:
   3 Personenzüge,
   1 Güterzug mit Personenbeförderung;
4. auf der Strecke Oldenburg-Wilhelmshaven:
   3 Personenzüge,
   1 gemischter Zug,
   2 Güterzüge;
5. auf der Strecke Oldenburg-Quakenbrück:
   1 Personenzug,
   1 gemischter Zug,
   2 Güterzüge;

6. auf der Strecke Quakenbrück-Osnabrück:
    2 Personenzüge,
    1 gemischter Zug,
    2 Güterzüge (von und nach Eversburg);
7. auf der Strecke Hude-Brake-Nordenhamm:
    2 Personenzüge,
    1 gemischter Zug,
    1 Güterzug;
8. auf der Strecke Jever-Sande-Wilhelmshaven:
    3 gemischte Züge.

Außer diesen fahrplanmäßigen Zügen werden nach Bedarf auf allen Bahnstrecken Extrazüge eingelegt.

Eine besondere Aufmerksamkeit wird dem für das Herzogthum Oldenburg besonders wichtigen Viehverkehr gewidmet, und wenn es auch den Bemühungen der Oldenburgischen Eisenbahnverwaltung immer mehr gelungen ist, günstigere Anschlüsse und eine schnellere Beförderung für die über den eigenen Verwaltungsbereich hinaus-gehenden Transporte zu erreichen, so bleibt in dieser Hinsicht doch noch vieles zu wünschen übrig, weshalb bei der großen Bedeutung dieser Transporte für das Oldenburger Land immer bessere Verbin-dungen mit den übrigen Bahnverwaltungen angestrebt werden müssen. Zur Erreichung dieses Zweckes müssen jedoch die Viehhändler bezw. Viehversender mehr als bisher dahin wirken, daß sie ihre Transporte auf einzelne bestimmte Tage in der Woche concentriren und gemeinschaftlich über die zweckmäßigste Wahl dieser Tage sich ver-ständigen; nur dann ist es möglich, durch regelmäßige, schnellfahrende Extrazüge diese Transporte zu befördern und allen Wünschen der Versender Rechnung zu tragen. Leider tritt aber hierbei die Con-currenz unter den Viehhändlern hindernd in den Weg, indem diesel-ben stets bemüht sind, sowohl ihre Bezugsquellen, wie auch ihre Absatzorte zu verheimlichen.

Eine der wichtigeren Obliegenheiten der Betriebsverwaltung ist die zweckmäßige Disposition über den Wagenpark, indem eine unzu-treffende Disposition die zwecklose Beförderung leerer Wagen zur Folge hat und dadurch unnöthige Transportkosten herbeiführt, zu-gleich aber auch die Wagen dem öffentlichen Verkehr entzieht. Für den Personenverkehr genügt eine generelle Disposition für den lau-fenden Dienst und nur für besonders verkehrsreiche Tage ist eine spezielle Disposition erforderlich. Die Disposition über den Personen-wagenpark ist auch insofern weniger schwierig, als dieselben in der

Regel im eigenen Bahnbereiche bleiben, der Uebergang von und nach fremden Bahnen aber von bestimmten Vereinbarungen abhängig ist und nach diesen Vereinbarungen ein regelmäßiger Uebergang mit einer möglichst konstanten Anzahl Wagen stattfindet. Eine derartige Verbindung bestand früher mit der Westfälischen Bahn bezüglich des Durchgangs von Personenwagen in einzelnen Zügen zwischen Bremen und Emden; zur Zeit laufen durchgehende Wagen täglich in einem Zuge in jeder Richtung zwischen Bremen und Groningen. Hierbei findet eine Geldabrechnung über die gegenseitige Wagenbenutzung nicht statt, es tritt vielmehr ein Naturalausgleich ein, indem jede Verwaltung nach Verhältniß der auf ihrer Strecke von den durch= gehenden Wagen zurückzulegenden Entfernungen an der Wagen= gestellung sich betheiligt.

Weit schwieriger ist die Disposition über den Güterwagenpark, weil die eigenen, zur unbeschränkten Benutzung disponibelen Güter= wagen mit ihrer Ladung auf das ganze mittel=europäische Eisenbahn= netz übergehen, die disponibele Anzahl also fortwährend variirt, während die mit Ladung angekommenen Wagen fremder Verwaltun= gen nur zu Rückladungen in der Richtung nach ihrer Heimath benutzt werden dürfen. Daneben ist die Zeitdauer, während welcher die im Verwaltungsbereiche anwesenden Güterwagen durch den Transport sowohl als durch Be= und Entladung der eigentlichen Disposition entzogen sind, eine so verschiedene, daß sich aus der Anzahl der im Verwaltungsbezirke anwesenden niemals ein Schluß auf die disponibe= len Wagen ziehen läßt. Um diesen Dienstzweig zweckentsprechend zu regeln, ist in Oldenburg unter Leitung der Betriebs=Inspektion eine Wagendispositionsstelle eingerichtet, welcher nach Maßgabe einer ein= gehenden Instruktion täglich zu einer bestimmten Zeit die Zahl der auf jeder Station disponibelen, sowie der zur Beladung erforderlichen Güterwagen nach ihren Gattungen telegraphisch mitgetheilt werden; auf Grund dieser Anzeigen erfolgt die Vertheilung der disponibelen Wagen.

Obgleich diese Einrichtung eine zweckmäßige Ausnutzung der Wagen ermöglicht und der vorhandene Wagenpark in der Regel als völlig ausreichend sich erweist, so ist es doch nicht zu vermeiden, daß bei gleichzeitigem stärkeren Andrange größerer Transportmassen vorübergehend Wagenmangel eintritt. Namentlich ist dieses in den Herbstmonaten, in denen neben dem Viehversande der Torftransport eine erhebliche Anzahl von Hochbordwagen vorübergehend in Anspruch nimmt, in der Regel der Fall gewesen. Doch ist der fehlende Be=

darf alsdann durch Wagen, welche von Nachbarbahnen gemiethet wurden, gedeckt worden.

Da der Güterempfang auf den Oldenburgischen Stationen weit größer ist als der Versand, auch auf einzelnen Strecken, z. B. auf der Strecke Oldenburg-Wilhelmshaven, fast nur in einer Richtung — nach Wilhelmshaven — Transporte vorhanden sind, so gestaltet die Ausnutzung der Wagen sich im Ganzen ungünstig. Für die Durchführung der das Zollvereinsausland in Bremen transitirenden Stückgüter ist die Einstellung von Courswagen von und nach jeder der in Bremen anschließenden Eisenbahnrouten erforderlich, was auf die Ausnutzung der Wagen ebenfalls nachtheilig einwirkt.

§. 20.
Unterhaltung der Bahn.

Die im Betriebe befindlichen Bahnstrecken sind in einzelne Distrikte getheilt, welche einem der Betriebs-Inspektion beigeordneten Bahn-Ingenieur (Bau-Inspektor) unterstellt sind, dem die Beaufsichtigung der Bahn und die Ausführung der Unterhaltungsarbeiten mit Hülfe der demselben untergebenen Bahnmeister obliegt:

Zur Zeit ist nach mehrfachem Wechsel:

1. die $47{,}93$ Kilometer lange Strecke Bremen-Neustadt-Oldenburg-Bloh mit 3 Bahnmeister-Distrikten dem Eisenbahn-Bauinspektor Lauff,
2. die Strecke Bloh-Leer und Ihrhove-Neuschanz = $57{,}30$ Kilometer lang, mit 5 Bahnmeister-Distrikten dem Bahn-Ingenieur Marschall,
3. Oldenburg-Wilhelmshaven und Sande-Jever = $65{,}33$ Kilometer lang, mit 3 Bahnmeister-Distrikten dem Eisenbahn-Bauinspektor Behrmann,
4. Hude-Nordenhamm = $43{,}56$ Kilometer lang, mit 3 Bahnmeister-Distrikten dem Eisenbahn-Bauinspektor Noell,
5. Oldenburg-Quakenbrück = $62{,}62$ Kilometer lang, mit 4 Bahnmeister-Distrikten dem Ingenieur Felsing,
6. Quakenbrück-Eversburg = 46 Kilometer lang, mit 3 Bahnmeister-Distrikten dem Bahn-Ingenieur Ricken

übertragen.

Außer Ricken, welcher in Osnabrück stationirt ist, sind alle übrigen am Sitze der Betriebs-Inspektion in Oldenburg wohnhaft.

Die Bahn-Unterhaltungsarbeiten umfassen hauptsächlich die Ergänzungen und Reparaturen des Bahnkörpers, der Brücken und der

Gleise, wie auch die Unterhaltung der Gebäude (Hochbauten). Bis=
lang ist die Unterhaltung der Hochbauten von den Strecken=Ingenieuren
mit wahrgenommen, jedoch ist bei dem Umfange, welche die Hoch=
bauten auf einigen Bahnhöfen gewonnen haben, in Aussicht ge=
nommen, dieselben auf einzelnen größeren Bahnhöfen einem besonderen
Hochbautechniker, welcher im technischen Bürean der Eisenbahn=Direktion
seine weitere Beschäftigung findet, zur speziellen Beaufsichtigung zu
übertragen.

Bei den Oldenburgischen Staatsbahnen ist die Unterhaltung des
Bahnkörpers auf einigen Strecken, wo derselbe in regelmäßig über=
schwemmtem Terrain den Sturmfluthen und dem Wellenschlage aus=
gesetzt ist, von besonderer Bedeutung. Nach den bisherigen Er=
fahrungen haben an der Bahnstrecke Bremen=Neuschanz zwischen
Bremen=Neustadt und Delmenhorst, Stickhausen und Nortmoor und
zwischen Ihrhove und Weener, an der Bahn von Hude nach Norden=
hamm zwischen Neuenkoop und Elsfleth, mit den Bahnhöfen Els=
fleth und Nordenhamm, an der Bahn von Oldenburg nach Osnabrück
im Barneführer Holze zwischen Sandkrug und Huntlosen theilweise
nicht unbedeutende Kosten aufgewandt werden müssen, um den Bahn=
körper gegen Ueberfluthungen und Wellenschlag theils zu sichern,
theils die hervorgerufenen Beschädigungen wieder herzustellen.

Als besondere Vorfälle in dieser Beziehung sind folgende hervor=
zuheben:

a) Durch die Sturmfluth vom 16./17. December 1873 wurde
   der außendeichs liegende Bahndamm vor Bahnhof Elsfleth
   durchbrochen und konnte erst am 18. desselben Monats für
   den durchgehenden Verkehr wieder hergestellt werden.

b) Durch eine Sturmfluth am 20. März 1874 ward derselbe
   Bahndamm durch das übergetretene Wasser in Folge von
   Kappenstürzen beschädigt und das Gleis bis zum anderen
   Mittage unfahrbar gemacht.

c) In Folge der hohen Wasserstände in der Zeit vom 6. März
   bis 4. April 1876 und eines Deichbruches am Berneflusse
   wurde der Bahndamm zwischen den Stationen Neuenkoop
   und Berne an der Bahnstrecke Hude=Brake gefährdet und
   durch Wellenschlag der den Bahndamm an beiden Seiten
   umgebenen Wasserflächen nicht unerheblich beschädigt. Nur
   mit den größten Anstrengungen konnte ein Durchbruch des
   Bahndammes mittelst Befestigung durch Buschwerk und Stroh
   verhütet werden.

d) In derselben Zeit war der Bahndamm zwischen den Stationen
Stickhausen und Nortmoor gleichfalls dem heftigsten Wellenschlage der denselben umgebenden Wassermassen ausgesetzt und
konnte auch dort einem Durchbruche nur durch Bekleidung
mittelst Buschwerk und Steinschlag (Schlacken vom Eisenwerke
Augustfehn) vorgebeugt werden.

e) Die größte Störung für den Betrieb trat durch den auf
Seite 142 und 143 näher beschriebenen Dammbruch zwischen
der Emsbrücke bei Weener und dem Bahnhofe Weener in der
Nacht vom 30./31. Januar 1877 ein, welche erst am 6. April
gehoben wurde.

f) Am 7. März 1877 ward durch die aus der Ueberfluthung
der Hunte herbeigeführten Wassermassen zwischen den Stationen
Sandkrug und Huntlosen der Oldenburg-Osnabrücker Bahn
im Barneführerholze ein Durchlaß unterspült und dadurch
ein Dammbruch hervorgerufen, welcher jedoch sofort mittelst
Balken überbrückt und somit die Bahn innerhalb 12 Stunden
wieder fahrbar gestellt werden konnte.

Zum Schutz gegen den Wellenschlag hat sich nach den seitherigen
Erfahrungen eine Bekleidung der Dammböschungen mit groben Eisen-
schlacken vom Eisenwerk Augustfehn ganz außerordentlich bewährt
und wird diese Befestigung der gefährdeten Dammstrecken nach Möglichkeit fortgesetzt. Leider ist das genannte Eisenwerk nicht in der
Lage, den von der Bahnverwaltung gewünschten Bedarf an Schlacken
zur Verfügung zu stellen. Aus diesen Gründen konnte eine Sicherung
der Bahndämme mittelst Schlacken nur theilweise zwischen Stickhausen
und Nortmoor zur Ausführung kommen, auf den übrigen gefährdeten
Bahnstrecken werden thunlichst die Bahnböschungen während der ungünstigen Wintermonate mit durch von Bahnwärtern aus Weiden
geflochtenen Hürden von 1½ Meter Höhe und 3 Meter Länge belegt. Dieses Schutzmittel hat sich für vorübergehenden Schutz gleichfalls sehr bewährt und wird mit Anfertigung dieser Hürden in
größerem Maßstabe fortgefahren.

Die Unterhaltung der Brücken hat sich bislang nur hauptsächlich
auf Erneuerung des Oelfarben-Anstrichs der eisernen Brücken und
Auswechselung einiger Verbandstücke bei den hölzernen Brücken beschränkt, bis auf die in der Bahn von Bremen nach Oldenburg
belegene und in Holz erbaute Brücke über die Hunte, welche im
Jahre 1876 in Eisenconstruktion umgebaut ist, nachdem dieselbe durch

Stürme beformirt, den verstärkten Anforderungen des Betriebsdienstes nicht mehr vollständig genügte und bei günstiger Gelegenheit zur Verwerthung des noch vollständig erhaltenen Holzes und bei niedrigsten Eisenpreisen der Umbau ohne Verlust erfolgen konnte.

Die Unterhaltung der Gleise auf den Bahnhöfen und der freien Strecke geschieht durchgehends in Accord und zwar in der Weise, daß in jedem Bahnmeister-Distrikte mittelst zwei bis dreier Stopfkolonnen aus je einem Vorarbeiter und 6—10 Arbeiter bestehend, die einzelnen Arbeiten gegen bestimmte Accordsätze ausgeführt werden. Die Bahnmeister haben vor Beginn einer jeden Arbeit dem ihnen vorgestellten Streckeningenieur förmliche Accordzettel einzusenden, welche von diesem genehmigt zurückgehen und demnächst der Abrechnung wieder beigelegt werden müssen. Die Accordsätze für diese Arbeiten sind festgesetzt:

a) Gewöhnliches Stopfen und Heben des Gleises bis zu 5 Centimeter Höhe pro laufenden Meter 10—12 ₰.

b) Stopfen und Heben des Gleises über 5 Centimeter Höhe, pro laufenden Meter 20—25 ₰.

c) Auswechseln einer Schwelle incl. Transport
auf den Bahnhöfen 40 ₰,
auf der freien Bahnstrecke 50 ₰.

d) Nachtexeln einer Schwelle 45 ₰.

e) Auswechseln und Umdrehen einer Schiene incl. Transport,
auf den Bahnhöfen 1 ℳ.
auf der freien Strecke 1,₅₀ ℳ.

f) Auswechseln eines Herzstückes 6 ℳ.

g) Auswechseln einer Weiche 10 ℳ.

h) Legen einer ganzen Weiche 45 ℳ.

Auf den sämmtlichen Strecken des Oldenburgischen Bahnnetzes konnte wegen gänzlichen Mangels an Kies und Grand nur mehr oder weniger feiner Sand als Bettungs-Material zur Verwendung kommen, ein Material, welches sowohl bei anhaltender Nässe, wie bei anhaltender Dürre höhere Gleisunterhaltungskosten hervorruft, wie das auf anderen Bahnen meistens zur Verfügung stehende bessere Bettungsmaterial, jedoch ist bei diesen Bahnen wohl zuerst in größerer Ausdehnung der Beweis geliefert, daß die Gleise in Sandbettung bei genügender Tragfläche der Schienen-Unterlage mit verhältnißmäßig geringen Kosten in durchaus gutem und festem Zustande gehalten werden können.

Gegen das bei dem feinen Bettungsmaterial und bei den hier häufig herrschenden Stürmen auftretende Sandwehen wird durch Bedeckung mit Schlacken, Steinboden, lehmigen Sand, ganz besonders aber durch Berasung der Bettung entgegengewirkt. Letzteres Mittel ist auf den älteren Bahnstrecken, wo der Unterbau sich bereits konsolidirt hat, mit bestem Erfolge angewendet, und ward auch auf den neueren Bahnstrecken bereits nach Möglichkeit gefördert.

Die in den verschiedenen Jahren auf den verschiedenen Bahnstrecken vorgenommenen Auswechselungen an Schienen und Schwellen, sowie aufgewandte Kosten pro laufende Meter Gleis, wie verwandtes Bettungs-Material, ergeben die nachstehenden Tabellen.

1. An Schienen wurden ausgewechselt auf der Strecke:

Im Jahre	Oldenburg-Bremen lfd. Meter	Oldenburg-Leer lfd. Meter	Oldenburg-Wilhelmshaven lfd. Meter	Sante-Jever lfd. Meter	Hude-Nordenham lfd. Meter	Oldenburg-Quakenbrück lfd. Meter
1867	—	—	100,5 = 0,05%	—	—	—
1868	868,5 = 0,79%	—	165,5 = 0,11%	—	—	—
1869	1642,5 = 1,50%	—	49 = 0,04%	—	—	—
1870	1852 = 1,78%	123,0 = 0,10%	231 = 0,20%	—	—	—
1871	530,5 = 0,46%	779,5 = 1,20%	332 = 0,28%	—	—	—
1872	1803,5 = 1,52%	1973,5 = 1,63%	719 = 0,60%	77 = 0,24%	—	—
1873	6910 = 5,83%	3290 = 2,72%	523 = 0,41%	571,5 = 1,78%	994 = 1,45%	—
1874	5158 = 4,13%	4112 = 3,23%	448 = 0,38%	273 = 0,85%	3597,5 = 5,10%	—
1875	6215 = 4,97%	1103 = 0,87%	1895,5 = 1,61%	266 = 0,82%	5929 = 8,45%	—
1876	7419 = 5,94%	1620 = 1,27%	—	700 = 2,16%	3620 = 4,15%	21 = 0,01%

2. An Schwellen wurden ausgewechselt auf der Strecke:

Im Jahre	Oldenburg-Bremen Stück	Oldenburg-Leer Stück	Oldenburg-Wilhelmshaven Stück	Sante-Jever Stück	Hude-Nordenham Stück	Oldenburg-Quakenbrück Stück
1867	—	—	—	—	—	—
1868	—	—	—	—	—	—
1869	33 = 0,12%	—	—	—	—	—
1870	88 = 0,15%	91 = 0,13%	—	—	—	—
1871	243 = 0,41%	332 = 0,47%	4 = 0,006%	—	—	—
1872	321 = 0,47%	342 = 0,49%	4 = 0,004%	—	—	—
1873	909 = 1,18%	897 = 1,25%	53 = 0,09%	—	11 = 0,03%	—
1874	2152 = 3,61%	1363 = 1,86%	16 = 0,024%	—	11 = 0,03%	—
1875	2330 = 3,26%	2082 = 2,87%	137 = 0,20%	83 = 0,45%	218 = 0,54%	—
1876	1467 = 2,37%	1072 = 1,48%	564 = 0,84%	470 = 2,54%	125 = 0,028%	7 = 0,01%

3. Die Ausgaben an Arbeitslohn für die Unterhaltung der Gleise auf der freien Bahn haben betragen per laufenden Meter Gleis:

Im Jahre	Oldenburg-Bremen ℳ	Oldenburg-Leer ℳ	Oldenburg-Wilhelmshaven ℳ	Sande-Jever ℳ	Hude-Nordenhamm ℳ	Oldenburg-Quakenbrück ℳ
1867	0,07	—	0,013	—	—	—
1868	0,50	—	0,294	—	—	—
1869	0,202	—	0,200	—	—	—
1870	0,228	0,158	0,100	—	—	—
1871	0,142	0,147	0,065	—	—	—
1872	0,125	0,137	0,080	0,230	—	—
1873	0,164	0,094	0,077	0,760	0,239	—
1874	0,204	0,120	0,088	0,179	0,399	—
1875	0,285	0,150	0,105	0,106	0,610	—
1876	0,270	0,153	0,126	0,197	0,485	0,339

4. Es wurde verwendet an Bettungsmaterial:

Im Jahre	Oldenburg-Bremen Cubikmeter	Oldenburg-Leer Cubikmeter	Oldenburg-Wilhelmshaven Cubikmeter	Sande-Jever Cubikmeter	Hude-Nordenhamm Cubikmeter	Oldenburg-Quakenbrück Cubikmeter
1867	--	—	—	—	—	—
1868	--	—	—	—	—	—
1869	4100	—	1760	—	—	—
1870	2700	6500	1633	—	—	—
1871	807	12440	—	—	—	—
1872	4090	8790	962	—	—	—
1873	1730	5150	809	912	—	—
1874	350	2600	677	736	520	—
1875	540	3740	1000	1280	2590	—
1876	512	750	694	252	500	—

Zur Begründung des theilweise etwas hohen Verschleißes an Schienen und Schwellen in Bezug auf die Kosten für Unterhaltung des Gleises und Verbrauch an Bettungsmaterial möge Folgendes hervorgehoben werden:

ad 1. **Verbrauch an Schienen.** Die von der früheren Steinhäuser-Hütte und von der Union bezogenen Eisenschienen sind von sehr verschiedener Qualität gewesen, namentlich sind die in der Gründerzeit gemachten Lieferungen sehr schlecht ausgefallen. Für die aus diesen Lieferungen zur Auswechselung kommenden Schienen ist größtentheils Ersatz noch zu leisten und werden aus diesem Grunde mit geringen Beschädigungen behaftete, sonst noch betriebs= fähige Schienen aus den Gleisen entfernt. Stahlschienen sind bau= seitig nur auf den neueren Bahnen Oldenburg=Osnabrück und Ihr= hove=Neuschanz in geringeren Quantitäten auf stärkeren Gefällen und in starken Curven verlegt, es werden jedoch bei den niedrigen Stahlpreisen seit zwei Jahren nur Bessemerstahlschienen als Ersatz in die Gleise verlegt, deren erfahrungsmäßige Haltbarkeit einen gün= stigen Einfluß auf die Kosten der Gleise auszuüben nicht verfehlen wird. Es mag ferner noch hervorgehoben werden, daß ein großer Theil der im Gleise befindlichen Schienen beim Bau zu Interims= schienen verwandt werden mußten, wobei eine starke Abnutzung un= vermeidlich war.

ad 2. **Verbrauch an Schwellen.** Der größte Theil der zur Auswechselung gekommenen Schwellen sind theils nur unvoll= kommen, größtentheils gar nicht präparirt, und da bei Beginn des Baues, um die Schwellenlieferung im Lande selbst erst in Gang zu bringen, was aus wirthschaftlichen Gründen wünschenswerth erschien, bei der Abnahme nicht allzu streng verfahren werden durfte, so kann der theilweise hohe Prozentsatz nicht überraschen. In späteren Jahren wurden, als die Lieferung den erwünschten Erfolg hatte, die Ansprüche erhöhet und würde bei den neueren Bahnen ein günstigeres Resultat erzielt sein, wenn beim Legen des Oberbaues die Sektions=Ingenieure mit größerer Strenge darauf gehalten hätten, daß die besten Schwellen in die Hauptgleise und die von geringerer Qualität in die Nebengleise verlegt wären.

ad 3. **Arbeitslohn für Gleisunterhaltung.** Die Höhe der Kosten der Gleisunterhaltung muß im Allgemeinen als befrie= digend angesehen werden, wenn man die Verwendung von anfangs ungeübten Arbeitern und das feine Bettungs=Material in Betracht zieht, den theilweise moorigen Untergrund, welcher eine häufige Reparatur, wenigstens für die ersten Jahre, nothwendig macht, und die großen Sand= und Materialtransporte auf gewöhnlichen mit Holzfedern und steifer Kuppelung versehenen Erdtransportwagen, welche das Gleis sehr in Anspruch nahmen, berücksichtiget.

ad 4. Verbrauch an Bettungsmaterial. Der Verbrauch an Bettungsmaterial ist vorzugsweise dadurch hervorgerufen, daß wegen der freien Lage der Bahn das feine Bettungsmaterial, durch die häufig herrschenden Stürme weggeweht, wieder ersetzt und Abhülfsmaßregeln erst durch die Erfahrung gewonnen werden mußten. Wenn die oben bereits erwähnte Berasung der Gleisstrecken erst durchgeführt, wird der Bedarf an Bettungsmaterial sich außerordentlich vermindern.

Die Unterhaltung der Hochbauten auf den Bahnhöfen und an den Bahnstrecken hat sich bei der Einfachheit der Construktion und bei der soliden Ausführung nur auf geringe Reparaturen beschränkt.

§. 21.

Maschinen= und Werkstättendienst. Materialienwesen. Betriebsmittel.

Die unter dem Obermaschinenmeister vereinigten Zweige der Verwaltung sind

 die Maschinenverwaltung,

 die Wagenverwaltung,

 die Werkstättenverwaltung,

 die Materialverwaltung.

Gemeinsam diesen vier Spezial=Verwaltungen dient ein Rechnungs=Büreau, die Expedition und Registratur, sowie ein maschinentechnisches Construktions=Büreau.

Das Wesen, die innere Gliederung und die spezielle Geschäftsführung dieser Verwaltungszweige soll im Folgenden des Näheren erläutert werden.

A. Die Maschinenverwaltung.

Die Maschinenverwaltung umfaßt den gesammten Zugförderungsdienst (ausschließlich des Werkstättendienstes) und steht unter der speziellen Leitung des Betriebs=Maschinenmeisters.

Der Maschinenverwaltung sind die nachstehenden Betriebsmittel und Anlagen nebst zugehörigem Dienstpersonal unterstellt:

1. die bienstthuenden Lokomotiven und Tender,
2. die Maschinenhäuser und deren Ausrüstung,
3. die Wasserstationen mit den Anlagen zur Förderung und Abgabe des Wassers für den Lokomotivdienst,

4. die Lokomotiv-Drehscheiben, die Torf- und Kohlen-Bühnen und die sonstigen zum Lokomotivbetriebe dienenden Vorrichtungen und Anlagen. —

Das der Maschinenverwaltung untergebene Personal ist demnach:

1. die Lokomotivführer, Lokomotivführer-Gehülfen und Heizer;

2. der Maschinenhaus-Werkmeister, die Nachtfeuermänner und Putzer;

3. die Wärter der Wasserförderungsmaschinen, Wasserpumper ꝛc.

Zum Geschäftskreise des Betriebs-Maschinenmeisters gehört außerdem noch:

1. die technische Aufsicht über die größeren, mit dem Lokomotivdienste nicht zusammenhängenden sonstigen maschinellen Betriebseinrichtungen, als Dampfkrähne, Dampfschiffe, Centesimal-Brückenwaagen u. s. w.,

2. die Controle sämmtlicher Waagen und Gewichte. —

Den Haupttheil der unter der Maschinenverwaltung stehenden Betriebsmittel und Anlagen bilden die Lokomotiven, an deren Besprechung eine solche des Lokomotivpersonals, sodann des eigentlichen Lokomotivdienstes und endlich der Nebenanlagen des Lokomotivbetriebes sich anschließen wird.

a) Die Lokomotiven und Tender.

Schon für den Bau der ersten Linien wurde die Anschaffung einiger Lokomotiven erforderlich, um mit denselben die größeren Erdtransporte, besonders die Aufhöhung des Bahnhofsterrains in Oldenburg, zu bewirken. Zu diesem Zwecke zunächst wurden im Frühjahr 1866 zwei kleine alte Lokomotiven von der Niederschlesisch-Märkischen Bahn gekauft und in Dienst gestellt. Diese beiden Lokomotiven, gebaut im Jahre 1840 in der Fabrik von Norris in Philadelphia, in der den Amerikanern noch jetzt eigenthümlichen Constructionsweise, gehörten zu den ältesten ihrer Art, erwiesen sich aber für den beabsichtigten Zweck noch als ausreichend und sind erst im Jahre 1871 ausrangirt. —

Die für den Betrieb der ersten Bahnen (Oldenburg-Bremen und Oldenburg-Wilhelmshaven) anzuschaffenden Lokomotiven wurden dagegen neu construirt.

Die Prinzipien dieser Construktion waren im Allgemeinen zunächst dieselben, welche dem Bau der Oldenburgischen Bahnen überhaupt zu Grunde lagen: möglichst große Einfachheit, strenge Beschränkung auf das wirklich Nothwendige und Zweckmäßige, Ver-

meidung von allem Luxus. Daneben stellte das spezielle Programm
für die Construktion noch folgende Anforderungen:

eine mittlere Leistungsfähigkeit der Lokomotiven, derart, daß
dieselben für Personenzüge von mäßiger Geschwindigkeit, wie auch
für Güterzüge von mäßiger Stärke, gleich zweckmäßig verwendbar
wären;

Billigkeit in der Anschaffung, im Betriebe und in der Unter=
haltung: also auch geringer Brennmaterialverbrauch und niedrige Repa=
raturkosten;

thunlichst geringer Schienendruck der Räder, zur Schonung des
Oberbaues; also Leichtigkeit der Construktion, soweit solches mit der
nöthigen Solidität vereinbar;

Ausnutzung des ganzen Gewichtes für die Abhäsion; also, da
das Abhäsionsgewicht zweier Achsen ausreichte, vierrädrige Lokomo=
tiven;

Einrichtung der Lokomotiven und Tender für Torfheizung. —

Für die Anfertigung der Construktionspläne auf Grund der
vorstehenden, von den bis dahin üblichen bedeutend abweichenden
Prinzipien fand sich ein einigermaßen anhaltgebendes und in der
Erfahrung bereits bewährtes Vorbild nur in den vierrädrigen
Lokomotiven der Schweizerischen Nordostbahn, welche kurz vorher
von deren Maschinenmeister Krauß in Zürich construirt waren. —
Der Typus der letzteren ist deshalb auch in manchen Theilen für
den der ersten Oldenburger Lokomotiven maßgebend geworden. —
Zugleich gab dieses Veranlassung, dem Maschinenmeister Krauß,
welcher zu Anfang des Jahres 1866 eine Lokomotivfabrik zu München
gründete, die Lieferung eines Theils der zunächst zu beschaffenden
Lokomotiven zu übertragen. —

Aus den obigen an die Construktion gestellten und von den
Lokomotiven selbst demnächst auch erfüllten Anforderungen ergiebt
sich, daß die Lokomotiven für einen sogenannten gemischten Dienst
bestimmt waren, das heißt: daß sie für die Beförderung von Per=
sonenzügen sowohl, wie für die von Güterzügen, innerhalb gewisser
Grenzen der Geschwindigkeit und der Zugstärke, gleichermaßen die=
nen sollten. —

Auch bei der späteren, mit der Erweiterung der Bahnen und
der Zunahme des Verkehrs wiederholt stattgehabten Vergrößerung
des Lokomotivparks ist dieses anfänglich angenommene System im
Wesentlichsten festgehalten, wobei übrigens das unausgesetzte Streben
nach Vervollkommnung, gestützt auf die inzwischen gemachten eignen

Erfahrungen, in fast allen Einzelheiten noch manche Verbesserungen hat erzielen lassen.

Im Besonderen nöthigte die immer mehr gesteigerte Geschwindigkeit der Personenzüge und die zunehmende Stärke der Güterzüge dazu, die später angeschafften Lokomotiven nach beiden Richtungen hin leistungsfähiger zu machen. Es ist dieses auch, ohne eine erhebliche Vergrößerung des Gewichtes, einerseits durch eine geeignete Querverbindung der Lokomotiven mit dem Tender, durch welche ein gefahrloser ruhiger Gang, selbst bei größerer Geschwindigkeit, gesichert wird, andererseits durch Vergrößerung der Heiz= und Rostfläche, sowie durch Anordnung von Sandstreuapparaten in zufriedenstellender Weise erreicht worden.

Somit ist es bis jetzt vermieden, dem vorhandenen Lokomotivsystem noch andere hinzuzufügen, welche entweder speziell nur für Güterzüge oder aber speziell nur für rasche Personenzüge geeignet sind. Die also noch bewahrte Einheitlichkeit des Systems giebt nicht nur die Möglichkeit, mit erheblich weniger Lokomotiven auszukommen, sondern gewährt auch große Erleichterungen und Vereinfachungen, sowohl im Werkstätten= als im Betriebsdienste.

Die Einrichtung der Lokomotiven und Tender für Torfheizung war von vornherein beschlossen, weil die Verwendung des einheimischen Brennmaterials nicht nur der Industrie des eigenen Landes zu Gute kam, sondern zu jener Zeit auch mit direktem Nutzen gegenüber der Kohlenheizung verbunden war. — Besonders während der hohen Kohlenpreise in den Jahren 1871—1874 sind durch die Torfheizung der Oldenburgischen Verwaltung namhafte Summen erspart geblieben. — Erst neuerdings haben sich die Verhältnisse durch das starke Sinken der Kohlenpreise, durch nasse, für die Torfgewinnung ungünstige Jahre, und vorzüglich durch Herstellung einer direkten Eisenbahnverbindung mit Westfalen über Osnabrück, derart zu Ungunsten der Torfheizung gestaltet, daß es geboten schien, dieselbe noch nicht auch auf die neuern Bahnstrecken auszudehnen, sondern bis auf Weiteres auf das bisherige Maaß beschränkt zu halten.

Die Konstruktion der Lokomotiven und Tender ist übrigens derartig, daß es keiner schwierigen Vorbereitungen und Aenderungen bedarf, um in der Heizung von dem einen Brennmaterial auf das andere überzugehen, wodurch es auch ermöglicht wird, staatswirthschaftliche Rücksichten zur Geltung zu bringen, event. die wechselnden Konjuncturen in den Preisen der beiden Brennmaterialien nach Belieben auszunutzen.

Die Zahl der Tender ist in dem Maaße, wie sie seltener und kürzere Zeit in Reparatur zu kommen pflegen, als die Lokomotiven, erheblich geringer angenommen, als die Zahl der letzteren.

Außer den vorstehend besprochenen, für die Zugförderung auf den Hauptbahnen bestimmten größeren Lokomotiven wurde in den Jahren 1870—1873 noch eine Anzahl kleiner Tenderlokomotiven angeschafft, welche für den Rangirdienst auf den Bahnhöfen, für Beförderung von Bau-Materialzügen und zum Betriebe der Sekundärbahn Sande-Jever bestimmt sind.

Diese kleinen Lokomotiven sind nach denselben Grundsätzen, wie die anderen konstruirt und zum größten Theile in den eigenen Werkstätten der Verwaltung zu Oldenburg gebaut worden.

Auch einige von den größeren Lokomotiven sind für den Betrieb der Zweigbahnen, für Extrazüge zc. als Tenderlokomotiven eingerichtet.

Ueber die Konstruktion der Lokomotiven ist noch Folgendes zu bemerken:

Sämmtliche Lokomotiven sind vierrädrig und gekuppelt; sie haben außenliegende Cylinder und innenliegende Rahmen.

Bei den Tenderlokomotiven dienen die vor und zwischen den Achsen durch den Rahmenbau gebildeten Kastenräume als Wasserbehälter.

Der Rahmen ruht mittelst einer Querfeder hinten und zweier Längsfedern vorn, also in drei Punkten, auf den Achsen.

Der Dampfüberdruck beträgt bei allen Lokomotiven 10 Atmosphären.

Die Kessel bestehen bei den älteren Lokomotiven aus Stahlblechen, bei einigen neueren aus Eisenblechen. Die Decke der kupfernen Feuerkiste ist durch Stehbolzen direkt mit dem cylindrischen Außenkessel verankert. Die Kessel haben eiserne Siederöhre. Sie sind nur an der Rauchkammer fest mit den Rahmen verbunden und können nach hinten der Ausdehnung durch die Wärme frei folgen. Die Kessel haben keinen Dampfdom, sondern ein im obern Theile des Langkessels liegendes Dampfsammelrohr.

Sämmtliche Maschinen haben im obern Theile der Rauchkammer Funkenfänger, aus Sieben von parallel liegenden Drähten bestehend; diese Drähte sind 2—3 Millimeter dick und liegen mit Zwischenräumen von 3 Millimeter.

Die größern Lokomotiven haben Steuerung nach Allan, die

kleineren solche nach Gooch). Die Dampfschieber sind für doppelte Einströmung eingerichtet.

Die Kolbenringe, Dampfschieber, Regulatorschieber, Achshalter und Achsbüchsen, sowie die Excentricringe bestehen aus hartem Gußeisen, so daß bei allen diesen Theilen Gußeisen auf Gußeisen gleitet.

Die Tenderlokomotiven haben Bremsen nach Exter und eiserne Bremsklötze.

Alle Lokomotiven sind mit bedachten Führerständen versehen.

Die Tender sind vierrädrig und bis auf einige neuere Kohlen= tender für Torfheizung eingerichtet; die Wasserkasten liegen ganz unterhalb des Fußblechs.

Die hauptsächlichsten Dimensionen und Gewichte sind folgende:

	Große Lokomotiven Millimeter	Kleine Lokomotiven Millimeter
Cylinderdurchmesser	355	250
Kolbenhub	560	500
Raddurchmesser	1500	1000
Radstand	2450	2000
Heizfläche	75—91 □.=Meter	39 □.=Meter
Gewicht, leer	18,5 Tonnen	11,25 Tonnen,
„ im Dienst	21,3 „	14 „

Die Anzahl, die Anschaffungszeit, die Fabrikanten, sowie der Preis der gegenwärtig vorhandenen Lokomotiven und Tender ist:

Jahr der Lieferung	Fabrikant	Preis Mark	Stück
	1. Größere Lokomotiven.		
1867	R. Hartmann in Chemnitz	38600	6
„	Krauß & Co., München	33228	2
„	Dieselben	34112	2
1868	Dieselben	33000	2
1869	Dieselben	31200	6
1873	F. Wöhlert, Berlin	31824	4
„	Derselbe	33069	4
1867	Gesellschaft „Hohenzollern", Düsseldorf	20400	10
„	Dieselbe	21944	4
1877	Dieselbe	19300	6

Summa 46

2. Kleine Lokomotiven.

1871	Eisenbahn-Werkstätte, Oldenburg	16245	2
„	Krauß & Co., München	19650	2
1872	Eisenbahn-Werkstätte, Oldenburg	16389	3
„	Krauß & Co., München	19650	2
1873	Eisenbahn-Werkstätte, Oldenburg	17208	7
		Summa	16

Im Ganzen also Lokomotiven 62 Stück.

3. Tender,

von den 4 Fabrikanten der größeren Lokomotiven geliefert, sind gegenwärtig vorhanden 28 Stück, deren Preis

im Jahre 1867 . . . . 7731 *M.*
und im Jahre 1877 . . 4810 „

betragen hat.

Die gesammten Anschaffungskosten der vorhandenen Lokomotiven und Tender haben betragen 1744971 *M.*

Die einzelnen Lokomotiven sind sowohl mit Nummern als auch mit Namen bezeichnet, für welche letztere bei den größeren Lokomotiven die Namen der Landschaften und der Flüsse des Herzogthums, wie auch der angrenzenden, von Oldenburgischen Bahnen berührten Landesgebiete gewählt wurden, während die Namen der kleinen Lokomotiven in kurzen, einsilbigen und bezeichnenden Stichwörtern bestehen.

Die Anwendung von Namen könnte, dem Gebrauche anderer Bahnen gegenüber, welche sich mit bloßen Nummern begnügen, als ein Luxus erscheinen; doch haben dieselben ohne Zweifel den praktischen Nutzen, daß sie die Individualität der einzelnen Maschinen mehr hervorheben, dem Gedächtniß zu Hülfe kommen und das Interesse an den verschiedenen Trägern der Namen beleben.

Die Namen der größeren Lokomotiven sind: Oestringen, Rüstringen, Stadland, Moorriem, Stedingen, Wangerland, Sagterland, Ammerland, Butjadingen, Münsterland, Landwührden, Wangeroog, Harlingerland, Jeverland, Leedingerland, Rheiderland, Groningerland, Friesland, Hunte, Weser, Ollen, Heete, Ochtum, Delme, Welse, Lethe, Haaren, Made, Haase, Marka, Soeste, Leda, Vehne, Drepte, Liene, Jade, Ahne, Wapel, Hohenzollern und Oranien.

Die der kleinen: Schnipp, Schnapp, Schnurr, Hin, Her, Kurz, Klein, Abel, Holm, Burr, Tick, Tack, Tuck, Puck, Muck, Schnuck.

b) Das Lokomotiv-Personal.
(Maschinisten.)

Die Führung und Wartung einer jeden im Betriebe befindlichen Lokomotive wird, wie allgemein, von einem Lokomotivführer und von einem Heizer besorgt, welcher letztere dem ersteren untergeben ist.

Die ersten Lokomotivführer für die Oldenburgischen Bahnen mußten selbstverständlich von auswärts herangezogen werden. Es wurde aber von vorn herein auf die eigne Ausbildung von tüchtigen Lokomotivführer-Lehrlingen der größte Werth gelegt, und ist es in Folge dessen auch möglich geworden, den weiteren Bedarf an Lokomotivführern ausschließlich aus dem selbsterzogenen Nachwuchs zu decken.

Die Auswahl und Ausbildung der Lehrlinge für den schweren und verantwortlichen Beruf eines Führers muß eine besonders vorsichtige und sorgfältige sein, und ist deshalb durch spezielle Vorschriften geregelt. — Neben den nöthigen Ansprüchen an körperliche, geistige und sittliche Eigenschaften wird verlangt, daß ein anzunehmender Lokomotivführerlehrling ein geeignetes Handwerk erlernt, und mindestens ein Jahr lang in einer Lokomotiv-Reparaturwerkstatt gearbeitet haben muß. Nach mindestens einjähriger Lehrzeit, in der Stellung als Heizer bei einem älteren Führer, wird der Lehrling einer offiziellen Prüfung unterzogen und kann hiernach zum Lokomotivführer-Gehülfen ernannt werden, womit ihm die Befähigung zur selbständigen Führung einer Lokomotive zuerkannt wird; die Ernennung zum Führer erfolgt dann nach Bedarf.

Die Lokomotivführer sind Civilstaatsdiener und haben die diesen zukommenden Rechte.

Das Diensteinkommen des Lokomotivpersonals ist zusammengesetzt aus einem festen Gehalte bezw. Monatslohn von mäßiger Höhe und aus Nebenbezügen nach Maaßgabe der Leistungen. — Solche Nebenbezüge werden gewährt, sowohl für den geleisteten Fahrdienst nach Achs-Kilometern (Weglänge der gefahrenen Züge mal Achsenzahl derselben) und für den Reserve- und Rangirdienst nach Stunden, wie auch für die im Brenn- und Schmiermaterialverbrauch gemachten Ersparungen gegenüber einem Normal-Verbrauchsquantum pro Kilometer. — Die Maschinisten sind also einerseits an möglichster Sparsamkeit im Materialverbrauch, andererseits an der Beförderung möglichst starker Züge mit interessirt.

Das feste Einkommen der Maschinisten beträgt pro Jahr:

für die Führer . . . . 1050—1650 ℳ.
„ „ Heizer . . . . 720—1020 „

Die Nebenbezüge belaufen sich durchschnittlich im Jahre:

> für die Führer auf . . . . . 900 $\mathcal{M}$
>
> „ „ Heizer „ . . . . . 300 „

Die Zahl der Maschinisten war zu Anfang des Jahres 1878:

> Lokomotivführer 29
>
> Lokomotivführer-Gehülfen 18
>
> Lehrlinge 15
>
> Heizer 20

Zusammen Maschinisten 82

Die Maschinisten sind Theilhaber der „Krankenkasse für das Lokomotiv- und Werkstätten-Personal", von welcher bei Besprechung der Werkstätten-Verwaltung spezieller die Rede sein wird.

c) Einrichtung und Leitung des Lokomotivdienstes.

Eine große Vereinfachung in der Disposition des Lokomotivdienstes gewährt, wie bereits bemerkt, die Einheitlichkeit des Lokomotivsystems. Eine Lokomotive, welche beispielsweise einen Güterzug nach Bremen befördert hat, kann dort den nächsten abgehenden Personenzug übernehmen, während sie andernfalls bis zur Abfahrt des nächsten, vielleicht viel später abgehenden Güterzuges still liegen oder gar übernachten müßte.

Für die Disposition des Lokomotivdienstes ist ferner die Länge der einzelnen Bahnlinien und die Lage derselben zu einander von Bedeutung. Auch die längste unserer Linien, Oldenburg-Osnabrück, ist nicht so lang, daß für eine Hin- und Rückfahrt des Zuges eine Ablösung der Lokomotive erforderlich würde. Uebrigens besteht das Bahnnetz aus vier von der Centralstation ausgehenden Hauptlinien und aus zwei von Zwischenstationen abgehenden Zweiglinien. Für den Betrieb der letzteren mußten nothwendigerweise besondere Lokomotiven detachirt werden; für den Betrieb der Hauptlinien aber kam es in Frage, ob es zweckmäßiger sei, an den Endpunkten Lokomotivstationen einzurichten, oder aber sämmtliche Lokomotiven möglichst im gemeinschaftlichen Mittelpunkte Oldenburg zu stationiren und die letzten, täglich von hier abfahrenden Lokomotiven an den Endpunkten nur übernachten zu lassen. Der letzteren Einrichtung ist der Vorzug gegeben, weil die Unkosten der Uebernachtungen durch die Vortheile mehr als aufgewogen werden, welche die dadurch erleichterte Aufsicht und Kontrole der Maschinisten und Maschinen, sowie die freiere Disposition über dieselben mit sich bringen.

Hiernach sind in den vier Endpunkten der Hauptlinien — in

Bremen, Neuschanz, Wilhelmshaven und Osnabrück — für den Fahrdienst Lokomotiven nicht stationirt. Auch auf den Zwischenstationen Leer und Quakenbrück, wo nach dem Fahrplane Züge beginnen und endigen, findet keine Stationirung, sondern nur eine Uebernachtung von Lokomotiven statt. Auf diesen beiden, den längeren Linien angehörenden Stationen ist auch während des Tages eine Reserve-Lokomotive anwesend.

Die Lokomotivstationen für die Zweigbahnen Sande-Jever und Hude-Nordenhamm befinden sich beziehungsweise in Jever und in Hude und sind mit je drei Lokomotiven besetzt.

Auf den Stationen Brake, Eversburg und Wilhelmshaven ist je eine einzelne, den Rangirdienst besorgende Tenderlokomotive stationirt.

Auf der Hauptstation Oldenburg und von dieser ausgehend befinden sich zur Zeit 31 Lokomotiven im Dienst, von denen 24 größere zur Beförderung von Personen= und Güterzügen, und 7 kleine Tenderlokomotiven zum Rangiren der Züge und zu Material=transporten bestimmt sind.

Der Vertheilung des täglich zu leistenden Fahrdienstes auf die einzelnen Lokomotiven und deren Maschinisten liegt nun ein nach dem Fahrplan der Züge aufgestellter Maschinen=Fahrplan zu Grunde. Bei Aufstellung dieses Fahrplanes muß vor Allem eine gute Ausnutzung der Lokomotiven erstrebt werden, die auch durch die Anordnung der Züge selbst schon nach Möglichkeit zu erleichtern ist.

Die tägliche Dienstleistung einer Lokomotive und ihres Personals beträgt hiernach von 200 bis 300 Kilometer. Nach 2 bis 4 Diensttagen tritt ein Ruhetag ein, welcher zur Kesselreinigung und zur Vornahme kleiner Reparaturen benutzt wird.

Die in den Maschinenhäusern der Maschinen= und Uebernach=tungsstationen auszuführenden Arbeiten — das Putzen der Lokomotiven und Tender, die Instandhaltung der Laternen rc., die Reinigung der Dampfkessel, das Anheizen, Drehen u. s. w. — werden von den Putzern und den s. g. Nachtfeuermännern besorgt.

Auf der Station Oldenburg, wo diese Arbeiten eine große Ausdehnung erlangen, stehen dieselben nebst den täglichen kleineren Reparaturarbeiten unter der Aufsicht und Leitung eines besonderen Werkmeisters. — Die Maschinisten sind übrigens zur Ueberwachung der an ihren Lokomotiven vorzunehmenden Arbeiten und zur Mit=hülfe dabei ebenfalls verpflichtet.

Nachtfeuerleute und Putzer (incl. zweier Oberputzer in Olden=
burg) sind im Ganzen beschäftigt 52, deren Taglohn im Durchschnitt
auf 1 $\mathcal{M}$. 90 $ sich beläuft.

d) Nebenanlagen des Lokomotivbetriebes.

1. Maschinenhäuser.

Ein Maschinenhaus (Lokomotivschuppen) befindet sich auf jeder
Station, wo Lokomotiven stationirt sind oder übernachten, also auf
den Lokomotivstationen: Oldenburg, Hude (für Hude=Nordenhamm),
Jever (für Jever=Wilhelmhaven), Brake, Eversburg;

und auf den Uebernachtungsstationen: Bremen, Neuschanz,
Wilhelmshaven, Osnabrück, Nordenhamm, Quakenbrück, Leer.

In Bremen und Neuschanz werden die Maschinenhäuser der
Hannoverschen bezw. Niederländischen Verwaltung von den diesseiti=
gen Lokomotiven mitbenutzt.

Von den eigenen Maschinenhäusern der Oldenburgischen Verwal=
tung ist nur das der Centralstation Oldenburg durch Umfang der Anlage
von Bedeutung, während die der übrigen Stationen für nur 2 bis
höchstens 4 Lokomotiven Platz gewähren und zum größeren Theile
einen provisorischen Charakter tragen.

Sämmtliche Maschinenhäuser haben die rechteckige Grundform
mit Zugang durch Weichen. —

Das Maschinenhaus zu Oldenburg, aus zwei getrennten, aber
benachbarten Abtheilungen gebildet, steht in unmittelbarer Verbin=
dung mit dem Werkstättengebäude und ist, wie dieses, nach dem
s. g. Shed=System ausgeführt. — Dasselbe gewährt Platz für etwa
24 Lokomotiven, größere und kleine.

Die Ausrüstung dieses, wie der übrigen, kleinen Maschinen=
häuser, mit Wasserleitung zum Füllen und Auswaschen der Kessel,
mit Schornsteinen zur Abführung des Rauches, mit Gleisgruben
zum Ausreißen des Feuers und zur Erleichterung gewisser Repara=
turen u. s. w. ist eine dem Bedürfniß entsprechende.

Auf jeder Uebernachtungsstation befindet sich in Verbindung
mit dem Maschinenhause ein Uebernachtungslokal für die Maschi=
nisten, mit einfachen, aus Matratzen und Wolldecken bestehenden
Betten.

2. Wasserstationen.

Die wichtige Beschaffung guten, zur Kesselspeisung geeigneten
Wassers ist nur auf den Stationen der Küsten= und Marschdistrikte

auf Schwierigkeiten gestoßen. Während auf den übrigen Stationen das Wasser aus Brunnen oder offenen Wasserzügen entnommen werden konnte, ist in den genannten Distrikten zum Theil die Anlage von gemauerten Cysternen oder offenen Bassins zur Aufsammlung von Regenwasser erforderlich geworden. — Das Quantum des so gesammelten Wassers ist in trocknen Jahren zuweilen unzureichend und nöthigt alsdann, die Maschinen auf der nächsten noch brauchbares Wasser liefernden Zwischenstation vorwiegend mit Wasser zu versorgen.

Die Anlage der Wasserstationen besteht im Wesentlichen aus einer Pumpen-Vorrichtung, aus einem Bassin von genügender Höhenlage, in welches das Wasser gefördert wird, und aus Wasserkrähnen zur Abgabe des Wassers an die Tender.

Die Pumpen zweier kleinerer Wasserstationen — Zwischenahn und Apen — sind nur für Handbetrieb eingerichtet. Zum Pumpenbetriebe einiger anderer Stationen sind außer den Handkurbeln noch Windräder angeordnet, so in Jever, Heidmühlen, Berne, Nordenhamm und Cloppenburg. Die Pumpen der bedeutenderen Stationen aber werden mit Dampfkraft betrieben, so in Oldenburg, Hude, Varel, Wilhelmshaven, Brake, Huntlosen, Qualenbrück und Bramsche. Der größere Theil dieser letzteren Pumpen sind kleine, direkt betriebene Dampfpumpen, die aus England bezogen wurden (sogenannte Special-Pumps) und sich gut bewährt haben.

Die Wasserbehälter (Cysternen) sind durchweg ebenwandig aus Gußeisenplatten construirt und fassen circa 8 Cubikmeter. Solcher Bassins liegen nach Erforderniß 2—3 communicirend neben einander.

Von diesen Behältern führen Rohrleitungen nach den verschiedenen Wasserkrähnen, welche sämmtlich freistehend angeordnet und in einfachster Weise construirt sind.

Zur Vermeidung des Erfrierens im Winter dienen Vorwärmer, aus einem schmiedeeisernen Schlangenrohr bestehend, welches, vom Boden einer Cysterne ausgehend und in Windungen durch das Innere eines gemauerten Ofens geleitet, in einem höherliegenden Punkte in die Cysterne zurückmündet. — Auf den Stationen mit Dampfbetrieb wird die Anwärmung auch durch den abgehenden Dampf bewirkt.

3. Drehscheiben.

Eigene Lokomotiv-Drehscheiben der Oldenburgischen Verwaltung befinden sich in Oldenburg, Wilhelmshaven, Brake, Qualenbrück,

Hube und Nordenhamm. — Die drei letzteren sind in der Eisenbahn=
Werkstätte zu Oldenburg angefertigt. — Um Uebrigen hat wegen
Anwendung von Tendermaschinen die Anlage von Lokomotiv=Dreh=
scheiben vermieden werden können.

4. Torfschuppen und Ladebühnen.

Mit Annahme der Torfheizung im Lokomotivbetriebe war die
Nothwendigkeit gegeben, große Vorräthe dieses Brennmaterials zu
halten, theils weil die Herstellung und Anlieferung desselben eine
periodische, auf gewisse Jahreszeiten beschränkte ist, theils weil der
angelieferte Torf in der Regel erst einer längeren Lagerung zum
Nachtrocknen bedarf. Diese Lagerung muß eine vor den atmosphä=
rischen Niederschlägen geschützte sein und wurde deshalb von vorn
herein auf die Herstellung ausreichender Schuppenräume Bedacht
genommen.

Mit dem Bau der ersten Linien wurden größere Torfschuppen
zunächst in Oldenburg angelegt. Die Anfuhr geschieht hier fast aus=
schließlich zu Wasser vom östlichen Theile des Hunte=Ems=Canales;
die Schuppen mußten deshalb einerseits mit Gleisen vom Bahnhofe
aus, andererseits aber von den Schiffen aus direkt zugänglich sein,
zu welchem Zwecke eine, der Erdgewinnung wegen ohnedies erforder=
liche Ausgrabung zu einem mit der Hunte verbundenen Hafen ein=
gerichtet wurde.

Mit dem Bau der Bahn nach Leer wurde dann ein zweites
größeres Torfmagazin in Augustfehn errichtet, wohin der Torf,
gleichfalls zu Wasser, vom westlichen, dem Emsgebiete angehörenden
Theile des Hunte=Ems=Canales geliefert wird. Die dortige Torf=
schuppen=Anlage ist eine ähnliche wie in Oldenburg. Ein Theil der
Schuppen konnte hier unmittelbar neben den Augustfehn=Canal ge=
legt werden, aber nur eine Gleisverbindung mittelst Drehscheiben
bekommen, während für eine spätere Erweiterung der Anlage ein
besonderer kleiner Hafen, nördlich unmittelbar neben dem Bahnhofe,
mit direkter Gleisverbindung hergestellt wurde.

Die Station Augustfehn ist der Haupt=Anlieferungs= und Stapel=
platz für Torf geworden; von hier aus werden nicht nur die dort
passirenden Lokomotiven direkt, sondern auch die kleinen Torfmagazine
einiger anderer Stationen und zu einem großen Theile auch das zu
Oldenburg mit Torf versehen.

Der Wichtigkeit dieser Torfstation entsprechend ist dieselbe einem

besonderen Materialverwalter unterstellt, welcher eine in unmittel=
barer Nähe der Torfschuppen erbaute Wohnung inne hat.

Die Torfschuppen sind Fachwerksgebäude, des Luftzutritts wegen
mit Latten=Wänden und Böden. Zur Verminderung der Feuers=
gefahr hat bei den neueren Anlagen von mehreren neben einander
stehenden Schuppen stets einer, um den anderen zwei massive Giebel=
mauern bekommen.

Die Schuppen=Anlage zu Oldenburg gewährt Platz für circa
100,000 Centner, diejenige zu Augustfehn für circa 160,000 Cent=
ner Torf.

Der Transport des Torfes aus den Schiffen in die Schuppen
liegt den Schiffern ob und geschieht durch Eintragen mit sogenannten
Kreiten. Diese mühevolle Arbeit wird in Augustfehn fast ausschließ=
lich durch weibliche Arbeiter verrichtet, während der Schiffer selbst
nur das Füllen der Kreiten im Schiffe zu besorgen pflegt. — Zur
Abgabe des Torfes an die Lokomotivführer dienen Rohrkörbe, welche
40 Kilogramm Torf fassen und in welchen das jeweilig abzugebende
Quantum auf der Ladebühne bereit stehen muß. Da ein Tender
Raum für etwa 80 Centner Torf enthält und der mittlere Tages=
consum einer Lokomotive (50—60 Centner) mindestens täglich zu
ergänzen ist, so ergiebt sich schon hieraus, daß eine große Zahl
solcher Torf=Rohrkörbe vorhanden sein muß.

Die Ladebühnen, von welchen aus die gefüllten und abgewoge=
nen Torfkörbe auf das Dach des Tenders zum Ausschütten in dessen
Laderaum befördert werden, müssen eine entsprechende Höhe und
geeigneten Platz zur Aufstellung der Körbe haben.

In Augustfehn, wo den Zügen nur wenig Aufenthalt gegeben
werden kann, sind zur Beschleunigung des Torfnehmens besondere
Torfwagen in Benutzung, deren Dach als fahrbare Ladebühne ein=
gerichtet ist. Dieselben werden auf dem Parallelgleise neben dem zu
füllenden und vor dem Zuge bleibenden Tender aufgestellt und durch
eine Fallbrücke mit demselben in Verbindung gebracht.

Der jährliche Torfconsum des gesammten Lokomotivdienstes hat
in den letzten Jahren circa 270,000 Centner betragen.

Der durchschnittliche Ankaufspreis des Torfes (schwarzer Stich=
oder Grabetorf) beträgt gegenwärtig pro Centner 36 ₰.

Der Verlust durch Nachtrocknen und durch den entstehenden
Abfall, sowie die Ausgaben für Transporte, für das Auswiegen
und Abgeben, für Unterhaltung der Torfkörbe u. s. w. sind verhält=
nißmäßig sehr bedeutend. Mit Einrechnung dieser Verluste und

Nebenausgaben kostet der Torf auf dem Tender durchschnittlich pro Centner 48 ₰.

Die sämmtlichen Torfschuppen und deren Inhalt sind gegen Feuersgefahr bei der Gesellschaft Colonia versichert. Die Versicherungsprämie beträgt 5 pro Mille. Der Versicherung liegen bestimmte Annahmen über die in den verschiedenen Monaten vorhandenen Vorräthe zu Grunde.

B. Die Wagenverwaltung.

Die Wagenverwaltung, soweit sie hier in Betracht kommt, ist die technische, und umfaßt die Construktion, die Anschaffung, die Revision und die Unterhaltung der Oldenburgischen Wagen, sowie die Verhandlungen und Abrechnungen mit fremden Verwaltungen über die Beschädigung und Reparatur fremder Wagen auf den hiesigen, und hiesiger Wagen auf fremden Bahnen. Sie ist einem eigenen Maschinenmeister unterstellt.

Die commercielle Wagenverwaltung, welche sich auf die Wagendisposition und die Wagenbenutzung erstreckt, gehört in andere Geschäftskreise.

Construktion und Anschaffung der Wagen.

Das Prinzip der Einfachheit und Leichtigkeit bei größtmöglichster Solidität der Arbeit und des Materials ist, wie für die Lokomotiven, so auch für die Construktion der Wagen bisher maaßgebend gewesen.

Die sämmtlichen Oldenburgischen Wagen sind demnach vierrädrig ausgeführt. In Bezug auf Personenwagen war dieses auf den Norddeutschen Bahnen eine Neuerung, durch welche mit dem Vorurtheil, daß dreiachsige Wagen sicherer seien, als zweiachsige, gebrochen wurde. Gegenwärtig werden auch auf vielen andern Deutschen Bahnen, welche früher dem Systeme der sechsrädrigen Wagen huldigten, vorwiegend auch vierrädrige Personenwagen angeschafft.

Die Achsen, die Achsbüchsen und die Kuppelungseinrichtungen sind bei sämmtlichen Wagen die gleichen. Nur ein Theil der neuern Wagen hat etwas abweichende, nach den Normalien der Preußischen Staatsbahnen construirte Achsen erhalten.

Auf die Vorzüglichkeit des zu den Achsen und Radreifen verwendeten Materials wird besonderer Werth gelegt. Dasselbe besteht bei den älteren Wagen aus Puddelstahl; bei den neueren aus Bessemerstahl.

1. Die Personenwagen der ersten Anschaffung waren ausschließlich Coupé-Wagen, während Durchgangswagen (Interkommu-

nikations-Wagen), welche nur von den an den Thürseiten angebrachten mit seitlichen Treppen versehenen Plattformen aus zugänglich sind, erst später, für den Betrieb der Bahnen von Sande nach Jever und von Hude nach Nordenhamm, beschafft wurden. Mit den ersten Lieferungen wurden zugleich auch 2 Salonwagen angeschafft, von denen der eine ausschließlich zur Benutzung für höchste Herrschaften bestimmt ist.

Sämmtliche Personenwagen (auch die Durchgangswagen) haben gleiche Länge des Wagenkastens, von 8 Meter, und gleichen Radstand von 5 Meter, Dimensionen, welche neuerdings auch der Construktion von Normalwagen für die Preußischen Staatsbahnen zu Grunde gelegt wurden.

Die innere Ausstattung der Wagen ist nach drei Classen, I., II. und III., abgestuft und entspricht im Allgemeinen derjenigen gleichnamiger Classen auf den übrigen Deutschen Bahnen. Von der Einrichtung einer IV. Classe wurde abgesehen, weil das grundsätzlich sehr niedrig bemessene Fahrgeld nur wenig höher in III. Classe sich stellt, als das in IV. Classe auf andern Bahnen. Erst kürzlich sind 3 ältere Durchgangswagen III. Classe in solche IV. Classe umgebaut, um auf den, im Preußischen Gebiete belegenen Strecken Quakenbrück-Osnabrück und Ihrhove-Neuschanz, der für diese Strecken bestehenden Vertragsbedingung entsprechend, benutzt zu werden.

Die combinirten Wagen I. und II. Casse, und die Wagen II. Classe haben 4 Coupés oder (bei den Durchgangswagen) coupéartige Abtheilungen; die Wagen III. Classe deren 5.

Es gewähren Platz die Coupés I. Classe für 6, die Coupés oder entsprechenden Abtheilungen II. Classe für 8, diejenigen III. Classe für 10 Personen. Hiernach liegt bei den Durchgangswagen III. Classe der Durchgang nicht ganz in der Mitte, so daß auf einer Seite desselben 6, auf der andern 4 Personen in jeder Abtheilung Platz finden. Durch diese Einrichtung ist ermöglicht, daß in den Durchgangswagen III. Classe nur 2 Plätze weniger als in den betreffenden Coupéwagen vorhanden sind, während in den Wagen II. Classe die Zahl der Plätze die gleiche ist.

In einem Theil der Durchgangswagen sind durch Einbau von Scheerwänden getrennte Abtheilungen für Nichtraucher hergerichtet; in diesen Scheerwänden befinden sich Thüren.

Die Communikation der Durchgangswagen mit einander wird von den Balkonen aus mittelst Fallbrücken bewirkt, welche die sich zugekehrten Balkone verbinden.

Während schon einige der älteren Wagen zur Erzielung eines sanfteren Ganges Doppelfedern (zwischen Untergestell und Wagenkasten) probeweise erhalten hatten, ist bei den neueren Coupéwagen zu gleichem Zwecke der Wagenkasten vom Untergestell mittelst Gummiplatten abgefedert.

Die Beleuchtung erfolgt bei den Coupéwagen II. Classe für je 2 Coupés durch eine in der Querwand angebrachte Oel=Laterne, für die III. Classe durch je eine solche Laterne, welche von oben eingesteckt wird; in den Durchgangswagen durch je eine von unten zu bedienende Laterne, deren Einrichtung zu Stearinkerzen wegen hervorgetretener Unzuträglichkeiten eben zu Oelbrand umgeändert wird. Sobald die Mittel solches gestatten, wird man zu Gasbeleuchtung überzugehen suchen.

Mit Heizvorrichtungen ist bis jetzt erst ein kleinerer Theil der Wagen ausgerüstet. Es sind dieses 7 Coupé=Wagen, I. und II. Classe combinirte und II. Classe. Die Heizvorrichtung ist derart, daß je 2 benachbarte Coupés durch ein, unter der ihnen gemeinsamen Querwand angebrachtes, jederseits durch kleine Thüren von außen zugängliches Rohr aus geschweißtem Eisen= oder hartgelöthetem Kupferblech geheizt werden, in welches ein mit Torfkohlen gefüllter Blechkasten eingeschoben wird. Diese Heizvorrichtung kostet pro Wagen ca. 300 ℳ und zeichnet sich durch Einfachheit und Zweckmäßigkeit, den sonst gebräuchlichen Einrichtungen gegenüber, bei denen jedes Coupé ein besonderes Heizrohr hat, sehr vortheilhaft aus. — Auch hat sich die Heizung mit Torfkohlen, bei geeigneter Qualität der letzteren, recht gut bewährt. — Die Kosten der Heizung betragen für Brennmaterial und an Arbeitslöhnen pro Wagenkilometer ca. 0,₃ ₰.

Mit Bremsen sind nur Personenwagen III. Classe versehen. Die Bremsen sind, wie auch die der Güterwagen, Schraubenbremsen mit einseitig auf die Räder wirkenden Bremsklötzen. Bei den älteren Coupéwagen ist der Bremserraum ein abgescheerter Theil des einen Endcoupés; die neueren Wagen haben ein erhöhtes, über das Wagendach hinaufgebautes Bremsercoupé, welches dem Bremser den Ueberblick über die Bahn und die Signale ermöglicht. Bei den Durchgangswagen werden die Bremsen von dem einen Balkon aus bedient.

An Personenwagen sind gegenwärtig vorhanden:

a) Coupéwagen.

Salonwagen	2 Stück
Combinirte Wagen I. und II. Classe	19 „
Wagen II. Classe	18 „
Combinirte Wagen II. und III. Classe	2 „
Wagen III. Classe	63 „

Zusammen 104 Stück

b) Durchgangswagen.

Wagen II. Classe	15 Stück
Wagen III. Classe	25 „
Wagen IV. Classe	3 „

Zusammen 43 Stück

Im Ganzen vorhanden sind also 147 Personenwagen mit zusammen

39	Plätzen in den Salonwagen,	
156	„ I.	Classe,
1472	„ II.	„
4376	„ III.	„
180	„ IV.	„

also mit 6223 Plätzen im Ganzen.

Das Eigengewicht der Wagen, dessen möglichste Verringerung ein Haupt-Gesichtspunkt bei allen Wagen-Constructionen war, sowie die Kosten der Wagen, gehen aus der nachstehenden Tabelle hervor:

	Eigengewicht		Anschaffungskosten	
	pro Wagen Kilogramm.	pro Sitzplatz Kilogramm.	pro Wagen ℳ.	pro Sitzplatz ℳ.
Salonwagen . . .	8750	449	10809	554
Combinirte Wagen I. und II. Classe . .	9300	318	8182	280
Coupéwagen II. Classe	8900	278	7137	223
Durchgangswagen II. Classe . . .	8900	278	7233	226
Coupéwagen III. Classe	8600	175	5057	103
Durchgangswagen III. Classe . . .	8800	183	5111	106

Die vorstehenden Gewichte der Wagen III. Classe beziehen sich auf solche ohne Bremsen. Die Bremswagen sind um ca. 550 Kilogramm schwerer.

Die Gesammt-Anschaffungskosten der Personenwagen betragen 886466 𝓜.

Die vornehmlichen Fabrikanten der Personenwagen sind gewesen:

1. der älteren Wagen I. und II. Classe, sowie auch eines Theils der Durchgangswagen III. Classe:

    J. T. Reifert & Co. in Bockenheim bei Frankfurt a./M.,

2. der älteren Wagen III. Classe:

    Lüders in Görlitz,

3. der sämmtlichen neueren Personenwagen:

    dessen Nachfolgerin, die Actiengesellschaft für Fabrikation von Eisenbahnmaterial in Görlitz.

Von Gepäckwagen sind zwei Sorten vorhanden: solche, die den Coupé-Personenwagen und solche, die den Durchgangswagen entsprechen. Erstere unterscheiden sich von bedeckten Güterwagen nur durch die längeren Federn, sowie durch ein eingebautes Zugführercoupé mit darunter liegendem Behälter für Kleinvieh. Letztere gleichen den Durchgangswagen III. Classe, mit dem Unterschiede, daß der innere Ausbau ein dem Zwecke entsprechender ist und daß die Seitenwände mit Schiebethüren zum Ein- und Ausbringen der Gepäckstücke versehen sind. Jeder Gepäckwagen ist mit einer Bremse ausgerüstet.

Es sind vorhanden:

Coupé-Gepäckwagen . . . . 16 Stück
Durchgangs-Gepäckwagen . . . . 5 „

                        zusammen 21 Stück

welche durchschnittlich kosten:

die Coupé-Gepäckwagen . . . . 4490 𝓜.
die Durchgangs-Gepäckwagen . . . . 5628 „

Die Gesammt-Anschaffungskosten der Gepäckwagen betragen 107979 𝓜.

Die Güterwagen, welche sämmtlich eine Tragfähigkeit von 10000 Kilogramm besitzen, zerfallen nach Bauart und Benutzungsweise zunächst in

        offene Güterwagen und
        bedeckte Güterwagen;

die ersteren ferner in

        Niederbordwagen und
        Hochbordwagen.

Außerdem gehören hierher noch Wagen, die zu besonderen Zwecken des Baues und des Betriebes beschafft sind, nämlich: Erd=transportwagen, Wassertransportwagen und Bahnhofs=Torfwagen.

a) Die Niederbordwagen dienen vorzugsweise zum Trans=port schwerer Rohprodukte, als: Kohlen, Steine, Roheisen, Holz u. s. w.; daneben auch zum Transport von Equipagen, schweren Maschinentheilen, Schienen und dergl. Beim Transport von Gegenständen, die für einen einzelnen Wagen zu lang sind, werden zwei derselben benutzt, nachdem sie mit transportabelen Wendeschemeln versehen sind.

Die Untergestelle der Niederbordwagen sind ganz aus Eisen construirt.

Ihre Kastenlänge beträgt bei den älteren Wagen 6 Meter; bei den neueren Wagen ist diese Länge den besonderen Zwecken mehr angepaßt und theils größer (7,25 Meter), theils kleiner (5 Meter) angenommen. Auch der Radstand ist dementsprechend verschieden und beträgt von 2,5—4 Meter.

Die Niederbordwagen haben größtentheils abnehmbare Bords. Bei den meisten derselben, und bei den kürzeren ausschließlich, ist eines der Endbords mit einer Klappe versehen, durch welche mittels Kippens des Wagens eine Kohlenladung direct und mit einem Male in Schiffe ausgeschüttet werden kann. Es gehören hierzu allerdings noch besondere, ziemlich kostspielige Vorkehrungen an den Hafenplätzen, die bis jetzt nicht vorhanden sind, deren Anlage aber in Aussicht genommen ist, um der Bedeutung, welche neuerlich der Export deutscher Kohlen zu gewinnen verspricht, Rechnung zu tragen.

An Niederbordwagen sind gegenwärtig vorhanden:

von 5	Meter Kastenlänge	. . .	150 Stück,
„ 6	„	„ . . .	170 „
„ 7,25	„	„ . . .	31 „
		Zusammen	351 Stück.

Das Eigengewicht eines Niederbordwagens beträgt (ohne Bremse) von 4900 Kilogramm bis zu 5600 Kilogramm; der Anschaffungspreis durchschnittlich 2293 ℳ.

b) Die Hochbordwagen unterscheiden sich von den Nieder=bordwagen wesentlich nur durch die höheren Bords und eine größere Länge. Die Bords haben eine Höhe von 1,33 Meter; die Kasten=

länge und der Radstand sind gleich denen der Personenwagen und betragen 8 bezw. 5 Meter.

Die Hochbordwagen dienen vorzugsweise zum Viehtransport, sowie zum Transport von Torf. Für diese beiden Transport= artikel finden sie auf den Oldenburgischen Bahnen, vorzugsweise in den Herbstmonaten, eine sehr ausgedehnte Anwendung. Obwohl ihre Anzahl deshalb schon eine verhältnißmäßig große ist, reicht dieselbe doch in den genannten Monaten häufig nicht aus und müssen dann noch von anderen Verwaltungen entsprechende Quantitäten angeliehen werden. Gegen eine weitere Vermehrung der vorhandenen Hochbord= wagen aber spricht der Umstand, daß der größere Theil derselben in den übrigen Monaten unbenutzt bleiben würde.

Diese Hochbordwagen sind erheblich größer, als sie auf anderen Bahnen zu sein pflegen, was sie zu den genannten, auf den hiesigen Bahnen besonders wichtigen Transporten sehr geeignet macht.

Hochbordwagen sind vorhanden 200 Stück, welche durchschnitt= lich wiegen 6100 Kilogramm und gekostet haben 2550 ℳ.

c) Die bedeckten Güterwagen dienen vorzugsweise zum Transport von Stückgütern, wie überhaupt von werthvolleren und solchen Gütern, die vor Regen zu schützen sind. Daneben auch zum Pferde= und Viehtransport.

Ihre größere Kostspieligkeit, den offenen Wagen gegenüber und der Nachtheil, daß sie nicht mittelst Krähnen beladen und entladen werden können, sprechen für thunlichste Beschränkung ihrer Anzahl.

Die Oldenburgischen bedeckten Güterwagen haben zum größten Theile, wie die Hochbordwagen, gleiche Kastenlänge (8 Meter) und gleichen Radstand (5 Meter) mit den Personenwagen. Nur bei den neuesten bedeckten Wagen sind diese Dimensionen etwas geringer an= genommen, nämlich bezw. 7,5 und 4,5 Meter.

Die Oberkasten dieser Wagen haben schrägliegende einfache Wand= verschalung; die Säulen liegen außerhalb; Querriegel und Streben sind nicht vorhanden. Die Wagen haben in der gebräuchlichen Weise Schiebethüren und 4 kleine vergitterte Fenster. Im Innern sind sie mit eisernen Ringen zum Festbinden der zu transportirenden Pferde und Rinder versehen.

Zwei Wagen sind mit besonderer Einrichtung zum Transport von Luxuspferden ausgerüstet.

Die Anzahl der vorhandenen bedeckten Güterwagen beträgt 212 Stück; das Eigengewicht beträgt im Durchschnitt pro Wagen (ohne Bremse) 6900 Kilogramm; die Anschaffungskosten pro Wagen 3203 ℳ.

Die Gesammt-Anschaffungskosten der Güterwagen (Niederbord-, Hochbord- und bedeckte Wagen) betragen 1,994018 ℳ.

d) Zu den Wagen für besondere Bau- oder Betriebszwecke gehören noch folgende:

Erdtransportwagen, billige, nicht mit elastischen Zug- und Stoßapparaten, auch nur mit Holz-Tragfedern versehene, aber auf normalen Achsen und Rädern laufende Wagen, die zunächst für den Bau beschafft wurden, weiterhin aber auch auf Betriebsstrecken zu Bahnreparaturen, zu den Sandtransporten nach Wilhelmshaven und, in Extrazügen, selbst zu Steintransporten benutzt werden.

Von solchen sind vorhanden 150 Stück, welche pro Stück durchschnittlich gekostet haben 1293 ℳ. (ohne Achsen und Räder 600 ℳ.)

Wasserwagen, zum Transport guten Trinkwassers für das Bahnpersonal einiger mit solchem Wasser nicht versehener Strecken und Stationen in der Marsch bestimmt.

Von diesen sind vorhanden 2 Stück, welche mit dem aufgebauten schmiedeeisernen und holzbekleideten Bassin (von 10 Cubikmeter Inhalt) jeder gekostet haben 3017 ℳ.

Arbeiter-Wohnungs- und Menagewagen, für Bauzwecke angeschafft.

Vorhanden sind 4 Stück.

Endlich sind hier auch noch eine Draisine und die kleinen sogen. Bahnmeisterwagen zu erwähnen.

Revision und Unterhaltung der Wagen.

Die Wagen werden im Betriebe unter sorgfältigster Controlle und Aufsicht bezüglich ihrer Diensttüchtigkeit gehalten. Zu diesem Zwecke sind auf den wichtigeren und insbesondere auf den Uebergangsstationen Wagennachseher angestellt. Zu den Wagennachsehern, deren in Oldenburgischen Diensten im Ganzen 8 vorhanden, werden Handwerker (in der Regel Schlosser) verwendet, welche in der Wagenwerkstätte zu Oldenburg für solchen Dienst ausgebildet sind.

Kleine Mängel werden von den Wagennachsehern thunlichst sofort selbst beseitigt; alle Schäden von Bedeutung aber werden von den betreffenden Stationen an die Wagenverwaltung gemeldet, die Wagen selbst außer Dienst gesetzt und der nächstgelegenen Wagen-Werkstätte zur Reparatur überwiesen.

Das Verfahren zur Feststellung von Beschädigungen an fremden Wagen, die Kennzeichnung beschädigter Wagen, die Verpflichtung zur Uebernahme derselben von den Nachbarbahnen, die Meldung der Beschädigungen an die Eigenthümerin, die Reparatur solcher entweder auf der eignen Bahn beschädigten fremden oder auf einer fremden Bahn beschädigten eignen Wagen, die Berechnung der Reparaturkosten u. s. w. ist durch spezielle Bestimmungen geregelt, welche für das ganze Bereich des Vereins Deutscher Eisenbahnverwaltungen Geltung haben.

In Gemäßheit einer Vorschrift des Eisenbahn-Polizei-Reglements (früher auch schon auf Grund eigner Bestimmung) wird jeder einzelne Wagen periodisch einer genauen Revision unterzogen, die spätestens entweder nach zurückgelegten 30000 Kilometern oder aber nach Verlauf von 2 Jahren stattfindet. Diese Revisionen geschehen in den Wagenwerkstätten.

Die Einrichtung, die Organisation und der Betrieb der Wagenwerkstätten, welche dem Maschinenmeister der Wagenverwaltung mit unterstellt sind, bilden zugleich einen Theil der allgemeinen Werkstätten-Verwaltung und werden unter dieser besprochen werden.

C. Die Werkstättenverwaltung.

Die Aufgabe der Werkstätten besteht zunächst in der Instandhaltung und Reparatur des Betriebsmaterials (Lokomotiven, Tender und Wagen, Dampfschiffe, Dampf- und andere Krähne, Lokomobilen, Dampfmaschinen, Decimalwaagen ꝛc.), sowie der mechanischen Betriebseinrichtungen (Weichen, Drehscheiben, Schiebebühnen, Drehbrücken, Signalvorrichtungen, Brückenwaagen, Wasserstationen ꝛc.) Doch sind die hiesigen Werkstätten daneben auch für den Neubau von Betriebsmaterial und mechanischen Betriebseinrichtungen in ausgedehntem Maße namentlich deshalb benutzt worden, weil von vornherein ein besonderes Augenmerk darauf gerichtet werden mußte, die Werkstätten für die größern Aufgaben heranzubilden, welche durch die Erweiterung des Bahnnetzes, sowie durch das Aelterwerden des Betriebsmaterials denselben unzweifelhaft bevorstand.

Die Einrichtung der Werkstätten entspricht hiernach derjenigen einer Maschinen- und Wagen-Fabrik.

Die Hauptwerkstätte befindet sich in Oldenburg. Außer dieser sind nur noch auf den Abzweig-Stationen Hude und Sande kleine

Filialwerkstätten eingerichtet, die vornehmlich mit geringeren Reparaturen für den Betrieb der Zweigbahnen beschäftigt werden.

Die Hauptwerkstätte zu Oldenburg ist nicht nach dem früher für solche Werkstätten üblichen System als Complex einzelner, durch Höfe getrennter, zum Theil zweistöckiger Gebäude, sondern im Wesentlichen als ein einziger weiter, mit sogen. Shed-Dächern überbauter, durch Oberlicht erhellter Parterre-Raum gebildet, der durch leichte Scheerwände (meist Bretterwände) nach dem Bedürfniß in einzelne Werkräume getheilt wird. Nur die Umfassungswände dieses Raumes sind massiv; das Dachwerk wird durch hohl gemauerte Pfeiler getragen, welche gleichzeitig theils zur Wasserabführung theils als Schornsteine dienen.

Diese Bauart wurde außer aus allgemeinen Zweckmäßigkeitsgründen namentlich auch deshalb gewählt, weil zu Anfang des Bahnbaues gar nicht zu übersehen war, in welchem Maße derselbe sich ausdehnen werde, so daß die Möglichkeit zweckmäßiger Erweiterung eine Grundbedingung bei der Wahl des Systems war.

In diesem mit Shed-Dächern überbauten Raume sind enthalten: die mechanische Werkstätte (Drehsaal) mit den Arbeitsmaschinen und mit den Werkbänken für die Maschinenschlosser; die eigentliche Lokomotivwerkstätte mit Ständen für 19 Lokomotiven oder Tender; die Kupferschmiedewerkstätte; der Arbeitsraum für die Holzarbeiter und Wagenschlosser; die eigentliche Wagenwerkstätte mit Reparaturständen für ca. 35 Wagen; die Sattlerwerkstätte; die Maler- und Lackirerwerkstätte; ein Werkstättenmagazin; ein Holzmagazin; die Büreaus der Werkmeister.

Ebenfalls innerhalb dieses Raumes sind drei Schiebebühnen angeordnet, von denen eine die Reparaturstände für die Lokomotiven, die beiden andern diejenigen für die Wagen zugänglich machen. Eine dritte für Wagen ist außerhalb belegen.

In einem an diesen Bau sich anschließenden massiven Gebäude befinden sich: die Schmiede für 8 Feuer; die Betriebsdampfmaschine nebst Pumpe und Cysterne für die Wasserstation; das Hauptmagazin; die Verwaltungsbüreaus; ein Arbeiter-Speisesaal, sowie die Wohnungen für einen Werkmeister und den Portier.

Die bebaute Grundfläche der Werkstätte beträgt zur Zeit etwa 7000 Quadratmeter. Dieselbe kann nöthigenfalls bis auf circa 13000 Quadratmeter noch ausgedehnt werden.

Wie die gebäuliche Anlage der Hauptwerkstätte erst durch wiederholte, nach dem Plane des Ganzen leicht ausführbare Erweiterungen ihre jetzige Ausdehnung erlangt hat, so ist auch die innere Ausrüstung mit Werkzeugmaschinen ꝛc. allmählig, den wachsenden Anforderungen entsprechend, vor sich gegangen.

An Werkzeugmaschinen sind gegenwärtig vorhanden: 1 Drehbank für Lokomotiv- und Tenderräder; 1 solche für Wagenräder; 11 sonstige Drehbänke; 5 Bohrmaschinen verschiedener Art; 3 Hobelmaschinen; 2 Stoßmaschinen, 2 Shapingmaschinen; 1 Schraubenschneidemaschine; 2 Schmirgel- und Schleifmaschinen; 1 Blechbiegemaschine; 1 Blechschneide- und 1 Punzmaschine für Handbetrieb. Die Anschaffungskosten derselben haben, ohne die Kosten für Fundamente, Aufstellung und Transmissionen im Ganzen 60830 ℳ. betragen.

Von den vorhandenen sonstigen, zur Ausrüstung gehörigen Vorrichtungen und Anlagen sind zu erwähnen: 5 Windevorrichtungen zum Hochnehmen der Lokomotiven; 5 dergleichen zum Hochnehmen der Wagen; 2 Krähne; 1 Schraubenvorrichtung zum Abziehen und Aufpressen von Rädern; 1 Schmelzofen für Gelbgießer; 1 Ventilator; 12 stationäre Schmiedeessen; 3 Feldschmieden; 93 Schraubstöcke für Metallarbeiter; 21 Hobelbänke für Holzarbeiter.

Die Betriebskraft der Werkstätte wird provisorisch noch durch zwei kleine Henschel'sche Dampfkessel und eine alt angekaufte, von der Bauverwaltung übernommene stehende Dampfmaschine von 10 Pferdekräften geliefert.

Die Erwärmung der Werkräume geschieht mittelst Oefen, in denen vornehmlich Torfabfälle und die aus den Rückständen der Kohlenheizung ausgewaschenen Coaksstücke verbrannt werden.

Im Allgemeinen zerfällt die Haupt-Werkstätte in zwei größere, auch räumlich geschiedene Abtheilungen:

die Maschinenwerkstätte, und

die Wagenwerkstätte

im weiteren Sinne, welchen beiden, neben den speziellen Lokomotiv- oder Wagenarbeiten, auch die sonstigen Arbeiten, nach Maßgabe ihrer größeren Verwandtschaft zur einen oder andern Abtheilung, überwiesen werden. Beiden gemeinsam dient die Schmiede und das Werkstätten-Magazin.

Die Wagenwerkstätten, wie auch die kleinen Filialwerkstätten in Hude und Sande, stehen unter Leitung des Maschinenmeisters der Wagenverwaltung. Für die Leitung der Maschinenwerkstätte ist die Anstellung eines eigenen Maschinenmeisters in Aussicht ge-

nommen; vorläufig erfolgt dieselbe noch durch den Obermaschinen=
meister direkt, unter Beihülfe des Betriebs-Maschinenmeisters.

Die unmittelbare und praktische Leitung der Werkstätten geschieht
durch die Werkmeister. Dieselben sind aus dem Handwerkerstande
hervorgegangen und ist ihre Tüchtigkeit für eine gedeihliche Wirksam=
keit der Werkstätten von der größten Bedeutung. Werkmeister sind
im Ganzen 5 vorhanden: in Oldenburg je einer für die Maschinen=
werkstätte, die Wagenwerkstätte und die Schmiede; in Hude und
Sande je einer für die dortigen Filialwerkstätten. Unter den Werk=
meistern der Hauptwerkstätte führen noch Vorarbeiter die Aufsicht
über einzelne Arbeitergruppen und Arbeiten. Die Werkmeister sind
Civilstaatsdiener mit festem Gehalte von 1500—2400 ℳ. Die
Vorarbeiter erhalten einen Monatslohn von 90—125 ℳ.

Um die Werkmeister möglichst wenig durch schriftliche Arbeiten
von ihrer wichtigen praktischen Thätigkeit abzuziehen, ist in der
Hauptwerkstätte die Annotirung der von den einzelnen Arbeitern
verrichteten Arbeiten und der darauf verwendeten Arbeitszeiten zwei
besonderen Beamten, den Werkschreibern übertragen, welche dieses
Geschäft unter ständigem Einvernehmen mit den Werkmeistern be=
sorgen. Die weniger in Anspruch genommenen Werkmeister in Hude
und Sande machen jene Notizen selber.

Die Controle über die Anwesenheit und die Arbeitszeit der ein=
zelnen Arbeiter wird weiter bei deren Kommen und Fortgehen von
einem Werkstätten-Portier ausgeübt. Zur Erleichterung dieser
Controle hat jeder Arbeiter eine ihm zugewiesene Nummer-Marke
beim Kommen zu empfangen und beim Fortgehen abzugeben.

Die normale tägliche Arbeitszeit ist folgendermaßen fest=
gesetzt:

der Arbeitstag beginnt um 6 Uhr Morgens und endigt um
6½ Uhr Abends; er wird unterbrochen durch eine Frühstückspause
von 8 bis 8½ Uhr und eine Mittagspause von 12 bis 1½ Uhr.
Die tägliche Arbeitszeit beträgt also 10½ Stunden. Diese Ein=
richtung besteht seit dem 1. December 1869. Vordem betrug die Arbeits=
zeit 11 Stunden und endigte erst 7 Uhr Abends; die Mittagspause
dauerte nur 1 Stunde, während auch Nachmittags noch eine halb=
stündige Pause stattfand. Die jetzige Einrichtung gewährt den Ar=
beitern vor Allem eine längere Mittagsruhe, was besonders den
entfernter Wohnenden zu Gute kommt. Der Verlust an Arbeitszeit
für die Verwaltung wird großen Theils durch die indirekten Vor=

theile aufgewogen, welche der Wegfall einer dritten Unterbrechung mit sich bringt.

Der Arbeitslohn besteht zum größten Theile in Taglohn, zum kleineren im Accordlohn. Doch wird eine allmähliche Vermehrung der Accordlöhne angestrebt.

Der durchschnittliche Tagesverdienst der Handwerker hat im Jahre 1876 betragen:

in Taglohn . . . $2_{,52}$ Mk.
in Accordlohn . . $3_{,99}$ Mk.

Der durchschnittliche Taglohn der Handlanger betrug in demselben Jahre $1_{,93}$ Mk.

Die Zahl der ständigen Werkstätten-Arbeiter betrug am 1. Januar 1878:

1. In Oldenburg:

Schmiede	22
Schlosser	85
Kupferschmiede und Gelbgießer .	3
Stellmacher und Tischler . . .	19
Dreher und andere Arbeiter an Werkzeugmaschinen . . .	16
Maler	7
Sattler	4
Handwerker-Lehrlinge	27
Handlanger	35
Zusammen	218

2. In Hude und Sande:

Schmiede	3
Schlosser	2
Holzarbeiter	4
Handlanger	3
Zusammen	12

Im Ganzen sind also im Werkstättenbetriebe gegenwärtig 230 ständige Arbeiter beschäftigt.

Die vom großen Verkehr noch zurückgezogene Lage Oldenburgs hatte bisher zwar den Vortheil, daß destruktive sozialdemokratische Einflüsse nur wenig sich bemerkbar machten, Einflüsse, denen der gesunde Sinn der hiesigen Bevölkerung überhaupt nicht sehr zugänglich zu sein scheint; doch wurde es andererseits durch diese Lage häufig erschwert, wegen des fehlenden Angebots von auswärts, tüchtige Arbeiter nach Erforderniß zu gewinnen.

Unter diesen Umständen erschien es zweckmäßig, dem Mangel an guten Handwerkern durch die Heranbildung von eignen Lehrlingen abzuhelfen, ein Verfahren, das sich vorzüglich bewährt und bereits eine größere Zahl von tüchtigen jungen einheimischen Kräften der Werkstätte geliefert hat.

Jede Ostern werden 10—12 solcher Lehrlinge angenommen. Die Lehrzeit beträgt 3 Jahre, so daß im Durchschnitt gleichzeitig etwa 30 Lehrlinge vorhanden sind. Die Lehrlinge erhalten einen geringen Taglohn, welcher im ersten Jahre etwa $\frac{1}{2}$ M., im zweiten 1 M. und im dritten $1\frac{1}{2}$ M. beträgt. Sie sind verpflichtet, die städtische Gewerbe-Lehrlingsschule zu besuchen.

Als ein ferneres Mittel, der Werkstätten-Verwaltung tüchtige Arbeiter zuzuwenden und dauernd zu erhalten, wurde im Jahre 1873 der Bau von Arbeiterwohnungen ins Werk gesetzt, von denen zur Zeit 18 in 9 Häusern vorhanden sind. Ein Theil dieser Wohnungen enthält außer dem Bedarf der Familie 1—2 Räume zum Vermiethen an unverheirathete Werkstättenarbeiter. Jedes dieser, auf einem zu Drielake belegenen Grundstücke der Eisenbahnverwaltung erbauten Häuser enthält 2 Wohnungen. Jeder Wohnung ist ein kleiner Garten von circa 4 ar Flächeninhalt beigefügt. Der für eine Wohnung zu zahlende Miethpreis, durch welchen die Zinsen des betr. Baucapitals und die Unterhaltungskosten gedeckt werden, beträgt 120—135 M.

Alle Arbeiter gehören einer Krankenkasse an, welche unter dem Namen „Krankenkasse für das Personal des Locomotiv- und Werkstättendienstes" für das gesammte den Obermaschinenmeister untergebene Personal errichtet ist.

An Beiträgen zu dieser Kasse sind zu entrichten

von den Arbeitern 2% des Verdienstes,

von den Angestellten 1% der Besoldung oder des Monatslohnes,

wogegen allen Betheiligten freie ärztliche Behandlung und freie Heilmittel, den Arbeitern aber auch noch ein Zuschuß von täglich $\frac{1}{2}$ bis $1\frac{1}{2}$ M. zu den Kosten der häuslichen Verpflegung oder freie Hospital-Verpflegung gewährt wird.

D. Die Materialverwaltung.

In Erwägung, daß der größte Theil der im Betriebe erforderlichen Materialien und Materialien-Sorten in den maschinentechnischen
Zweigen der Verwaltung zur Anwendung kommt, sowie, daß der
betreffende Ressort-Vorstand eine genaue Kenntniß dieser Materialien
selbst, des Bedarfs und der Bezugsquellen ohnehin besitzen muß, ist
die Leitung des Materialwesens überhaupt vorläufig dem Obermaschinenmeister unterstellt worden. Nur die Materialien des Hoch-
baues, des Oberbaues (Schienen, Schwellen 2c.), sowie der Tele-
graphenleitungen werden direkt von der Betriebsinspektion bezw. der
Bauverwaltung beschafft und verwaltet.

Ein Hauptprinzip, welches der hiesigen Materialverwaltung zu
Grunde liegt und welches auf ihre Organisation, ihren Geschäfts-
gang und ihre Einrichtungen nicht unbedeutenden Einfluß übt, besteht in thunlichster Vermeidung großer Lagerbestände. Große
Lagerbestände bedingen kostspielige Lagerräume, ein größeres Betriebskapital, größere Zinsverluste, eine erhöhte Gefahr des Verderbens
oder Unbrauchbarwerdens (auch in Folge geänderter Constructionen
oder Verfahrungsarten) und größere Versicherungskosten.

Die Vermeidung großer Lagerbestände bedingt andererseits eine
häufigere Ergänzung der Vorräthe und öftere Bestellung in kleineren
Quantitäten. Sie schließt damit mehr oder weniger größere Lieferungsverträge und ein ausgedehntes öffentliches Submissionsverfahren
aus, wie es bei andern Bahnen jährlich zur Beschaffung ganzer
Jahresvorräthe stattzufinden pflegt, hier jedoch, auch wegen anderer
ihm anhaftenden Mängel, bisher nur in beschränktem Maaße zur
Anwendung gelangt ist.

Die Aufgabe der Materialverwaltung besteht nun in der Anschaffung, der Magazinirung, der Verausgabung und der Verrechnung der verschiedenen Materialien.

Die Anschaffung der Materialien und die Leitung der damit
verknüpften Geschäfte (Bedarfsermittelung, Lieferungsverhandlungen,
Submissionen, Materialprüfung, Bestellungen und Verträge) erfolgt
durch den Obermaschinenmeister, unter Genehmigung der wichtigeren
Bestellungen oder Lieferungsverträge durch die Eisenbahndirektion.

Die Abnahme der gelieferten Materialien (vorwiegend die
quantitative), die Magazinirung und die Verausgabung an die
Verbrauchsstellen geschieht im Wesentlichen durch das eigentliche
Magazin-Personal. Dasselbe besteht zur Zeit aus

2 Materialverwaltern,

1 Magazinaufseher,

3 Magazinschreibern und

29 Magazinarbeitern.

Die Materialverwalter und Aufseher sind Civilstaatsdiener mit einem Gehalt von 900 bis 3000 $\mathcal{M}$.

Von diesem Magazin-Personal sind 1 Materialverwalter und 8 Arbeiter in Augustfehn, 1 Magazinschreiber und 12 Arbeiter in Oldenburg, sowie 5 Arbeiter auf andern Stationen ausschließlich mit der Annahme, Magazinirung und Ausgabe des Brennmaterials, insbesondere des Torfs, beschäftigt.

Außer dem allgemeinen Hauptmagazin in Oldenburg und dem Haupttorfmagazin in Augustfehn sind auf verschiedenen Stationen noch kleine Filialmagazine für Oel, Petroleum und theils auch Brennmaterial — im Ganzen 17 — eingerichtet, die ihre Vorräthe vom Hauptmagazin empfangen und von den betreffenden Stationsvorständen verwaltet werden.

Das allgemeine Hauptmagazin zu Oldenburg befindet sich zum Theil in einem Annex des Werkstättengebäudes, zum Theil in diesem Gebäude selbst und in einem benachbarten Schuppen; eine Vergrößerung und Zusammenlegung der betreffenden Räumlichkeiten durch einen Neubau ist projektirt.

Das Haupt-Torfmagazin in Augustfehn, sowie die entsprechenden Anlagen in Oldenburg, sind bereits unter der Maschinenverwaltung (Nebenanlagen des Lokomotivbetriebes) besprochen.

Filialmagazine befinden sich auf den Stationen Hude, Delmenhorst, Apen, Weener, Varel, Sande, Wilhelmshaven, Jever, Elsfleth, Brake, Rodenkirchen, Nordenhamm, Huntlosen, Cloppenburg, Essen, Quatenbrück, Eversburg.

Die Materialien, auf welche die Materialverwaltung sich erstreckt, zerfallen in folgende Haupt-Gruppen:

1. Vollständige Reservetheile zu Lokomotiven, Wagen, Weichen, elektrischen Telegraphen, Gasleitungen rc.;

2. Werkzeuge und Geräthe;

3. Nutzholz;

4. Metalle und Metallwaaren;

5. Ellenwaaren;

6. Produkte, Droguerie- und Farbewaaren;

7. Schreibmaterialien und Drucksachen:

8. Oberbau-Materialien (besonders zu Weichen und Herzstücken);

9. Brennmaterialien;
10. Oele und Fettwaaren.

Jede der vorstehenden Gruppen zerfällt wieder in einzelne Positionen (bis zu 200), den verschiedenen in ihr enthaltenen Materialarten entsprechend, für deren jede ein besonderes Conto geführt wird.

Solcher Spezial-Conten sind im Ganzen circa 620 vorhanden.

Im Jahre 1876 sind zusammen Materialien im Werthe von 427240 ℳ. angeschafft und solche im Werthe von 490745 ℳ. verausgabt worden.

Die Rechnungs- und Buchführung der vorstehend besprochenen, dem Obermaschinenmeister unterstellten 4 Dienstzweige ist für jeden derselben durch einen besonderen Rechnungs- und Buchungsplan geregelt.

Obwohl hiernach im Prinzip für jeden Dienstzweig ein selbständiges Rechnungswesen besteht, so greifen die Geschäfte der letzteren doch vielfach in einander und ermöglichen durch eine gemeinsame Behandlung und Leitung wesentliche Vereinfachungen und eine beträchtliche Ersparung im Personal. Aus diesem Grunde ist das gesammte Rechnungswesen der Maschinen-, der Wagen-, der Werkstätten- und der Material-Verwaltung einem einzigen Rechnungsbüreau überwiesen, welches von einem Haupt-Rechnungsführer geleitet wird. Unter demselben sind beschäftigt

1 Rechnungsführer,

3 Werkschreiber, von denen 2 den Dienst in den Werkstätten versehen, und

7 Büreau-Hülfsarbeiter.

Unter diesem Personal sind die einzelnen Rechnungsarbeiten vertheilt, doch findet daneben, nach Maßgabe der periodisch wechselnden Arbeitsmenge in den verschiedenen Abtheilungen, eine gegenseitige Aushülfe und Unterstützung statt. Nur dadurch wird es möglich, mit einem verhältnißmäßig so geringem Büreau-Personal auszukommen.

Zugleich werden von obigem Büreau-Personal die nöthigen Kanzlei- und Registraturgeschäfte der fraglichen Verwaltungszweige mit wahrgenommen.

Die Rechnungsführer und Werkschreiber sind Civilstaatsdiener. Dieselben empfangen an Gehalt:

die ersteren 1200—3000 *M.*,

die letzteren 960—1500 *M.*

Die Rechnungs= und Buchführungs=Arbeiten, welche dem Rech=
nungsbüreau obliegen, sind für die einzelnen Dienstzweige kurz fol=
gende:

a) Für die Maschinenverwaltung.

1. Aufstellung der Zahlrollen über die zu zahlenden Gehalte,
Remunerationen, Löhne, Uebernachtungsvergütungen zc.;

2. Berechnung der an das Lokomotivpersonal zu zahlenden
Achsengelder, Reserrestunden=Vergütungen und Ersparungs=
Prämien, sowie Aufstellung der bezüglichen Zahlrollen;

3. Verbuchung der vorstehenden und aller sonstigen auf die Zug=
förderung entfallenden Ausgaben;

4. Führung der Bücher für die Statistik des Lokomotivdienstes,
welche hauptsächlich umfaßt: die Leistungen, den Brenn= und
den Schmiermaterial=Verbrauch jeder einzelnen Lokomotive,
die von den einzelnen Achsen und Bandagen durchlaufenen
Kilometer, sowie die vorgenommenen Reparaturen und Revi=
sionen;

5. Die Führung der Inventarverzeichnisse.

b) Für die Wagenverwaltung.

1. Aufstellung der Zahlrollen über die im Wagendienst direkt
zu leistenden Ausgaben; Prüfung der von auswärtigen Ver=
waltungen eingehenden Reparaturkosten=Rechnungen und Zahl-
barmachung derselben;

2. Verbuchung der vorstehenden und aller sonstigen Ausgaben
des Wagendienstes;

3. Führung der Bücher für die Statistik, welche umfaßt: Zahl,
Anschaffungs= und Unterhaltungskosten der Wagen, die Lei=
stungen der einzelnen Achsen und Räder, sowie die stattge=
habten Reparaturen und Revisionen.

c) Für die Werkstättenverwaltung:

1. Berechnung der an die Arbeiter zu zahlenden Zeit= und
Accordlöhne, sowie die Aufstellung der bezüglichen Zahlrollen;

2. Ermittlung und Buchung der auf die einzelnen ausgeführten
Arbeiten entfallenden Kosten (an Material und Arbeitslohn) und
Aufstellung der Rechnungen über die ausgeführten Arbeiten;

3. Führung der Arbeiter= und Inventarverzeichnisse.

d) Für die Materialverwaltung.

1. Liquidation der Lieferungsrechnungen, Aufstellung der Zahlrollen über die Magazinkosten, Frachten 2c., sowie Buchung
dieser Beträge;
2. Controle über die Abgabe der Materialien (Revision der
vom Magazin-Personal geführten Lagerbücher 2c.); Führung
der Haupt-Materialienbücher; Feststellung der in Rechnung
zu ziehenden Materialienpreise und Aufstellung der Rechnungen über die an die einzelnen Verbrauchsstellen verabfolgten
Materialien;
3. Periodische Revision der Magazin-Vorräthe;
4. Führung der Inventarverzeichnisse.

Zum Zwecke der Bearbeitung maschinentechnischer Aufgaben in
allen Dienstzweigen, als Ausführung bezüglicher Rechnungen, Anfertigung von Constructions- und Werkzeichnungen, Aufstellung von
Kostenanschlägen und Vornahme von Materialprüfungen besteht
unter Leitung des Obermaschinenmeisters ein maschinentechnisches und Zeichen-Bureau. Die Zahl der in demselben
beschäftigten Ingenieure und Zeichner ist eine wechselnde und zur
Zeit, wo umfangreichere Arbeiten nicht vorliegen, reduzirte. Thätig
sind gegenwärtig:
1 Maschinen-Ingenieur in fester Anstellung, mit Gehalt
von 2100 ℳ; ferner 1 Ingenieur und 2 Zeichner.

Das Betriebs-Material, der Zugförderungsdienst und die demselben dienenden Einrichtungen der Ocholt-Westersteder Eisenbahn
sind in der über diese Bahn von dem Geh. Oberbaurath Buresch
veröffentlichten Monographie, auf welche bereits oben Bezug genom men
wurde, des Näheren beschrieben. Auch hier kann auf die speziellen
Beschreibungen und Erörterungen dieser Monographie verwiesen werden
und wird es genügen, nur einige kurze, übersichtliche Bemerkungen
der Vollständigkeit wegen hier anzufügen.
Das Betriebsmaterial der genannten Schmalspurbahn besteht aus:
2 Locomotiven,
3 Personenwagen,
2 bedeckten und
4 offenen Güterwagen.

Die vierräbrigen Lokomotiven sind den kleinen Tenderlokomotiven der Hauptbahn ähnlich; der Unterschied wird wesentlich nur durch die Kleinheit der Lokomotiven überhaupt, und ihres Spurmaaßes im Besonderen bedingt.

Das mittlere Dienstgewicht einer Lokomotive beträgt 6850 Kilogramm.

Die Personenwagen sind achträbrige Durchgangswagen, im Innern nach Art eines Straßen-Omnibus' eingerichtet. Von den 3 Wagen ist der eine im Innern ungetheilt und enthält 36 Plätze III. Classe; die beiden andern enthalten je 1 Coupé III. Classe mit 22, je 1 solches II. Classe mit 6 Plätzen und dazwischen einen kleinen Gepäckraum.

Die Güterwagen sind vierräbrig und besitzen eine Tragfähigkeit von je 5000 Kilogramm.

Die Fahrzeuge haben centrales Buffersystem.

Zur Bedienung und Führung einer dienstthuenden Lokomotive befindet sich auf derselben nur ein Maschinist, welcher eventuell durch den Zugbegleiter unterstützt werden kann.

Vorhanden sind 2 Maschinisten, um sich im Dienste abzulösen; dieselben sind in Westerstede stationirt, woselbst der jeweilig nicht fahrende die Weichen bedient, das Wasser pumpt und die Instandsetzung der freihabenden Lokomotive besorgt.

§. 22.
Verkehrswesen.

Schon bei Projektirung einer Eisenbahnanlage ist es eine naheliegende Aufgabe des Unternehmens, Anhaltspunkte für den Umfang des zu erwartenden Verkehrs zu gewinnen, um hiernach die muthmaßliche Rentabilität und die Ausdehnung der Anlage zu ermitteln. Selten entspricht das Resultat solcher Erhebungen den künftigen faktischen Verhältnissen, weil eine sichere Basis für derartige Ermittelungen nur in Ausnahmefällen vorhanden ist. Zwar ist es, wenn auch schwierig, so doch möglich, den vor Eintritt des Eisenbahnbetriebes auf den korrespondirenden Verkehrsstraßen vorhandenen Verkehr festzustellen, aber es bleibt einerseits zweifelhaft, welcher Theil dieses Verkehrs den älteren Verkehrswegen — namentlich den Wasserwegen — künftig verbleiben wird, andererseits läßt es sich auch nicht annähernd voraussehen, welchen Aufschwung der Verkehr durch die mit dem Eisenbahnbetriebe verbundenen Verkehrserleichterungen nehmen wird, da dieser Aufschwung theils von der Geschäftsthätigkeit, theils von den durchschnittlichen Vermögensverhältnissen der an die Eisenbahn angeschlossenen Bevölkerung abhängig ist. Bei dieser Verschiedenheit der für die Verkehrsentwicklung maßgebenden Faktoren ist es auch fehlsam, die absolute Bevölkerungsziffer der mit der Eisenbahn verbundenen Ortschaften den Ermittelungen des voraussichtlichen Verkehrs zu Grunde zu legen.

Es kann demnach nicht auffallen, daß die vor dem Beginn des Eisenbahnbaues im Herzogthum Oldenburg in umfassender Weise vorgenommene Ermittelung des zu erwartenden Verkehrs zu Resultaten geführt hat, welche mit den faktischen Betriebsresultaten auch nicht entfernt zusammentreffen. Man ahnte nicht, welchen lokalen Verkehrsaufschwung der Eisenbahnbetrieb zur Folge haben werde, stellte dagegen übertriebene Erwartungen an den durch Anschluß an die Nachbarbahnen zu gewinnenden Transitverkehr, namentlich in west-östlicher Richtung zwischen Ostfriesland und Holland einerseits und den über Bremen hinaus belegenen östlichen und südöstlichen Verkehrsgebieten andererseits. Im Großen und Ganzen wurde der zu erwartende Verkehr erheblich unterschätzt, was um so mehr als erfreulich bezeichnet werden darf, als eine Ueberschätzung leicht zu unnöthigen Aufwendungen Anlaß giebt, und die später eintretende Enttäuschung auf die gesunde Entwicklung eines Unternehmens in der Regel ungünstige Rückwirkungen ausübt.

Während man nun noch jetzt — selbst in fachmännischen Kreisen — der Auffassung begegnet, daß eine Eisenbahn mit schwachem Verkehr durch Erhebung hoher Tarifsätze ihre finanzielle Lage kräftigen müsse, wurde für den Oldenburgischen Eisenbahnbetrieb eine entgegengesetzte Tendenz befolgt. Man hielt sich überzeugt, daß bei Annahme niedriger Tarifsätze die Vortheile des Eisenbahnbetriebes der Bevölkerung in weiterem Maaße zugängig gemacht würden und daß neben den so erzielten wirthschaftlichen Vortheilen, durch die zu erreichende Verkehrssteigerung auch das finanzielle Interesse der Eisenbahnverwaltung mehr gefördert werde, als durch eine den Verkehr beengende Erhebung möglichst hoher Fahrgelder und Frachten. Diese Erwägungen führten zur Berücksichtigung der nachfolgend entwickelten Gesichtspunkte bei Feststellung der Tarife.

a) Personen- und Gepäckverkehr.

Zur Zeit der Betriebseröffnung der Oldenburg-Bremer Eisenbahn betrug das Personenfahrgeld auf den übrigen Norddeutschen Eisenbahnen fast allgemein:

16*

in I. Wagenclasse 0,60   ℳ. pro Meile,
„ II.   „   0,45   „   „   „
„ III.   „   0,30   „   „   „
„ IV.   „   0,13—0,175 „   „   „

für die Einzelfahrt in gewöhnlichen Personenzügen. Daneben wur=
den für die I.—III. Wagenclasse Retourkarten mit erheblicher Er=
mäßigung — der Regel nach 33⅓% — ausgegeben, welche eine
mehrtägige Gültigkeitsdauer hatten. Verschiedene Verwaltungen
hatten bereits die schlimme Erfahrung gemacht, daß die längere
Gültigkeitsdauer dieser im Preise ermäßigten Fahrkarten zu Defrau=
dationen in der Weise Gelegenheit gaben, als dieselben bei nach=
lässiger Controle während der Gültigkeitsfrist zu mehrmaligen Fahr=
ten benutzt wurden. Dieser Umstand, sowie die Erwägung, daß es
nicht gerechtfertigt sei, diejenigen Reisenden, welche in der Lage sind,
innerhalb einer bestimmten Frist eine Strecke in beiden Richtungen
zu durchfahren, dem übrigen Theile des reisenden Publikums gegen=
über so erheblich zu begünstigen, gaben Anlaß, von der Ausgabe von
Retourbillets gänzlich abzusehen. Um dagegen die mit der Preis=
ermäßigung der Retourbillets verbundene Verkehrserleichterung allen
Reisenden zu verschaffen, wurden für den Oldenburgischen Lokalverkehr
diese ermäßigten Fahrpreise für Einzelfahrten angenommen und dem=
gemäß der Fahrpreis pro Person und Meile festgesetzt:

in I. Wagenclasse auf 0,50 ℳ,
„ II.   „   „ 0,30 „
„ III.   „   „ 0,20 „

wobei jedoch die übliche Gepäckfreiheit nicht gewährt wurde.

Daneben wurde unter der Annahme, daß jeder Passagier neben
den von der Streckenlänge abhängigen Fahrkosten einen gleichmäßigen
Antheil an den Stationskosten zu tragen habe, eine sogenannte
Expeditionsgebühr von 0,10 ℳ. für die I. und II. und von 0,05 ℳ.
für die III. Wagenclasse in jeden Fahrpreis eingerechnet.

Die auf solcher Grundlage gebildeten Fahrgeldsätze stellten sich
für die III. Wagenclasse nur unerheblich höher als die Fahrgeld=
sätze für die IV. Classe auf den benachbarten Bahnen, so daß die
zur Verminderung der todten Last der Personenzüge für
zweckmäßig gehaltene Weglassung einer IV. Wagenclasse für die
minder begüterte Bevölkerung nicht fühlbar wurde. Der Vortheil,
welchen die Benutzung der IV. Wagenclasse dadurch gewährt, daß
sie zur unentgeltlichen Beförderung von Traglasten Gelegenheit

bietet, wurde dadurch aufgewogen, daß die frachtfreie Be=
förderung der Traglasten im Gepäckwagen ohne Uebernahme
von Garantieen allgemein zugestanden wurde.

Die Voraussetzung, daß bei Annahme so niedriger Fahrgeldsätze
von der Ausgabe von Retourkarten abgesehen werden könne, erwies
sich in der Praxis nicht als ganz zutreffend, indem sich bald zeigte,
daß bei dem Zusammenströmen größerer Volksmengen an einzelnen
Vergnügungsorten oder auf Märkten, sowohl im Interesse des
Publikums als der Expedition, durch Ausgabe von Hin= und Rück=
fahrtsbillets die Billetlösung bezw. Billetausgabe sehr erleichtert
werde.

Am 21. Mai 1868 wurde mit der Ausgabe von Retourbillets
zu einem um 10% ermäßigten Fahrpreise begonnen, die Ausgabe
solcher Billets zunächst auf Sonn= und Festtage, sowie auf die fre=
quenten Verkehrsstrecken, beschränkt.

Vom 1. December 1870 ab wurden Abonnementskarten mit
dreimonatlicher Gültigkeitsdauer, welche zu 25maliger Hin= und
Rückfahrt berechtigen, zu folgenden Einheitssätzen ausgegeben:

I. Classe 18 $\mathcal{M}$. pro Meile,
II. „ 13,50 „ „ „
III. „ 9 „ „ „

Für Schüler wurde der Abonnementspreis III. Classe am 1. Mai
1872 auf 5 $\mathcal{M}$. pro Meile ermäßigt.

Als die Einführung des metrischen Maß= und Münzsystems
eine Neuberechnung der Tarife unter Annahme des Kilometers als
Entfernungseinheit erforderlich machte, wurde zugleich dem Umstande
Rechnung getragen, daß die Einrechnung einer Expeditionsgebühr
in das Personenfahrgeld sich in der Praxis nicht bewährt hatte,
indem dieser Zuschlag das Fahrgeld zwischen zwei nahegelegenen
Stationen so unverhältnißmäßig erhöhte, daß die Benutzung der Eisen=
bahn seitens des reisenden Publikums, namentlich aus der ländlichen
Bevölkerung, dadurch beeinträchtigt wurde. Es erschien deshalb die
Beseitigung dieses Zuschlages angezeigt; um aber den hierdurch ent=
stehenden Ausfall zu ersetzen, wurde der bisher pro Person und
Kilometer (incl. des Zuschlages) gezahlte Betrag für die einzelnen
Wagenclassen ermittelt und das Facit für Einzelfahrtbillets auf=
wärts, für Retourbillets abwärts gerundet. Es ergaben sich
hiernach:

für Einzelkarten.

in I. Wagenclasse 0,075 ℳ. pro Kilometer,
„ II. „ 0,045 „ „ „
„ III. „ 0,030 „ „ „

für Retourkarten.

in I. Wagenclasse 0,070 ℳ. pro Kilometer,
„ II. „ 0,0425 „ „ „
„ III. „ 0,0275 „ „ „

Die auf dieser Grundlage berechneten Fahrgeldsätze, welche für kürzere Entfernungen eine Ermäßigung, für weitere aber eine Erhöhung herbeiführten, gelangten am 15. October 1875 zur Einführung.

Seit Einführung dieses Tarifs erfolgt die Ausgabe von Retourkarten täglich und in allen Relationen, für welche Einzelkarten ausgegeben werden. Für die Einführung direkter Fahrkarten ist der Gesichtspunkt maßgebend gewesen, daß auf denjenigen Strecken im Localverkehr, auf welchen durchgehende Züge coursiren, sämmtliche Stationen unter einander in direktem Verkehr stehen, daß aber in denjenigen Relationen, in welchen auf Uebergangsstationen genügende Zeit zur Lösung eines neuen Billets vorhanden ist, von direkter Expedition abgesehen wird, wenn nicht annähernd 50 direkte Fahrkarten im Laufe eines Jahres verkauft werden.

Da der Fahrpreis der II. und der III. Classe zusammen dem Fahrpreise der I. Classe genau entspricht, so werden Fahrkarten I. Classe nur zwischen solchen Stationen vorräthig gehalten, zwischen denen eine öftere Benutzung der I. Wagenclasse eintritt; im Verkehr zwischen den übrigen Stationen ist bei Benutzung der I. Wagenclasse eintretenden Falls ein Billet II. und eines III. Classe zu lösen. Derartige Beschränkungen der Anzahl der vorräthig gehaltenen Billetsorten haben wesentlich den Zweck, dem Billetverkäufer die Uebersicht über den Billetschalter zu erleichtern und dadurch eine raschere Bedienung des Publikums zu ermöglichen.

Während die Oldenburgische Eisenbahndirektion es bis dahin als eine Hauptaufgabe angesehen hatte, durch möglichste Beschränkung der Anzahl der Wagenclassen die todte Last der Personenzüge thunlichst zu vermindern, und aus diesem Grunde auf den Seitenbahnen Hude-Nordenhamm und Sande-Jever auch von Einstellung der I. Wagenclasse abgesehen hatte, war sie vertragsmäßig verpflichtet, auf den im

November 1876 eröffneten, im Königlich Preußischen Gebiete bele=
genen Strecken Osnabrück=Quakenbrück und Ihrhove=Neuschanz auch
die IV. Wagenclasse zu führen. Da die Feststellung der Tarifsätze
bis dahin unter Berücksichtigung des Ausschlusses der IV. Wagen=
classe erfolgt war, so erschien es schwierig, für diese Wagenclasse einen
zutreffenden Einheitssatz zu finden. Wurde ein möglichst niedriger
Einheitssatz angenommen, so war ein starker Uebergang von der
III. in die IV. Classe und damit eine allgemeine Verschiebung des
Personenverkehrs nach den unteren Wagenclassen zu befürchten und
es wäre zur Deckung der hierdurch eintretenden Einnahmeausfälle
eine Erhöhung des Fahrgeldes der I.—III. Wagenclasse erforderlich
gewesen. Sowohl die Aufgabe des im Oldenburgischen Gebiete
bereits bewährten, den Interessen des Publikums wie der Eisenbahn=
verwaltung gleichmäßig dienenden Tarifsystems, als eine Verschieden=
heit der Personentarife innerhalb des eigenen Lokalverkehrs würde
große Unzuträglichkeiten mit sich geführt haben, und erschien es
deshalb zweckmäßig, den Tarifsatz für die IV. Classe dem der
III. Classe möglichst nahe zu bringen. Auf Grund dieser Erwä=
gungen wurde mit Genehmigung des Königlich Preußischen Handels=
ministers der auf Preußischen Privatbahnen eingeführte Einheits=
satz von $0{,}025$ M. pro Kilometer angenommen, so daß auf den in
Frage kommenden kurzen Strecken der Unterschied des Gesammt=
preises zwischen dem Fahrpreise III. Classe — namentlich bei Be=
nutzung von Retourkarten -- und dem der IV. Classe ganz uner=
heblich ist und für die Benutzung der IV. Wagenclasse hauptsächlich
nur die leichtere Unterbringung der frachtfreien Traglasten ent=
scheidet.

Die Benutzung der IV. Wagenclasse erweist sich als eine
unerhebliche; gleichwohl bleibt das Mitschleppen, sowie das An=
und Abhängen des betr. Wagens eine Last für den Betriebsdienst,
welche mit dem erreichten geringen Vortheile nicht im Verhältniß
steht.

Im lokalen Gepäckverkehr wurde — abgesehen von der
bereits erwähnten frachtfreien Beförderung von Traglasten — die
traditionelle Gewährung von Freigepäck grundsätzlich ausgeschlossen.
Es war hierfür der Gesichtspunkt maßgebend, daß es durchaus ge=
rechtfertigt sei, für jede übernommene Leistung eine dem Umfange
derselben entsprechende Vergütung zu beanspruchen, daß aber für die
unter strenger Haftpflicht zu übernehmende Gepäckbeförderung die

Erhebung einer Gebühr um so berechtigter sei, als die Gewährung von Freigewicht — soweit dieselbe nicht mißbräuchlich benutzt werde — eine Begünstigung einzelner, meistens den wohlhabenderen Classen angehöriger Passagiere involvire. Der von den Anhängern des Freigewichts häufig vorgeführte Grund, daß die Nichtgewährung des Freigewichts eine Ueberfüllung der Personencoupés zur Folge habe, wurde als zutreffend nicht anerkannt, da erfahrungsmäßig auch da, wo Freigewicht zugestanden wird, die Neigung vorherrschend ist, das Handgepäck möglichst im Personenwagen mitzuführen, um dasselbe unter beständiger Aufsicht zu haben und die Manipulation des Expedirens, sowie nach Ankunft auf der Bestimmungsstation das Warten auf die Ausgabe des Gepäcks zu umgehen. Derartigen Mißbräuchen wird nur durch eine sachgemäße Aufsicht des Zugbegleitungspersonals vorgebeugt werden können.

Um dagegen die Gepäckfracht zu der Transportleistung, sowie zu der Eilgutfracht, in ein angemessenes Verhältniß zu bringen, wurde dieselbe erheblich niedriger gestellt, als die auf anderen Bahnen eingeführte Gepäckfracht für Uebergewicht, und zwar wurde anfangs der Einheitssatz von 1½ leichten Pfennigen pro 10 Pfund und Meile angenommen, welche später auf 0,004 ℳ pro 10 Kilogramm und pro Kilometer abgerundet worden ist.

Für die Beförderung von Militairpersonen werden die in dem Reglement für die Beförderung von Truppen und Armeebedürfnissen aufgeführten Tarifsätze erhoben. Genanntes Reglement hat Gültigkeit auf allen Deutschen Staatsbahnen, sowie auf den im letzten Decennium concessionirten Privatbahnen.

Die Tarifsätze für die Beförderung von Extrazügen, Salon-, Krankenwagen ꝛc. sind, nachdem sie innerhalb des Oldenburgischen Lokalverkehrs mehrfach Aenderungen erfahren hatten, seit dem 1. Januar 1878 im ganzen Bereiche des Vereins Deutscher Eisenbahnverwaltungen einheitlich geregelt.

Zur Begünstigung von Sommerausflügen seitens der Schulen ꝛc. ist die Einrichtung getroffen, daß Schüler in Begleitung von Lehrern in einer größeren Anzahl zu einem ermäßigten Tarifsatze — früher 1 Groschen pro Meile, jetzt 1½ Pfennige pro Kilometer — befördert werden.

Im direkten Personen- und Gepäckverkehr mit Stationen anderer Verwaltungen war eine zweckmäßige Combinirung des Oldenburgischen Tarifsystems und dem der übrigen Norddeutschen Bahnen schwer zu finden, und sind deshalb die im Lokalverkehr der Hanno-

verschen Staatsbahn bei der am 10. August 1867 erfolgten Ein=
führung des ersten direkten Tarifs bestehenden Einheitssätze bei Fest=
stellung der Oldenburgischen Antheilssätze übernommen und bis jetzt
beibehalten worden. Dieselben betragen:

in I. Wagenclasse $0{,}60$ M. pro Meile,

„ II. „ $0{,}15$ „ „ „

„ III. „ $0{,}30$ „ „ „

Dabei werden 25 Kilogramm Freigewicht gewährt und pro
5 Kilogramm Uebergewicht für jede Meile in einzelnen Verkehrs=
relationen $0{,}025$, in anderen $0{,}02$ M. Gepäckfracht berechnet.

Im Verkehr mit Hannoverschen Stationen werden Retourkarten
ohne Gewährung von Freigepäck zu folgenden Einheitssätzen aus=
gegeben:

I. Classe $0{,}15$ M. pro Meile,

II. „ $0{,}30$ „ „ „

III. „ $0{,}20$ „ „ „

Die Annahme dieser Einheitssätze im direkten Verkehr hat den
Uebelstand zur Folge, daß die direkten Fahrkarten theurer sind als
eine Fahrkarte bis zur Uebergangsstation und eine für die weitere
Strecke, doch läßt sich bei der Verschiedenheit der Systeme, nament=
lich in Bezug auf die Zulassung von Gepäckfreigewicht, diese Dis=
parität nicht vermeiden.

In Bezug auf die Ausgabe direkter Billets ist ebenfalls der
im Lokalverkehr angenommene Grundsatz befolgt worden, daß nur
für solche Stationen, auf welchen annähernd 50 Fahrkarten jährlich
benutzt werden, daß Bedürfniß einer direkten Expedition anerkannt
wurde. Die Endpunkte, nach welchen auf Oldenburgischen Stationen
direkte Billets bereit gehalten werden, sind: Kiel, Eutin und Lübeck,
Berlin, Dresden, Frankfurt, Cöln, Amsterdam und Harlingen.

Im Verkehr mit Geestemünde und Bremerhafen findet eine
direkte Personen= und Gepäckexpedition via Nordenhamm, im An=
schluß an den zwischen Nordenhamm und Geestemünde coursirenden
Dampfer „Nordenhamm" statt.

b) Güter- und Vieh-Verkehr.

Schon nach der Eröffnung der ersten Oldenburgischen Eisen=
bahnstrecke war aus der Mitte der Eisenbahnverwaltungen heraus
das Bedürfniß einer einheitlichen Gestaltung des Gütertarifwesens
fühlbar geworden. In Norddeutschland waren es zunächst die an
der Route Köln=Berlin bezw. Dresden betheiligten Verwaltungen,

welche durch Einrichtung des sogenannten Norddeutschen Verbandes wie auf anderen, so auch auf dem Gebiete des Tarifwesens für die Einführung gleichmäßiger Einrichtungen erfolgreich wirkten. Nach der Eröffnung von Concurrenzrouten zeigte sich bald die Nothwendigkeit, schädliche Uebergriffe im Concurrenzkampfe durch gegenseitige Vereinbarungen zu beseitigen und so entstand zum Zwecke einheitlicher Regelung des Tarifwesens durch den Zusammentritt mehrerer concurrirender Verbände der sogenannte Tarifverband, dem sich nach und nach sämmtliche Norddeutsche Eisenbahnverwaltungen angeschlossen haben. Das von diesem Tarifverbande vereinbarte Güter=Tarifschema wurde dem am 15. Juli 1867 eingeführten Localtarife zu Grunde gelegt, wobei jedoch in Rücksicht auf die lokalen Verhältnisse verschiedene Güter in eine niedrigere Classe eingereiht wurden, als im Entwurfe des Tarifverbandes vorgesehen war. Der Tarif unterschied:

a) Eilgüter,
b) Frachtgüter der Normalclasse I. A. und der ermäßigten Classe I. B.,
c) Frachtgüter in ganzen Wagenladungen, welche in die vier Abtheilungen II. A. B. C. und D. geschieden wurden.

Als Einheitssätze für die einzelnen Classen wurden oldenburgischerseits angenommen:

Eilgut	10	
Classe I. A.	5	
„ I. B.	4	leichte Pfennige pro Centner
„ II. A.	3	und Meile,
„ II. B.	2	
„ II. C.	1½	
„ II. D.	1	

nebst einem Zuschlage für Stationskosten (Expeditionsgebühr) von einem halben Groschen pro Centner für Eilgut Classe I. A. und I. B. und von einem Thaler für je 100 Centner der Wagenladungsclassen.

Für die Einreihung der Güter in die einzelnen Tarifclassen war wesentlich der Handelswerth derselben maßgebend. Die minderwerthigen, aber wirthschaftlich wichtigen Rohprodukte wurden zu den niedrigsten Frachtsätzen befördert, während für die werthvolleren Fabrikate und Handelsartikel höhere Frachten erhoben wurden. Es lag diesem System, welches kurzweg als Werthclassifikation bezeichnet wird, die zutreffende Annahme zu Grunde, daß die Transportfähigkeit einer Waare am allerwenigsten beschränkt werde, wenn die Fracht im Verhältniß zum Werthe bemessen wird.

Am 15. Juni 1869 wurde in Veranlassung der Eröffnung der Oldenburg-Leerer Eisenbahn ein neuer Lokaltarif ausgegeben, welcher in der Güterclassifikation — einem Beschlusse des Tarifverbandes entsprechend — von dem bisherigen in sofern abwich, als eine neue Wagenladungsclasse zum Einheitssatze von 2½ leichten Pfennigen pro Centner und Meile eingeschoben und hierbei in Rücksicht auf die bisherigen Erfahrungen die Classifikation neu regulirt wurde.

Die Bezeichnung der einzelnen Classen wurde wie folgt geändert:

Tarif de 1867.	Tarif de 1869.
Eilgut.	Eilgut.
Classe I. A.	Classe I.
„ I. B.	„ II.
„ II. A.	„ A.
neue 2½ ₰ =	„ B.
„ II. B.	„ C.
„ II. C.	„ D.
„ II. D.	„ E.

Die Einheitssätze der bisher bestandenen Classen wurden beibehalten, doch trat eine wesentliche Verschiebung der Waarengattungen nach unten ein; beispielsweise wurden vom 15. Juni 1869 an zum Einheitssatze von 1 Silberpfennig pro Centner und Meile folgende Artikel befördert:

Braunkohle,
Bruchsteine, unbearbeitete,
Coaks,
Erden, gewöhnliche,
Erze, rohe,
Gaskalk zum Düngen,
Gyps,
Kalkasche,
Kalksteine, ungebrannte,
Lumpendünger,
Mergel,
Pflastersteine,
Phosphorit, rohes,

Salz,

Schlacken und Sinteln von Erzen,

Sombrero= und Estramabura=Phosphorit,

Steinkohlen,

Steinkohlenasche,

Steinplatten zu Trottoirs, Saum= und Eckſteine zur Be=
feſtigung von Wegen und Plätzen; Ziegelbrocken zu
Wegen, Deich= und Uferbauten.

Es wurden alſo bereits faſt ſämmtliche Transportgegenſtände,
für welche ſpäter im Artikel 45 der Reichsverfaſſung die Einführung
des Ein=Pfennig=Tarifs bei größeren Entfernungen als anzuſtrebendes
Ziel hingeſtellt iſt, auf allen Entfernungen zu dieſem Tarife be=
fördert.

Eine in Rückſicht auf die Betriebseröffnung der Strecke Sande=
Jever erfolgte neue Ausgabe des Lokaltarifs vom 1. Januar 1872
führte nur unweſentliche Abänderungen mit ſich; dagegen veranlaßte
die Betriebseröffnung der Hude=Braker=Strecke zur Einführung von
Differentialfrachtſätzen, indem es dringend geboten erſchien, den auf
der Hannoverſchen Staatsbahn zwiſchen Geeſtemünde=Bremerhaven
und Bremen beſtehenden Frachtſatz — ein Groſchen pro Centner
für alle Güter — auch auf der Strecke Brake=Bremen einzuführen,
um der letzteren Strecke einen entſprechenden Frachtantheil zu ſichern.
Dieſer ermäßigte Satz wurde jedoch nicht — wie zwiſchen Bremer=
hafen und Bremen — für ſämmtliche Güter, ſondern nur für ſoge=
nannte Seetranſitgüter, d. h. für Güter, welche entweder per Schiff
angebracht ſind, oder in Seeſchiffe verladen werden ſollen, ange=
nommen.

Die dem Deutſch=Franzöſiſchen Kriege von 1870/71 folgende
lebhafte Bewegung auf wirthſchaftlichem Gebiete konnte nicht verfehlen,
auch die Eiſenbahntariffrage zu beeinfluſſen. Schon längſt waren
in volkswirthſchaftlichen Kreiſen Stimmen laut geworden, welche die
mehr und mehr ausgebildete Werthclaſſifikation als verwerflich be=
zeichneten; die Eiſenbahn ſei nicht berechtigt, bei Feſtſtellung der
Frachtſätze auf den Werth des Transportgegenſtandes irgend welche
Rückſicht zu nehmen, und damit eine gewiſſe Werthbeſteuerung ein=
zuführen; für die Höhe der Frachten müſſe vielmehr der Umfang
der eiſenbahnſeitigen Leiſtung, welche hauptſächlich vom Gewicht,
theils aber vom Volumen der Transportartikel abhängig ſei, aus=
ſchließlich entſcheiden. Von einzelnen Seiten ging man ſo weit, zu be=

haupten, daß das eigentliche Frachtgeschäft den Eisenbahnverwaltungen genommen und in die Hand von Privatunternehmern gelegt werden müsse, welche durch gegenseitige Concurrenz das öffentliche Verkehrs= interesse am sichersten fördern würden. Diese im ersten Augenblicke bestechenden Ideen fanden in den weitesten Kreisen Anhang und ge= wannen praktische Gestaltung bei der Uebernahme der Verwaltung der Elsaß=Lothringischen Eisenbahnen durch das Deutsche Reich. Die Verwaltung der Deutschen Reichsbahnen konnte nicht wohl das unter französischer Verwaltung eingeführte Tarifsystem beibehalten, ebensowenig aber das allgemein bemängelte Deutsche Werthclassifika= tionssystem einführen: wählte deshalb ein System, bei welchem die Höhe der Fracht nicht nach dem Werth des Guts, sondern nach dessen Gewicht, bezw. nach der möglichst vollständigen Ausnutzung der Wagen variirte, und welches man später allgemein als Wagen= raum= oder natürliches Tarifsystem bezeichnete. Daß der Grundsatz, für alle Güter eine gleichmäßige Durchschnittsfracht zu erheben und einen Unterschied nur von der größeren oder geringeren Ausnutzung der Wagen abhängig zu machen, praktisch nicht durchführbar sei, zeigte sich sofort, indem man gezwungen war, für die minderwerthigen Rohprodukte Specialtarife zu ermäßigten Sätzen zu erstellen. Indessen fand das Elsaß=Lothringische System immer mehr Anhänger; benach= barte Bahnen acceptirten dasselbe im Nachbarverkehr und äußerten sich befriedigend über den Erfolg; die Deutsche Reichsregierung aber schien großen Werth auf die allgemeine Annahme dieses Systems zu legen. Die große Mehrzahl der Deutschen Eisenbahnverwaltungen dagegen, insbesondere aber die dem Tarifverbande angehörigen, er= blickten in der Annahme des Wagenraum=Tarifsystems eine Schädi= gung der finanziellen Interessen der Eisenbahnen, wiesen dabei auf die im Verhältniß zum Verkehr geringen Erträgnisse der Reichs= bahnen, sowie darauf hin, daß der in dem System etwa liegende Vortheil zum größten Theile nicht dem Publikum, sondern den Spediteuren zu Gute kommen werde, — und zeigten sich entschlossen, der Einführung des Elsaß=Lothringischen Systems den entschiedensten Widerstand entgegenzusetzen.

Inzwischen hatte der Umstand, daß die während des Deutsch= Französischen Krieges 1870/71 geschwächten Kräfte der Eisenbahnen nicht ausreichten, den nachher in ungeahntem Maße wachsenden Verkehr zu bewältigen, eine allgemeine Mißstimmung des Publikums hervorgerufen, welche sich insbesondere auf dem Gebiete des Tarif= wesens äußerte. Der theilweise durch künstliche Mittel bewirkte un=

natürliche Aufschwung der Industrie rief eine allgemeine Steigung
der Arbeitslöhne hervor und hatte damit zugleich eine so enorme
Preiserhöhung aller für die ordnungsmäßige Wiederinstandsetzung
bezw. zur Erweiterung der Eisenbahnanlagen, sowie der Betriebs=
führung selbst erforderlichen Materialien zur Folge, daß die Be=
triebslosten zu einer Höhe heranwuchsen, welche trotz der bedeuten=
den Verkehrssteigerung die Rentabilität der Eisenbahnen erheblich
drückte. Unter diesen Verhältnissen, welchen noch eine allgemeine
nicht unerhebliche Entwerthung des Geldes sich zugesellte, erschien
eine Erhöhung der Eisenbahntarife nicht allein berech=
tigt, sondern sogar nothwendig. Seitens der Aufsichtsbehörden
wurde denn auch den Eisenbahnverwaltungen die Berechtigung zuge=
standen, mit Ausschluß der wichtigsten Nahrungsmittel (Getreide,
Hülsenfrüchte, Kartoffeln, Salz, Mehl= und Mühlenfabrikate) zu
den bestehenden Tarifsätzen einen Frachtzuschlag bis zu 20% zu er=
heben. Dieses Zugeständniß wurde aber erst zu einer Zeit (1874)
gegeben, wo bereits ein Rückschlag auf wirthschaftlichem Gebiete
eingetreten war und die rücksichtslose Ausnutzung dieses Zugeständ=
nisses seitens der Eisenbahnverwaltungen die hereinbrechende Krisis
verschärfen mußte. Die Oldenburgische Eisenbahnverwaltung hielt
den geeigneten Zeitpunkt für eine Tariferhöhung längst verflossen
und konnte die Befürchtung nicht unterdrücken, daß das beabsichtigte
Vorgehen in dieser Richtung zu einer allgemeinen Tarifverwirrung
führen werde, da eine so erhebliche Frachterhöhung nur bei wenigen
Transportartikeln haltbar sein könne; doch war sie nicht in der
Lage, von der Betheiligung an den Tariferhöhungen in den einzel=
nen Verbänden sich ausschließen zu können, und wurde dadurch ge=
zwungen, auch eine theilweise Erhöhung des Lokaltarifs eintreten zu
lassen, weil andernfalls alle bisher im Verbandsverkehr direkt be=
förderten Güter auf den Uebergangsstationen zur Umkartirung ge=
kommen sein würden, soweit durch die unerhöhten Lokalsätze niedrigere
Frachtsätze eingetreten waren als die erhöhten direkten Sätze ergaben.
Nur insoweit eine solche den Verkehr belästigende Umexpedition zu
befürchten stand, wurde die Erhöhung des Lokaltarifs vorgenom=
men und zwar ergab sich die Berechnung eines Aufschlages als er=
forderlich:

von 3% für Entfernungen von 6— 8 Meilen.
„ 6% „   „   „ 8—10   „
„ 9% „   „   „ 10—12 „
„ 12% „   „   über 12   „

Für Entfernungen bis zu 6 Meilen konnte von Berechnung eines Zuschlages abgesehen werden.

Die Erhebung des Frachtzuschlags war seitens der Aufsichts=behörden nur für eine bestimmte Zeitdauer — bis zum 1. Januar 1875 — unter der Bedingung zugestanden worden, daß mit Ablauf der festgesetzten Frist eine Reform des Gütertarifwesens und die Einführung eines einheitlichen Systems auf den Deutschen Eisen=bahnen zu Stande komme. Obgleich die große Mehrzahl der Deut=schen Eisenbahnverwaltungen die Werthclassifikation als das zweck=mäßigste System anerkannte, erklärte dieselbe sich doch bereit, ein zwischen diesem und dem Wagenraumsystem vermittelndes — s. g. gemischtes System — anzunehmen, falls dadurch auch die Beseiti=gung des Elsaß=Lothringischen Wagenraumsystems erreicht werden könne. Die Vorschläge der Eisenbahnverwaltungen fanden indeß die Zustimmung des Reichskanzleramts nicht, aber auch ein im Reichseisenbahnamte ausgearbeiteter Entwurf, welcher am 22./23. Juli 1874 mit Vertretern des Handelsstandes und am 31. Juli / 2. August mit Delegirten der Eisenbahnverwaltungen unter Leitung des Reichs=eisenbahnamts durchberathen wurde, begegnete so abweichenden Auf=fassungen, daß ein ernstlicher Versuch, die Einführung desselben zu Stande zu bringen, kaum gemacht wurde.

Die lebhaften Bemühungen des Reichseisenbahnamts, eine Lösung der Tariffrage herbeizuführen, fanden äußerlich ihren vor=läufigen Abschluß in einer Tarifenquête, in welcher Vertretern der Industrie, des Handels, der Landwirthschaft und der Eisenbahnver=waltungen Gelegenheit gegeben wurde, sich über diese wichtige Frage gutachtlich zu äußern. Die schroffen Gegensätze zwischen den beiden in Anwendung befindlichen Tarifsystemen, welche beiderseits kräftige Vertretung fanden, schienen eine Vermittelung auszuschließen, wenn=gleich im Laufe der Zeit, während welcher die Tariffrage das öffent=liche Interesse in hervorragendem Maße beschäftigt und weiteren Kreisen zu einem Studium dieser Frage Anlaß gegeben hatte, im Lager der Industriellen und Handeltreibenden die früher rückhalt=lose Zuneigung zum natürlichen System sich mehr und mehr ab=schwächte.

Inzwischen hatte, wie vorauszusehen gewesen, die Einführung des 20procentigen Frachtzuschlages die Verwirrung auf dem Gebiete des Gütertarifwesens so gesteigert, daß der Zustand sich nachgerade zu einem völlig unhaltbaren gestaltete. Für verschiedene Trans=portartikel hatte, je nach den lokalen Verkehrsverhältnissen, der

Zuschlag ermäßigt oder ganz beseitigt werden müssen und es waren dadurch so zahlreiche einzelne Ausnahmeverhältnisse eingetreten, daß dem verkehrstreibenden Publikum die Uebersicht gänzlich verloren gehen mußte. Im internationalen Verkehr waren die Verwaltungen der ausländischen Eisenbahnen auf die Tariferhöhung nicht eingetreten, es blieben in Folge dessen die früheren Sätze vorläufig fortbestehen und ergaben sich damit zum Schaden der Deutschen Industrie im internationalen Verkehr für weitere Strecken niedrigere Frachtsätze als innerhalb Deutschlands für weit kürzere Strecken. Die Arbeiten behufs Regelung dieser Verwirrungen in ihren Einzelheiten ruhten in Hinblick auf die bevorstehende Tarifreform, durch welche man das Chaos mit einem Schlage zu beseitigen hoffen durfte. Nachdem nun die Bemühungen des Reichseisenbahnamts ohne positives Resultat geblieben waren, inzwischen aber Baiern mit der Tarifreform auf Grund des gemischten Systems selbständig vorgegangen war, ging aus der Mitte des Tarifverbandes wiederum die Anregung zur Ausarbeitung eines neuen Entwurfs hervor, um die Bereitwilligkeit der Eisenbahnverwaltungen zur Beseitigung des bestehenden Mißstandes zu dokumentiren. Es wurde zu diesem Zwecke eine Generalconferenz in Dresden am 29./30. Juli 1876 anberaumt, in der zwar die Königlich Preußische Staatsbahnverwaltung nicht vertreten war, an welcher sich jedoch ein Commissar des Königlich Preußischen Herrn Handelsministers betheiligte. Der Königlich Preußische Handelsminister erachtete den in dieser Conferenz festgestellten Entwurf, welcher, sich an das in Baiern angenommene System anlehnend, eine Vermittelung zwischen dem Elsaß-Lothringischen und dem historisch entwickelten Werth-Tarifsystem darstellte, für geeignet, als Grundlage für ein einheitliches Deutsches Tarifschema zu dienen und nachdem der Entwurf in einzelnen größeren Verkehrsgruppen mit Vertretern des Handels, der Industrie und der Landwirthschaft durchberathen war, wurde am 12. Februar 1877 in einer unter dem Vorsitze des Königlich Preußischen Handelsministeriums in Berlin anberaumten Generalconferenz sämmtlicher Deutscher Eisenbahnverwaltungen ein einheitliches Gütertarifsystem festgestellt, welches später die Zustimmung des Bundesraths fand.

Die Verhandlungen über die Modalitäten, unter denen die Einführung des einheitlichen Tarifschemas erfolgen könne, verzögerten indeß die definitive Regelung dieser Angelegenheit so sehr, daß die Königlich Preußische Regierung nicht in der Lage war, den Antrag Oldenburgs auf Einführung des neuen Schemas bei Eröffnung der

im Königlich Preußischen Gebiete belegenen Strecken Quakenbrück=
Osnabrück und Ihrhove=Neuschanz zu genehmigen. Dem für die
genannten Strecken im October 1876, für die älteren Oldenburgischen
Strecken am 1. Januar 1877 eingeführten neuen Lokaltarife mußte
deshalb noch das ältere Tarifschema zu Grunde gelegt werden, doch
wurden, dem neuen metrischen Maaß=, Gewichts= und Münzsysteme
entsprechend, die Einheitssätze nicht mehr pro Centner und Meile
in Silberpfennigen, sondern pro Tonne und Kilometer in Mark=
pfennigen festgestellt. Diese Einheitssätze betrugen pro Kilometer
und Tonne bei Entfernungen

	bis incl. 100 Kilometer:	für jeden Kilometer mehr:
für Eilgut das Doppelte der Classe I.,		
„ Classe I.	12 M.	10 M.
„ „ II.	9 „	8 „
„ „ A.	7,5 „	5,5 „
„ „ B.	6,0 „	5,5 „
„ „ C.	4,5 „	4,0 „
„ „ D.	3,5 „	3,0 „
„ „ E.	2,5 „	2,0 „

Daneben wurde eine Expeditions= (Stations=) Gebühr pro
Tonne eingerechnet von

$$1 \quad M. \text{ für die Classen I. und II.}$$
$$0,75 \text{ „ „ „ „ A.—C.}$$
$$0,60 \text{ „ „ „ „ D. und E.}$$

Erst am 1. Juli 1877 war es möglich, das einheitliche Deutsche
Güter=Tarifsystem im Oldenburgischen Lokalverkehr zur Einführung
zu bringen. Die Classifikation in diesem Systeme ist folgende:

1. Eine allgemeine Eilgutclasse.

2. Eine Stückgutclasse.

3. Eine allgemeine Wagenladungsclasse für Güter, welche nicht
   zum Spezialtarif befördert werden:
   A. I. für Sendungen von   5000 Kilogramm,
   B. „ „ „ 10,000 „

4. Güter der Spezialtarife, welche zu den minderwerthigen
   Produkten gehören und speziell genannt sind.
   A. II. für Sendungen dieser Güter von 5000 Kilogramm,
   Spezialtarif I. } besonders genannte Artikel in Sen-
   „ II. } dungen von 10,000 Kilogramm.
   „ III. }

17

Im Oldenburgischen Lokalverkehr sind für die einzelnen Classen folgende Einheitssätze pro Tonne (1000 Kilogramm) und Kilometer angenommen bei Entfernungen

	bis incl. 100 Kilometer:	für jeden Kilometer mehr:
für Eilgut das Doppelte der Stückgutclasse,		
„ Stückgut	10 $\mathcal{M}$.	10 $\mathcal{M}$.
„ Classe A. I.	7,5 „	7 „
„ „ B.	6,5 „	6 „
„ „ A. II.	5,5 „	5 „
„ Spezialtarif I.	4,5 „	4 „
„ „ II.	3,5 „	3 „
„ „ III.	2,5 „	2 „

An Expeditionsgebühr ist ferner eingerechnet:

für Stückgut	1 $\mathcal{M}$. pro Tonne,
„ Classe A. I. und A. II.	0,75 „ „ „
„ „ B. und die Spezialtarife I., II. und III.	0,60 „ „ „

Daneben wird für sperrige Gegenstände, welche im Tarif ausdrücklich bezeichnet sind, ein Frachtzuschlag von 50% berechnet.

Abweichend von dem einheitlichen Tarifschema sind ermäßigte Ausnahmesätze eingeführt:

1. für Seetransitgüter im Verkehr zwischen Brake, Elsfleth und Nordenhamm einerseits und Bremen und Bremen-Neustadt andererseits,
2. für Steinkohlen- und Bruchsteinsendungen von Eversburg nach sämmtlichen Oldenburgischen Stationen,
3. für Baumaterialsendungen, welche mittelst Erdtransportwagen nach Wilhelmshaven befördert werden — zum Zwecke der Ausnutzung der nach Beendigung des Bahnbaues disponibelen Erdtransportwagen,
4. für Transporte von Schlick und Klei, um die Benutzung dieses Materials zu Meliorationen zu begünstigen,
5. für Strohtransporte von Neuschanz nach den Weserhäfen.

Folgende Gegenstände werden bei Beförderung als Eilgut zum halben Eilfrachtsatze befördert:

a) Milch und leer zurückgehende Milchgefäße,
b) frische Fluß- und Seefische, Austern und sonstige Seeschaalthiere, gekochte Granate, sowie die für Aquarien bestimmten Sendungen kleiner Fluß- und Seethiere,

c) Eis in wasserdichten Behältern,

d) Brod.

Die direkten Verkehrsbeziehungen mit fremden Eisenbahnverwaltungen ist die Oldenburgische Eisenbahndirektion stets bestrebt gewesen im Interesse des öffentlichen Verkehrs möglichst auszudehnen. Obgleich ihr anfänglich von einzelnen Eisenbahnverwaltungen in der Annahme, daß ein Bedürfniß nicht vorliege, in dieser Beziehung Widerstand entgegengesetzt wurde, ist es ihr doch gelungen, die größeren Oldenburgischen Stationen mit fast sämmtlichen Norddeutschen und Niederländischen Bahnen — für Baiern, Württemberg und die Reichslande ist zur Zeit ein Bedürfniß nicht vorhanden — in direkten Verkehr treten zu lassen. Außerdem besteht eine direkte Expedition mit Belgischen und Französischen Stationen im Deutsch-Belgisch-Französischen Verkehr, sowie mit Russischen Stationen im Deutsch-Russischen Eisenbahnverbande.

Die Einführung des einheitlichen Deutschen Tarifschemas ist erst in wenigen Verbänden zu Stande gekommen, doch sind in den meisten die neuen Tarife in der Bearbeitung begriffen. Soweit der Verkehr der Oldenburgischen Stationen in Frage kommt, ist das neue Tarifschema zur Zeit eingeführt:

1. Im Westdeutschen resp. Nordwestdeutschen Verbande am 1. August 1877.

Derselbe enthält den direkten Verkehr der Oldenburgischen Stationen mit Stationen der Main-Weser-, der Frankfurt-Bebraer-, der Nassauischen Staats-, der Main-Neckar-, der Rhein-Nahe- und Saarbrücker, der Hessischen Ludwigsbahn, den Pfälzischen Bahnen und den Großherzoglich Badischen Staatseisenbahnen.

2. Im Harz-Nordsee-Verbande am 1. Januar 1878.

Der Tarif dieses Verbandes enthält im Heft 7 Tarifsätze für den Verkehr zwischen Oldenburgischen Stationen einerseits und Hannover-Altenbeckener, Magdeburg-Halberstädter, Halberstadt-Blankenburger, Braunschweigischen, Berlin-Anhaltischen und Halle-Casseler Stationen andererseits.

In der Bearbeitung sind begriffen:

1. der Friesisch-Westfälische Verbandstarif für den Verkehr mit Stationen der Westfälischen, der Rheinischen, der Bergisch-Märkischen, der Köln-Mindener, der Dortmund-Gronau-Enscheder und der Aachener Industrie-Bahn,

17*

2. der Friesische Verbandstarif für den Verkehr mit Stationen der Niederländischen Staats-, der Niederländischen Central- und der Holländischen Eisenbahn,

3. der Berlin-Hannover-Oldenburgische Verbandstarif für den Verkehr mit Magdeburg-Halberstädter, Berlin-Potsdam-Magdeburger, Berlin-Hamburger und Hannoverschen Stationen,

4. der Rheinisch-Niederdeutsche Verbandstarif für den Verkehr mit Köln-Mindener, Berlin-Hamburger, Altona-Kieler, Lübeck-Büchener, Eutin-Lübecker und Mecklenburgischen Stationen.

5. der Norddeutsch-Sächsische Verbandstarif für den Verkehr mit der Sächsischen Staats-, der Mulbethal-, der Berlin-Dresdener, der Berlin-Görlitzer und der Halle-Sorau-Gubener-Bahn,

6. der Nord-Ostsee-Hannover-Thüringische Verbandstarif für den Verkehr mit Stationen der Thüringischen, der Werra-, der Nordhausen-Erfurter und Saal-Unstrut-, der Weimar-Geraer, der Saal- und der Sächsisch-Thüringischen Ost-Westbahn,

7. der Hanseatisch-Preußische Verbandstarif für den Verkehr mit Stationen der Königlichen Ost-, der Oberschlesischen, der Ostpreußischen Süd- und der Posen-Creuzburger Bahn.

Tarife alten Systems, deren Neubearbeitung bis jetzt nicht in Angriff genommen ist, bestehen noch im Bremen- resp. Hamburg-Schlesischen, im Niederländisch-Westfälisch-Oldenburgischen, im Deutsch-Holländischen, im Hanseatisch-Rheinisch-Westdeutschen, im Nordwestdeutsch-Ungarischen, im Deutsch-Belgischen resp. Deutsch-Belgisch-Französischen, im Deutsch-Russischen, sowie im Verkehr mit der Berlin-Stettiner Bahn.

Für den Friesischen und Friesisch-Westfälischen Verband hat die Oldenburgische Verwaltung die Geschäftsführung übernommen.

Bei den Verhandlungen über die direkten Verkehrsbeziehungen ist es nicht ohne Schwierigkeit gewesen, der Strecke Oldenburg-Osnabrück denjenigen Verkehrsantheil zu sichern, welcher derselben naturgemäß zukommt. Die nicht unerheblichen Transporte aus dem Rheinisch-Westfälischen Industrieviere nach Oldenburgischen Stationen, namentlich nach Wilhelmshaven, waren bis dahin via Bremen bezw. Leer eingegangen, je nachdem sie bei der Köln-Mindener Bahn oder bei der Bergisch-Märkischen, Rheinischen oder Westfälischen Bahn zur Auslieferung gelangten. Es lag im Interesse der Köln-Mindener sowohl wie der Westfälischen Eisenbahn, eventuell unter Ermäßigung ihrer Antheilssätze, diese Transporte auch ferner über die längere Route der eigenen Bahn zu leiten, und nicht über die kürzere Gesammtroute via Osnabrück zu dirigiren. Das Entgegenkommen der Direktion der Köln-Mindener Eisenbahn-Gesellschaft machte es jedoch Oldenburg möglich, in Bezug auf die Instradirung dieses Verkehrs ein den berechtigten Ansprüchen der betheiligten Verwaltungen entsprechendes Abkommen zu treffen. Den Verkehr im hohen Grade belästigend ist jedoch der Umstand, daß der Oldenburgische Güterverkehr in Eversburg endet, die Hannoversche Staatsbahn aber für die 4,16 Kilometer lange Strecke von Eversburg bis Osnabrück einen Frachtantheil für 15 Kilometer einrechnet. Die Tarife für den Kohlenverkehr von den an die Köln-Mindener, Dortmund-Gronau-Entscheder und Rheinische Bahn angeschlossenen Zechen nach Oldenburgischen Stationen sind bereits seit längerer Zeit über die kürzere Route via Osnabrück berechnet, und zwar ist für die zum örtlichen Verbrauch bestimmten Kohlen der Einheitssatz von 1 Silberpfennig pro Centner und Meile, für die zum Export bestimmten Kohlen aber ein Einheitssatz von 0,₈ Silberpfennig pro Centner und Meile angenommen. Dem Export der Deutschen Kohle hat die Oldenburgische Verwaltung überhaupt das regste Interesse gewidmet und sich seit Anregung dieser Frage stets zu den erheblichsten Frachtermäßigungen bereit gezeigt, selbst auf die Gefahr hin, finanzielle Opfer zu bringen.

Von hervorragender wirthschaftlicher Bedeutung ist der Viehverkehr auf den Oldenburgischen Bahnen. Die Frachtberechnung erfolgt für einzelne Thiere stückweise; für ganze Wagenladungen ist seit Eröffnung der ersten Betriebsstrecke die Frachtberechnung nach dem Flächeninhalte der benutzten Wagen angewandt, ein Modus, welcher successiv bei allen Deutschen Eisenbahnverwaltungen Eingang gefunden hat.

Die Frachtsätze betragen pro Quadratmeter und pro Kilometer:
für Pferde, insofern bedeckt gebaute Wagen gestellt werden 3½ ₰.
für Pferde in unbedeckten Wagen, sowie für sonstiges großes Vieh (Rindvieh ꝛc.) in bedeckten oder unbedeckten Wagen . . . . 3 „
für kleines Vieh, Schweine, Kälber, Schafe, Ziegen, Geflügel ꝛc. . . . . 2½ „
Daneben wird im Oldenburgischen Lokalverkehr eine Expeditionsgebühr von . . . . 3 ℳ.
im Verbandsverkehr eine solche von . . 6 „ erhoben.
Die Oldenburgischen Hochbord- und bedeckten Wagen haben, soweit der Raum nicht durch Bremsen beengt ist, eine Ladefläche

von 18½ Quadratmeter und können in diesem Raume untergebracht werden: 11—12 Pferde
20—22 Stück Jungvieh
16 Stück Fettvieh.

In Rücksicht auf die große Bedeutung des Viehverkehrs für das Herzogthum Oldenburg, insbesondere für die Marschgegenden, ist die direkte Expedition möglichst ausgedehnt, so daß selbst von kleinen Haltestellen aus eine direkte Expedition von Vieh nach auswärtigen Stationen stattfindet.

Für das gesammte Deutsche Eisenbahntarifwesen darf es als bedeutungsvoll angesehen werden, daß auf Antrag der Königlich Preußischen Staatsregierung eine ständige Commission gebildet ist, welche sich mit der Weiterentwicklung desselben beschäftigen wird, und deren Beschlüsse einer jährlich zusammentretenden General-Conferenz der Deutschen Eisenbahnverwaltungen zur Berathung vorgelegt werden sollen. In dieser ständigen Tarifkommission sind vertreten:

die Deutschen Privatbahnen mit 6 Verwaltungen
„ Preußischen Staatsbahnen „ 3 „
„ Baierische Staatsbahn „ 1 „
„ Sächsische „ „ 1 „
„ Württembergische „ „ 1 „
„ Badische „ „ 1 „
„ Hessische „ „ 1 „
„ Oldenburgische „ „ 1 „
„ Reichseisenbahn „ 1 „

Zusammen 16 Verwaltungen.

Den Vorsitz führt eine Königlich Preußische Staatsbahnverwaltung, zur Zeit die Königliche Direktion der Niederschlesisch-Märkischen Eisenbahn, unter deren Leitung am 7. Februar 1878 die erste, konstituirende Versammlung dieser Commission stattgefunden hat.

Landwirthschaft, Industrie und Handel sind durch einen ständigen Ausschuß vertreten.

Die Tarifreform und die weitere Entwicklung des Tarifwesens hat den ersten Anstoß zu einer Institution gegeben, welche, seither auch auf andere Gebiete des Eisenbahnwesens ausgedehnt, als ein zweckmäßiges Mittel zur Verständigung der Transportinteressen sich bewährt hat. Da die Einrichtung in dieser Form neu ist, erscheint die Mittheilung des Statuts angezeigt. Dasselbe lautet nach seiner Feststellung im März 1877:

Statut

der

freien Vereinigung zur Wahrung und Förderung der Eisenbahn-Verkehrsinteressen im Gebiete der Oldenburgischen Staatsbahn.

§. 1.

Zur Wahrung und Förderung der Eisenbahn-Verkehrsinteressen im Gebiete der Oldenburgischen Staatsbahn wird eine freie Vereinigung gegründet.

§. 2.

Zur Theilnahme sind berufen: die Vertreter des Handels, der Industrie, der Landwirthschaft und der Eisenbahnverwaltung aus dem genannten Gebiete.

§. 3.

Diejenigen Organe, Vereine und Verwaltungen, welche amtlich oder statutarisch im Gebiete des Oldenburgischen Eisenbahnnetzes zur Vertretung der im §. 2 aufgeführten Wirthschaftsinteressen wirksam sind, sind als solche Mitglieder des Vereins und werden durch die von ihnen bezeichneten Deputirten vertreten. Hierzu gehören außer der Großherzoglich Oldenburgischen Eisenbahndirektion:

1. die Handelskammer in Bremen,
2. die Handelskammer in Osnabrück,
3. die Handelskammer für Ostfriesland und Papenburg,
4. der Handels- und Gewerbeverein in Oldenburg,
5. der Handelsverein in Brake,
6. der landwirthschaftliche Hauptverein für das Fürstenthum Osnabrück,
7. der landwirthschaftliche Hauptverein für Ostfriesland,
8. die Oldenburgische Landwirthschafts-Gesellschaft,
9. die städtische Bergwerksverwaltung des Piesberges bei Osnabrück,
10. die Embener Härings-Fischerei-Gesellschaft,
11. die Handelsdeputation in Leer,
12. die Concordia in Elsfleth.

Andere Corporationen, welche gleichen Zwecken dienen, werden auf Antrag der Eisenbahn-Verwaltung mittelst Abstimmung durch Majoritätsbeschluß aufgenommen.

Jede Corporation wird im Anfange des Kalenderjahres die Namen ihrer Deputirten (2--4 Personen) und etwaiger Substituten bezeichnen.

Bei Aufnahme neuer Mitglieder hat jede Corporation eine Stimme; bei Stimmengleichheit ist der Antrag auf Aufnahme genehmigt.

§. 4.

Die im vorstehenden Paragraphen genannten Organe werden bei der Bezeichnung ihrer Vertreter auf die innerhalb ihres Gebiets vorkommenden verschiedenen örtlichen Verhältnisse thunlichst Rücksicht nehmen.

Damit die einzelnen Orte, Verkehrszweige und Gegenden, welche durch die Deputirten der genannten Corporationen nicht bereits vertreten sind, ihre Interessen im vollen Umfange gewahrt sehen, werden außerdem: „persönliche Theilnehmer" auf Vorschlag der Eisenbahn-Direktion eingeladen.

Die Liste der Einzuladenden wird, mit Rücksicht auf die fungiren- den Deputirten der Corporationen und die Gegenstände der Tages- ordnung, vor jeder Versammlung von der Eisenbahn-Direktion aufgestellt, den Corporationen mitgetheilt und nach derselben ver- fahren, wenn nicht die Hälfte der Mitglieder widerspricht.

§. 5.

Der Zweck der Vereinigung wird durch mündliche Verhandlung über Gegenstände des gesammten Eisenbahn-Verkehrs-Gebiets ange- strebt.

Zusammenkünfte finden statt, so oft genügender Stoff für die- selben vorliegt.

Die Berufung erfolgt:

a) wenn die Direktion der Oldenburgischen Staatsbahn solche für erforderlich erachtet;

b) wenn von mindestens drei Mitgliedern ein gemeinschaftlicher, schriftlicher Antrag auf Verhandlung über einen bestimmten Gegenstand bei der Direktion gestellt wird.

Vorläufig werden jährlich zwei regelmäßige Conferenzen und zwar etwa in den Monaten Februar und Juni in Aussicht genommen, von welchen diejenige im Winter in der Stadt Oldenburg abgehalten wird, und vorzugsweise den Interessen des Güterverkehrs zu dienen hat, während der Ort der Sommer-Zusammenkunft durch Beschluß der vorigen Versammlung abwechselnd bestimmt wird, und auf derselben namentlich auch der Personenverkehr Berücksichtigung findet.

§. 6.

Die Geschäftsführung der Vereinigung übernimmt die Eisenbahn-Direction; dieselbe beruft die Versammlung, stellt die Tagesordnung fest, leitet die Verhandlung, sorgt für geeignete Aufzeichnung und Mittheilung der Protokolle.

§. 7.

Anträge zur Aufnahme von Gegenständen auf die Tagesordnung sind von den Mitgliedern so zeitig zu stellen, daß dieselben genügend vorbereitet werden können — in der Regel vier Wochen vor der Versammlung.

§. 8.

Die Gegenstände der Tagesordnung werden, soweit erforderlich, nach einem einleitenden Referate, welches auf Ersuchen der Eisenbahn-Direction der Antragsteller zu übernehmen hat, zur Debatte verstellt.

Am Schluß der Besprechung faßt der Vorsitzende das Ergebniß der Verhandlungen und die hervorgetretenen Ansichten und Anschauungen zusammen. Eine Fragestellung und Abstimmung findet nicht statt.

§. 9.

Nach Erledigung der Gegenstände der Tagesordnung steht es jedem Theilnehmer frei, soweit die Zeit es gestattet, etwaige Wünsche zur Kenntniß der Versammlung und zur Besprechung zu verstellen. Geeignetenfalls wird von solchen Erörterungen im Protokolle Vermerk genommen.

§. 10.

Etwaige Kosten einzelner Versammlungen (wie Lokalmiethe oder dergleichen) werden sofort durch Repartition auf sämmtliche Theilnehmer gedeckt; für die Geschäftsführung werden Kosten nicht berechnet.

Die bisherigen Verhandlungen haben nach allen Richtungen befriedigende Resultate ergeben, so daß zuversichtlich auch für die Folge ein gedeihliches Zusammenwirken erwartet werden darf.

§. 23.

Caſſen=, Rechnungs= und Controlweſen; Statiſtik.

In der erſten Zeit des Oldenburgiſchen Eiſenbahnbetriebes war der Umfang des Rechnungsweſens noch ſo unbedeutend und der Ueberblick deshalb ſo leicht, daß es detaillirter Beſtimmungen nicht bedurfte, vielmehr eine aufmerkſame perſönliche Leitung des geſammten Rechnungs= und Caſſenweſens genügte, um die nöthige Ordnung zu erhalten. Während als Grundlage für die Aufſtellung der Vor= anſchläge, Etats, ſowie der Betriebsrechnung ſelbſt ein Buchungsplan feſtgeſtellt wurde, welcher im Laufe der Zeit bis auf wenige Ergän= zungen beibehalten worden iſt, ſchloß man ſich in der allgemeinen Rechnungslegung den bei der Bauverwaltung eingeführten und den Beamten bekannten Formen an. Die Buch= und Caſſe= führung auf den Stationen wurde unter möglichſter Vereinfachung nach den auf den Preußiſchen Staatsbahnen beſtehenden Einrichtun= gen geregelt; da im Expeditionsdienſte anfangs wenig erfahrene Beamte thätig waren, ſo wurde für den Perſonen=, Güter= und Viehverkehr vorläufig eine tägliche Rapportirung eingeführt, und durch ſofortige Reviſion des Rechnungsmaterials alle Irrthümer raſch berichtigt, um Unſicherheiten des Expeditionsperſonals in der Auslegung der tarifariſchen Beſtimmungen ſo bald als thunlich zu beſeitigen und die Erledigung vorkommender Differenzen zu er= leichtern.

Mit der Erweiterung des Betriebes zeigte ſich mehr und mehr das Bedürfniß, für das Rechnungs= und Caſſenweſen in allen Details feſte Formen zu ſchaffen, wobei die bisherigen praktiſchen Erfahrun= gen benutzt werden konnten. Die zur Zeit gültigen allgemeinen Grundzüge für das Caſſen= und Rechnungsweſen ſind in dem am 4. Januar 1875 eingeführten Rechnungsplan für die Großherzogliche Eiſenbahn=Verwaltung enthalten.

Im Nachſtehenden ſoll verſucht werden, den Gang des geſamm= ten Caſſen= und Rechnungsweſens im Betriebsdienſte in ſeinem inneren Zuſammenhange klar zu legen.

A. Betriebseinnahmen.

Die Einnahmen aus dem Perſonenverkehr werden nach den verkauften Fahrkarten ermittelt, welche mit fortlaufenden Nummern von 0—9999 verſehen ſind. Die Anfertigung der Fahrkarten erfolgt n der der Betriebs=Controle unterſtellten Billetdruckerei, welche mit

2 Billetdruckmaschinen und mit 2 Zählmaschinen ausgerüstet ist. Billetvorräthe werden in der Druckerei nicht gehalten, vielmehr werden nur die laufenden Bestellungen der Stationen gedeckt. Die Stationen haben am ersten eines jeden Monats durch Vergleichung des Bestandes mit dem vorigjährigen Verbrauch zu prüfen, ob der Vorrath der einzelnen Billetsorten für die nächsten 3 Monate ausreichen wird. Ist solches voraussichtlich nicht der Fall, so ist der Bedarf für weitere 6 Monate, abgerundet auf 50, 100, 500 oder 1000 Stück bei der Betriebs-Controle anzufordern, und werden diese Anforderungen im Laufe des Monats erledigt.

Auf den Stationen wird täglich, nach Abgang des letzten Zuges, bei jeder einzelnen Billetsorte die niedrigste im Schalter vorhandene Nummer in ein Billetregister eingetragen und unter Vergleichung mit der niedrigsten Nummer des vorhergehenden Tages die Zahl der verkauften Billets, sowie das dafür erhobene Fahrgeld festgestellt.

Die verkauften Billets werden den Passagieren vom Zugbegleitungspersonal abgenommen und zugweise verpackt an die Betriebs-Controle eingesandt. Hier wird zunächst geprüft, ob die Billets für den betreffenden Zug Gültigkeit hatten und ob dieselben von den Stationen in richtiger Reihenfolge verkauft sind; die höchste Nummer einer jeden Sorte wird sodann auf Holztafeln befestigt, auf welchen für jede Billetart ein in der Mitte mit einem Stift versehener Raum sich befindet, welcher das Billet festhält. Hiernach kann jeder Zeit die Anzahl der auf den Stationen verkauften Billets seitens der Betriebs-Controle festgestellt werden. Nach Schluß eines jeden Monats wird von den Stationen eine Zusammenstellung der im Laufe des Monats verkauften Billets, getrennt nach Lokal- und Verbandsverkehr, angefertigt und der Betriebs-Controle behufs Revision eingesandt. Die nach auswärtigen Stationen verkauften Billets werden der Empfangsbahn, sowie derjenigen Verwaltung, welche die Abrechnung führt, rapportirt. Die Abrechnung erfolgt theils nach Verhältniß der Entfernungen, theils auf Grund fester Antheilssätze für die einzelnen betheiligten Bahnverwaltungen.

Die Gepäckexpedition erfolgt mit nummerirten Gepäckscheinen, welche aus drei Abschnitten bestehen. Abschnitt 1 enthält die Angabe der Collizahl, des Gewichts und der Fracht, und verbleibt bis nach Schluß des Monats in der Expedition. Das beförderte Gewicht, sowie der erhobene Frachtbetrag wird täglich festgestellt und in ein Register eingetragen, welches monatlich abgeschlossen wird. Abschnitt 2 dient als Begleitpapier für den Packmeister. Abschnitt 3 wird dem Eigenthümer des Gepäcks ausgehändigt, nach Abnahme des Gepäcks wieder zurückgenommen und an die Betriebs-Controle eingesandt.

Nach Eingang des Abschnitts 1, welchen die Stationen am Schlusse des Monats, unter Anschluß des Gepäck-Registers, ebenfalls an die Betriebs-Controle einzusenden haben, werden die Abschnitte wieder aneinander geklebt und alsdann die richtige Frachtberechnung bezw. Erhebung geprüft. Die Rapportirung und Abrechnung erfolgt wie im Personenverkehr.

Beim Viehtransporte, sowie bei der Beförderung von Equipagen rc. werden Beförderungsscheine benutzt, welche eine den Gepäckscheinen ähnliche Form haben. Ganzen Wagenladungen, welche bei der Güter-Expedition zur Aufgabe gelangen, ist vom Versender ein Frachtbrief beizugeben, und wird alsdann auf der Versandstation als Begleitpapier eine Frachtkarte beigegeben in derselben Form, welche nachstehend beim Güterverkehr näher erläutert werden wird.

Die Fahrgelder bezw. Frachten im Personen-, Gepäck- und Viehverkehr sind auf der Versandstation zu entrichten, dagegen ist es den Transportgebern freigestellt, die Fracht für die Beförderung von Gütern auf der Versand- oder auf der Bestimmungsstation zu zahlen, soweit nicht für einzelne leicht verderbliche oder werthlose Gegenstände, deren Werth die Fracht nicht sicher deckt, der Frankatur-zwang ausdrücklich vorgeschrieben ist. In der Regel erfolgt die Zahlung seitens des Adressaten auf der Bestimmungsstation. Die Expedition erfolgt auf Grund eines vom Absender auszustellenden Frachtbriefes, welcher nach erfolgter Abstempelung seitens der Eisenbahn-Expedition die Eigenschaft eines Frachtvertrages zwischen dem Transportgeber und der frachtführenden Eisenbahnverwaltung hat. Die abgehenden Sendungen werden, nach den Bestimmungsstationen getrennt, unter Angabe des Frachtbetrages und der etwa auf dem Gute haftenden Nachnahmen, in ein sogenanntes Versandregister eingetragen, daneben wird für das mit ein und demselben Zuge nach einer Bestimmungs-station abgehende Gut eine mit fortlaufender Nummer versehene Frachtkarte ausgefertigt, welche unter Anlage der Frachtbriefe als Begleitpapier dient.

Auf der Bestimmungsstation werden die ankommenden Sendungen laufend in ein sogenanntes Empfangsregister eingetragen und sodann den Adressaten avisirt, welchen nach Zahlung der auf dem Gute haftenden Fracht und Nachnahme der Frachtbrief, sowie das Gut selbst, ausgeliefert wird. Das Gewicht der ankommenden Sendungen, sowie die erhobenen Frachten und Nachnahmen sind, nach Versand= stationen gesondert, in Empfangsübersichten einzutragen, welche monat= lich abgeschlossen und an die Betriebs=Controle eingesandt werden. Die Frachtkarten werden sofort nach erfolgter Eintragung ꝛc. an die Betriebs=Controle eingesandt, welche eine Prüfung der Frachtberech= nung vorzunehmen hat. Die Versandregister sind ebenfalls am Schlusse des Monats an die Betriebs=Controle einzusenden, welche nach Richtigstellung der Empfangsübersichten auf Grund der Fracht= karten die Uebereinstimmung zwischen Versand=Registern und Em= pfangsübersichten prüft und etwaige Differenzen aufklärt bezw. erledigt. Im direkten Verkehr mit auswärtigen Stationen werden behufs Vor= nahme dieser Prüfung entweder der Empfangsverwaltung die Ver= sandregister oder der Versandverwaltung die Empfangsübersichten nebst Frachtkarten zugesandt. In einzelnen Verkehren erfolgt die Richtigstellung des Versandes und Empfanges in persönlichen Zu= sammenkünften der Controle=Beamten, um den sonst erforderlichen Schriftwechsel zu vermeiden.

Die Abrechnung zwischen den betheiligten Verwaltungen erfolgt auf Grund festgestellter Theilungszahlen, welche theils in der Form von tausendstel Antheilen nach Streckenlänge, unter Ausscheidung von Expeditionsgebühren für die beiden Endverwaltungen, theils in der Form von festen Antheilssätzen für jede einzelne Verwaltung gebildet werden. Die auf dem Gute haftenden Nachnahmen werden auf der Versandstation in ein Nachnahmeregister eingetragen, in welchem der Versender bei Auszahlung der Nachnahme, für welche reglementsmäßige Fristen bestehen, den Empfang zu bescheinigen hat.

Nebengebühren, als: Lagergeld, Standgeld für Wagen, Desinfectionsgebühren ꝛc. kommen in einem Manual der Neben= gebühren zur Eintragung, welches monatlich an die Betriebs=Controle eingesandt und dort revidirt wird.

Für die Gebührenberechnung im Privatdepeschenverkehr sind die bezüglichen Bestimmungen der Reichs=Telegraphen=Verwal= tung maßgebend, und wird die Abrechnung wegen der von der Reichsverwaltung übernommenen bezw. an dieselbe übergebenen De= peschen zwischen der Eisenbahn=Telegraphenstation und der am Ort befindlichen Reichs=Telegraphenstation direkt geführt. Im direkten Verkehr mit den benachbarten Eisenbahnverwaltungen ist behufs Ver= meidung jeder Abrechnung das Abkommen getroffen, daß jeder Verwaltung die von ihr erhobenen Gebühren verbleiben. Da die

Depeschengebühren bei der Aufgabestation zu zahlen sind, der Um=
fang des Verkehrs in beiden Richtungen durchschnittlich gleich ist,
die finanziellen Erträgnisse für die Eisenbahnverwaltungen unter den
neuerdings sehr beschränkten Befugnissen bezüglich der Depeschen=
beförderung aber bedeutungslos sind, so kann ein derartiges Abkommen
für keine der betheiligten Verwaltungen bedenklich erscheinen.

Für jede Station bezw. Stationskasse ist ein dem durchschnitt=
lichen Geldumsatze, sowie dem Cautionsbetrage des Cassenführers ent=
sprechender Maximalbetrag festgesetzt, den der Cassebestand nicht über=
steigen darf, wenn nicht außerordentliche Tageseinnahmen eine Ab=
weichung bedingen. Als regelmäßige Ablieferungstage für die Baar=
bestände an die Eisenbahn=Haupt=Casse in Oldenburg sind Dienstag,
Donnerstag und Sonnabend festgesetzt, doch hat die Ablieferung auch
an den übrigen Wochentagen zu erfolgen, an welchen der zulässige
Maximalbestand erreicht wird. Die Baarablieferungen werden in
Ledertaschen befördert, deren Uebergabe auf der Absendestation vom
Packmeister, auf der Bestimmungsstation Oldenburg vom Gepäck=
expedienten, und dem Gepäckexpedienten von der Hauptcasse beschei=
nigt wird. Den Ablieferungen werden Ablieferungsscheine in duplo
beigegeben, von denen das eine Exemplar mit Quittung der Haupt=Casse
und der Haupt=Cassen=Controle versehen, der Stationscasse remittirt,
das andere an die Betriebs=Controle abgegeben wird.

Der Ablieferungsschein enthält eine Spezifikation der zur Ab=
lieferung kommenden Geldsorten und die Anrechnung etwaiger im
Auftrage der Haupt=Casse geleisteter Zahlungen, welche unter Anlage
der Quittungen wie Baarablieferung behandelt werden.

Für die vorläufige Buchung der Baarablieferung besteht ein
„Vorschuß=Conto der Verkehrseinnahmen," auf welchem auch die von
fremden Verwaltungen auf Grund der Verbandsabrechnungen zu
leistenden Herauszahlungen einnahmlich, die an dieselben heraus=
zuzahlenden Beträge aber ausgablich gebucht werden. Erst nachdem
sämmtliche Abrechnungen für den betreffenden Monat aufgestellt sind
und die der eigenen Verwaltung verbleibenden Einnahmen festgestellt
werden können, werden dieselben vom genannten Vorschuß=Conto
auf die einzelnen Einnahme=Positionen, auf die Betriebsrechnung,
übertragen.

Nachträglich restituirte Frachten werden von den Einnahme=
positionen abgesetzt, und nicht wie bei anderen Verwaltungen als
Betriebsausgaben verrechnet.

Zur Geschäftserleichterung für das verkehrtreibende Publikum besteht die Einrichtung, daß gegen Hinterlegung einer Caution die auf der Station zu zahlenden Frachten für die Dauer eines Monats creditirt werden. Der creditirte Betrag ist bis zum 10. des folgenden Monats nicht an die Stationscasse, sondern direkt an die Eisenbahn-Haupt-Casse einzuzahlen.

Nach Ablauf eines Monats werden die auf der Station nach den einzelnen Registern und Büchern erhobenen Einnahmen in einer Monatsrechnung zusammengestellt und diesen Einnahmen die erfolgten Baarablieferungen, die creditirten und direkt an die Haupt-Casse zu zahlenden Frachtbeträge, sowie die auszuzahlenden Nachnahmen als Ausgaben gegenüber gestellt. Die Monatsrechnungen sind in der ersten Hälfte des nächsten Monats an die Betriebs-Controle einzusenden, welcher die Prüfung derselben obliegt.

Von Zeit zu Zeit erfolgt eine unvermuthete Visitation der Stationscassen, um die ordnungsmäßige Cassen- und Buchführung zu constatiren. Im Laufe des Jahres 1877 wurde jede Casse durchschnittlich 4 Mal revidirt, im Ganzen wurden 257 Revisionen vorgenommen, welche bezüglich des Cassenbestandes folgendes Resultat hatten:

Es fanden sich: keine Gelddifferenzen bei 122 Rivisionen,

Gelddifferenzen bis zu 10 ₰ „ 40 „
„ „ „ 50 „ „ 29 „
„ „ „ 1 ℳ. „ 15 „
„ „ „ 2 „ „ 12 „
„ „ „ 3 „ „ 7 „
„ über 3 „ „ 32 „

Die nicht als Verkehrseinnahmen anzusehenden Pachten für Ländereien und Restaurationen, Wohnungsmiethen ꝛc. werden auf Grund von Einnahmeanweisungen direkt durch die Haupt-Casse eingezogen.

Die Berechnung der Wagenmiethen erfolgt in der Weise, daß jede Verwaltung über die auf die eigene Bahn übergegangenen fremden Wagen sogenannte Schuldrapporte aufstellen läßt, in welchen die zu zahlende Miethe, die sich aus Zeitmiethe 1 ℳ. pro Tag (für die Dauer des Aufenthalts) und aus Laufmiethe 1 ₰ pro Kilometer (für die durchlaufene Entfernung) zusammensetzt, für jede Eigenthums-Verwaltung besonders berechnet wird. Das Endergebniß dieser Schuldrapporte wird von einem unter Leitung der Direktion der Thüringischen Eisenbahn-Gesellschaft in Erfurt stehenden Abrechnungsbüreau saldirt, so daß jede einzelne Verwaltung die aus dem gesammten Wagenverkehr resultirenden

Schuldposten und Guthaben in einer Summe zu zahlen oder zu empfangen hat, je nachdem die Schuld oder das Guthaben überwiegt. Bei der Oldenburgischen Verwaltung ist die Einnahme an Wagen= miethen geringer als die Ausgabe, wesentlich aus dem Grunde, weil der Güter=Versand erheblich geringer ist als der Empfang, die Oldenburgische Verwaltung also nicht so viele ihrer Wagen auf fremde Bahnen überzuführen vermag, als fremde Wagen bei ihr eingehen. Die Aufstellung der genannten Schuldrapporte, sowie die Prüfung der von fremden Verwaltungen aufgestellten Schuld= rapporte über den Lauf Oldenburgischer Wagen auf fremden Bahnen geschieht im Büreau der Wagen=Controle, wo auch der Lauf eines jeden Oldenburgischen Wagens verfolgt wird und die Feststellung der durchlaufenen Entfernungen behufs rechtzeitiger Vornahme der im Bahnpolizei=Reglement vorgeschriebenen Revision der Wagen vor= genommen wird. Außerdem erfolgt in diesem Büreau die Feststellung der Leistungen der einzelnen Lokomotiven bezw. der einzelnen Loko= motivbeamten.

Zur Vereinfachung des Cassengeschäfts bezüglich der im direkten Verkehr mit anderen Verwaltungen gegenseitig zu leistenden Zahlungen besteht unter Aufsicht des Directoriums der Berlin-Potsdam-Magde= burger Eisenbahn=Gesellschaft in Berlin eine General=Saldirungs= stelle, welcher fast sämmtliche Deutsche und verschiedene ausländische Verwaltungen beigetreten sind, und welche halbmonatlich alle Schuld= posten und Forderungen saldirt, so daß die einzelne Verwaltung in der Regel nur einen Gesammtbetrag zu erheben bezw. zu zahlen hat. Im Laufe des Jahres 1877 hat diese Saldirungsstelle für die Oldenburgische Verwaltung ausgeglichen: 126 Forderungen zum Ge= sammtbetrage von 54281 ℳ. 18 ₰, 419 Schuldposten mit 1095812 ℳ. 54 ₰, die Differenz ad 1041531 ℳ. 36 ₰ ist in halbmonatlichen Terminen, also in 24 Zahlungen, an Verwaltungen bei denen das Guthaben die Schuld überwog, ausgekehrt worden. Der Umstand, daß bei der biesseitigen Verwaltung die Forderungen erheblich ge= ringer sind als die Schuld, findet seine Erklärung darin, daß der Güter=Empfang erheblich bedeutender ist, als der Versand, die Fracht aber in der Regel beim Empfange gezahlt wird und daher die Oldenburgische Verwaltung im direkten Verkehr erheblich größere Fracht= und Nachnahmebeträge einzieht, als ihr selbst zukommen.

Die in die Eisenbahn=Haupt=Casse fließenden Betriebs=Einnahmen werden, soweit sie nicht zur Deckung der laufenden Betriebs=Aus= gaben unbedingt erforderlich erscheinen, oder zur Deckung von Bau=

ausgaben vorgeschossen werden, bei der Oldenburgischen Landesbank zinslich belegt. Außerdem sind auf laufendes Conto kleinere Beträge bei der Osnabrücker Bank, Filiale der Oldenburgischen Leihbank, und bei dem Bankhause Hund & Co. in Groningen belegt, um Zahlungen in Osnabrück und Holland leichter vermitteln zu können.

B. Betriebsausgaben.

Die Betriebsausgaben vertheilen sich auf

I. Allgemeine Verwaltung,
II. Bahnverwaltung,
III. Transportverwaltung,
IV. Vermischte Ausgaben, als

Miethe für Benutzung fremder Bahnstrecken, Abführungen an den Erneuerungsfonds und Ablieferungen an die Landescasse.

Bei Aufstellung der Ausgaberechnungen für den Betrieb ist eine Trennung nach den einzelnen Unterabtheilungen der Betriebsrechnung nicht erforderlich, vielmehr werden auf den Rechnungen, welche für verschiedene Rechnungspositionen Geldbeträge enthalten, die einzelnen Beträge spezificirt.

Die Direktion veranlaßt die Aufstellung derjenigen Rechnungen, welche sich auf Gehalte und Geschäftskosten der Direktion und der ihr unmittelbar unterstellten Büreaux beziehen. Ferner veranlaßt sie die Anweisung der Zahlungen an fremde Verwaltungen für Benutzung fremder Bahnstrecken und Anlagen, sowie fremden BetriebsMaterials und die zu zahlenden Entschädigungen für verlorene und beschädigte Frachtstücke rc.

Sämmtliche Rechnungs-Aufstellungen für die Bahnverwaltung, den Stationsdienst und den Wagen- und Wagenbegleitungsdienst (excl. der Wagen-Reparaturen) veranlaßt die Betriebs-Inspection, welche auch die Richtigkeit der Rechnungen zu attestiren hat.

Die Rechnungen über die Bahnverwaltung hat die BetriebsInspektion durch die Bahn-Ingenieure, die des Stationsdienstes durch die Stations-Vorstände aufstellen zu lassen und haben die Rechnungs-Aufsteller die Rechnungen ebenfalls zu bescheinigen.

Die Aufstellung der Rechnungen über den Lokomotivdienst, sowie über Wagen-Reparaturkosten hat der Obermaschinenmeister zu veranlassen und sämmtliche bezügliche Rechnungen als richtig zu attestiren.

Sämmtliche Gehalts- und Lohnrechnungen sind für die einzelnen Bahnmeister-Distrikte resp. Stationen in einer Lohnliste zusammen

18

zu stellen, unter Abſatz der den einzelnen Beamten und Arbeitern zu
machenden Abzüge an Miethen, Krankencaſſe-Beiträgen, Disciplinar-
ſtrafen ꝛc. Die Aufſteller der Rechnungen haben genaue Notiz
darüber zu führen, zu welchen Geſchäften die einzelnen Arbeiter verwendet wurden und iſt demgemäß der ihnen zu berechnende Lohn-
Betrag nach Anleitung des Zahlrollen-Formulars nach den einzelnen
Rechnungs-Rubriken zu ſpezifiziren.

Kommen in Folge deſſen in ein und derſelben Lohnliſte Beträge zu Laſten der verſchiedenen Dienſtzweige zur Berechnung, ſo
iſt dieſelbe eventuell von der Betriebs-Inſpektion und dem Oberma-
ſchinenmeiſter zu atteſtiren.

Die von den einzelnen Dienſtabtheilungen eingehenden Rechnungen
ſind vor ihrer Anweiſung im Reviſionsbüreau einer ſorgfältigen
Reviſion zu unterziehen, welche ſich unter Berückſichtigung der in
Frage kommenden allgemeinen Beſtimmungen oder beſonderer vom
Großherzoglichen Staatsminiſterium bezw. der Eiſenbahn-Direktion
erlaſſenen Verfügungen, ſowohl auf die Prüfung der Materie als
auf die Calculation zu erſtrecken hat.

Diejenigen Rechnungen, welche bei der Direktion ſelbſt aufzu-
ſtellen ſind, werden in der Regel im Reviſionsbüreau ausgefertigt
und von einem Reviſor, welcher bei der Rechnungs-Aufſtellung nicht
betheiligt iſt, in gleicher Weiſe revidirt wie die von anderen Dienſtabtheilungen eingegangenen Rechnungen. Ferner iſt bei allen Rechnungen eine Prüfung der Zuläſſigkeit der Verrechnung auf Grund
der bewilligten Credite vorzunehmen.

Die erfolgte Reviſion einer Rechnung iſt auf derſelben durch
eine kurze Notiz des betreffenden Reviſors zu vermerken.

Etwa bei der Reviſion erhobene Anſtände ſind der Direktion
zur Entſcheidung vorzulegen.

Nach erfolgter Reviſion der Rechnungen, Erledigung etwaiger
Reviſionsbemerkungen und Vornahme der nöthigen Eintragungen
ſind die Anweiſungen auszufertigen und an die Caſſen-Controle
abzugeben.

Die Eiſenbahn-Haupt-Caſſen-Controle trägt die ihr zugehenden
Rechnungen nach genereller Prüfung derſelben, namentlich in Bezug
auf die Buchungstitel, in das Anweiſungsregiſter ein, welches für
jedes Rechnungsjahr laufend geführt wird. Jede Anweiſung erhält
in dieſem Regiſter eine laufende Nummer, welche auf der Anweiſung
ſelbſt zu vermerken iſt.

Hiernach erfolgt die Unterschrift der Anweisungen durch die Direktion und die Abgabe derselben an die Eisenbahn-Haupt-Casse.

Die Eisenbahn-Haupt-Casse hat die ihr zugehenden Anweisungen entweder selbst auszuführen, oder mittelst Delegation durch die Stations-Cassen ausführen zu lassen. Letzteres hat in der Regel zu geschehen, wenn es sich um Zahlungen an Stationsorten der Oldenburgischen Eisenbahn handelt und werden in diesem Falle die Anweisungen mit einer Delegation der betreffenden Stations-Casse übersandt, nachdem sie bei der Eisenbahn-Haupt-Casse im sogenannten Delegationsbuche notirt sind.

Die von den Stations-Cassen gezahlten Beträge werden unter Anlage der Quittungen als Baarablieferungen von Verkehrs-Einnahmen in Anrechnung gebracht.

Reichen die in den Stations-Cassen vorräthigen Geldmittel zur Deckung der delegirten Zahlungen nicht aus, so ist von denselben ein abgerundeter Vorschuß von der Eisenbahn-Haupt-Casse anzufordern, welcher am Schlusse des Monats an den Baarablieferungen abgesetzt wird. Ueber derartige Vorschüsse sind Quittungen an die Eisenbahn-Haupt-Casse und Benachrichtigungen an die Eisenbahn-Haupt-Cassen-Controle einzusenden.

Die bei der Haupt-Casse erledigten Anweisungen werden in das Cassen-Journal eingetragen und mittelst Designation an die Cassen-Controle zurückgegeben, welche nach Prüfung der Quittungen ꝛc. die Designationen an die Haupt-Casse mit Empfangsbescheinigung zurückliefert. Die spezielle Buchung nach den Einzelpositionen der Betriebsrechnung erfolgt alsdann bei der Cassen-Controle, so daß die Haupt-Casse von jeder Rechnungsführung möglichst entbunden ist, und die ganze Thätigkeit derselben hauptsächlich auf die ordnungsmäßige und rasche Erledigung der eigentlichen Cassengeschäfte sich richtet.

Zur Deponirung von Werthpapieren ꝛc. befindet in der Haupt-Casse sich ein gemeinschaftlicher Verschluß, wozu ein Schlüssel im Besitze des mit dem Cassenkuratorium betrauten Direktionsmitgliedes sich befindet. Ueber die deponirten Werthpapiere ꝛc. wird ein besonderes Annotationsregister in duplo geführt, in welchem jede Eintragung von der Direktion und der Haupt-Casse unterzeichnet wird. Das eine Exemplar verbleibt im Verwahrsam der Eisenbahn-Direktion, das andere im Verwahrsam der Haupt-Casse.

Regelmäßig am Schlusse eines jeden Monats erfolgt durch ein Mitglied der Eisenbahn-Direktion unter Assistenz des Haupt-Cassen-

18*

Controleurs eine Visitation der Haupt-Casse; außerdem wird mindestens jährlich ein Mal eine unvermuthete Revision vorgenommen,
welche sich auf die gesammte Geschäftsführung der Casse erstreckt.

Zur vorläufigen Verrechnung derjenigen Beträge, welche sich
auf bestimmte Positionen der Betriebsrechnung nicht direkt verbuchen
lassen — also namentlich Ausgaben für Material und Werkstätten-
löhne — oder welche aus wieder zu erstattenden Auslagen bestehen,
werden Vorschußkonten geführt, von denen diese Beträge wieder
abgebucht werden, wenn die Verwendung erfolgt ist und die definitive
Verrechnung vorgenommen werden kann, oder sobald die Feststellung
der Auslagen erfolgt.

Außer dem unter den Einnahmen bereits erwähnten Vorschußkonto der Verkehrseinnahmen sind hier anzuführen:

das Vorschußkonto der Werkstätten-Verwaltung und das
der Materialverwaltung, worüber im §. 21 bereits Aus-
führlicheres angegeben ist;

das Vorschußkonto der Dienstkleidungen, welchem die Kosten
der Dienstkleidungs-Materialien und der Anfertigung der
Dienstkleidungen debitirt werden, der Werth der dem Betriebe
gelieferten Dienstkleidungen creditirt wird;

das Vorschußkonto für die Wilhelmshaven-Oldenburger
Bahn, auf welchem etwaige Auslagen für den Preußischen
Fiskus verbucht werden; das Porto-Vorschußkonto und ein
allgemeines Vorschußkonto, auf welchem alle sonstigen vor-
läufigen Buchungen erfolgen, für welche ein besonderes
Vorschußkonto nicht besteht.

Die gesammten Betriebsergebnisse werden jährlich in statistischer
Form zusammengestellt, und im „Jahresbericht über die Betriebsverwaltung der Oldenburgischen Eisenbahnen" veröffentlicht. Außerdem werden in der „Deutschen Eisenbahn-Statistik" die Betriebsresultate
aller dem Verein Deutscher Eisenbahnverwaltungen angehörigen Verwaltungen in umfassender Weise zusammengestellt. Weniger umfassend
ist die vom Reichseisenbahnamte alljährlich veröffentlichte Zusammenstellung der Betriebs-Resultate der Deutschen Eisenbahnen (excl. der
Baierischen), doch haben diese Zusammenstellungen den Vorzug, daß,
weil sie sich auf das Wesentlichste beschränken, die Veröffentlichung
weit früher erfolgen kann, als die der Deutschen Vereinsstatistik.

Während die größeren Eisenbahnverwaltungen für die Bearbeitung
der Statistik ein besonderes „statistisches Büreau" halten, werden

diese Arbeiten bei der hiesigen Verwaltung noch von den einzelnen Rechnungsbureaux, namentlich von der Betriebs-Controle, mit wahrgenommen. Die für die Jahresstatistik erforderlichen absoluten Zahlen werden, so weit sie auf den Verkehr und die Verkehrseinnahmen sich beziehen, im Laufe des Jahres aus den Monatsübersichten in eine Jahreszusammenstellung eingetragen, welche nach Eintragung des Monats Dezember abgeschlossen wird und das Grundmaterial für die weitere statistische Bearbeitung giebt. Bezüglich der Ermittelung der von den Personen und Gütern durchfahrenen Gesammtentfernung (Personenkilometer bezw. Kilometertonnen) ist das wenig bekannte, aber sehr einfache und sichere Verfahren eingeführt, daß zunächst der stattgehabte Verkehr graphisch festgestellt, und der von Station zu Station bewegte Gesammtverkehr mit der Entfernung multiplizirt wird.

Diese graphischen Zusammenstellungen, welche dem Jahresbericht der Oldenburgischen Bahn als Anlagen beigefügt werden, geben ein anschauliches Bild über den Umfang des Verkehrs auf den einzelnen Strecken und ermöglichen die Feststellung des über die Bahnstrecken bewegten Gewichts, was in Rücksicht auf die Einwirkung der bewegten Transportmassen auf die Bahnunterhaltung, insbesondere auf die Haltbarkeit der Schienen, nicht ohne Interesse ist.

Bis zum Jahre 1872 einschließlich wurde im Güterverkehr auch das Gewicht der beförderten einzelnen Waarengattungen festgestellt und im Jahresberichte veröffentlicht. Später ist hiervon abgesehen worden, weil geeignete Vereinbarungen zwischen den verschiedenen Eisenbahnverwaltungen wegen gegenseitiger Uebernahme der erforderlichen Zusammenstellungen im Verbandsverkehr nicht zu Stande kamen, andererseits aber diese Arbeit, wenn sie den Einzelverwaltungen überlassen bleibt, im Verhältniß zu ihrem Nutzen zu umfassend und kostspielig ist.

Das im Verein Deutscher Eisenbahnverwaltungen berathene Projekt, für die Feststellung des Waarenverkehrs auf den Deutschen Eisenbahnen ein statistisches Centralbureau zu errichten, scheiterte einerseits an der Schwierigkeit, das für die Feststellung erforderliche Grundmaterial in der Form von Frachtbrief- oder Frachtkarten-Duplikaten ohne unverhältnißmäßigen Aufwand an Zeit und Kosten zu beschaffen, während andererseits die von dem Bureau zu bewältigende Arbeit so kolossal erschien, daß die Eisenbahnverwaltungen mit Recht Bedenken tragen mußten, für den fraglichen Zweck die nöthigen Opfer zu bringen.

In statistischen Kreisen wird die Frage, in welcher Weise eine zweckmäßige Waarenstatistik vorzugsweise im Hinblick auf eine zuverlässigere Feststellung der Ein- und Ausfuhr des Deutschen Reichs geschaffen werden können, noch jetzt lebhaft erörtert.

§. 24.
Nebenanlagen und Hülfs-Unternehmungen.

Gleich so manchen andern Bahnen hat bald eigenes, bald ein weitergehendes öffentliche Interesse auch unser Bahnunternehmen gezwungen, Anlagen und Einrichtungen in's Leben zu rufen, welche nicht gerade nothwendige oder integrirende Theile einer Eisenbahn sind. Von solchen dürften der Vollständigkeit wegen etwa die folgenden hier anzuführen sein.

1. Der Dampfer Peters mit Zubehör.

Der Bau der Strecke Hude-Brake erforderte, namentlich nachdem mit Rücksicht auf den zu erwartenden Seeverkehr der Elsflether Bahnhof auf dem Weser-Watt herzustellen war, ziemlich bedeutende Sandquantitäten, die vom Binnenlande her erst hätten herbeigeschafft werden können, nachdem die vorliegende Huntebrücke, das bedeutendste und schwierigste Bauwerk der Bahn, fertig gestellt war. Es lag daher nahe, für diesen Zweck den im Bett der Weser befindlichen Sand nutzbar zu machen, zumal damit unter Verwendung des bei der Braker Hafenanstalt vorhandenen Dampfbaggers ein weiterer Nutzen, die Austiefung des Fahrwassers der Weser unterhalb Elsfleth, verbunden werden konnte. Zu diesem Zweck entschloß man sich zur Beschaffung des für den Transport des gewonnenen Sandes erforderlichen Inventars, eines kleinen Dampfers nebst zugehörenden Schuten. Ersterer wurde als eiserner, etwa 20 Pferdekraft starker Schraubendampfer neu angeschafft, von der damaligen Firma Waltjen & Co. zu Bremen geliefert und nach dem eben verstorbenen Chef der Wasserbau-Direktion "Peters" genannt. Zur Aufnahme des Baggerguts selbst wurde eine Anzahl von 20 Stück Schiffsgefäßen, jedes etwa 10 Last tragend, theils durch Ankauf, theils durch Neubau zusammen gebracht. Im Junius 1871 wurde der Dampfer nebst den Schleppschiffen in Thätigkeit gesetzt und war dann zunächst beim Bau der Strecke Hude-Brake in den Jahren 1871—1873, dann bei der Strecke Brake-Nordenhamm in den Jahren 1873—1874 und endlich bei der Strecke Ihrhove-Neuschanz

(speziell bei Erbauung der Emsbrücke) bis November 1876 in Thätig=
keit. Nachdem hiemit das Bahnnetz zu einem vorläufigen Abschluß
gebracht war, ging man an die Realisirung des Inventars, was auch
in Betreff des Dampfers durch Verkauf bald gelang, bei dem übrigen
Inventar aber noch aussteht.

Die mit diesem Arrangement erzielten finanziellen Resultate
sind in den Hauptzügen wie folgt:

Ausgaben.

1. Dampfer „Peters":

    Neubeschaffung incl. Reparatur 20000 $\mathscr{M}$.

    Erlös aus Verkauf . . . . 14500 „

                                  5500 $\mathscr{M}$.

2. Schuten und anderes Inventar incl. der laufen=
den Unterhaltung . . . . 27048 „

3. Betriebskosten für die Zeit vom Juni 1871 bis
November 1876 . . . . 36330 „

                 Summa 68878 $\mathscr{M}$.

Einnahmen.

1. Transport von ca. 50000 zum Bau der Strecke
Hude=Nordenhamm verwandten Cubikmetern Sand 32500 $\mathscr{M}$.

2. Dienst auf der Ems zu Lasten der Emsbrücke . 17500 „

3. diverser Material= und Geräthe=Transport für
den Bau der Bahnen . . . .   4500 „

4. Ertrag von für Private ausgeführten Leistungen
(Schleppen zc.) . . . . 14372 „

                 Summa 68872 $\mathscr{M}$.

so daß der Werth des noch nicht verkauften Inventars den Nutzen
des Unternehmens repräsentirt.

2. Dampfer Nordenhamm.

Die Inbetriebstellung der Bahnstrecke Brake=Nordenhamm machte
es durchaus wünschenswerth, dem nördlichen Endpunkte derselben,
der, so lange die beabsichtigten Hafenanlagen noch nicht zur Aus=
führung gelangt sind, auf den geringen Verkehr der, wenn auch
reichen, so doch nur kleinen, schwach bevölkerten Umgegend angewiesen
war, einen etwas größeren Verkehr zuzuführen, zu welchem Ende
sich als nächstes Mittel eine Verbindung mit dem verkehrsreichen
Geestemünde=Bremerhaven darbot.

Man zögerte daher auch nicht, nachdem ein geeigneter Unternehmer gefunden war, einen Contrakt mit demselben abzuschließen, wonach selbiger unter Oberaufsicht der Eisenbahn-Direktion sich verpflichtete, nach festen Fahrpreisen eine regelmäßige Verbindung gedachter Orte herzustellen, gegen Sicherstellung einer 4%igen Verzinsung seines Anlagecapitals.

Nach Beschaffung eines anscheinend geeigneten Schiffes wurde die Verbindung mit Bremerhaven, und zwar anfangs (vom April 1875 ab) auf Brake, später auf Nordenhamm eröffnet.

Da der Verkehr noch nicht so sich entwickelt hat, daß die Einnahmen desselben die Kosten ganz decken, so hat die Bahnverwaltung bisher etwa 2400 M. jährlich zuschießen müssen, wogegen sie allerdings den nicht gering anzuschlagenden Nutzen des vermehrten Verkehrs hat.

3. Sandtransport nach Wilhelmshaven.

Die bedeutenden für den weiteren Ausbau der Stadt Wilhelmshaven erforderlichen und daselbst nur mit Mühe und großen Kosten zu beschaffenden Sandmengen in Verbindung mit der für solche Lieferung sehr günstigen Lage der Bahnstrecke Sande-Jever gab auf Anregung der Wilhelmshavener Baubehörde die Veranlassung, bahnseitig auf die massenhafte Hinschaffung von Sand nach Wilhelmshaven ein eigenes Unternehmen zu richten, zumal da hiemit auch noch einige andere Vortheile für die Verwaltung sich erreichen ließen. Es wurden daher die erforderlichen Einrichtungen bald nach Eröffnung der Strecke Sande-Jever, dem Umfange des zu erwartenden Geschäftes entsprechend, getroffen; man erwarb bei Groß-Ostiem und später bei Heidmühle den für die Sandgewinnung erforderlichen Grund und Boden, erbaute zu Heidmühle eine Wasserstation und ein Wachthaus, zu Sande eine kleine Reparaturwerkstätte und mehrere Arbeiterwohnungen und beschaffte die nöthigen Maschinen und Wagen, so daß man im April 1871 im Stande war, mit der regelmäßigen Lieferung beginnen zu können, mit der denn auch seither je nach dem Bedarf mehr oder weniger intensiv fortgefahren worden ist.

Das finanzielle Ergebniß ist gewesen:

Ausgaben.

1. Bauanlagen:

Expropriation	30731	M.
Gleisanlagen	39976	„
Gebäudeanlagen	54100	„
Spezialvorrichtungen . .	5028	„
	129835	M.

2. Betriebsmittel:

3 Stück Tendermaschinen	.	58950 ℳ.	
75 „ Erdtransportwagen		92594 „	
			151544 „

3. Betriebskosten:

Sandgewinnungsarbeiten	.	152625 ℳ.	
Transportfrachten	. . .	573028 „	
Allgemeinkosten	. . .	12963 „	
			738616 „

Summa 1,019995 ℳ.

Einnahmen.

Erlös aus verkauftem Sand . . . . . 1,291640 „

somit bleibt ein Ueberschuß von . . . . . 271645 ℳ.

welcher auf Erbauung von Arbeiterwohnungen und andere derartige Einrichtungen verwandt ist resp. noch verwandt werden soll.

4. Ziegelei und Sägerei Hosüne.

Die allgemeinen wirthschaftlichen Verhältnisse der unmittelbar auf den französischen Krieg folgenden Jahre hatten nicht verfehlt, wie überall, so auch auf die hiesigen Geschäftskreise ihre nachtheiligen Wirkungen auszuüben; es erreichten die Preise der gewöhnlichsten Materialien eine zu ihrem wirklichen Werth in keinem richtigen Verhältniß mehr befindliche Höhe und namentlich waren es zwei Artikel, die durch ihre Preissteigerung auf den zur Zeit gerade in voller Ausführung begriffenen Ausbau der neueren Bahnen auf's Nachtheiligste einwirkten: das Eisen und die gewöhnlichen Mauerziegel. Es erschien deshalb angezeigt, die Verwendung des ersteren möglichst einzuschränken, also zum Brückenbau, an Stelle desselben, so viel thunlich Steinmaterial zu verwenden, in Betreff des Backsteins aber der drückenden Conjunktur sich zu entziehen, zumal der Bedarf der nächsten Jahre auf 15—20 Millionen sich berechnete und ein Theil der neuen Linien durch Gegenden ging, welche irgend in's Gewicht fallende Ziegelquantitäten nicht erzeugten. Man entschloß sich daher Januar 1873, eine kleine in der Nähe der projektirten Linie der Südbahn, bei Huntlosen, passend gelegene, mit einem guten Thonlager versehene Ziegelei „Hosüne" anzukaufen, erweiterte dieselbe, so daß sie den nächsten Bedürfnissen genügte und setzte sie auf dem Bahnhofe Huntlosen mit der schon im Bau begriffenen Strecke

Oldenburg = Quakenbrück in Verbindung. Sodann war auch die
Ziegelei den neueren, auf maschinelle Fabrikation berechneten Principien
entsprechend theilweise umzubauen; die Herbeischaffung des Thons
und das Formen der Ziegel, Pfannen, Röhren und anderen Fabrikate ließ man durch Maschinenkraft, das Brennen in gut construirten
Ringöfen resp. Pfannenöfen und endlich den sämmtlichen Transport
auf kleinen, auf Gleisen laufenden, von Menschen bewegten Wagen
bewirken. An Größe wurde die Anlage auf eine Produktion von
etwa 3 Millionen Mauersteinen und etwa 300 Mille Dachpfannen,
Röhren ꝛc. jährlich gebracht; hat dieses Quantum seit ihrer Fertigstellung auch in der That geliefert und damit das Bedürfniß des
Baues bis jetzt vollständig und in zufriedenstellender Weise gedeckt
und wird damit auch noch einige Zeit zu beschäftigen sein. Ob und
wie lange der Betrieb fernerhin fortzusetzen sein wird, bleibt späterer
Entscheidung vorbehalten, bei welcher zu berücksichtigen sein wird,
daß die Ziegelei dem Bahntransporte durch Empfang von Kohlen
und Versandt von Ziegeln reichliche Nahrung liefert.

Was die finanzielle Seite anbetrifft, so verkauft die Ziegelei,
als ein ganz selbständig organisirtes Institut, dem Bau resp. ihren
andern Abnehmern die requirirten Fabrikate zum Marktpreise, es
wird somit der bei der Fabrikation erzielte Verdienst, welcher sich
bei einem jährlichen Fabrikationswerth von 80—90000 ℳ. auf etwa
15—20000 ℳ. beläuft, der Ziegelei selbst gut geschrieben: so daß
das ursprüngliche Anlagekapital alljährlich sich verringert; zur Zeit
steht das Ziegelei-Unternehmen mit etwa 190000 ℳ. zu Buch.

Bei dem maschinellen Betriebe war es von Wichtigkeit, auch für
die Winterszeit, in welcher Ziegel nicht gemacht werden, die kostspielige Betriebs-Dampfmaschine in Thätigkeit zu halten; man erreichte
das durch Anlage einer Dampf-Sägerei, welche bei der Verwaltung
namentlich für die Reparatur-Werkstätten längst ein Bedürfniß, in
Oldenburg füglich nicht errichtet werden konnte, weil es dort theils
an der nöthigen Betriebskraft, theils an geeignetem Raum fehlte.

Die Sägerei zu Hosüne verschneidet aus der holzreichen Umgegend geliefertes Holz in für die Zwecke der Reparatur-Werkstatt
und nebenbei auch des Hoch- und Brückenbaues geeigneter Weise.
Die Art der Geschäftsführung ist ganz die vorige und steht die
Sägerei mit 24000 ℳ. zu Buch.

5. Präpariranstalten.

Die große Menge der vorhandenen Bahn-Schwellen, auf den Oldenburgischen Bahnen etwa 700000 Stück, sowie der verhältniß= mäßig rasche Abgang derselben haben schon früh die Bahnen dahin geführt: zur Herbeiführung einer längeren Dauer Präservativmaß= regeln zu treffen; bald ist die eine, bald die andere Methode hierfür mit mehr oder weniger Erfolg versucht worden.

Auch bei unsern Bahnen wurden schon in 1866 Einrichtungen getroffen, um die Dauer der Hölzer zu den großen Brücken durch Einlaugen in verdünntem Zinkchlorid zu erhöhen, welche Einrich= tungen dann später auch zum Inprägniren von Nadelholz=Bahn= schwellen verwendet wurden. Man verließ diese Methode später, weil mit den angewendeten vielfachen Apparaten erhebliche Erfolge nicht erreicht werden konnten. In der Mitte des Jahres 1868 wurde zu Oldenburg eine Einrichtung hergestellt, in welcher die Schwellen mit dem damals sehr billigen Gastheer getränkt wurden; später, als man bei steigenden Theerpreisen hierbei keine Rechnung mehr fand, wurde auch dies Verfahren wieder aufgegeben, indem man gleich den meisten andern Bahnen dann mehrere Jahre lang, bis 1875, ausschließlich harte Hölzer ohne jegliche Präparatur ver= wendete. Später als sich eine günstige Gelegenheit bot, eine alte der Westfälischen Bahn gehörende, auf dem benachbarten Bahnhof Leer befindliche und auf das Inprägniren mit Zinkchlorid eingerichtete Einrichtung billig zu erwerben, und nachdem man einsah, daß die Verwendung von Nadelholzschwellen auf die Dauer nicht zu umgehen sein werde, entschloß man sich, wieder auf die Sache zurück zu kommen, und die fragliche Anstalt anzukaufen. Es wurde dann auf Bahnhof Leer der Rest der für die neuen Bahnen noch erforderlichen Schwellen, etwa 50000 Stück, inprägnirt. Als nach Beendigung dieser Arbeit die Prägnir=Anstalt von Leer, wo sie auf fremdem Grunde stand, fortgenommen werden mußte, wurde, nachdem die günstigen Erfolge dieser Präparatur auch nicht mehr zweifelhaft sind, der Plan gefaßt, die Anstalt in Huntlosen, etwa im Mittelpunkte des Bahnnetzes, wieder zu errichten und daselbst künftighin alle für die Bahn nöthigen Schwellen und andere Hölzer zu inprägniren. Die Kosten des Inpräg= nirens mit Zinkchlorid unter Druck stellten sich bisher auf $0{,}25$ $\mathscr{M}.$ pro Schwelle, dürfte aber künftighin bei continuirlichem Betrieb auf $0{,}20$ $\mathscr{M}.$ sich ermäßigen.

§. 25.

Einrichtungen im Interesse des Betriebsdienst-Personals.

Der komplicirte Mechanismus eines geordneten Eisenbahnbetriebes erfordert ein so zahlreiches Personal, und hat an dessen
Tüchtigkeit so erhebliche Anforderungen zu stellen, daß es als eine
der wichtigsten Aufgaben einer Eisenbahnverwaltung angesehen werden
muß, ihr Augenmerk sowohl auf die praktische als auf die sittliche
und intellektuelle Ausbildung eines jeden Einzelnen zu richten. Die
oberflächliche Fertigkeit in der Ausübung irgend eines Dienstgeschäfts
kennzeichnet noch nicht den brauchbaren Beamten; er muß im Vertrauen in die obere Leitung und in dem Bewußtsein der Zusammen-
gehörigkeit zum großen Ganzen für das Ganze mitzuwirken sich be-
streben; sich als Mitarbeiter an einem gemeinsamen Werke ansehen,
in dessen Gedeihen er seine Befriedigung sucht. Um eine solche
Hingabe für den Beruf in jedem Einzelnen zu wecken, ist es wiederum
Aufgabe der Verwaltung, das materielle Wohl des Einzelnen nach
Kräften in soweit höher zu stellen, daß hereinbrechende Wechselfälle
seine materielle Existenz nicht untergraben, so lange er an der treuen
Erfüllung seiner Berufspflichten festhält.

Es ist sowohl für den Staat als auch für die Gemeinde um
so bedeutungsvoller, wenn in dieser Richtung das Streben nach
Sittlichkeit, Intelligenz und Pflichttreue unter dem gesammten Personale geweckt und genährt wird, als dieses Personal mit Einschluß
seiner Angehörigen einen nicht unerheblichen Theil der Bevölkerung
in den einzelnen Gemeinden ausmacht, wie die nachfolgende Zusammenstellung der am 1. Januar 1878 im Eisenbahndienste stehenden
Beamten, Arbeiter ꝛc. unter Angabe ihrer Familienmitglieder nach-
weist.

285

Dienstliche Stellung	Beamte und ständige Arbeiter				Kinder	Sonstige Familien-Angehörige	Gesammtzahl
	Insgesammt	Davon					
		verheirathet	Wittwer	unverheirathet			
A. Eisenbahn-Direktion.							
1. Direktoren, Mitglieder und Oberbeamte	6	5	1	—	13	9	33
2. Registratur-, Kassen- und Rechnungsbeamte	19	14	1	4	35	10	78
3. Technisches Büreau	10	1	—	9	—	1	11
4. Hülfsarbeiter	42	6	—	36	26	2	76
5. Hauswart und Boten	5	5	—	—	14	1	25
Summa A:	82	31	2	49	88	22	223
B. Betriebs-Inspektion.							
Obere Beamte	8	6	—	2	11	7	32
Registratur- und Rechnungsbeamte	11	1	—	10	2	3	17
Büreau-Hülfsarbeiter							
Bahnmeister	22	21	—	1	62	6	111
Bahn- und Weichenwärter	494	423	6	65	1056	107	2080
Fahrbeamte	54	45	—	9	93	12	204
Telegraphenbeamte	6	4	—	2	5	2	17
Stationsbeamte	54	45	—	9	104	21	224
Cassenbeamte	18	10	—	8	16	10	54
Hülfsarbeiter	47	3	—	44	13	—	63
Rangirer	25	11	—	14	14	4	54
Stationsarbeiter	150	96	1	53	186	27	459
Bremser	52	28	2	22	28	—	108
Oberbauarbeiter	236	145	4	87	396	69	846
Summa B:	1177	838	13	326	1986	268	4269
C. Maschinen-Werkstätten und Material-Verwaltung.							
1. Oberbeamte	3	2	—	1	7	3	15
2. Rechnungsbeamte und Werkmeister	14	9	—	5	24	5	52
3. Hülfsbeamte (Büreau-Hülfsarbeiter)	23	9	—	14	20	—	52
4. Lokomotivführer	29	26	1	2	63	4	122
5. Lokomotivführergehülfen	18	13	—	5	18	1	50
6. Heizer	27	14	—	13	20	3	64
7. Handwerker	200	90	—	110	191	38	519
8. Handlanger, Putzer und Magazinarbeiter	126	80	5	41	170	31	407
Summa C:	440	243	6	191	513	85	1281
Dazu " B:	1177	838	13	326	1986	268	4269
" " A:	82	31	2	49	88	22	223
Gesammtsumme	1699	1112	21	566	2587	375	5773

Hiervon sind in der Stadt Oldenburg und Umgebung domicilirt:

734 Beamte und Arbeiter mit
396 Frauen
804 Kindern und
142 sonstigen Familienangehörigen,

zusammen 2076 Personen,

also 10% der Bevölkerung der Stadt Oldenburg und deren nächsten Umgebung.

Nach dem revidirten Civilstaatsdienergesetz für das Herzogthum Oldenburg vom 28. März 1867 ist die Anstellung der Beamten in der Regel zunächst eine widerrufliche. Die unwiderrufliche Anstellung wird bei nachgewiesener Qualifikation im höheren Staatsdienste nach drei Dienstjahren, im Subalterndienst nach Ablauf einer achtzehnjährigen Dienstzeit ertheilt. Die Verabschiedung kann erfolgen bei unwiderruflich Angestellten mit Ablauf von sechs Monaten nach Einreichung des Verabschiedungsgesuchs und bei widerruflich angestellten Beamten nach Ablauf von drei Monaten, nachdem die Dienstkündigung dem Betheiligten bekannt gemacht, bezw. das Verabschiedungsgesuch von ihm eingereicht ist. Nach dem Eisenbahn-Organisations-Gesetze vom 1. April 1867 kann die unwiderrufliche Anstellung den Stations-, Expeditions- und Fahrbeamten, sowie den Bahnmeistern, Werkschreibern, Billetdruckern, Portiers, Weichen- und Brückenwärtern niemals ertheilt werden, diese Beamten-Kategorien bleiben demnach einer vierteljährigen Kündigung unterworfen, von der jedoch in Erkrankungsfällen kein Gebrauch gemacht werden darf.

Falls ein Civilstaatsdiener durch Krankheit länger als ein halbes Jahr an der ordnungsmäßigen Wahrnehmung seiner Dienstgeschäfte gehindert und eine baldige Besserung nicht zu erwarten ist, kann derselbe zur Disposition gestellt werden, und erhält während dieser Dispositionsstellung als Wartegeld vier Fünftheile der bezogenen Besoldung.

Beamte, welche ohne ihre grobe Verschuldung zum Dienste bleibend unfähig geworden sind, oder welche das 70. Lebensalter zurückgelegt haben, können ihre Versetzung in den Ruhestand verlangen, und auch wider ihren Willen in den Ruhestand versetzt werden. Die in diesem Falle zu zahlende Pension, welche an pensionirte Eisenbahnbeamte aus der Eisenbahn-Betriebs-Casse zu leisten ist, beträgt bei 10 und weniger Dienstjahren 50% der Besoldung, für jedes weitere Dienstjahr 1% mehr, kann jedoch 90% der Besoldung nicht übersteigen.

Bis jetzt sind im Dienste der Oldenburgischen Eisenbahn-Verwaltung zur Disposition gestellt:

1 Stationsverwalter und
1 Hülfs-Cassirer,

penfionirt:

1 Lokomotivführer und
1 Schaffner.

Jeder verheirathete Staatsdiener ist zum Eintritt in die auf dem Prinzip der Gegenseitigkeit beruhende, vom Staate subventionirte Wittwen-Casse verpflichtet, und zwar sind als Pflichtquantum zu versichern:

bei einem Diensteinkommen unter 600 $\mathscr{M}$ . . . . . 60 $\mathscr{M}$

„ „ „ von 600— 750 $\mathscr{M}$ ausschl. 90 „
„ „ „ „ 750— 900 „ „ 120 „
„ „ „ „ 900—1050 „ „ 150 „
„ „ „ „ 1050—1200 „ „ 180 „
„ „ „ „ 1200—1500 „ „ 210 „

von 1500 $\mathscr{M}$ ab 20% der Besoldung bis zum Maximal-Versicherungsbetrage von 1200 $\mathscr{M}$

Angestellte mit einem Gehalt von weniger als 1500 $\mathscr{M}$ haben die Berechtigung 30 oder 60 $\mathscr{M}$ über das Pflichtquantum hinaus zu versichern.

Der versicherte Betrag wird nach dem Tode des Ehemanns der Wittwe in halbjährlichen Raten ausgezahlt.

Der Beitrag zur Wittwencasse wird auf Grund der Altersverhältnisse der Versicherten jährlich neu berechnet, und da in Folge des Neueintritts und Abgangs von Versicherten ein fortwährender Wechsel eintritt, so unterliegen auch die Beiträge erheblichen Schwankungen. Um die Höhe der Beiträge, welche von der Wittwencasse halbjährlich eingezogen werden, weniger fühlbar zu machen, werden dieselben durch monatliche Abzüge an den Gehalten gesammelt, und an den Hebungsterminen von der Eisenbahn-Haupt-Casse an die Wittwen-Casse gezahlt. Die Beiträge der Eisenbahnbeamten zur Wittwen-Casse betrugen:

im Jahre 1876 . . 9468 $\mathscr{M}$
„ „ 1877 . . 9244 „

Wie bereits auf Seite 79 erwähnt, wurde bei der Organisation der Bauverwaltung sofort mit der Einrichtung von Arbeiter-Krankencassen nach dem Prinzip der Selbsthülfe vorgegangen. Jeder beim Bau beschäftigte Arbeiter war verpflichtet, der Krankenkasse beizutreten, welche ihm gegen Zahlung eines Beitrages von einem halben Groschen von jedem Thaler Arbeitslohn im Erkrankungsfalle freie ärztliche und wundärztliche Hülfe, die unentgeltliche Lieferung der erforderlichen ärztlichen und wundärztlichen Heilmittel, sowie während der Dauer der Krankheit und Arbeitsunfähigkeit einen Verpflegungs= zuschuß von täglich 2½ bis 5 ₰ sicherte. Bei etwaigen Todesfällen wurden auch die Beerdigungskosten auf die Krankencasse übernommen, soweit nicht der an der Baustelle befindliche Nachlaß zur Deckung dieser Kosten ausreichte.

Diese für den Bau sich bewährende Einrichtung ist bei der Be= triebsorganisation auch sofort auf den Betrieb übertragen, mit der Ausdehnung, daß nicht nur die ständigen Arbeiter, sondern auch sämmtliche Angestellte, deren Besoldung nicht den Betrag von 1500 ℳ. übersteigt, zum Eintritt in die Krankencasse verpflichtet sind. Im Betriebe bestehen zwei getrennte Krankencassen, die eine für das Personal des Lokomotiv= und Werkstättendienstes unter Verwaltung des Obermaschinenmeisters, die zweite für das übrige Betriebsdienst= Personal unter Verwaltung der Betriebs=Inspektion. Die Beiträge zu beiden Cassen betragen für diejenigen Mitglieder, welche eine feste Besoldung oder Monatslohn beziehen und deshalb keinen Anspruch auf Verpflegungsgelder haben, einen Pfennig von jeder Mark der Besoldung oder des Monatslohns; für diejenigen Mitglieder, welche in Tagelohn stehen und Anspruch auf Verpflegungsgelder haben, zwei Pfennige von jeder Mark des ausgezahlten Lohnes. Der Zuschuß zu den täglichen Verpflegungskosten beträgt für Werkstätten= und Lokomotivdienst-Arbeiter täglich 0,₃₀—1,₅₀ ℳ., für das übrige Betriebsdienst-Personal 25—50 Pfennige, kann aber nur für die Dauer von 6 Wochen beansprucht werden. Bei längerer Krankheits= dauer ist die weitere Auszahlung der Verpflegungsgelder von einer Entscheidung der Eisenbahn=Direktion abhängig. Die Mitglieder der Krankencassen erhalten ärztliche Hülfe sowie die erforderlichen Heil= mittel nur unter der Bedingung, daß der seitens der Eisenbahn= Verwaltung für den betreffenden Bezirk engagirte Arzt zu Rathe gezogen wird und die Heilmittel aus einer Apotheke bezogen werden, mit welcher die Eisenbahn=Verwaltung einen Lieferungsvertrag ab= geschlossen hat.

Für den wichtigsten bahnärztlichen Distrikt, die Station Olden= burg nebst den in der nächsten Umgebung befindlichen Bahnstrecken, ist der Dr. med. Hotes in Oldenburg als Bahnarzt engagirt, welcher auch in allen generellen Sanitätsangelegenheiten von der

Eisenbahn=Direktion zu Rathe gezogen wird. Außerdem fungiren Bahnärzte in Bremen, Delmenhorst, Zwischenahn, Augustfehn, Leer, Weener, Rastede, Jade (Station Jaderberg), Varel, Wilhelmshaven, Jever, Berne, Elsfleth, Brake, Rodenkirchen, Nordenhamm, Cloppenburg, Quakenbrück, Versenbrück und Bramsche.

Die von den Krankencassen=Mitgliedern gezahlten Beiträge haben sich bis jetzt als völlig ausreichend erwiesen, namentlich haben die Baukrankencassen, deren häufig wechselnde Mitglieder verhältnißmäßig geringe Anforderungen an die Cassen stellten, nicht unerhebliche Ueberschüsse erzielt. Diese Ueberschüsse sind einer bei der ersten Betriebs=Organisation eingerichteten Unterstützungscasse über= wiesen, in welcher auch die Ueberschüsse der Betriebskrankencassen vorläufig deponirt sind. Dieser Unterstützungscasse ist auch der in der Baukrankencasse der Wilhelmshaven=Oldenburger Eisenbahn ver= bliebene Ueberschuß ad 3154 ℳ 8 ₰ überwiesen worden.

Die Unterstützungscasse für die im Eisenbahndienste Verwendeten und deren Hinterbliebenen hat den Zweck, vorzugsweise dem nicht zu den Civilstaatsdienern zu rechnenden Personal in unverschuldeter Noth Hülfe zu leisten und nothleidende Hinterbliebene desselben zu unterstützen.

Nach dem Eisenbahn=Organisationsgesetze vom 1. April 1867 sollen der Unterstützungscasse folgende Einnahmen zufließen:

1. Ein Zuschuß aus der Eisenbahncasse von 90 ℳ jährlich für jede Meile der in Betrieb befindlichen Eisenbahnen;
2. etwaige Ueberschüsse der Baukrankencassen;
3. die Disciplinarstrafgelder;
4. der Erlös aus dem Verkaufe der auf der Bahn, in den Bahngebäuden und Wagen gefundenen Gegenstände;
5. die Ueberschüsse aus dem Verkauf von Drucksachen.

Später ist auch der Erlös für Erlaubnißkarten zum Betreten der Bahn, sowie der Zusatzbillets für Reisende, welche ohne vorherige Lösung eines Billets zur Mitfahrt in den Personenzügen mitgenom= men werden, der Unterstützungscasse überwiesen worden.

Der unter 1. bezeichnete Zuschuß der Eisenbahn=Betriebscasse hat bis zum 1. Januar 1878 insgesammt 21168,₃₃ ℳ betragen.

Der Vermögensbestand stellte sich am 1. Januar 1878 incl. der von den Betriebs=Krankencassen deponirten Beträge wie folgt:

5% Eutin=Lübecker Prioritäten zum Nennwerthe von	18600	ℳ.
5% Rheinische Pfandbriefe zum Nennwerthe von .	15300	„
4% Preußische Consols	7500	„
Summa in Werthpapieren	41400	ℳ.

Dazu bei der Oldenburgischen Landesbank zu 4%
belegt rund . . . . 64200 „

Summa 105600 ℳ.

An Unterstützungen sind gezahlt:

a) laufende:

1870	an eine Wittwe		72	ℳ.
1871	„ „ „		72	„
1872	„	4 Wittwen	261	„
1873	„	7 „	729	„
1874	„	6 „	852	„
1875	„	10 „	1206	„
1876	„	6 „	876	„
1877	„	5 „	720	„

Zus. 38 Unterstützungen mit 4788 ℳ.

b) einmalige:

1868	5 Unterstützungen	90	ℳ.
1869	6 „	230	„
1870	48 „	805	„
1871	45 „	907	„
1872	38 „	1323	„
1873	23 „	1075	„
1874	25 „	1125	„
1875	20 „	1085	„
1876	36 „	2186	„
1877	27 „	1475	„

Zusammen b. 273 Unterstützungen mit 10301 ℳ.
Dazu sub a. 38 „ „ 4788 „

Im Ganzen 311 Unterstützungen mit 15089 ℳ.

Vorübergehend ist der Cassenbestand des Unterstützungsfonds zur Anschaffung von Nähmaschinen zu ermäßigten Fabrik=Preisen für die Familien der Eisenbahnbediensteten verwendet worden. Bis zur Abtragung des Kaufpreises mittelst monatlicher Gehaltsabzüge von je 3 ℳ. wurde das Eigenthumsrecht vorbehalten. Es sind in dieser Weise 292 Nähmaschinen angeschafft worden und zwar:

151 Stück à 90 _M,_

82 „ à 87 „

47 „ à 84 „

12 „ à 81 „

im Ganzen für 23,644 _M._

Die oben erwähnten Wittwencassenbeiträge sind, soweit die er=
hobenen Abzüge die zu zahlenden Beiträge nicht deckten, ebenfalls
aus der Unterstützungscasse vorgeschossen worden.

Sämmtliche im öffentlichen Betriebsdienste beschäftigte Beamte
deren Besoldung 1500 _M._ nicht übersteigt, erhalten freie Dienst=
kleidung, deren Werth den pensionsberechtigten Angestellten als
pensionsmäßiger Gehalt mit angerechnet wird. Der jährliche Durch=
schnittswerth dieser Dienstkleidungen beträgt:

für Bahnmeister . . . . . 52 _M,_

„ Bahn= und Weichenwärter . 41,₃₂ „

„ Stationsverwalter . . . . 51,₂₇ „

„ Assistenten . . . . . . 51,₁₃ „

„ Telegraphisten und Halte=

   stellenaufseher . . . . 45,₉₂ „

„ Portiers . . . . . . 45,₇₉ „

„ Zugführer . . . . . . 56,₀₁ „

„ Packmeister . . . . . 51,₃₅ „

„ Schaffner . . . . . . 50,₀₅ „

„ Wagenwärter . . . . . 51,₅₉ „

„ Lokomotivführer . . . . 55,₃₄ „

Die Dienstkleidungsmaterialien (Tuche 2c.) werden verwaltungs=
seitig angeschafft und vorräthig gehalten; der Preis der Tuche wird
eisenbahnseitig festgestellt und die Lieferung im Submissionswege
denjenigen Lieferanten übertragen, welche zu dem festgesetzten Preise
die beste Qualität offeriren. Die Anfertigung der Dienstkleidungen
wird tüchtigen, in der Stadt Oldenburg ansässigen Meistern zu festen
Sätzen übertragen.

Im Jahre 1877 sind geliefert:

470 Röcke,

456 Paletots,

558 Beinkleider,

527 Mützen.

Es wurden dazu 4203 Meter Tuch verwendet und dafür, sowie
für Macherlohn und Zuthaten 34270 _M._ 65 ₰ verausgabt.

So weit das Bedürfniß sich erwiesen, sind die Beamten, Wärter und ständigen Arbeiter mit Dienstwohnungen versorgt. Die Beamten haben für die ihnen eingeräumten Familienwohnungen eine mittelst Gehaltsabzugs zu zahlende Miethe zu entrichten, welche beträgt: bei Gehalten bis zu

900	ℳ. einschl.	6%	des	Gehalts,	
900—1200	„	„	7%	„	„
1200—1500	„	„	8%	„	„
1500—1800	„	„	9%	„	„
1800—2100	„	„	10%	„	„
2100—2400	„	„	11%	„	„

Sämmtliche Bahnwärter haben Anspruch auf freie Dienstwohnung. In den wenigen Fällen, wo ihnen dieselbe nicht geliefert wird, erhalten sie eine Geldentschädigung von monatlich 6 ℳ.

Außerdem sind 45 Arbeiterfamilien in Wohnungen, welche Eigenthum der Eisenbahn=Verwaltung sind, untergebracht. Die Miethen betragen 36—120 ℳ. jährlich und werden in kleinen Beträgen an den Lohnzahlungen gekürzt.

Unter den Beamten, Wärtern und ständigen Arbeitern der Strecke Hude=Nordenham hat sich in neuester Zeit ein Sparverein gebildet, welcher den Zweck verfolgt, seinen Mitgliedern durch geringe monatliche Einzahlungen — in minimo 1 ℳ. monatlich — Gelegenheit zur Ansammlung eines Capitals zu geben. Da Verwaltungskosten nicht erwachsen, so wird bei ordnungsmäßiger Verwaltung des Vereins eine bessere Verzinsung der Einlagen zu erzielen sein, als solche bei Sparcassen ꝛc. für kleinere Einlagen stattzufinden pflegt. Zudem enthalten die Statuten erschwerende Bestimmungen für die Zurückziehung der Einlagen, so daß bei den meisten Mitgliedern eine, wenn auch langsame, so doch stetige Capitalansammlung gesichert erscheint. Die durch Belegung der angesammelten Beiträge erzielten Zinsen ꝛc. werden am Schlusse eines jeden Jahres auf sämmtliche Einlagen repartirt.

Die Eisenbahn=Direktion beaufsichtigt den Verein und wird dessen Erweiterung ins Auge fassen, sobald die erwarteten Erfolge in der Praxis sichergestellt sein werden.

Um den Beamten, Wärtern und ständigen Arbeitern die Versicherung ihres Mobiliars zu erleichtern, hat die Eisenbahn=Direktion mit der Versicherungsgesellschaft „Colonia" einen Vertrag abgeschlossen, nach welchem letztere die Versicherung des Mobiliars gegen eine

Prämie von 1 pro mille unter erleichternden Bedingungen über=
nimmt, wogegen die Prämien eisenbahnseitig aus der Unterstützungs=
casse praenumerando gezahlt und den Versicherten an ihrer Be=
soldung gekürzt werden. Auf Grund dieses Vertrages sind bis jetzt
237 Versicherungen mit einem Versicherungscapital von 366750 ℳ
abgeschlossen.

Als weitere Einrichtungen im Interesse des Eisenbahnpersonals
wird die Gründung eines Consum=Vereins, sowie einer Invaliden=
Pensionscasse für das nicht zu den Civilstaatsdienern gehörige Per=
sonal in Aussicht genommen.

Neben der Sorge für das materielle Wohl ihrer Untergebenen
hält die Eisenbahn=Verwaltung auch auf die geistige Ausbildung dersel=
ben ihr Augenmerk gerichtet. So werden in den Wintermonaten die
Zugbegleitungsbeamten in der Anwendung der auf ihren Dienst be=
züglichen Reglements und Instruktion, in der Geographie und anderen
Elementargegenständen, sowie im Telegraphiren von Direktionsmit=
gliedern und Oberbeamten unterwiesen. Die Ausdehnung des Unter=
richts auf das Personal anderer Dienstbranchen ist in Aussicht ge=
nommen.

IV. Leistungen und Resultate des Betriebes.
§. 26.
Leistungen und Unterhaltungskosten des Betriebsmaterials ꝛc.

Die Leistungen des Betriebsmaterials — Lokomotiven
und Wagen — beziehen sich im Allgemeinen auf den von diesen
Fahrzeugen durchlaufenen Weg, sowie daneben

bei den Lokomotiven auf das Gewicht der beförderten Züge,
bei den Personenwagen auf die Zahl der beförderten Passagiere,
bei den Güterwagen auf das Gewicht der Ladungen. —

Die Leistungen drücken also aus, in welchem Maaße die vor=
handenen Betriebsmittel benutzt worden sind. Sie sind sehr ab=
hängig von den besonderen Verhältnissen der Bahn: Länge und
Lage der einzelnen Betriebsstrecken, deren Frequenz und Verkehrs=
Charakter.

Im Allgemeinen sind diese Verhältnisse bei den Oldenburgischen
Bahnen für eine gute Ausnutzung der Betriebsmittel keine günstigen.

Ist eine Bahn, wie die fragliche stark verzweigt, mit vielen
Endstationen, ist die Zahl der Züge außerdem keine so große, daß
ein ankommender Zug stets ohne längeren Verzug wieder abgehen

kann, so entstehen auf den Endstationen viele unvermeidliche Aufent=
halte, während welcher das Betriebsmaterial unbenutzt bleibt. Diese
Aufenthalte fallen um so mehr ins Gewicht, je kürzer die einzelnen
Betriebsstrecken sind, und treffen zunächst dasjenige Material, welches
auf die Anschlußbahnen nicht übergeht, also die Lokomotiven und
Personenwagen.

Bezüglich der Lokomotiven wird dieser Uebelstand auf den hie=
sigen Bahnen zum Theil durch die bereits früher hervorgehobene Ein=
heitlichkeit des Systems wieder ausgeglichen, welche gestattet, sie für
Güterzüge sowohl, wie für Personenzüge zu verwenden.

Von großer Bedeutung für die Ausnutzung der Betriebsmittel,
vornehmlich der Wagen, ist ferner die Gleichmäßigkeit des Verkehrs
in der Zeit. Die Zahl der Betriebsmittel muß im Allgemeinen nach
der größten Frequenz bemessen sein; ist diese Frequenz aber sehr
verschieden und wechselnd, so wird zu Zeiten schwachen Verkehrs ein
großer Theil der Betriebsmittel unbenutzt bleiben. Auch in dieser
Beziehung sind die Oldenburgischen Bahnen nicht eben günstig situirt.
Der regelmäßige Personenverkehr erreicht in den Wintermonaten
noch nicht die Hälfte dessen in den Sommermonaten. Der Güter=
verkehr ist im Ganzen zwar weniger schwankend, doch sind die
Unterschiede des Verkehrs in einzelnen, für die hiesigen Bahnen be=
sonders wichtigen Transportartikeln, wie Vieh und Torf, außer=
ordentlich groß. Aus letzterem Grunde ist die Benutzung der vor=
handenen Hochbordwagen z. B. eine sehr ungleichmäßige.

Auf die Ausnutzung der Wagen bezüglich ihrer Ladungsfähigkeit
ist es sodann von großem Einfluß, ob der Verkehr einer Bahn nach
beiden Richtungen mehr oder weniger gleichmäßig sich bewegt.
Im Personenverkehr ist dieses meistens der Fall; im Güterverkehr
aber überwiegen die Transporte der einen Richtung häufig diejenigen
der andern bedeutend, was zur nothwendigen Folge hat, daß ein
großer Theil der Wagen die eine Richtung leer oder mit unvoll=
ständiger Ladung durchfahren muß.

Leider ist auf den meisten Oldenburgischen Linien die Vertheilung
des Güterverkehrs nach den beiden Richtungen eine außerordentlich
ungleichmäßige. Auf der Strecke Oldenburg=Wilhelmshafen z. B.
beträgt der Güterverkehr in der Richtung nach Wilhelmshafen mehr
als das Vierfache dessen in umgekehrter Richtung.

Sind die vorstehend erwähnten Momente nun derart, daß sie
einer Einwirkung seitens der betheiligten Eisenbahnverwaltungen fast
vollständig sich entziehen, so kann doch in andern Punkten auch

Vieles geschehen, um die Leistungen und die Ausnutzung der Betriebsmittel zu erhöhen. Die Wichtigkeit dahin gerichteter Bestrebungen ergiebt sich schon aus der Erwägung, daß allein die Personen- und Güterwagen im Bereiche des Vereins Deutscher Eisenbahn-Verwaltungen einen Werth von circa 1100 Millionen Mark repräsentiren und daß durch eine gute Ausnutzung derselben nicht allein an Capital und Zinsen, sondern noch mehr an Betriebs- und Unterhaltungskosten großartige Summen sich ersparen lassen.

Von größter Bedeutung in dieser Beziehung sind für die Deutschen Bahnen die Vereinbarungen des Vereins Deutscher Eisenbahnverwaltungen über eine gegenseitige Wagenbenutzung. In Folge dieser, in einem besondern Regulativ zusammengestellten Vereinbarungen laufen die Güterwagen im ganzen Bereiche des Vereins nicht nur ohne Umladung bis an die Bestimmungsstation der Ladung, sondern dürfen zum Zwecke der Wiederbeladung von ihrer direkten Rücklaufsroute auch erhebliche Ablenkungen erleiden. Noch weitergehende Befugnisse in der Benutzung fremder Wagen, zum Zwecke der besseren Ausnutzung, sind für engere Eisenbahngruppen in Vorschlag gebracht und empfehlen sich sehr zur Einführung.

Ferner hat man die Ausnutzung der Wagen nach ihrer Lade- und Tragfähigkeit allgemein durch die Einführung niedriger Tarife für ganze Wagenladungen zu fördern gesucht. Den gleichen Zweck verfolgt in noch weiterem Umfange das sogenannte Wagenraum-Tarifsystem.

Die Aufenthalte, welche die Güterwagen auf Uebergangs- und Kreuzungsstationen zum Zwecke des Rangirens der Züge erleiden, vermindern ihre Leistungen in hohem Grade. In Folge dieser Aufenthalte bildet die wirkliche Fahrzeit eines Güterwagens nur einen sehr geringen Bruchtheil der ganzen Zeit, welche er für eine längere Tour zu gebrauchen pflegt. Man ist deshalb neuerdings bestrebt, diese Aufenthalte thunlichst durch ein verbessertes Rangirverfahren abzukürzen. Namentlich hat das in den letzten Jahren vielfach, wie auch in Oldenburg, zur Anwendung gekommene Rangiren auf stark geneigten Ausziehgleisen einen großen Fortschritt in dieser Hinsicht herbeigeführt.

Ferner ist die Construktion der Wagen nicht ohne Einfluß auf ihre Leistungen. Die Thatsache z. B., daß die Güterwagen der englischen Bahnen weit besser ausgenutzt werden, als die der Deutschen, beruht großen Theils darauf, daß dort vorwiegend offene Wagen verwendet werden, welche in weit kürzerer Zeit — mittelst

Krähnen — voll zu beladen sind und nöthigenfalls mit Decklaken versehen werden. Zu Würdigung dieses Vortheils sind auch die wenigen bedeckten Wagen in England meistens so eingerichtet, daß sie durch eine Decköffnung beladen werden können.

Die Ausnutzung der Personenwagen wird in hohem Maaße durch eine zu weit gehende Theilung nach Classen und sonstigen Unterschieden beeinträchtigt. Die Oldenburgische Verwaltung hat sich der in Deutschland leider üblich gewordenen Uebertreibung in dieser Beziehung dadurch thunlichst zu entziehen gesucht, daß sie, statt der sonst gebräuchlichen 4 Wagenclassen, deren nur 3 auf den Hauptlinien und 2 auf den Nebenlinien führt. Nur auf einigen, im Preußischen belegenen Strecken werden in einzelnen Zügen conzessionsmäßig 4 Wagenclassen gefahren.

Zu welchem Grade endlich die Betriebsmittel auch durch ihre Reparatur der vollen Benutzung entzogen werden, ergiebt sich daraus, daß man die Größe der Reparaturwerkstätten so zu bemessen pflegt, daß in denselben gleichzeitig etwa 30% der Lokomotiven und 12% der Wagen Platz finden können. Durch Einfachheit und Solidität der Constructionen einerseits, andererseits und namentlich durch eine angemessene Leistungsfähigkeit der Werkstätten läßt es sich erreichen, daß in Wirklichkeit die Zahl der in Reparatur befindlichen Lokomotiven und Wagen nicht unbedeutend unter den obigen Procentsätzen zurückbleibt.

Zu Erwägung der vorstehend angedeuteten mannichfachen Einschränkungen und Hemmungen, unter denen die Benutzung des Betriebsmaterials stattfindet, wird man es erklärlich finden, daß die Leistungen desselben, besonders der Wagen, weit hinter demjenigen Maaße zurückbleiben, welches man sonst wohl erwarten sollte.

Für die Oldenburgischen Bahnen sind im Folgenden sowohl die Leistungen, wie auch die Unterhaltungskosten des Betriebsmaterials des Näheren angegeben. Außerdem sind die Gesammtkosten der Zugkraft zusammengestellt und mit den Leistungen der Lokomotiven verglichen.

Die Angaben beziehen sich meistens auf das Jahr 1876, da die betreffenden Daten für das Jahr 1877 noch nicht vollständig ermittelt sind.

a) Leistungen und Kosten des Lokomotivdienstes.

Am Schlusse des Jahres 1877 waren vorhanden:

46 größere Lokomotiven,
16 kleine Tenderlokomotiven.

Zusammen 62 Lokomotiven

oder bei einer Betriebslänge von 346,₁₁ Kilometern
pro Kilometer 0,₁₈ Lokomotiven.

Im Jahre 1876 waren im Mittel vorhanden:

32 größere Lokomotiven,
16 kleine Tenderlokomotiven.

Zusammen 48 Lokomotiven.

Bei einer mittleren Betriebslänge der Bahn von 279 Kilometern
kamen also auf einen Kilometer

0,₁₇ Lokomotiven.

Von den Lokomotiven sind 1876 im Ganzen an Weglänge
zurückgelegt:

bei Beförderung von Zügen, also Nutzkilometer 1,023478 Kilometer,
leer   20420   „
im Rangir= und Reservedienst   239232   „

Zusammen 1,283130
Lokomotivkilometer.

In den Vorjahren sind zurückgelegt:

1871	1872	1873	1874	1875
0,₅₄	0,₇₂	0,₉₄	1,₀₆	1,₁₂

Millionen Lokomotivkilometer.

Von den Nutzkilometern kamen auf die Strecke

Oldenburg=Bremen 254230
Oldenburg=Leer 201962
Oldenburg=Wilhelmshaven . 222097
Sande=Jever   40220
Hude=Brake   88618
Brake=Nordenhamm . . .   41132
Oldenburg=Osnabrück . . . 160194
Leer=Neuschanz   15025

Von diesen Nutzkilometern wurden zurückgelegt

vor Personenzügen   551809
vor gemischten und Güterzügen . . . 383530
vor Arbeits= und Materialzügen . . . 88139

Die Lokomotiven legten jede durchschnittlich zurück:
bie größeren . . . . . . 29750 Kilometer,
bie kleineren (incl. Rangirdienst) 20700 Kilometer.
Im Maximum wurden von einer Lokomotive durchlaufen
41146 Kilometer.

Die größte von einer der vorhandenen Lokomotiven bis Ende 1876 überhaupt zurückgelegte Weglänge beträgt (bei der Lokomotive „Wangerland")
301047 Kilometer oder 40014 Meilen.

Die beschafften Achskilometer (Achsenzahl der Züge mal Weglänge) betrugen im Jahre 1876 annähernd
$25_{,80}$ Millionen;
davon kamen durchschnittlich)
auf jede größere Lokomotive . . 717440,
„ „ kleine „ . . 177584;
die Maximalleistung einer Lokomotive war
1,097545 Achskilometer.

Die durchschnittliche Zugstärke betrug $25_{,21}$ Achsen, und die größte Zugstärke, welche durch eine Lokomotive befördert ist, 120 Achsen.

In Beförderung des Nettogewichts betrug die Leistung annähernd . . . . $37_{,5}$ Millionen Kilometer-Tonnen,
in der des Eigengewichts der Lokomotiven und Tender . . . $31_{,0}$ „ „ „
und in der des Eigengewichts der Wagen . . . . . . $84_{,5}$ „ „ „
in Beförderung des gesammten
Bruttogewichts also . . . $153_{,0}$ Millionen Kilometer-Tonnen.

Die Nettolast verhielt sich somit zur Bruttolast wie 1 : $4_{,88}$.

Jede Lokomotive hatte durchschnittlich Dienst an 180 Tagen und befand sich in größerer Reparatur während 80 Tage. Die übrige Zeit entfällt auf Ruhetage und Reserve.

An Reparaturkosten haben erfordert:
bie größeren Lokomotiven . . 62064 *M.*
oder durchschnittlich jede . . . 1940 „
bie kleinen Lokomotiven . . . 18590 „
oder durchschnittlich jede . . . 1162 „

Die Reparaturkosten betrugen im Ganzen:

für die Lokomotiven . . . . 80654 ℳ,

für die Tender und Lokomotivutensilien . 7116 „

zusammen 87770 ℳ;

das macht pro Lokomotivkilometer . . 6,₉₄ ₰

und pro Nutzkilometer . . . . . . 8,₅₈ ₰.

In den Vorjahren betrugen die Reparaturkosten pro Nutz-kilometer:

1871	1872	1873	1874	1875
6,₄₁	5,₁₅	5,₁₄	6,₉₇	6,₅₁ . ₰.

Der Brennmaterialverbrauch betrug 1876 im Ganzen 15825 Tonnen Torf und 166 Tonnen Kohlen.

Wird der Torf nach dem Verhältniß seines mittleren Brenn-werthes von 1:2 auf Kohlen reducirt, so ergiebt sich der Brenn-materialverbrauch zu 8078 Tonnen Kohlen.

Das macht pro Lokomotivkilometer:

bei den größeren Lokomotiven . 7,₁₈ Kilogramm,

bei den kleinen Lokomotiven . 3,₇₆ „

und im Mittel . . . . . . 6,₃₀ „

oder pro Nutzkilometer:

bei den größeren Lokomotiven . 7,₈₅ Kilogramm,

bei den kleinen Lokomotiven . 8,₁₂ „

und im Mittel . . . . . . 7,₈₉ „

oder pro Achskilometer:

bei den größeren Lokomotiven . 0,₃₀ Kilogramm,

bei den kleinen Lokomotiven . 0,₄₄ „

und im Mittel . . . . . . 0,₃₁ „

In den Vorjahren betrug der Brennmaterialverbrauch:

	1871	1872	1873	1874	1875	
pro Nutzkilometer .	7,₇₉	7,₆₆	8,₀₁	7,₁₆	7,₁₉	Kilogramm,
„ Achskilometer .	0,₃₂	0,₃₂	0,₃₂	0,₃₀	0,₃₀	„

Die Kosten des Brennmaterials betrugen 1876 im Ganzen 153034 ℳ. oder pro Nutzkilometer 14,₉₅ ₰.

In den Vorjahren waren diese Kosten pro Nutzkilometer:

1871	1872	1873	1874	1875
14,₀₁	16,₁₀	16,₀₈	14,₉₁	14,₁₄ ₰.

Die Kosten der Lokomotivheizung bilden nicht nur den Haupt-theil der Zugkraftkosten (circa 40%), sondern auch einen sehr be-deutenden Theil der Betriebsausgaben überhaupt (circa 14%). Sie sind wesentlich von dem Preise des Brennmaterials abhängig. In den letzten Jahren betrug der Preis des Brennmaterials, franko auf eine Oldenburgische Eisenbahnstation geliefert, aber ohne die auf der eignen Bahn noch erwachsenden Nebenkosten, durchschnittlich:

	1870	1871	1872	1873	1874	1875	1876	1877
für 50 Kilogr. Torf	32	32	34	38	39	38	37	36 ₰
„ „ „ Kohlen	71	85	98	123	105	87	71	60 „

Gegenwärtig betragen in Folge noch weiterer Preis= und Frachtermäßigungen die Kosten der Kohlen nur gegen 50 ₰ für 50 Kilogramm.

Die ferner noch, bis das Brennmaterial auf dem Tender sich befindet, entstehenden Unkosten und Verluste sind bei Torf viel bedeutender, als bei Kohlen und betragen etwa

für 50 Kilogramm Torf . 10—14 ₰
„ „ „ Kohlen 4 ₰.

Die gesammten Kosten der Zugkraft, oder des Lokomotivdienstes überhaupt, haben im Jahre 1876 betragen

422902 ℳ.

ober	pro Nutzkilometer	0,41 ℳ
„	Lokomotivkilometer	0,33 „
„	Achskilometer	0,02 „
„	Kilometer=Tonne, Bruttolast . .	0,28 „
„	„ Nettolast . . .	1,13 „

Sie bildeten 25,7 % der gesammten Betriebskosten. In den Vorjahren war dieser Procentsatz:

1871	1872	1873	1874	1875
29,4	30,5	29,0	28,2	25,2

Wie sich diese Zugkraftskosten auf die einzelnen Ausgaben verhältnißmäßig vertheilen, ergiebt sich aus der folgenden Zusammenstellung dieser Ausgaben pro Nutzkilometer:

	1871	1872	1873	1874	1875	1876
			Pfennige			
1. Gehalte des Aufsichts- und Büreaupersonals	0,64	0,62	0,52	0,43	0,43	0,71
2. Besoldung der Lokomotivführer	1,39	1,84	2,43	2,32	2,41	2,42
3. Vergütung an Gehülfen und Heizer, Dienstkleidung 2c.	3,32	3,41	3,38	3,92	4,16	3,98
4. Raschengelder und Reservedienst-Vergütung	1,09	1,13	1,13	1,35	1,27	1,31
5. Uebernachtungs-Vergütungen	0,64	0,43	0,40	0,44	0,57	0,55
6. Ersparnißprämien	1,29	1,62	1,70	2,00	1,91	1,60
Persönliche Bezüge des Lokomotivpersonals 2—6 (incl.)	8,33	8,43	9,05	10,03	10,32	10,18
7. Löhne für Butzer 2c.	2,15	2,32	2,15	2,15	2,24	2,58
8. Löhne behuf Wasserbeschaffung	1,55	1,53	1,35	1,30	1,03	0,95
9. Reparaturkosten der Lokomotiven und Tender	7,01	6,11	5,84	7,61	7,38	8,58
10. Material zum Heizen der Lokomotiven	14,01	16,40	16,06	14,91	14,14	14,95
11. " " Beleuchten "	0,14	0,13	0,13	0,11	0,12	0,12
12. " " Schmieren "	1,68	1,47	1,31	1,09	1,06	1,36
13. " " Butzen und Verpacken derselben	0,72	0,63	0,59	0,47	0,50	0,56
14. Vergütung für Benutzung fremder Lokomotiven	0,32	0,25	0,19	0,64	—	0,07
15. Heizung, Beleuchtung 2c. der Maschinenhäuser	0,69	0,64	0,60	0,64	0,63	0,64
16. Unterhaltung der Maschinenhäuser	—	—	0,02	0,04	0,12	0,07
17. Unterhaltung der Wasserhebemaschinen	0,16	0,27	0,81	0,71	0,44	0,54
Zusammen	37,68	38,79	38,66	41,29	38,72	41,32

b) Leiſtungen und Unterhaltungskoſten der Wagen.

1. Perſonenwagen.

Am Schluſſe des Jahres 1877 waren vorhanden
147 Perſonenwagen mit

195 Plätzen	I.	Claſſe incl. Salonwagen, oder			
				$0_{,56}$ pro Kilometer Bahn,	
1472	„	II.	„ oder	$4_{,25}$ „	„ „
4376	„	III.	„ „	$12_{,63}$ „	„ „
180	„	IV.	„ „	$0_{,52}$ „	„ „

zuſ. 6223 Plätze, oder $17_{,96}$ pro Kilometer Bahn.

Auf je einen Platz kommt Wagengewicht:

für I. Claſſe . . 375 Kilogramm
„ II. „ . . 275 „
„ III. „ . . 180 „
„ IV. „ . . 131 „

Im Mittel des Jahres 1876 waren vorhanden:
137 Perſonenwagen mit

195 Plätzen I. Claſſe,
1408 „ II. „
3976 „ III. „

Zuſammen 5579 Plätze.

Sämmtliche Perſonenwagen haben im Jahre 1876 zurückgelegt:

auf der eigenen Bahn . . 3,306144 Kilometer,
auf fremden Bahnen . . 33206 „

also im Ganzen 3,339350 Kilometer.

Fremde Perſonenwagen lieſen
auf der Oldenburgiſchen
Bahn . . . . . . 42859 Kilometer.

Im Ganzen wurden auf der
Oldenburgiſchen Bahn
zurückgelegt . . . . 3,349003 Kilometer,
mit annähernd 138 Millionen Sitzkilometer.

Jeder Oldenburgiſche Perſonenwagen hat durchſchnittlich zurück=
gelegt 22717 Kilometer.

Von den bewegten Sitzplätzen waren durchſchnittlich beſetzt:

in I. Claſſe . . . $2_{,4}$ %
„ II. „ . . . $22_{,4}$ „
„ III. „ . . . $35_{,4}$ „
„ IV. „ . . . $15_{,0}$ „
überhaupt . . . . $31_{,32}$ „

Es entfällt also auf jeden Passagier ein befördertes Wagengewicht:

in I. Classe von 15625 Kilogramm
„ II. „ „ 1228 „
„ III. „ „ 517 „
„ IV. „ „ 873 „

Befördert wurden im Ganzen:

in I. Classe 2603 Personen
„ II. „ 259969 „ •
„ III. „ 1,164310 „
„ IV. „ 1076 „
zusammen 1,427958 „

und pro Wagenkilometer $12_{,91}$ „

Die Reparaturkosten der Personenwagen betrugen 23580 *M.* oder pro Wagenkilometer $0_{,70}$ ₰.

2. Gepäck- und Güterwagen.

Am Schlusse des Jahres 1877 waren vorhanden:

Gepäckwagen . . . 21 Stück
Güterwagen . . . 763 „
Zusammen 784 Stück

mit doppelt so viel Achsen.

Im Mittel des Jahres 1876 waren vorhanden:

Gepäckwagen . . . 20 Stück
Güterwagen . . . 542 „
Zusammen 562 Stück.

Dieselben haben im Jahre 1876 zurückgelegt:

auf der eigenen Bahn . . . . . 4,348737 Kilometer
auf fremden Bahnen . . . . . . 2,767236 „
also im Ganzen 7,115973 Kilometer.

Fremde Gepäck- und Güterwagen liefen
auf der Oldenburgischen Bahn . . . 3,679487 Kilometer,
außerdem Postwagen . . . . . 245068 Kilometer.

Im Ganzen sind auf der Oldenburgischen
Bahn zurückgelegt . . . . 8,273292 Kilometer.

An Gütertransporten sind geleistet annähernd
$29_{,83}$ Million Kilometertonnen;

an Transport der Wagen . . . $51_{,29}$ „ „
an Transport des Bruttogewichts also $81_{,12}$ „ „

Das beförderte Nettogewicht betrug im Verhältniß zur Labungs=
fähigkeit der Wagen durchschnittlich . . . . 36,₇₇ %
und zum Eigengewicht der Wagen . . . . 58,₁₅ „

Die Reparaturkosten der Gepäck= und Güterwagen betrugen
42273 ℳ.

oder pro Wagenkilometer 0,₃₉ ₰.

3. Arbeitswagen.

Die vorhandenen 120 Erdtransportwagen haben zurückgelegt
930664 Kilometer.

Es sind geleistet annähernd:

netto . . . . 4,₁₄ Millionen Kilometertonnen
an Wagentransport . . 3,₁₄ „ „
brutto also . . . . . 7,₉₈ „ „

Die Reparaturkosten betrugen 6634 ℳ.

4. Sämmtliche Wagen

haben im Jahre 1876 zurückgelegt:

Personenwagen . .	3,339350	Kilometer
Gepäck= u. Güterwagen	7,115973	„
Erdtransportwagen .	930684	„
Summa	11,386007	Kilometer;
davon auf fremden Bahnen	2,800442	„
also auf der eigenen Bahn	8,585565	Kilometer;
fremde Wagen liefen auf der Oldenburgischen Bahn	3,967414	„
Im Ganzen wurden also auf der Oldenburgischen Bahn zurückgelegt	12,552979	Kilometer.

An Nettolast wurden befördert:

Personen mit . . . 3,₂₄ Millionen Kilometertonnen;
Güter mit . . . . 29,₈₃ „ „
Baumaterial . . . . 4,₁₄ „ „

Zusammen 37,₅₁ Millionen Kilometertonnen.

Beim Transport des Eigengewichtes der Wagen betrug die
Leistung bei den Personenwagen 29,₃₁ Millionen Kilometertonnen;
„ „ Güterwagen ꝛc. 51,₂₉ „ „
„ „ Arbeitswagen . 3,₄₄ „ „

Zusammen 84,₅₄ Millionen Kilometertonnen.

Die gesammte Leistung betrug also
122,₀₅ Millionen Kilometertonnen.

Die gesammte Leistung betrug also
$122_{,05}$ Millionen Kilometertonnen.

An Reparaturkosten sind im Ganzen verausgabt 88739 $\mathcal{M}$, oder pro Wagenkilometer durchschnittlich $0_{,78}$ ₰.

Für Putzen und Schmieren sind an Material und Arbeitslohn verausgabt 9839 $\mathcal{M}$. oder pro Wagenkilometer $0_{,086}$ ₰.

c) Leistungen der Werkstätten.

Im Jahre 1876 sind im Werkstättenbetriebe verausgabt:
1. mit direkter Verrechnung,

an Handwerkerlöhnen	122902 $\mathcal{M}$. 85 ₰.
für Material	154355 „ 96 „
2. auf das Insgemeinkosten-Conto	58567 „ 61 „

Zusammen 335826 $\mathcal{M}$. 42 ₰.

Die hier in Rechnung gezogenen Insgemeinkosten bestehen aus den Ausgaben für die Betriebskraft, die Unterhaltung der Maschinen und Werkzeuge, die Erleuchtung und Heizung, für alle kleineren Materialien und aus den Löhnen der Handlanger. Dieselben haben $47_{,65}$ % der bezahlten Handwerkerlöhne betragen.

Von den Handwerkern sind im Ganzen verrichtet

in Tagelohn 47721 Tagewerke,
in Accordlohn 6331 „

Zusammen 54052 Tagewerke.

Hierfür wurden bezahlt

an Tagelohn . . 110493 $\mathcal{M}$.
an Accordlohn . 25260 „

Zusammen 135753 $\mathcal{M}$.

Die Accordlöhne betrugen danach $18_{,6}$ % des ganzen Lohnbetrages.

Von den Gesammtausgaben des Jahres 1876 entfallen auf die ausgeführten Arbeiten:
1. Reparatur der Lokomotiven . . . . 88415 $\mathcal{M}$. 18 ₰.
2. Reparatur der Wagen . . . . . 86816 „ 4 „
3. Reparatur der Wasserstationen, Weichen, Drehscheiben, Signale, Brücken ꝛc., sowie der Dampfkrähne, Dampfschiffe, Lokomobilen, Bahngeräthe ꝛc. . . . . . 15942 „ 40 „

Zu übertragen 191173 $\mathcal{M}$. 62 ₰.

	Uebertrag	191173	_M._ 62 ₰.
4. Reparatur der Ziegelei und Sägerei in Hofüne und der Schwellen-Präpariranstalt		1543	„ 86 „
5. Erweiterung und Ausrüstung der Werkstätten und Maschinenhäuser, sowie Herstellung diverser Gas- und Wasserleitungen auf den Bahnhöfen		19035	„ 23 „
6. Anfertigung eiserner Brücken für die Bauverwaltung		7821	„ 50 „
7. Anfertigung neuer Weichen, Drehscheiben und Signalvorrichtungen		76199	„ 1 „
8. Herstellung neuer Wasserförderungsanlagen für Wasserstationen		6032	„ 44 „
9. Anfertigung von 2 neuen Gepäckwagen		10629	„ 8 „
10. Anfertigung von Rollwagen, Ladepritschen, einer Draisine 2c.		1246	„ 79 „
11. Herstellung von Heizvorrichtungen in Personenwagen		1668	„ 72 „
12. Arbeiten für die Postverwaltung . . .		1401	„ 6 „
13. Dergleichen für die Westersteder Eisenbahn-Gesellschaft		1991	„ 71 „
14. Anfertigung von Gegenständen für die Materialverwaltung		12239	„ 73 „
15. Abgabe erübrigten Materials an die Materialverwaltung		6963	„ 70 „
16. Diverse sonstige Leistungen		3083	„ 98 „
	Zusammen	341030	_M._ 43 ₰

Davon die aus dem Jahre 1875 für unvollendete
Arbeiten übertragenen Kosten mit . . . . 33067 „ 5 „

Bleiben 307963 „ 38 ₰

Dazu die auf das Jahr 1877 für unvollendete
Arbeiten übertragenen Kosten mit . . . . 27863 „ 4 „

Zusammen wie oben 335826 _M._ 42 ₰.

Von den bisher in den Werkstätten neu angefertigten größeren
Objekten sind zu erwähnen:

12 kleine Tender-Lokomotiven; 2 Tender; 2 Lokomotiv-Dampfkessel; 4 Gepäckwagen; 6 bedeckte Güterwagen; 9 Hochbordwagen; 12 Niederbordwagen; 1 Torfwagen; 2 Wasserwagen; 4 Arbeiter-Wohnungswagen; 1 Draisine; 558 gewöhnliche Weichen mit zu-

gehörigen Herzstücken ꝛc.; 9 doppelte englische Weichen; 3 Lokomotiv=
Drehscheiben; 15 Wagen=Drehscheiben; 1 Schiebebühne für Lokomotiven;
7 dergleichen für Wagen; ferner: Wasserförderungsanlagen und
Krähne für Wasserstationen, Ueberbaue kleiner Brücken, Gas= und
Wasserleitungs=Anlagen u. s. w.

§. 27.
Die Verkehrsbewegung.

Die Verkehrsübersichten für das Jahr 1877 sind zur Zeit noch
nicht so weit abgeschlossen, daß auf Grund derselben sichere Daten
über den Verkehr des letzten Jahres gegeben werden können. Die
nachfolgenden Mittheilungen können sich deshalb über den Verkehr
der am Schlusse des Jahres 1876 eröffneten Bahnstrecken Quaken=
brück=Osnabrück und Ihrhove=Neuschanz nur in beschränktem Um=
fange verbreiten.

A. Personenverkehr.

Bei der Personenbeförderung überwiegt der Lokalverkehr in
einem so hervorragenden Maße, daß der direkte und Durchgangs=
verkehr diesem gegenüber nur eine ganz untergeordnete Bedeutung
erhält. Allerdings haben die niedrigen Lokal=Fahrgeldsätze die Folge,
daß auch weiterreisende Passagiere Fahrkarten bis zur Uebergangs=
station für den Lokalverkehr lösen, doch ist die Zahl derselben nicht
so bedeutend, daß sie das Verhältniß erheblich alteriren könnte.
Dennoch ist eine fortdauernde Zunahme des direkten Verkehrs zu
konstatiren, wie die folgende Vergleichung des Verkehrs im ersten
vollen Betriebsjahre 1868 mit dem des Jahres 1876 ausweist.

Es entfielen an Procentsätzen

	der Personenzahl	
	1868	1876
auf den Lokalverkehr	97,47 %	95,98 %
„ „ direkten Verkehr . . .	2,53 „	3,71 „
„ „ Transitverkehr . . .	— „	0,31 „

	der durchfahrenen Entfernung	
	1868	1876
auf den Lokalverkehr	94,72 %	91,59 %
„ „ direkten Verkehr . . .	5,28 „	7,29 „
„ „ Transitverkehr . . .	— „	1,12 „

Von sämmtlichen an die Oldenburgische Bahn anschließenden
Routen ist die Strecke Bremen=Hannover für den direkten Personen=
verkehr am wichtigsten.

20*

Die überwiegende Mehrzahl der Reisenden benutzt die dritte Wagenklasse, doch ist im Laufe der Zeit eine stärkere Benutzung der zweiten Wagenklasse eingetreten.

Es entfielen von der beförderten Personenzahl:

				1868	1876
auf die 1. Wagenklasse	.	. . .	0,54 %	0,18 %
„ „ 2. „		. . .	16,27 „	18,19 „
„ „ 3. „		. . .	81,07 „	77,33 „
„ „ 4. „		. . .	— „	0,08 „
„ Militairpersonen		. .	2,12 „	4,19 „
„ Viehbegleiter		. . .	— „	0,03 „

von der durchfahrenen Entfernung:

				1868	1876
auf die 1. Wagenklasse	.	. .	0,70 %	0,39 %
„ „ 2. „		. . .	19,76 „	21,98 „
„ „ 3. „		. . .	76,16 „	70,15 „
„ „ 4. „		. . .	— „	0,06 „
„ Militairpersonen		. . .	3,38 „	7,33 „
„ Viehbegleiter		. . .	— „	0,09 „

Die Gesammtzahl der beförderten Personen hat im Jahre 1877 rund anderthalb Millionen betragen. Jede auf den Oldenburgischen Bahnen beförderte Person durchfuhr durchschnittlich rund 30 Kilometer.

Die Bewegung des Verkehrs über die einzelnen Strecken ist eine sehr verschiedene. Ueber die Strecke Huchtingen-Bremen-Neustadt bewegt sich der dichteste Personenverkehr — im Jahre 1876 über 380000 Personen —, während die Strecke Grüppenbühren-Hude nur rund 252000 Personen durchfuhren. Auf der Oldenburg-Leerer Bahn ist der Personenverkehr erheblich geringer als auf der Bremen-Oldenburger. Die stärkste Bewegung ist zwischen Oldenburg und Bloh mit rund 170000 Personen, welche zwischen Augustfehn und Stickhausen unter 100000 hinabsinkt. Der Verkehr der Wilhelmshaven-Oldenburger Bahn ist wieder auf der ganzen Strecke lebhafter; das Maximum der Bewegung liegt zwischen Oldenburg und Rastede, über welche Strecke 1876 etwa 216000 Personen befördert wurden, während das Minimum zwischen Ellenserdamm und Sande 170000 beträgt, dem Maximum auf der Oldenburg-Leerer Bahn gleichstehend. Ueber die Sande-Jever Bahn sind auf der ganzen Strecke ziemlich gleichmäßig durchschnittlich 120000 Personen bewegt. Auf der Hude-Braker Bahn beginnt der Gesammtverkehr bei Hube mit etwa 155000 Personen, steigt bei Neuenkoop auf 170000 und fällt dann von Station zu Station bis auf 52000 zwischen Großensiel und Nordenhamm.

Auf der Strecke Oldenburg-Quakenbrück, auf welcher bis zur Eröffnung der Strecke Quakenbrück-Osnabrück ein beschränkter Betrieb eingerichtet war, betrug im Jahre 1876 die stärkste Bewegung zwischen Oldenburg und Sandkrug 51600 Personen, welche, von Station zu Station sinkend, zwischen Essen und Quakenbrück auf nur 20000 Personen sich stellte.

Die Durchschnittszahl der im Gesammtnetz pro Kilometer beförderten Personen betrug rund 160000.

Welch' enorme Verkehrssteigerung der Eisenbahnbetrieb von Jahr zu Jahr zur Folge gehabt hat, zeigt die nachfolgende Vergleichung des Verkehrs einzelner Stationen im ersten vollen Betriebsjahre und im Jahre 1876.

Station	Es kamen an		fuhren ab	
	1868	1876	1868	1876
Oldenburg . . .	100309	234916	96393	228354
Wilhelmshaven . .	31429	94457	29388	90510
Delmenhorst . . .	45673	87934	46423	86678
Bremen	44552	101895	41046	100984
Bremen-Neustadt .	36764	77695	39193	84702
Varel	48243	63183	47912	63510

Der Gepäckverkehr ist von untergeordneter Bedeutung. Durchschnittlich kommt auf jede beförderte Person 2 1/2 Kilogramm expedirtes Gepäck.

B. Viehverkehr.

Der Viehverkehr ist nicht wie der Personenverkehr ein stetig wachsender, sondern von den Conjuncturen der Viehzucht und des Viehhandels abhängig und daher variabel. Der relativ stärkste Verkehr war im Jahre 1874, während die absolute Zahl der beförderten Ladungen und Stücke sich 1877 am höchsten stellt.

Die Viehzucht ist im Herzogthum Oldenburg und dem angrenzenden Ostfriesland einer der hervorragendsten Erwerbszweige, so daß der Bezug von fremdem Vieh für den Eisenbahnverkehr bedeutungslos ist und nur der Viehversand besonderes Interesse bietet. Im Jahre 1877 betrug der Versand von den unter Oldenburgischer Verwaltung stehenden Stationen:

5399 Pferde,
40963 Stück großes Rindvieh,
10345 Kälber,
15094 Schafe,
22009 Schweine,
  152 Ziegen.
2181 Hunde.
———————
96143 Stück.

Außerdem 22 Ladungen = 13604 Stück Gänse, wovon allein 21 Ladungen = 13510 Stück auf der Station Quakenbrück aufgeliefert sind.

Die Zahl der beförderten ganzen Wagenladungen Thiere betrug 4028.

Stationen, auf welchen mehr als 100 Ladungen Vieh aufgeliefert wurden, sind folgende:

Leer   mit 638 Ladungen,
Jever   „ 467   „
Weener   „ 375   „
Brake   „ 343   „
Oldenburg   „ 300   „
Sande   „ 257   „
Varel   „ 193   „
Berne   „ 132   „
Großensiel   „ 130   „
Essen   „ 130   „   (darunter 73 Lad. Schweine),
Elsfleth   „ 110   „

Das gemästete Vieh wird, namentlich nachdem der Versand nach England so sehr erschwert worden ist, vorzugsweise in Neuß am Rhein auf den Markt gebracht, wo der Viehhandel für ganz Rheinland, Westfalen und Belgien sich concentrirt. Junges Zuchtvieh wird meist in östlicher Richtung nach den Provinzen Hannover, Sachsen und Schlesien, sowie nach dem Königreich Sachsen ausgeführt.

Im Jahre 1877 wurden in östlicher und südöstlicher Richtung über Bremen hinaus mit der Oldenburgischen Bahn versandt:

2561 Pferde,
19588 Stück Rindvieh,
1797 Kälber,
  74 Schafe,
1694 Schweine;

dagegen wurden in der Richtung nach Rheinland und Westfalen, hauptsächlich aber nach der Station Neuß versandt:

247 Pferde,
9082 Stück Rindvieh,
5646 Kälber,
3220 Schweine.

C. Güterverkehr.

In dem vom Oldenburgischen Eisenbahnnetze durchschnittenen Verkehrsgebiete ist die Industrie nur schwach entwickelt, so daß im Güterverkehr zunächst die gewöhnlichen Lebensbedürfnisse die Hauptrolle spielen, und da solche zum großen Theile aus anderen Verkehrsgebieten bezogen werden müssen, so ist der Empfang von Gütern erheblich umfangreicher als der Versand.

Bezüglich der einzelnen Handels- und Industriezweige, welche den Verkehr der Oldenburgischen Stationen beleben, ist Folgendes zu bemerken:

Den Waarenaustausch im Handelsverkehr Bremens mit dem Herzogthum Oldenburg, Ostfriesland und den nördlichen Provinzen der Niederlande vermittelt, soweit der Wasserweg nicht concurrirt, ausschließlich die Oldenburgische Eisenbahn.

Die in Delmenhorst blühende Taback- und Kork-Industrie liefert zwar keine großen Transportmassen, führt der Eisenbahn jedoch einen lebhaften und regelmäßigen Verkehr zu. Dasselbe ist seitens der an die Station Delmenhorst angeschlossenen Jutespinnerei der Fall.

In Oldenburg sind es zunächst die industriellen Etablissements, als Warpsspinnerei, Glashütte, Eisengießereien, Brauereien ꝛc., welche der Eisenbahn erhebliche Transporte zuführen; daneben ist der Getreide-, Droguen-, Wein- und Spirituosenhandel von Bedeutung.

In Zwischenahn ist eine Holzwaarenfabrik in Thätigkeit, zugleich concentrirt sich daselbst der im s. g. Ammerlande lebhafte Handel mit Fleischwaaren, Schinken ꝛc.

Die Station Augustfehn ist nicht nur wegen des dort angeschlossenen bedeutenden Eisenwerks, neben welchem in neuerer Zeit ein Stahlwerk entstanden ist, sondern auch durch den Versand von Torf für den Eisenbahn-Güterverkehr von hervorragender Bedeutung. Im Jahre 1877 wurden von dieser Station 7,760140 Kilogramm Torf versandt.

Die in Leer in Verbindung mit der Seeschifffahrt blühende

Spedition liefert der Oldenburgischen Eisenbahn verhältnißmäßig wenig Transporte, dieselbe vermittelt vielmehr hauptsächlich den Import von Holz und Getreide 2c. nach Rheinland und Westfalen und den Export von Eisen und Eisenwaaren.

In gleicher Weise geht der Absatz der in Weener etablirten Holz- und Getreidehandlungen wesentlich nach Rheinland und Westfalen und benutzt die Oldenburgische Bahn nur bis Ihrhove, soweit die Beförderung nicht bis Papenburg auf der Ems erfolgt.

Der Güterverkehr auf der Wilhelmshaven-Oldenburger Strecke wird wesentlich durch die Bauten in Wilhelmshaven und Umgebung genährt. Der Anlage des Kriegshafens und dem Bau einer jetzt über 10000 Einwohner zählenden Stadt ist die Anlage von Festungs= werken sowie eines zweiten Hafens gefolgt. Das hierzu erforderliche Baumaterial ist zum großen Theil auf dem Eisenbahnwege nach Wilhelmshaven transportirt und hat der enorme Bedarf an Stein= material eine seltene Entwickelung der Ziegelei=Industrie an der ganzen Bahnstrecke, soweit das erforderliche Rohmaterial sich vor= findet, zur Folge gehabt. Den weit verbreitetsten Ruf haben die hart gebrannten Steine, s. g. Klinker, welche zur Befestigung von Straßen und öffentlichen Plätzen benutzt werden und auf Entfer= nungen bis zu 300 Kilometern bis in das Innere Deutschlands hinein versandt werden. Die in dem etwa eine Meile von der Station Ellenserdamm entfernten Orte Bockhorn fabricirten Klinker sollen in ihrer Qualität den Holländischen Klinkern voranstehen.

Im Jahre 1877 wurden außer 26,249750 Kilogramm Bruch= steinen vom Piesberge, 24,547500 Kilogramm gebrannte Steine mit der Eisenbahn nach Wilhelmshaven befördert, welche fast ausschließ= lich auf den Stationen Rastede, Hahn, Varel und Ellenserdamm aufgeliefert sind.

In dem früher industriereichen Varel hat sich noch einige Eisen= und Textilindustrie erhalten, von der die erstere ebenfalls in Wilhelmshaven ihren Hauptabsatz findet.

Die Station Jever vermittelt einen Theil des Verkehrs von und nach Ostfriesland; außerdem ist der Getreidehandel in Jever und der Umgegend von hervorragender Bedeutung.

Auf der Strecke Hude-Nordenhamm schließt die Eisenbahn auf den Stationen Elsfleth, Brake und Nordenhamm unmittelbar an die Seeschifffahrt an.

In Elsfleth hat der Holzhandel einige Bedeutung, während

sich in Nordenhamm der Versand von rohem Petroleum und Getreide entwickelt.

Von weit größerer Bedeutung für den Seeverkehr ist Brake, welches eine regelmäßige Dampfschifffahrt mit Newcastle hat und vorzugsweise Holz, Englische Steinkohlen, Roheisen, Dachschiefer, Chamottsteine, Cement, Getreide ꝛc. importirt und Eisenbahnschienen, Deutsche Kohlen und Stückgüter exportirt. Erwähnenswerth ist die in Brake in größerem Umfange bestehende Fabrikation von Schiffstauen ꝛc. Im Jahre 1877 wurden ab Brake 10,768960 Kilogramm Holz per Eisenbahn — meistens nach Westfalen — versandt.

Die Einfuhr Englischer Kohle hat sich mehr und mehr vermindert, doch hat auch die Ausfuhr der Deutschen Kohle noch nicht den erhofften Aufschwung genommen. Im Jahre 1877 wurden über die Oldenburgischen Weserhäfen importirt 6948 Tonnen Englischer Kohlen, exportirt 11346 Tonnen Deutscher Kohlen.

Auf der Strecke Oldenburg-Osnabrück hat sich seit der Betriebseröffnung ein lebhafter Versand von Grubenhölzern nach Westfalen entwickelt, im weiteren sind die in Bramsche und Quakenbrück thätigen Spinnereien und Webereien zu erwähnen; am letzteren Orte blüht ein verhältnißmäßig bedeutender Weinhandel.

Den größten Massentransport lieferte bislang der in unmittelbarer Nähe der Station Eversburg belegene Piesberg, welcher Eigenthum der Stadt Osnabrück ist. Im Jahre 1877 wurden außer Piesberger Kohlen allein 42,389750 Kilogramm Bruchsteine vom Piesberge nach Oldenburgischen Stationen versandt.

Die Station Osnabrück ist bezüglich des Güterverkehrs als Oldenburgische Station zwar nicht anzusehen, doch darf hier bemerkt werden, daß das Eisen- und Stahlwerk in Osnabrück durch den Bezug von Roheisen über Brake und den Versand von Eisenbahnschienen in umgekehrter Richtung der Oldenburgischen Eisenbahn nicht unerhebliche Transporte zugeführt hat.

Die hauptsächlichen Massen-Transportartikel auf der Oldenburgischen Bahn sind:

Kohlen, wovon im Jahre 1877 82548 Tonnen (à 1000 Kilogramm) befördert wurden und welche vorzugsweise aus Westfalen bezogen werden;

Bruch- und Ziegelsteine, die 1877 in der Quantität von 51284 Tonnen transportirt sind;

Torf, wovon 1877 20947 Tonnen befördert wurden; außerdem

Getreide, Hülsenfrüchte und Oelsamen, Mehl= und
Mühlenfabrikate, Holz, Eisenwaaren, Abfälle
(Lumpen, Knochen), Petroleum, Salz, Taback und
Tabackfabrikate, Wein, Bier und Spirituosen, Kalk
und Cement.

Das beförderte Gesammtgewicht stieg von 80765 Tonnen im
Jahre 1868, auf 447912 Tonnen im Jahre 1876.

Die durchschnittliche Bewegung über einen Kilometer Bahnlänge
beträgt jährlich etwa 90000 Tonnen.

Auf den einzelnen Strecken variirte diese Bewegung im Jahre
1876 wie folgt:

| | In der Richtung | | |
	von Bremen. Tonnen.	nach Bremen. Tonnen.	Zusammen Tonnen.
Bremen			
	120000	70000	190000
Bremen=Neustadt			
	122000	75000	197000
Huchtingen			
	122000	78000	200000
Delmenhorst			
	113000	82000	195000
Grüppenbühren			
	115000	81000	196000
Hude			
	109000	49000	158000
Wüsting			
	108000	49000	157000
Oldenburg			
	47000	70000	117000
Bloh			
	41000	70000	111000
Zwischenahn			
	37000	68000	105000
Ocholt			
	36000	66000	102000
Apen			
	36000	64000	100000
Augustfehn			

	In der Richtung		
	von Bremen. Tonnen.	nach Bremen. Tonnen.	Zusammen Tonnen.
Augustfehn			
	34000	42000	76000
Stickhausen			
	31000	42000	73000
Nortmoor			
	30000	42000	72000
Leer			
Oldenburg			
	70000	28000	98000
Rastede			
	67000	25000	92000
Hahn			
	80000	26000	106000
Jaderberg			
	80000	26000	106000
Varel			
	92000	19000	111000
Ellenserdamm			
	100000	16000	116000
Sande			
	148000	5000	153000
Wilhelmshaven			
Sande			
	9000	70000	79000
Sanderbusch			
	9000	70000	79000
Haidmühle			
	8000	9000	17000
Jever			
Hude			
	33000	59000	92000
Neuenkoop ·			
	32000	60000	92000
Berne			

	In der Richtung		
	von Bremen. Tonnen.	nach Bremen. Tonnen.	Zusammen Tonnen.
Berne			
	31000	60000	91000
Elsfleth			
	27000	57000 ·	84000
Hammelwarden			
	24000	57000	81000
Brake			
	11000	6000	17000
Rodenkirchen			
	9000	4000	13000
Kleinensiel			
	8000	4000	12000
Großensiel			
	9000	3000	12000
Nordenhamm			
Oldenburg			
	15000	22000	37000
Huntlosen			
	18000	17000	35000
Ahlhorn			
	16000	16000	32000
Cloppenburg			
	13000	13000	26000
Hemmelte			
	15000	12000	27000
Essen			
	12000	12000	24000
Quakenbrück			

Der stärkste Güter=Verkehr bewegt sich demnach über die Strecke Bremen=Hude, der schwächste auf der Strecke Brake=Nordenhamm. Das Mißverhältniß zwischen dem Verkehr in beiden Richtungen tritt am meisten auf der Wilhelmshavener Strecke hervor, da in Wilhelmshaven selbst das 30fache der abgehenden Güter ankommt, die Ausnutzung der Wagen in einer Richtung daher eine äußerst ungünstige ist.

§. 28.

Finanzielle Resultate.

A. Einnahmen.

Die Oldenburgischen Eisenbahnen gehören zu den wenigen, auf welchen der Personenverkehr durchweg größere Erträgnisse geliefert hat als der Güterverkehr, namentlich wenn man den Viehverkehr selbständig hinstellt, und nicht, wie solches in der Regel geschieht, zum Güterverkehr rechnet. In den ersten Betriebsjahren 1867, 1868 und 1869 betrugen die Einnahmen aus dem Personenverkehr etwa das anderthalbfache der Güterfrachten. Die kriegerischen Ereignisse des Jahres 1870 änderten das Verhältniß, indem der Personenverkehr trotz der erheblichen Militairtransporte zurückging, der Güterverkehr sich dagegen in außerordentlichem Maaße steigerte, weil in Folge der Blockade der Weser und Elbe den Oldenburgischen Bahnen über die neutrale Ems ein erheblicher Seetransitverkehr zugeführt wurde. Zugleich hatte die rasche Armirung von Wilhelmshaven einen erheblichen Antheil an der Steigerung der Einnahmen im Güterverkehr. So erklärt es sich, daß im Jahre 1870 die Einnahme aus dem Güterverkehr die vom Personenverkehr plötzlich überragte. Seitdem stehen die Einnahmen aus beiden Verkehrsarten sich fast gleich, doch übertreffen in den meisten Betriebsjahren noch die Einnahmen aus dem Personenverkehr, wenngleich die progressive Steigerung der Einnahmen aus dem Güterverkehr stärker ist als die vom Personenverkehr Es ist anzunehmen, daß diese Progression dieselbe bleiben wird — obgleich die im vorigen §. bezeichneten Ausnahmeverhältnisse leicht zu Schwankungen Anlaß geben — und darf deshalb in Berücksichtigung des Umstandes, daß auf einzelnen neu eröffneten Strecken, besonders auf der Südbahn, die Einnahmen vom Personenverkehr sich von vorn herein geringer stellen als die vom Güterverkehr, vorausgesetzt werden, daß künftig die Einnahmen aus dem Güterverkehr erheblich überwiegen werden. Im Betriebsjahre 1876 stellte sich das Verhältniß der einzelnen Einnahmen zur Gesammt-Einnahme wie folgt:

Es entfielen auf die Einnahmen:

% der Gesammt-Einnahmen.

1. aus dem Personentransport 43,04
2. „ „ Gepäcktransport 2,05
3. „ „ Transport von Extrazügen, Salonwagen und Equipagen 2c. . . 0,15

%% der Gefammteinnahme

4. aus dem Biehverkehr 4,46
5. „   „   Güterverkehr 42,72
6. Nebengebühren aus dem Güterverkehr . . 1,12
7. für Posttransporte 0,14
8. „ Materialtransporte 3,25
9. Nebeneinnahmen, Pacht für Ländereien, Re-
    staurationen 2c., Wohnungsmiethe, Zinsen 2c. 2,47

Am verschwindendsten sind die Einnahmen für Posttransporte trotz der so erheblichen Leistungen der Eisenbahn für die Postverwaltung. Die Postverwaltung zahlt eine Transportvergütung nur für die eisenbahnseitig zum Transport gestellten Wagen oder Wagenabtheilungen. Für die von der Postverwaltung selbst gestellten Postwagen wird eine Transportvergütung nicht gezahlt, nur die der Eisenbahnverwaltung erwachsenden Selbstkosten für das Schmieren und Rangiren, sowie für die Reparatur dieser Wagen werden erstattet und außerdem wird für Postpackete, welche ein größeres Gewicht als 10 Kilogramm haben und naturgemäß dem EisenbahnEilgutverkehr zufallen, der Eilgutfrachtsatz an die Eisenbahnverwaltung vergütet. Im Jahre 1876 wurden für die Postverwaltung 737852 Achskilometer Postwagen auf den Oldenburgischen Eisenbahnen **unentgeltlich** befördert.

Die Gesammteinnahme der Oldenburgischen Eisenbahnen während der Betriebszeit betrug:

	Insgesammt		pro Kilometer	
1867	299484	ℳ.	7907	ℳ.
1868	714427	„	7377	„
1869	1,003020	„	7913	„
1870	1,320804	„	8714	„
1871	1,497231	„	9700	„
1872	1,790460	„	10881	„
1873	2,264400	„	11915	„
1874	2,594970	„	13654	„
1875	2,657200	„	11503	„
1876	3,035890	„	10858	„

Der Rückgang der Einnahme pro Kilometer in den Jahren 1875 und 1876 liegt in der Eröffnung neuer Strecken, deren Einnahmen weit unter der bisherigen Durchschnittseinnahme blieben.

Für das Jahr 1877, dessen Rechnung noch nicht abgeschlossen werden konnte, stellt die Einnahme sich auf rund 3,850000 ℳ.

oder 11237 ℳ. pro Kilometer, so daß eine Steigerung der Kilometer=
einnahme bereits wieder eingetreten ist und die successive Steigerung
derselben bis zu der im Jahre 1874 erreichten Höhe erwartet wer=
den darf.

Die einzelnen Strecken rangirten mit der Kilometereinnahme im
Jahre 1876 wie folgt:

Oldenburg=Bremen	23647	ℳ.
Oldenburg=Wilhelmshaven . .	12974	„
Hude=Brake	10776	„
Oldenburg=Leer	10503	„
Leer=Neuschanz	7886	„
Jever=Sande	7314	„
Brake=Nordenhamm	5880	„
Oldenburg=Osnabrück	3421	„

Da jedoch die Strecken Quakenbrück=Osnabrück und Ihrhove=
Neuschanz erst im November 1876 eröffnet worden sind, so kann die
pro 1876 erzielte Einnahme noch keinen sicheren Anhalt für die
durchschnittliche Jahreseinnahme geben.

B. Betriebskosten.

Die Betriebskosten setzen sich zusammen aus den Kosten der
Allgemeinen Verwaltung (Centralverwaltung),
Bahnverwaltung (Bahnunterhaltung, Bahnbewachung) und der
Transportverwaltung (Stations=, Lokomotiv=, Wagen= und
Wagenbegleitungsdienst).

Die Kosten der allgemeinen Verwaltung vermindern sich relativ
in der Regel bei größerer Ausdehnung eines Eisenbahnnetzes, so
lange dasselbe nicht Dimensionen annimmt, welche die Uebersicht über
den gesammten Dienst von der Centralleitung aus erschwert und
eine Decentralisation erforderlich macht, die zur Einrichtung von
Zwischeninstanzen führt, und den ganzen Verwaltungsapparat schwer=
fällig macht.

Die Bahnunterhaltungskosten steigen mit dem Alter der Bahn=
anlage, bis sie eine normale Höhe erreichen. Vom 1. Januar 1876
wird ein Theil derselben aus dem Erneuerungsfond bestritten, über
den unten Näheres mitgetheilt wird.

Die Kosten der Transportverwaltung sind im Wesentlichen von
dem Umfange des Verkehrs abhängig, bezüglich der Unterhaltung
der Transportmittel 2c. gilt jedoch das von den Bahnunterhaltungs=
kosten Gesagte.

Die gesammten Betriebskosten betrugen:

	Inêgesammt.	per Kilometer Bahnlänge.	In % zur Einnahme.
1867	143478 $\mathcal{M}$.	3788 $\mathcal{M}$.	47,9
1868	376554 „	3894 „	52,7
1869	456492 „	3602 „	45,2
1870	518757 „	3422 „	39,3
1871	606105 „	3927 „	40,5
1872	778059 „	4728 „	43,3
1873	1,034148 „	5441 „	45,7
1874	1,261686 „	6639 „	48,6
1875	1,454344 „	6296 „	54,7
1876	1,643078 „	5877 „	54,1

Das procentuale Verhältniß der Betriebskosten zu den Einnahmen stellt sich der Regel nach um so günstiger, je größer die Einnahmen sind; es betrugen die Betriebskosten des Jahres 1876 auf den einzelnen Strecken:

Oldenburg=Bremen . . . . 39,1 %
Oldenburg=Wilhelmshaven . . 48,1 %
Oldenburg=Leer . . . . . 56,1 %
Hude=Brake . . . . . . 62,3 %
Sande=Jever . . . . . . 68,3 %
Brake=Nordenhamm . . . . 71,3 %

der Einnahmen.

Hierzu ist jedoch zu bemerken, daß eine genaue Vertheilung derjenigen Ausgaben, welche sich nicht lokalisiren lassen, als die Kosten der Allgemein=Verwaltung, des Lokomotiv= und Wagendienstes, nicht möglich ist, weil die Verwaltung der einzelnen Strecken nicht getrennt geführt wird, vielmehr diese Kosten am Jahresschlusse nach einem bestimmten Modus auf die einzelnen Strecken vertheilt werden.

Auf den Strecken Oldenburg=Osnabrück und Leer=Neuschanz waren die Betriebskosten höher als die Einnahmen, doch kann wegen der kurzen Betriebsdauer dieses Resultat keinen Anhalt für den Jahresdurchschnitt geben, zumal der Betrieb in die Wintermonate November und December fällt.

Von den Betriebskosten entfielen auf

	Allgemeine Verwaltung.	Bahn= Verwaltung.	Transport= Verwaltung.
1867	16,6 %	29,3 %	54,1 %
1868	12,2 %	33,4 %	54,4 %
1869	12,8 %	34,6 %	52,6 %

	Allgemeine Verwaltung.	Bahn- Verwaltung.	Transport- Verwaltung.
1870	11,0 %	33,4 %	55,6 %
1871	11,3 %	33,1 %	55,6 %
1872	10,1 %	31,3 %	57,8 %
1873	10,0 %	31,7 %	58,3 %
1874	9,6 %	31,6 %	58,8 %
1875	10,0 %	34,0 %	56,0 %
1876	9,7 %	32,1 %	58,2 %

Die größere Hälfte der Betriebskosten bestand bis jetzt in den Ausgaben an Gehalten und Arbeitslöhnen.

C. Betriebsüberschüsse.

Die nach Abzug der Betriebskosten von den Betriebseinnahmen verbleibenden Ueberschüsse betrugen:

	Im Ganzen. ℳ	In % des gesammten Anlagekapitals.
1867	156006	3,21
1868	337869	2,78
1869	546528	3,85
1870	802047	5,01
1871	891126	5,50
1872	1,012398	5,86
1873	1,230252	5,67
1874	1,333284	6,05
1875	1,202856	5,46
1876	1,392813	6,65

Aus diesen Ueberschüssen werden zunächst die für die Benutzung der anderen Eigenthümern gehörigen Bahnanlagen zu zahlenden Entschädigungen gedeckt.

Für die Mitbenutzung der Bremischen Anlagen sind außer den als Betriebskosten verrechneten Beiträgen zu den Ausgaben für die Betriebsführung auf der Station Bremen gezahlt worden:

1867	. . . .	43323 ℳ
1868	. . . . . .	90519 „
1869	. . . . . .	91532 „
1870	. . . . . .	91157 „
1871	. . . . . .	79482 „
1872	. . . . . .	79754 „
1873	. . . . . .	91218 „

21

1874 . . . . 104709 $\mathcal{M}$.
1875 . . . . 118153 „
1876 . . . . 118153 „

Für das Jahr 1877 sind einschließlich der als Betriebskosten zu verrechnenden Beträge abschläglich 190000 $\mathcal{M}$ gezahlt worden.

Die zur theilweisen Verzinsung des Anlagekapitals der Station Leer an die Westfälische Eisenbahn gezahlten Beiträge sind von geringer finanzieller Bedeutung.

Die von den Bruttoeinnahmen der Wilhelmshaven=Oldenburger Eisenbahn an den Königlich Preußischen Fiskus vertragsmäßig herauszuzahlenden Antheile betrugen:

	Insgesammt $\mathcal{M}$	In % des von Preußen aufgewandten Anlagekapitals.
1867	29802	1,67
1868	81231	1,30
1869	106734	1,71
1870	132429	2,31
1871	187755	2,95
1872	209508	3,29
1873	225762	3,54
1874	274956	4,33
1875	261372	4,10
1876	303424	4,76

Das Jahr 1877 ergiebt ein für Preußen noch erheblich günstigeres Resultat als das Jahr 1876, dagegen tritt mehr und mehr die Gefahr in den Vordergrund, daß das finanzielle Interesse der Oldenburgischen Eisenbahnverwaltung durch die Vertragsbestimmung über die an Preußen herauszuzahlenden Einnahmeantheile geschädigt werde. Bei Abschluß des bezüglichen Staatsvertrages ist wohl nicht vorausgesetzt, daß der Verkehr den jetzigen Umfang gewinnen und eine Verzinsung des Anlagekapitals von 4—5% überhaupt eintreten werde, andernfalls dürfte das Abkommen, daß Oldenburg von der Bruttoeinnahme von mehr als 20000 $\mathcal{M}$ pro Meile 60% auszukehren habe, bei näherer Erwägung kaum als durchführbar angesehen und in den Vertrag aufgenommen worden sein. Die Bruttoeinnahme von 20000 $\mathcal{M}$ ist bereits im Jahre 1871 überschritten, der Verkehr nach Wilhelmshaven ist aber so geartet, daß derselbe in Rücksicht auf die geographische Lage nur auf die jetzige Höhe gebracht werden konnte, wenn in Concurrenz gegen den Seeverkehr die Fracht

sätze für Eisenwaaren, Baumaterialien und Kohlen gegen die nor=
malen Tarifsätze erheblich ermäßigt wurden. Um Englische Produkte
von der Concurrenz auszuschließen und den Transport Deutscher
Produkte auf dem Eisenbahnwege heranzuziehen, sind die Tarifsätze
theilweise auf den Einheitssatz von 0,₂ Silberpfennige pro Centner
und Meile ermäßigt worden, und wenn von den durch solche Er=
mäßigungen erzielten Einnahmen 60% an den Königlich Preußischen
Fiskus auszukehren sind, so bleibt der Oldenburgischen Eisenbahn für
die Transportleistung nur eine Vergütung von ein drittel Silber=
pfennig pro Centner und Meile. Verschärft wird dieses ungünstige
Verhältniß durch den Umstand, daß die Transporte fast ausschließlich in
der Richtung nach Wilhelmshaven sich bewegen, und die hieraus
sich ergebende mangelhafte Wagenausnutzung die Transportleistung
bedeutend erhöht. Allerdings ist eine Abänderung der bezüglichen
Vertragsbestimmung bis jetzt nicht beantragt, und in loyalster Weise mit
Einführung der im Interesse der Deutschen Industrie wünschenswerth
erscheinenden Frachtermäßigungen vorgegangen worden: einerseits,
weil die nach Wilhelmshaven zu befördernden Sendungen zum großen
Theile andere Oldenburgische Eisenbahnstrecken transitiren und befruch=
ten, andererseits, weil die Betriebskosten der Strecke Wilhelmshaven=
Oldenburg bis jetzt aus den der Oldenburgischen Verwaltung ver=
bliebenen Einnahmeantheilen reichlich gedeckt worden sind. Indessen
ist das letztere Resultat nur ein scheinbares, weil im Verhältniß zur
Abnutzung der Bahn Rücklagen nicht gemacht sind, die Bahnunter=
haltungskosten aber mit dem Alter der Anlage von Jahr zu Jahr
sich steigern werden.

Diese Steigerung der Unterhaltungskosten des Oberbaues der
Bahn, der Brücken und des Betriebsmaterials, welche ihren Höhe=
punkt erreicht, wenn das abgenutzte Material durch neues ersetzt
werden muß, veranlaßt die Mehrzahl der Eisenbahnverwaltungen
zur Gründung eines Erneuerungsfonds. Bis zum Jahre 1876
wirthschaftete die Oldenburgische Eisenbahnverwaltung ohne einen
derartigen Fonds, doch wurden bei den günstigen Betriebsergebnissen
nicht unerhebliche Beträge für Ergänzung des Betriebsmaterials ꝛc.,
sowie zur Anlage von Signal=Glockenleitungen aus den Betriebs=
überschüssen bestritten, und zwar:

im Jahre 1869 . . . 36000 *M.*,
„ „ 1870 . . . 30000 „
„ „ 1871 . . . 49800 „
„ „ 1872 . . . 44656 „

im Jahre 1873 . . . 145055 *M.*

„ „ 1874 . . . 151355 „

„ „ 1875 . . . 15147 „

Zusammen 472013 *M.*

In der Erwägung, daß es zweifelhaft sei, ob das vollständig ausgebaute Oldenburgische Eisenbahnnetz so günstige finanzielle Resultate liefern werde, als die ersten in den verkehrsreicheren Gegenden gebauten Strecken, daß es aber bedenkliche Schwankungen im Haushalte der Eisenbahnverwaltung bezw. des Staats zur Folge haben könne, wenn das minder rentable Gesammtnetz die Kosten von Erneuerungen zu übernehmen habe, die theilweise der in der günstigeren Periode stattgehabten Abnutzung entspringen, — wurde beim 18. Landtage die Errichtung eines Erneuerungs= und Reservefonds beantragt. Nach den Anträgen der Staatsregierung sollte dieser Fonds mit 10% der Bruttoeinnahme, außerdem mit dem Erlös für abgängiges Material und mit den Ueberschüssen aus dem Sandlieferungsgeschäft dotirt werden, dagegen aber folgende Ausgaben bestreiten:

1. für Erneuerung des Oberbaues der Bahn (Schienen, Weichen, Herzstücke, Schwellen ꝛc.),

2. für Erneuerung des Oberbaues der Brücken,

3. für Erneuerungen an Lokomotiven, Tendern und Wagen,

4. unvorhergesehene Ausgaben in Folge von Betriebsunfällen oder Naturereignissen,

5. Ergänzungen der Bahnhofsanlagen und Vermehrung des Betriebsmaterials.

Die vorläufig nicht zur Verwendung kommenden Bestände des Fonds sollten zur vorschußweisen Deckung der Kosten des Betriebsmaterials ꝛc., für welche der Eisenbahnverwaltung ein Betriebskapital bis dahin nicht bewilligt war, benutzt werden.

Die Anträge der Staatsregierung fanden die volle Zustimmung des Landtages nicht. Man fürchtete bei Bildung eines Fonds in der beantragten Form der Eisenbahnverwaltung eine zu selbständige Stellung in finanzieller Beziehung zu geben, obwohl man die Nützlichkeit, ja Nothwendigkeit dieses Fonds anerkannte. Es wurde deshalb der Gründung eines Fonds an sich zwar zugestimmt, indessen beschlossen, die zur Dotirung des Fonds erforderlichen Mittel vorläufig nur für die laufende Finanzperiode 1876/78 zu bewilligen, die Bestreitung der Kosten von Hochbauten aus dem Erneuerungs= fonds aber ausdrücklich auszuschließen. Anstatt der beantragten

10% der Bruttoeinnahme wurden abgerundete Beträge von nur etwa 8% zur Dotirung des Fonds bewilligt, und zwar:

$$240000 \; \mathcal{M}. \; \text{für } 1876,$$
$$250000 \; „ \quad „ \; 1877,$$
$$260000 \; „ \quad „ \; 1878,$$

ferner der derzeitige Ueberschuß aus dem Sandlieferungsgeschäft ad 82000 ℳ. und der Erlös für abgängiges Betriebsmaterial.

Im Jahre 1876 betrugen die Einnahmen des Fonds:

Zuschuß der Betriebscasse	240000 ℳ.
Aus dem Sandlieferungsgeschäft	82000 „
Zinsen	3404 „
Für altes Material	4725 „
Pauschalsumme von der Steinhäuser Hütte für Entbindung von der Garantie für Schienen	50129 „
Zusammen	380258 ℳ.

Die Ausgaben betrugen:

Erneuerung des Oberbaues	97447 ℳ
„ „ „ der Huntebrücke . . .	17819 „
„ „ Betriebsmaterials	11134 „
Durch Betriebsunfälle, Ueberschwemmung, Sturm und Brandschäden entstandene Kosten . . .	14382 „
Ergänzung und Erweiterung der Bahnanlagen .	58237 „
Anschaffung von neuen Wagendecken ꝛc. . . .	4700 „
Zusammen	203719 ℳ.

so daß ein Bestand von . . . . 176539 „ auf das Jahr 1877 übertragen ist, für welches Jahr die Rechnung zur Zeit noch nicht abgeschlossen werden kann.

Der nach Abzug der für Mitbenutzung fremder Bahnanlagen zu zahlenden Entschädigungen und der an den Erneuerungsfonds abzuführenden Beiträge verbleibende Rest des Betriebsüberschusses wird an die Landescasse ausgekehrt. Bis jetzt sind an die Landescasse abgeliefert:

	Im Ganzen ℳ.	In % des von Oldenburg verausgabten Anlagecapitals.
1867	82881	4,27
1868	164811	4,20
1869	306507	5,08
1870	538932	6,69
1871	565530	7,13

	Im Ganzen *M.*	In % des von Olden- burg verausgabten Anlagekapitals
1872	669861	7,₁₃
1873	762069	5,₆₇
1874	796101	5,₉₆
1875	832768	6,₀₅
1876	757826	5,₉₇

Der Rückgang der Ablieferung im Jahre 1876 ist in der Bildung des Erneuerungsfonds begründet, welchem, wie bereits erwähnt, 240000 *M.* aus den Betriebsüberschüssen zugeführt wurden.

So lange auf den Strecken Osnabrück-Oldenburg und Ihrhove-Neuschanz nur ein beschränkter Betrieb geführt wurde, ist das Anlagekapital dieser Strecken aus der Baucasse verzinst worden. Vom 1. Januar 1877 hat der Betrieb die Verzinsung des gesammten Anlagekapitals zu tragen, und wird der Abschluß des Jahres 1877 zeigen, ob die Rentabilität der Oldenburgischen Eisenbahnanlagen gesichert erscheint oder nicht. Nach vorläufiger Ermittelung darf ungeachtet der Rücklagen in den Erneuerungsfonds pro 1877 auf eine Verzinsung des gesammten Anlagekapitals von etwa 4½ % gerechnet werden und würde damit in der Voraussetzung, daß auch ferner die Betriebskosten im richtigen Verhältniß zu den Betriebseinnahmen bleiben, die Sicherheit gegeben sein, daß das den Wohlstand des Landes Oldenburg so erheblich fördernde Unternehmen ohne jeden Zuschuß der Steuerzahler bestehen kann und sich weiter entwickeln wird.

———

Dritter Abschnitt.

~~~~~~

Aussichten in die Zukunft.

~~~~~~

§. 29.
Erforderliche Erweiterungs= und Ergänzungsbauten.

~~~~~~~~

Jm vorstehenden Abschnitt ist ein so reiches Material über den Umfang, den das Eisenbahnunternehmen des Herzog=thums gewonnen hat, durch Mittheilung der Zahl der Personen, welche bei diesem Transportgeschäft betheiligt sind, durch Angabe der bewegten Güter und Menschen, durch Aufführung der finanziellen Ergebnisse enthalten, daß dasselbe an dieser Stelle noch durch eine Notiz über den Grundbesitz vervollständigt werden darf.

Die für die Bahnen erworbenen Grundstücke sind belegen in
43 inländischen,
37 ausländischen Gemeinden.

Auf denselben sind 541 Gebäude erbaut, von denen 481 zur Brandcasse mit 2,630110 ℳ. versichert sind (excl. Hauptgebäude auf Bahnhof Oldenburg). Die nicht versicherten Gebäude liegen im Bremischen Gebiete, auf der Strecke Sande=Jever, Oldenburg=Wil-helmshaven (Gemeinde Sande und Preußisches Gebiet), auf der Strecke Oldenburg=Osnabrück in den Gemeinden Halen, Büren und Osnabrück.

Wenn der Verkehr, wie zu erwarten steht, sich noch ferner ent=wickeln wird, so werden schon für die nächste Zeit folgende Ergän=zungsbauten erforderlich:

1. Auf der Station Bremen=Neustadt die Anlage eines vierten Gleises und mehrerer stumpfer Gleis=Enden zur Aufstellung von Wagen.

2. Auf der Station Hude: Vermehrung der Gütergleise, Anlage einer Brückenwaage und eines zweiten Brunnens für die Wasserstation. Erbauung von Beamtenwohnungen für die Lokomotiv-Beamten und Weichenwärter. Vergrößerung der Werkstatt und Erbauung eines Wagenschuppens.

3. Auf der Station Zwischenahn: Gleiserweiterungen und Anlage einer bedeckten Halle für die Vergnügungs-Reisenden.

4. Auf den Stationen Jaderberg und Sande: Verlängerung der zweiten Hauptgleise.

5. Auf der Station Wilhelmshaven: Erweiterung des Lokomotivschuppens.

6. Auf dem Bahnhofe Brake wird die Anlage einer Lokomotiv-Drehscheibe nothwendig und sind Gleiserweiterungen, Verlängerung des Seegüterschuppens und Anlage von Kohlen-Sturz-vorrichtungen zur direkten Verladung der Kohlen in die Schiffe als ein dringendes Bedürfniß anzuerkennen.

7. Für den Bahnhof Nordenhamm ist der Ausbau des Hafens und eine Vermehrung der Piers, sowie Anlage von Kohlen-Sturzvorrichtungen mit den erforderlichen Gleisanlagen und Lager-schuppen unausweichliche Bedingung der Lebensfähigkeit der Bahn-strecke Brake-Nordenhamm (vergl. übrigens §. 31).

8. Auf dem Bahnhof Weener der Bahnstrecke Jhrhove-Neu-schanz, sowie auf den Stationen Cloppenburg, Babbergen und Bramsche der Südbahn werden Gleiserweiterungen, Vermehrung der Produktenplätze und Anlage von Brückenwaagen in nächster Zeit nothwendig, wie auch eine Vermehrung der Gleise auf dem Bahn-hofe zu Eversburg in Aussicht genommen werden muß, wenn die Hannoversche Staatsbahn, was nur als eine Frage der Zeit an-gesehen werden kann, dort gleichfalls einen Anschlußbahnhof her-stellen wird.

§. 30.
Neue Anschlüsse und sonstige Einflüsse.

Den nächsten neuen Anschluß, den die Oldenburgischen Bahnen gewinnen werden, wird die etwa im Jahre 1880 zu erwartende Er-öffnung der Rheinischen Bahn Duisburg-Rheine-Quakenbrück bringen. Das unmittelbar anstoßende Gebiet der Provinz Hannover bietet wenig Aussicht auf erheblichen Zuwachs des Lokalverkehrs; das be-deutende südwestliche Hinterland dürfte auf dieser kürzeren Route dem Oldenburgischen Netze manches Gut zubringen, was jetzt auf längerer Strecke oder aus den mehr östlichen Theilen Westfalens bereits in Osnabrück in unsere Hand übergeht. Dieser Ausfall wird, wie man erwarten kann, durch die Verkehrssteigerung über Quakenbrück hinaus nach beiden Richtungen reichlich aufgewogen werden und enthält schon der Anschluß an ein so bedeutendes Bahnnetz wie das der Rheinischen Verwaltung den Gewinn vermehrter Selbständigkeit in der Stellung zu den Nachbarbahnen überhaupt.

Eine weit größere Bedeutung würde die Sache für das Herzogthum Oldenburg gewinnen, wenn die Rheinische Verwaltung der Realisirung des Gedankens an eine Fortsetzung der Bahn nach Bremen näher tritt (vergl. §. 31). Es wäre indessen müssig, die verschiedenen Möglichkeiten der Lösung dieser Frage schon jetzt zu erörtern. Es mag aber darauf hingewiesen werden, daß die wohlverstandenen Interessen beider Verwaltungen nicht zu kollidiren scheinen.

Als eine nothwendige Vervollständigung der Südbahn muß die Erstreckung des diesseitigen Verkehres in seinem vollen Umfange bis in die Stadt Osnabrück bezeichnet werden. Der in der Ausführung begriffene Umbau des Bahnhofs dürfte die Bedenken, ob derselbe die diesseitigen Güterzüge aufzunehmen im Stande sei, beseitigen; für die Strecke Eversburg-Osnabrück selbst würde eventuell der Ausbau des zweiten Gleises in Frage kommen. Man darf sich der Erwartung hingeben, daß die Erfahrungen über den Umfang des beiderseitigen Verkehrs zu einem Abkommen auf dieser Grundlage der unbeschränkten Mitbenutzung der Strecke und des Bahnhofs gegen verhältnißmäßige Antheilnahme an den Kosten der Anlage, der Unterhaltung und des Betriebes im Interesse beider Verwaltungen zu Stande komme. Anderenfalls würde die Königlich Hannoversche Verwaltung des Vortheils verlustig gehen, den die für die Mitbenutzung zu leistende Entschädigung insoweit enthält, als sie die Mehrkosten, welche der Hinzutritt des diesseitigen Betriebes verursacht, übersteigt; die Oldenburgische Verwaltung aber würde genöthigt sein, sich für ihren Gesammtverkehr selbständig zu etabliren, zu dem Ende einen erheblichen Kapitalaufwand zu machen und die Zahl der Bahnhöfe in Osnabrück noch um den dritten zu vermehren. Letzteres würde in der That kaum im Interesse des reisenden und verkehrtreibenden Publikums liegen und einen wesentlichen Rückgang gegen das früher verfolgte Projekt eines Centralbahnhofs bezeichnen, welches durch den vorläufigen Verzicht der Bergisch-Märkischen Bahn auf die Ausführung der Strecke Osnabrück-Hamm,

sowie durch die Erfahrung in den Hintergrund getreten ist, daß die
vor einigen Jahren angenommene ungemessene Steigerung des Ver=
kehrs einer Periode des Stillstandes und der Abnahme Platz machte.

Dieselben Erscheinungen waren maßgebend, um auch das oben
bereits berührte Projekt eines Centralbahnhofs Bremen bislang nicht
zur Ausführung kommen zu lassen, sondern mehr und mehr ein=
geschränkte Projekte zu substituiren. Oldenburgischerseits ist dabei
der Standpunkt festgehalten, daß das vertragsmäßige Recht auf Be=
nutzung der vorhandenen Anlagen durch einen Umbau nicht alterirt
werden könne, wenigstens nicht in der Weise, daß zu den daraus
sich ergebenden Kosten Oldenburg aus einem anderen Gesichtspunkt
beizutragen sich veranlaßt sehen könnte, als in etwaiger Anerkennung
der Verbesserung der ihm neuerdings zur Verfügung gestellten An=
lagen, sofern daraus für den Verkehr und den Betrieb Vortheile
entstehen.

Noch ist hier nicht unerwähnt zu lassen, daß die Frage des
Ueberganges sämmtlicher Deutscher Bahnen auf das Reich die Inter=
essen des Herzogthums selbstredend sehr nahe berührt. Gegenwärtig
hat diese Idee jedoch noch so wenig konkrete Gestalt gewonnen, daß
das Land oder auch nur die Eisenbahnverwaltung als solche Stel=
lung zu derselben nicht hat einnehmen können. Die vorläufige per=
sönliche Ansicht eines Mitgliedes der Direktion ist in einer kleinen
Broschüre (Die Reichseisenbahnfrage von Peter Ramsauer, bei
C. Berndt & A. Schwartz in Oldenburg) niedergelegt.

§. 31.
Neue Aufgaben.

1. Ausführung der Hafenanlage zu Nordenhamm.

Unter die zu einer naturgemäßen weiteren Entwickelung des
Bahnverkehrs nothwendig erforderlichen Einrichtungen gehört vor
Allem die in den ersten Anfängen bereits begonnene Hafenanlage
zu Nordenhamm. Wie schon in der Beschreibung der Strecke
Brake=Nordenhamm erwähnt wurde, sind die bisherigen hierher ge=
hörenden Einrichtungen nur den allerersten Bedürfnissen eines Ver=
kehrs zwischen See und Bahn entsprechend bemessen; es ist daher
auch schon mehrfach ihre Unzulänglichkeit zu Tage getreten und wird
die Weiterführung in nächster Zeit ein unabwendbares Erforder=
niß, umsomehr, als die bezüglichen neuen Anlagen nicht der Bahn=
anlage allein, sondern dadurch, daß sie den, Oldenburg vermöge

seiner Lage ꝛc. gebührenden Antheil am großen Verkehre auf das eigene Territorium überführen, dem gesammten Lande, sowie dem handeltreibenden Publikum, namentlich aber der Oldenburgischen Rhederei, zu Nutze kommen werden.

Was die Lage von Nordenhamm als Hafenstation im Großen und Ganzen betrifft, so ist dieselbe, wie schon gesagt wurde, von Natur sehr günstig — soweit stromauf gelegen, als mit dem Tief- gang der im atlantischen Handel meistens verwendeten Seeschiffe noch verträglich ist (Nordenhamm liegt auf ca. $\frac{1}{3}$ der Entfernung zwischen Bremerhaven und Brake), hat es eine vortreffliche Rhede, eine in einer Concaven (also der Erhaltung der Tiefe sehr günstige) liegende Uferlinie, ist trotzdem vom Eisgang verhältnißmäßig wenig belästigt und endlich durch die weit vorspringende Blexerhörne, sowie durch die Lage nahe unter dem westlichen Weserdeiche, gegen Wind und Wellen sehr geschützt: Vorzüge, welchen gegenüber einige andere Uebelstände als: Mangel an süßem Wasser, an bequem zur Hand liegendem Ballast, sowie eines größeren Orts in der Nähe als nicht gerade erheblich angesehen werden können.

Was nun die Bahnhofs=Anlage selbst betrifft, welche, wie schon früher angeführt, theils binnendeichs, theils außendeichs situirt ist, so wurde ein bequemes, reichlich großes Gleissystem bereits herge- stellt; daneben wurde an der Rhede ein Seegüterschuppen von etwa 2000 Quadratmeter Grundfläche angelegt; dieser, sowie die vorher= erwähnten Gleise sind mit dem Fahrwasser des Stromes durch eine vorgebaute Brücke resp. 2 auf einem sogenannten Pier liegende Schienenstränge in direkteste Verbindung gebracht. Ein zweiter solcher Pier zum Ueberladen von Gütern zwischen Bahn und weniger tief gehenden Schiffen ist auch bereits hergestellt.

Neben diesen Piers bestehen noch die 2 schon früher vorhanden gewesenen Landungsbrücken für Personen und Vieh.

Wenn diese Anlagen nicht mehr ausreichen, so können dieselben zunächst dahin erweitert resp. ergänzt werden, daß man durch An= lage mehrer vorgesehener Piers die Anzahl der Ueberladepunkte zwischen Schiff und Wagen vermehrt und entsprechend größere Lager= räume schafft; letzteres würde durch Verlängerung des bestehenden Güterschuppens event. durch Anlage weiterer Schuppen zu bewirken sein. Wenn diese Lande = Vorrichtungen an der freien, durchaus sicheren Rhede auch ihre erheblichen Vorzüge haben, so können die= selben doch nicht zu allen Zwecken und für alle Zeiten genügen. Um allen Anforderungen der Schifffahrt gerecht zu werden, ist ein durch eine Schleuse von der Weser abgeschlossener Dockhafen, welcher den Schiffen bei gleichbleibendem Wasserspiegel einen jederzeit sicheren Liegeplatz bietet, ein unabweisbares Erforderniß.

Weitere nothwendige Anlagen sind: ein abgeschlossener Petroleum-Lagerplatz, sowie endlich definitive Sicherung der ganzen Bahnhofs- und Hafen-Anlagen gegen den Angriff von Wind und Wasser an der Stromseite.

Nachdem damit die Grundlagen der ganzen Anlage — Tide-hafen und Dockhafen — geschaffen wären, würde einer 3. Periode die Erweiterung der Anlage in beiden Richtungen nach Maßgabe des eintretenden Bedürfnisses zufallen, nämlich Erweiterung der Lagerräume, sowohl der mit dem Tidehafen als mit dem Dockhafen in Verbindung stehenden, Vermehrung der Ueberladepunkte für beide Arten — die erforderlichen neuen Gleisanlagen und endlich die für einen ausgedehnten Verkehr erforderlichen Hülfsanlagen: Trockendocks, Slips ꝛc.. welche übrigens, wie es auch bei anderen Häfen meistens der Fall ist, größtentheils der Privat-Industrie zu überlassen sein würden.

Selbstredend würden die oben aufgezählten Anlagen, soweit dieselben nicht untheilbar sind (z. B. der Dockhafen, die Uferbefestigung ꝛc.) nicht sofort, sondern nach Bedarf und Umständen herzustellen sein.

Was die Kosten anbetrifft, so wurden die der nächsten Periode zufallenden Bauten auf die verhältnißmäßig geringe Summe von 1,200000 ℳ. veranschlagt, deren möglichst baldige Verwendbarkeit als im höchsten Interesse des ganzen Eisenbahn-Unternehmens liegend zu bezeichnen ist.

2. Sonstige Erweiterungen.

Für die gedeihliche Weiterentwickelung des ganzen Eisenbahnnetzes, ja schon um dasselbe auf der einmal erreichten Höhe der Prosperität zu erhalten, ist es nicht genug, daß dasselbe in seinem Bestand bleibe, denn nirgend gilt der Satz, daß ein Stillstehen dem Rückwärtsgehen gleich zu achten, mehr als im Eisenbahnwesen; es müssen vielmehr die einzelnen Strecken nach verschiedenen Richtungen hin erweitert werden; hinzu kommt noch, daß bei Bahnen — welche wie die unseren aus öffentlichen Mitteln erbaut werden — der resultirende Nutzen wesentlich doppelter Natur ist, indem nicht nur das Unternehmen als solches gefördert wird, sondern auch alle Erweiterungen einen neuen Land- und Bevölkerungstheil in den großen Verkehr hineinziehen, wodurch auch Landestheile, welche von den großen Hauptrouten abliegen, des Nutzens eines raschen und billigen Transportmittels, des vielleicht wichtigsten Elements heutiger Kultur, theilhaft werden.

Eine weitere Veranlassung zu Erweiterungen liegt außer obigen allgemeinen Gründen bei uns auch noch in speziellen lokalen Verhältnissen; denn einmal ist der bisherige Reinertrag nur hoch genug gewesen, um eine mäßige Verzinsung des Anlage-Capitals erreichen zu lassen, so daß also die letztere, bei etwa durch den Verschleiß höher werdenden Betriebskosten und beim Ausbleiben eines Zuwachses an Einnahmen, unter den normalen Zinsfuß herabgehen würde; sodann wird mit ziemlicher Sicherheit behauptet werden können, daß die Einnahmequelle, welche Wilhelmshaven durch die dortige große Bauthätigkeit, sowie durch seine erste Entwicklung unserm Verkehr geliefert hat, minder ergiebig fließen wird, sobald dort stabilere Verhältnisse eintreten; ferner liegt nicht außerhalb der Möglichkeit, daß Anschlüsse von Bahnen, welche nicht in den Händen der diesseitigen Verwaltung sind, leicht dazu dienen können, einen Theil des bereits gewonnenen Verkehrs wieder zu verlieren; endlich muß darauf hingewiesen werden, daß umgekehrt jede Erweiterung die Kosten des Betriebes verringert, indem sie einen oft wesentlichen Theil der Ausgaben über eine größere Länge vertheilt.

Die Erweiterungsprojekte, welche zunächst ins Auge zu fassen sein möchten, sind folgende:

a) Die sogenannte **Ostfriesische Küstenbahn.** Dieselbe soll einen Anschluß der Stadt Emden — zur Zeit der Endpunkt der Westfälischen Bahn — über Norden, Esens und Wittmund mit der diesseitigen Station Jever vermitteln, und würde somit im Allgemeinen der Nordseeküste parallel laufend, den Verkehr des reichsten und fruchtbarsten Theils von Ostfriesland unseren Bahnen zuführen. Vorerst hat man, eingedenk, daß kleinere Ziele meistens leichter erreicht werden, diesseits geglaubt, sich darauf beschränken zu sollen, zur Verwirklichung des für Oldenburg wichtigsten Theils Jever-Norden fördernd einzutreten; diese Strecke würde eine Länge von 48,2 Kilometer erhalten (hiervon auf Oldenburgischem Gebiete liegend 3 Kilometer) und als Bahn zweiten Ranges ausgeführt, einen Aufwand von 5,636000 $\mathcal{M}$. erfordern (davon wieder auf den Oldenburgischen Theil ca. 180,000 $\mathcal{M}$. fallen).

Ueber die Art und Weise, in der die Ausführung dieses Projektes geschehen soll, hat bisher bei den mancherlei berührten, einander theilweise widerstreitenden Interessen ein Resultat sich nicht erreichen lassen, doch steht zu hoffen, daß dies den fortgesetzten Bemühungen schließlich gelingen werde, namentlich, wenn der indirekte Nutzen der beiden betheiligten Verwaltungen, Oldenburg und Preußischer Fiskus (für Oldenburg-Wilhelmshaven) Veranlassung gäbe, das Unternehmen in materieller Weise zu fördern, indem in irgend einer zweckmäßigen Weise ein Theil des erforderlichen Capitals ihm geschafft würde.

b) Die Bahn von Delmenhorst über Stuhr-Kirchweyhe (Anschluß der Venlo-Hamburger Bahn) und Thedinghausen nach Langwedel zum Anschluß an die Hannoversche Staats- und die Langwedel-Uelzener Bahn.

Diese Bahn hat eine Länge von . . . . 44 Kilometer, davon liegen im Oldenburgischen Gebiete . . 10,0 „

„ „ „ Preußischen . . . . 27,0 „

„ „ „ Braunschweigischen . . . . 7,0 „

Die Anlagekosten werden einschließlich des ziemlich theuren Weserüberganges etwa 6,560000 M. betragen.

Wenn nun zwar nicht geläugnet werden kann, daß dies Anlagekapital ein hohes ist, ferner daß durch diese Linie eine ins Gewicht fallende Abkürzung der für Oldenburg wichtigen Routen nicht erlangt wird, auch daß von ihr nur ein kleiner Theil — etwa ¼ der Länge — den Verkehr des eigenen Landes erschließt, so sind doch andererseits die Interessen, welche für die Oldenburgische Eisenbahn-Verwaltung an diesen Anschluß sich knüpfen, zu groß, als daß nicht dem Inslebentreten dieser Strecke Oldenburg seine äußerste Thatkraft widmen müßte, denn es wird

1. ein über diese Strecke geleiteter Verkehr Bremen (das Zollvereins-Ausland) umgehen, und damit Kosten, Zeit und Weiterungen ersparen; es wird ferner

2. durch diese Bahn eine vom Staate Bremen unabhängige Verbindung des wichtigsten Theiles des Oldenburgischen Bahnnetzes mit benachbarten Bahnen geschaffen (Cöln-Minden, Hannoversche Staatsbahn, Langwedel-Uelzen); weiter

3. wird es nur auf diese Weise möglich sein, die finanziellen Interessen Oldenburgs von denen Bremens unabhängig zu machen; sodann

4. ist hervorzuheben, daß das durchschnittene Terrain zu seinem weitaus größten Theil wohl angebaut und fruchtbar ist, so daß der Bahn ein wesentlicher Einnahme-Faktor — der Lokalverkehr — nicht fehlen wird; endlich noch ist

5. zu erwähnen, daß sofern man zum Bau dieser Bahn sich entschließen sollte, der finanziell so günstig situirte Staat Braunschweig wegen seines von derselben durchschnittenen Kreises Thedinghausen eine angemessene Subvention aller Wahrscheinlichkeit nach bewilligen würde.

c) Die Bahn von Ahlhorn über Vechta, Lohne und Damme nach Lemförde zum Anschluß an die Paris-Hamburger Bahn, event. an die Fortsetzung nach Herford, Detmold 2c. Anders als bei den beiden vorigen Bahnen liegen bei dieser die Verhältnisse, indem von ihrer 54,5 Kilometer betragenden Länge der weitaus größte Theil, nämlich 46 Kilometer = 85% der Gesammtlänge, auf Oldenburgischem Gebiete liegen, und indem ferner auch die Herstellungskosten, sofern man diese Strecke einstweilen als Bahn zweiten Ranges ausführte, auf die verhältnißmäßig niedrige Summe von 4,741500 ℳ sich belaufen werden. Sofern der Anschluß an die Köln-Mindener Bahn und die Fortsetzung über diese hinaus zu erreichen sind, wird Oldenburg der Herstellung dieser Bahn voraussichtlich kaum sich entziehen können, um so weniger als dieselbe, einen ausgedehnten Landestheil aufschließend, füglich als ein Akt ausgleichender Gerechtigkeit bezeichnet werden kann.

d) Osnabrück-Hamm. Diese etwa 68 Kilometer lange Linie liegt ganz außerhalb des Oldenburgischen Gebiets, kann also damit dem Verkehr des eigenen Landes nicht dienen; sie muß überdies durch ein schwieriges Terrain geführt werden, so daß ihre Anlagekosten event. erheblich höher sein werden als die der bisher gebauten Oldenburgischen Bahnen. Auf der anderen Seite aber sind die Interessen des Oldenburgischen Bahnnetzes an einem Zustandekommen dieser Strecke sehr erhebliche, denn wenn Oldenburg die ihm durch seine Lage an der Unterweser mit seinen bequemen Hafenplätzen und günstigem Fahrwasser verliehenen Vortheile ausnutzen soll, muß es im Besitze von Bahnlinien sein, welche seine Eisenbahn-Verwaltung von den Tarif-, Fahrplan= 2c. Maßregeln einzelner anschließender Verwaltungen unabhängig machen. Dies Ziel würde durch die Bahnlinie Osnabrück-Hamm in vollem Maße erreicht werden. Gleichwohl sind die dem Ausbau der fraglichen Linie als Oldenburgische Staatsbahn entgegenstehenden gewichtigen Gründe nicht zu verkennen; doch hat man geglaubt, dies wichtige Vermittelungsglied hier nicht fehlen lassen zu dürfen, wo es um die Aufzählung der für das Oldenburgische Eisenbahnnetz wünschenswerthen Erweiterungen sich handelt.

22

Außer den 4 soeben aufgeführten Erweiterungs-Projekten sind als in weiterer Ferne liegend noch anzuführen:

e) Hude-Huntlosen. Die Herstellung dieser etwa 21 Kilometer langen Bahnstrecke wird für den Fall in Aussicht zu nehmen sein, daß das auf der Südbahn für die Weserhäfen und Bremen angebrachte Transportquantum so groß ist, daß die Mehrkosten des Transportes auf der um etwa 12½ Kilometer längeren Bahnstrecke über Oldenburg höher sich stellen als die Zinsen des Baukapitals der Strecke Huntlosen-Hude. Vielleicht kann auch die Nothwendigkeit der Entlastung des Bahnhofes Oldenburg demnächst als Motiv für den Bau dieser Bahn hinzutreten.

Ferner ist:

f) eine mehrfach bereits geplante Bahn von den Niederlanden (Zwolle) über Meppen zum Anschlusse an die diesseitige Südbahn zu Essen, Hemmelte oder Kloppenburg als diejenige zu bezeichnen, welche das Amt Löningen an das Bahnnetz anschließen, dem letzteren einigen Verkehr zuführen und deshalb wünschenswerth sein würde.

g) Endlich würde die Unterstützung von rein lokalen Sekundärbahnen, welche wesentlich auf Kosten der unmittelbar Interessirten herzustellen sein werden, in Frage kommen. Der Werth derartiger Zubringer, welche kleinere Verkehrsgebiete den großen Verkehrswegen der Hauptbahn anschließen, ist auch für letztere von unverkennbarer Bedeutung. Ueber die Aufstellung genereller Projekte und Ueberschlagung der erforderlichen Mittel ist auch diese Angelegenheit im Herzogthum bislang nicht gediehen. Ein Anschluß des Steinproduktionsgebietes bei Bockhorn und Neuenburg an die Oldenburg-Wilhelmshavener Bahn bei Ellenserdamm, eine Verbindung des Ortes Ovelgönne mit Brake sind Pläne dieser Art. Denselben Charakter hat die mehrfach angeregte Idee, die Torfvorräthe des Amtes Friesoythe durch eine Sekundärbahn zu entschließen und damit jenen Distrikt gleichzeitig aus seiner isolirten Lage zu befreien.

Was die Ausführung solcher Bahnen unterster Ordnung, die Beschaffung der Kosten, die Art des Betriebes anlangt, so sind diese Fragen vollends nur auf Grund der örtlichen Verhältnisse, des Zweckes der Anlage, des Umfangs der Aufgabe ꝛc. zu entscheiden. Auch die vielfach ventilirte und abstrakt überall nicht zu beantwortende Frage nach der anzuwendenden Spurweite gehört in diese Kategorie.

Wann der Zeitpunkt gekommen sein wird, wo den angedeuteten Projekten näher getreten werden kann, läßt sich nicht voraussagen. Soviel indessen dürfte aus den obigen Andeutungen sich ergeben, daß, wenn auch an maßgebender Stelle bei Genehmigung der letzt ausgeführten Strecken davon ausgegangen wurde, daß damit der Eisenbahnbau vorläufig als abgeschlossen angesehen werden sollte, — doch schon jetzt neue Aufgaben herantreten, welche die eingehendste Berücksichtigung verdienen.

Man wird sich dabei der beruhigenden Ueberzeugung hingeben dürfen, daß, nachdem es gelungen ist, ein lebensfähiges Unternehmen herzustellen, auch in Zukunft die Energie nicht fehlen werde, welche unabläßig die Interessen des Landes nach allen Richtungen verfolgt.

Druckfehler.

Seite	11	Zeile	10 v. o.	lies	erwirken statt entwickeln.
„	11	„	21 v. o.	„	Anschluß statt Abschluß.
„	29	„	19 v. o.	„	im Haag statt in Haag.
„	97	„	2 v. o.	„	1840 statt 1842.
„	114	„	6 v. o.	„	tiefliegendste statt tiefliegende.
„	114	„	8 v. u.	„	ohne große statt ohne troß großer.
„	130	„	14 v. u.	„	Halen statt Büren.
„	131	„	9 v. o.	„	und statt die.
„	137	„	13 v. o.	„	Herrnflot statt Herrnflot.
„	138	„	7 v. u.	„	Volumens statt Volums.
„	197	letzte Zeile			berücksichtigen statt berichtigen.
„	210	Zeile	8 v. u.	„	1872 statt 1871.
„	214	„	3 v. u.	„	1876 statt 1867.
„	248	„	2 v. u.	„	mit statt und.
„	249	„	5 v. u.	„	vor statt nach.
„	252	„	17 v. o.	„	die statt zur.
„	282	„	10 v. o.	vor „hat" ist „die" einzuschalten.
„	299	letzte Zeile		lies ca. 11% statt ca. 14%.